CATIA V5

3차원 모델링 방법론
PART 2. SURFACE MODELING

|| 이 권 수 ||

도서출판 WisdomPL

머리말

이 책은 다년간 CATIA 관련 강의를 하면서 쌓은 노하우를 함께 공유하고 CATIA라는 설계도구의 기능만을 익히는 것에서 더 나아가 설계자들로 하여금 3차원 모델링 기법에 대한 이해를 제고할 수 있도록 하는 목적으로 출간하였다.

또한 이 책은 CATIA에서 제공하는 각종 툴바 및 명령어들의 기본적인 사용법과 적용 사례를 담고 있으며 다양한 예제를 통하여 실제 모델링 과정에서 이러한 명령어들을 어떻게 적용하는지 체득할 수 있도록 각 작업 과정을 단계별로 상세하게 설명하여 수록하였다.

모쪼록 이 책을 통하여 CATIA라는 뛰어난 설계도구를 보다 생산적으로 활용하고 3차원 모델링에 대한 기본적인 개념을 정립할 수 있기를 바란다.

또한 이 책은 CATIA V5 3차원 모델링 방법론의 두 번째 PART로서 CATIA의 서피스모델링(SURFACE MODELING) 기법에 대해 다루고 있으므로 PART 1. SOLID MODELING과 함께 공부하시기를 권장하는 바이다.

이권수

차례

1

CATIA V5 시작하기

CATIA V5는 프랑스의 닷소시스템(DASSAULT SYSTEMS)에서 개발한 CAD/CAM/CAE 소프트웨어로 3D 기반 모델링 환경을 제공하고 있다.

CATIA V5에서는 워크벤치(WORKBENCH)라고 하는 다양한 설계도구를 제공하고 있는데 본 교재에서는 스케쳐워크벤치(Sketcher workbench), 파트디자인워크벤치(Part Design workbench), 및 GSD워크벤치(Generative Shape Design Workbench)에 대해 다루고자 한다.

1-1 CATIA V5 WORKBENCH

(1) 스케쳐(Sketcher)워크벤치

스케쳐워크벤치는 파트디자인워크벤치 및 GSD워크벤치의 모델링 작업에 필요한 기본적인 프로파일을 그리는 도구이다. CATIA에서 생성하는 설계요소들은 대부분 스케쳐워크벤치에서 작업한 결과물이며 이를 프로파일(profile)이라 한다. CATIA에서는 이 프로파일을 이용하여 3차원 형상의 솔리드(SOLID) 또는 서피스(SURFACE) 모델을 완성한다.

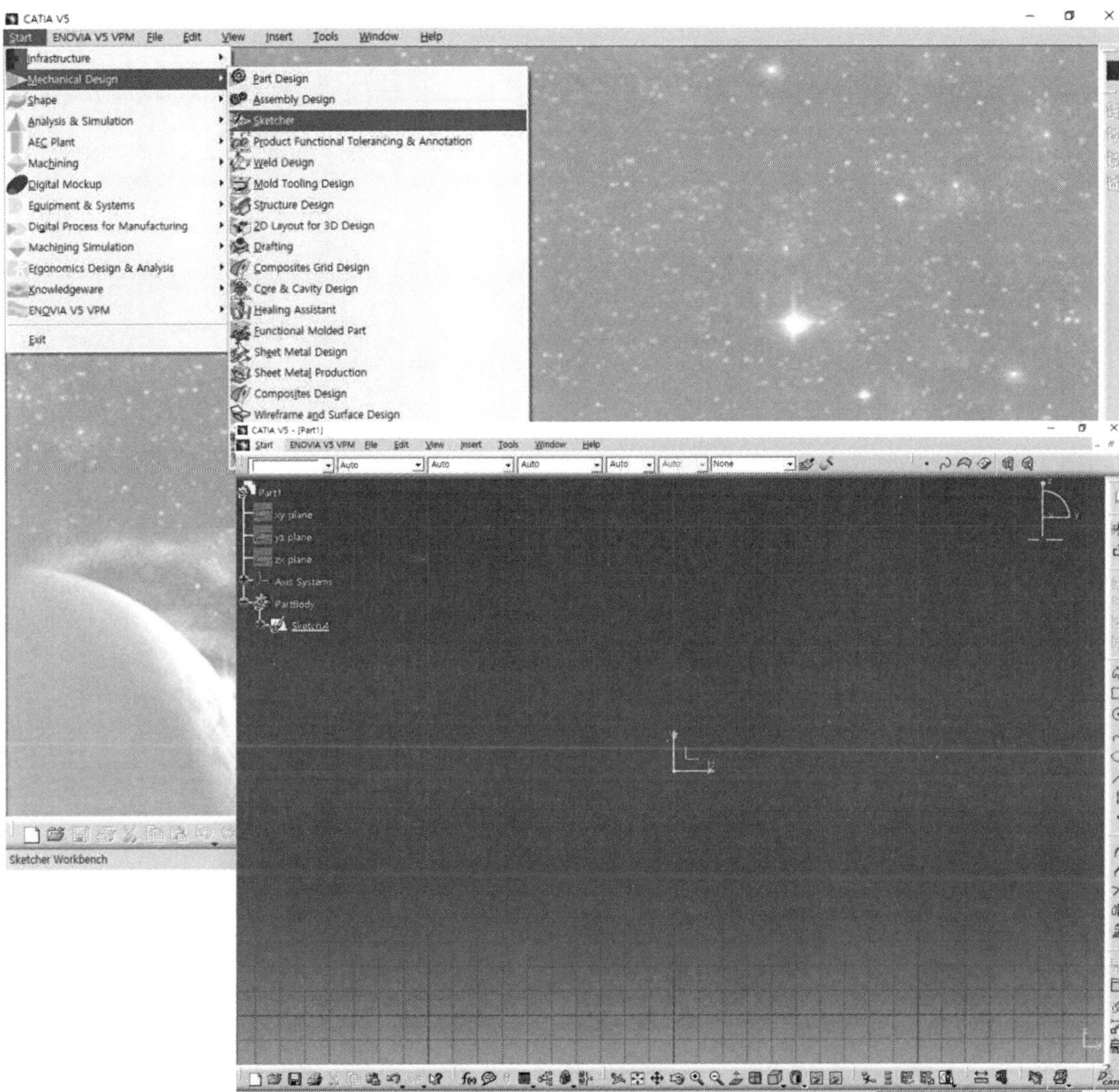

(2) GSD(Generative Shape Design)워크벤치

GSD워크벤치는 스케쳐워크벤치를 이용하여 생성한 프로파일로부터 3차원 형상의 서피스모델을 생성한다. GSD란 Generative Shape Design의 약어로서 사용하며, CATIA에서는 서피스모델을 생성하기 위하여 Wireframe and Surface Design워크벤치와 GSD워크벤치의 두가지 작업환경을 제공하고 있다. 이 두가지 워크벤치는 기본적으로 동일한 모델링 작업이 가능하지만 GSD워크벤치가 Wireframe and Surface Design워크벤치에 비해 생산성 향상을 위한 보다 다양한 기능을 제공하므로 서피스모델링 작업은 GSD워크벤치에서 주로 이루어지고 있다.

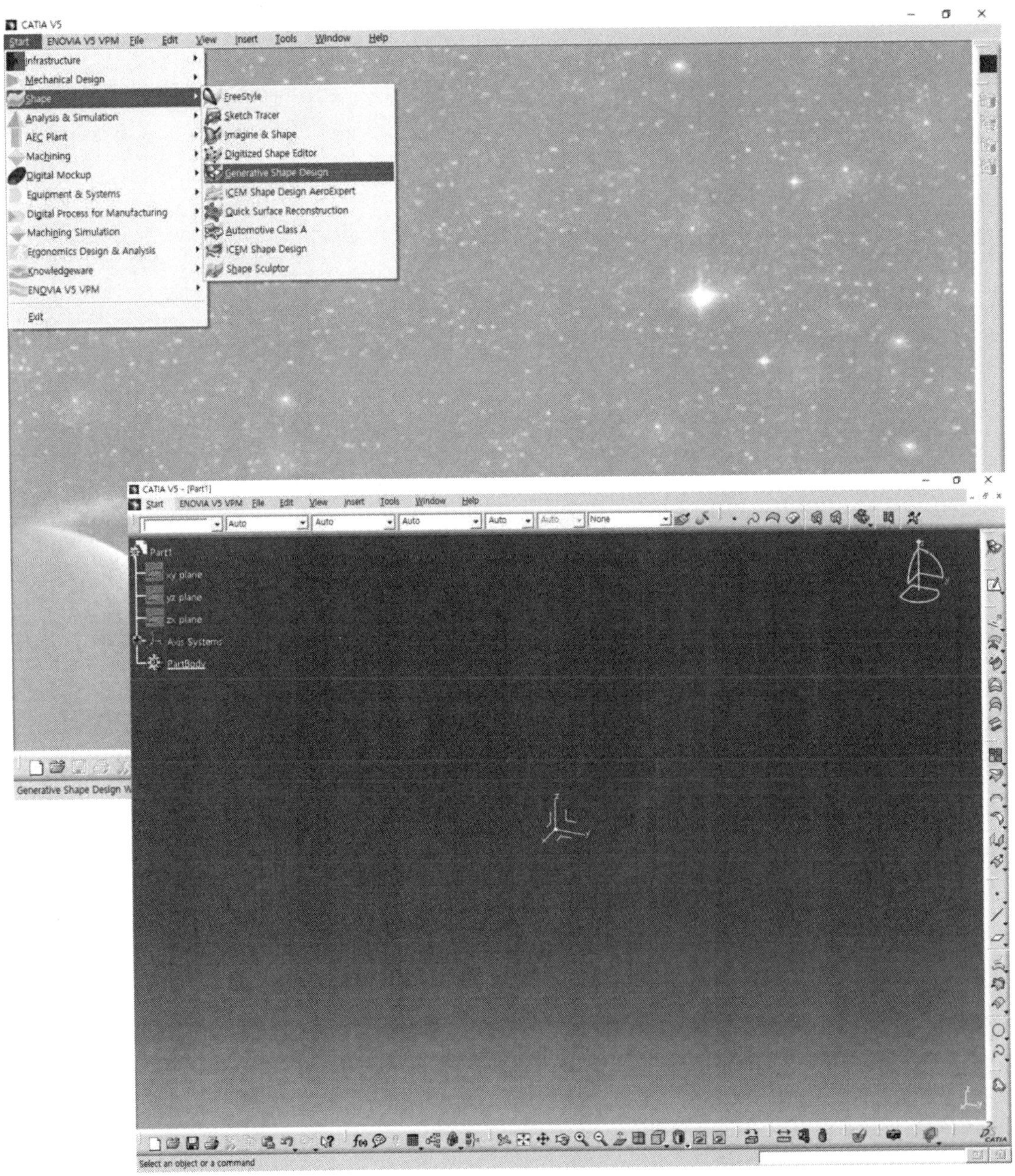

1-2 CATIA V5 화면

CATIA V5의 화면구성에 대해 알아보겠습니다. 아래는 CATIA V5의 초기화면이다.

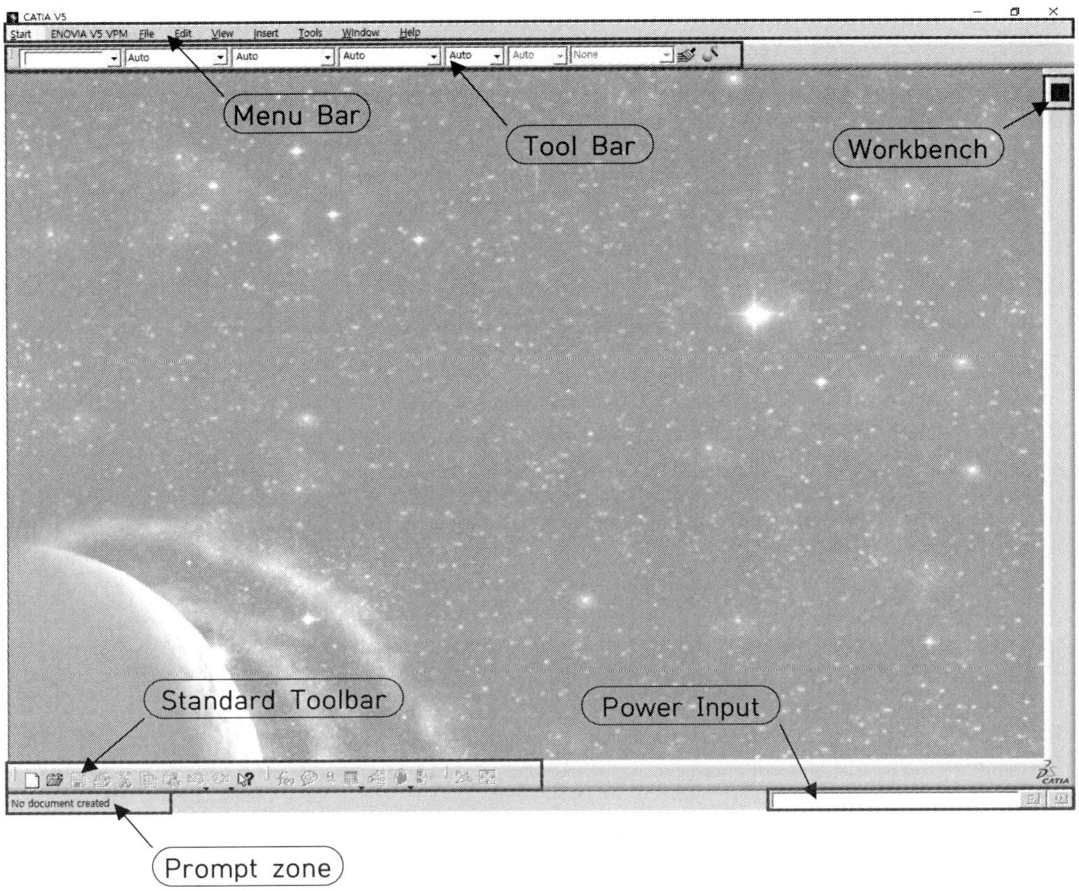

1) 메뉴바(Menu Bar)

CATIA V5의 모든 Menu를 관리한다.

2) 툴바(Tool Bar)

CATIA V5는 GUI환경을 지원하며 명령어를 아이콘을 클릭함으로서 실행할 수 있다. CATIA의 툴바는 각 워크벤치에서 사용하는 명령어를 기능에 따라 분류하여 관리한다.

3) 워크벤치(Workbench)

CATIA의 환경설정 작업을 통해 자주 사용하는 워크벤치를 즐겨찾기로 등록하여 간편하게 호출할 수 있다. 사용자는 워크벤치 아이콘을 클릭하여 즐겨찾기에 등록한 워크벤치를 열 수 있다.

4) 스탠다드툴바(Standard Toolbar)

스탠다드툴바는 새파일, 열기, 저장하기, 출력하기 등 파일관리와 복사-붙여넣기, 실행취소하기-되돌리기 등 CATIA의 기본명령어를 제공하는 툴바이다.

5) 프롬프트존(Prompt Zone)

CATIA 사용시 커서의 위치에 따른 지시사항 및 다양한 정보를 알려준다.

6) 파워인풋(Power Input)

CATIA의 명령어를 직접 입력하여 실행한다.

1-3 CATIA V5 환경설정

CATIA V5를 설치하고 처음 사용하기 전 사용 환경을 일부 조정해야 한다. 다음은 그 방법이다.

(1) 즐겨찾기 등록하기

1) 【메인메뉴-도구(T)-사용자정의...】를 선택한다.

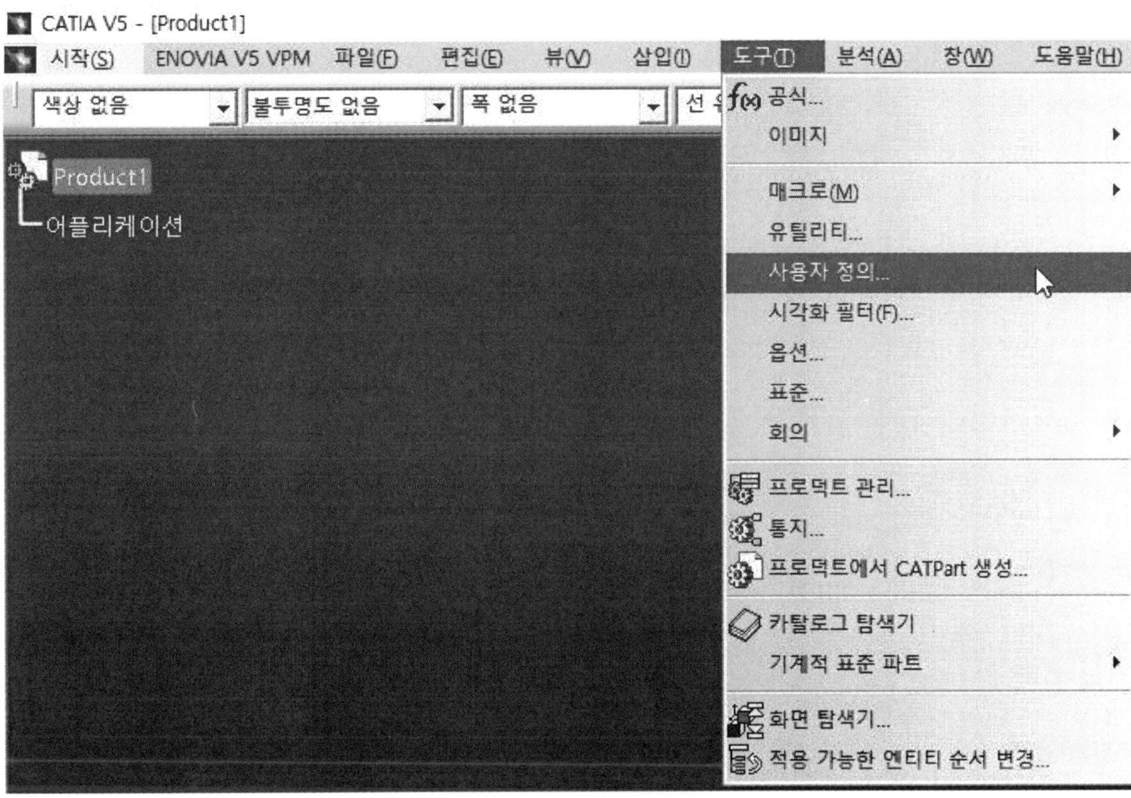

2) "시작메뉴"탭을 선택한다.

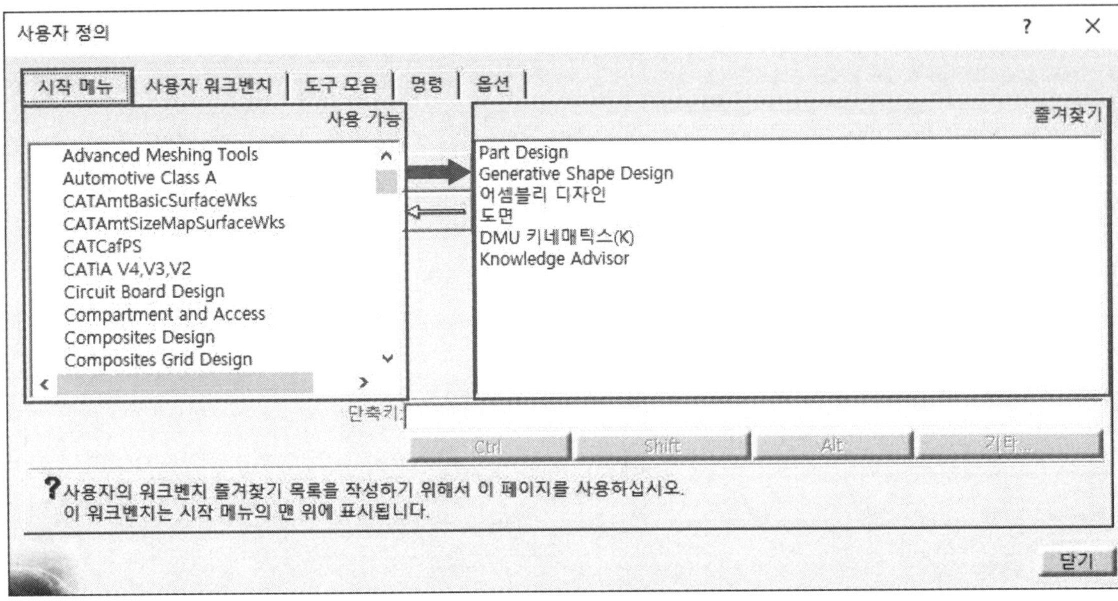

왼쪽창은 사용 가능한 모든 워크벤치를 나타내고 있다. 이 중 주로 사용할 워크벤치를 선택하고 오른쪽 화살표를 클릭하면 즐겨찾기에 등록된다.

(2) 언어설정하기

CATIA V5를 처음으로 실행하면 기본 언어가 한국어(한글)로 되어있다. 사용언어를 영어로 바꾼다.

"사용자정의"메뉴를 실행한 후 "옵션"탭을 선택하고 한국어->영어로 선택한다.

사용언어 변경 후 CATIA를 종료하고 재시작하면 변경된 언어환경이 적용된다.

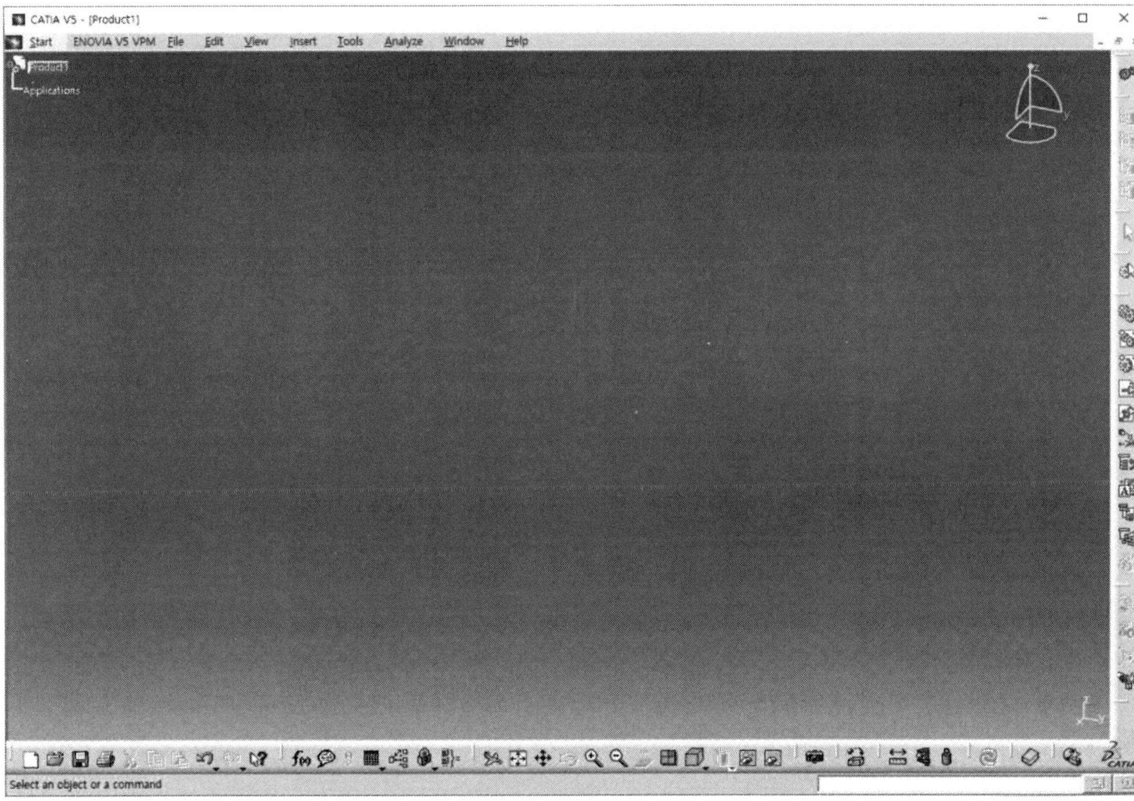

(3) CATIA V5 화면 설정하기

1) 프로파일(Profile) 해상도 설정하기

【메인메뉴->Tools->Options...】을 선택한다.

옵션창의 왼쪽에는 각 워크벤치별 설정 환경을 변경할 때 선택 가능한 다양한 메뉴가 존재한다. 먼저 화면 설정을 위하여 왼쪽 메뉴에서 【Options->General->Display 메뉴】를 선택한 후 상단 Tag 중 "Performance" Tag를 선택한다.

여기서 CATIA에서 생성하는 2D 및 3D 프로파일의 표시정밀도를 조정할 수 있다.

3D Accuracy 및 2D Accuracy를 Fixed->Proportional로 변경하고 그 값을 슬라이드 바를 이용하여 최소값(0.01)로 선택한다. 이 메뉴는 화면에 표시되는 프로파일의 표시정밀도를 높이는 것으로 값이 클수록 처리속도가 빨라지지만 가독성은 저하된다. 예전 컴퓨터의 성능이 낮을 때에는 이 값을 높게 설정하여 처리속도를 빠르게 하였으나 현재의 컴퓨터는 그래픽 성능이 높으므로 높은 값으로 설정할 필요는 없다.

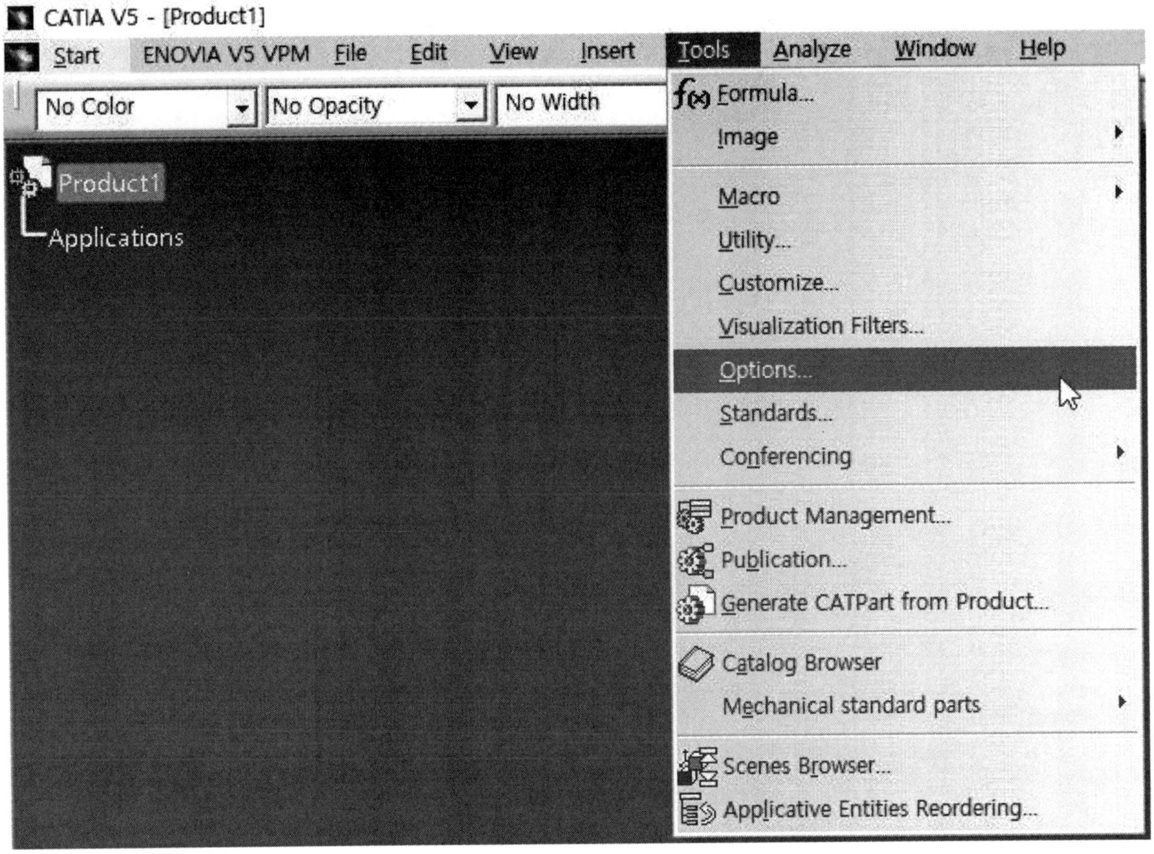

2) Surface 사용환경 설정하기

【Options->General->Display 메뉴】를 선택한 후 상단 Tag 중 "Visualization" Tag를 선택하고 "Surfaces' Boundaries"를 활성화하여 3D Surface modeling 작업시 분리된 서피스 경계면(Boundary) 색상을 지정한다.

기본적으로 서피스 모델링 작업시 모든 서피스의 경계면은 검은색 실선으로 표시되지만, 이 옵션을 체크하면 연결된 경계면은 검은색 실선으로, 분리된 경계면은 지정된 색상(초록색)으로 표시되어 경계면과 경계면 간의 연결여부를 간편하게 확인할 수 있다.

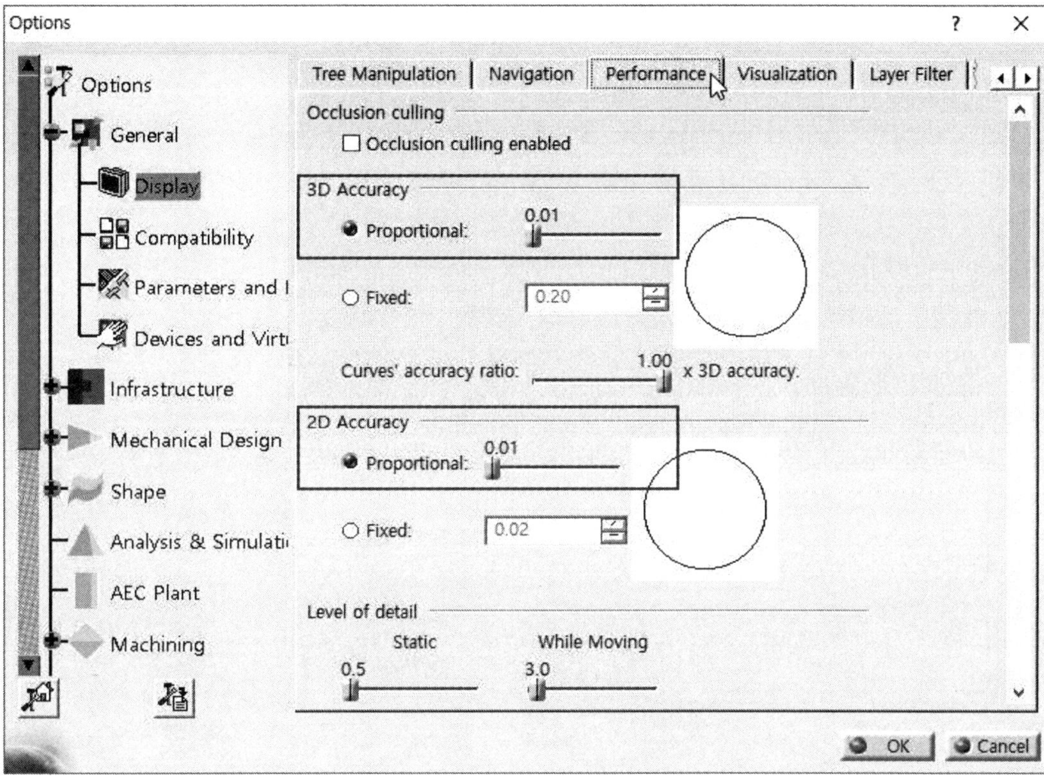
Options
Options
General
Display
Compatibility
Parameters and I
Devices and Virt
Infrastructure
Mechanical Design
Shape
Analysis & Simulati
AEC Plant
Machining
Tree Manipulation
Navigation
Performance
Visualization
Layer Filter
Occlusion culling
Occlusion culling enabled
3D Accuracy
Proportional: 0.01
Fixed: 0.20
Curves' accuracy ratio: 1.00 x 3D accuracy.
2D Accuracy
Proportional: 0.01
Fixed: 0.02
Level of detail
Static
While Moving
0.5
3.0
OK
Cancel

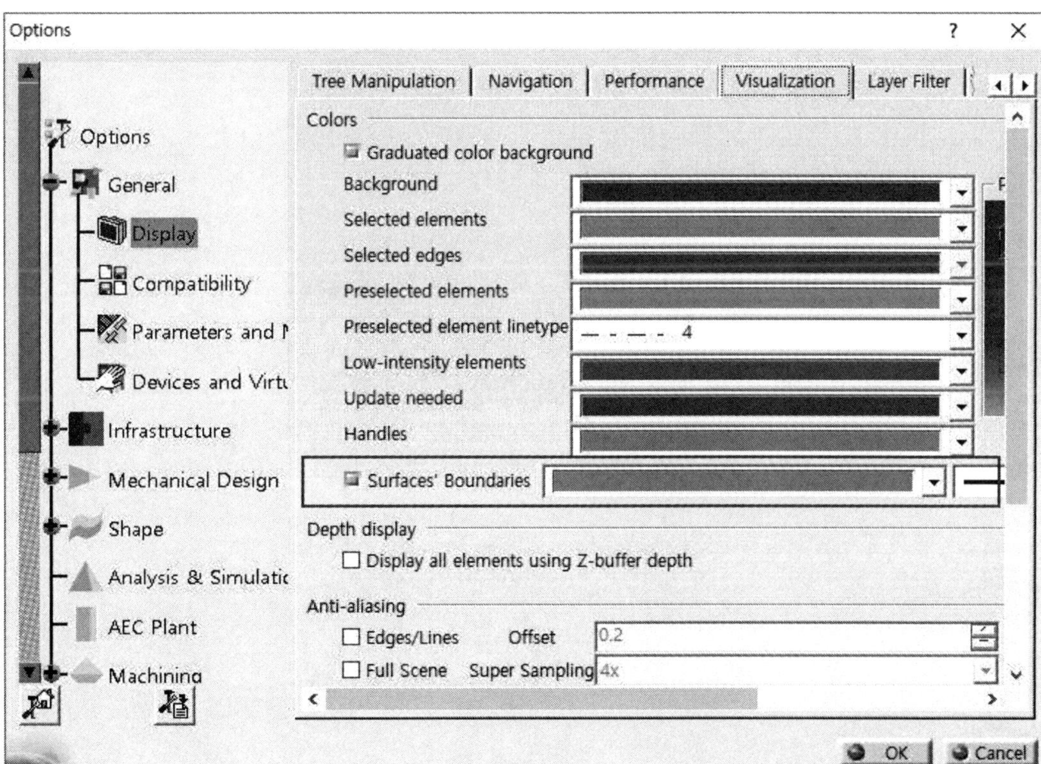
Options
Options
General
Display
Compatibility
Parameters and I
Devices and Virtu
Infrastructure
Mechanical Design
Shape
Analysis & Simulatic
AEC Plant
Machining
Tree Manipulation
Navigation
Performance
Visualization
Layer Filter
Colors
Graduated color background
Background
Selected elements
Selected edges
Preselected elements
Preselected element linetype
4
Low-intensity elements
Update needed
Handles
Surfaces' Boundaries
Depth display
Display all elements using Z-buffer depth
Anti-aliasing
Edges/Lines
Offset
0.2
Full Scene
Super Sampling
4x
OK
Cancel

(4) 스케쳐(Sketcher) 환경 설정하기

메인메뉴->Tools->Options...를 선택한다.

왼쪽 메뉴에서 【Options->Mechanical Design->Sketcher 메뉴】를 선택한 후 아래와 같이 설정한다.

"Grid"옵션은 스케쳐 화면에 가로-세로 격자를 나타내는 것으로 "Display"옵션에 체크하여 선택한다. 최초 실행시 스케쳐화면 격자의 기본간격은 수평과 수직방향으로 100 mm이며 눈금은 기본간격을 10등분하여 10 mm로 설정되어 있다.

"Snap to Point"는 커서의 위치를 격자의 교차점에 구속하도록 설정하는 것이다. CATIA로 프로파일을 생성할 때 필요에 따라 선택/해제하여 사용한다.

언급한 옵션이외의 옵션은 별도로 설정하지 않고 CATIA V5의 기본 설정값을 사용한다.

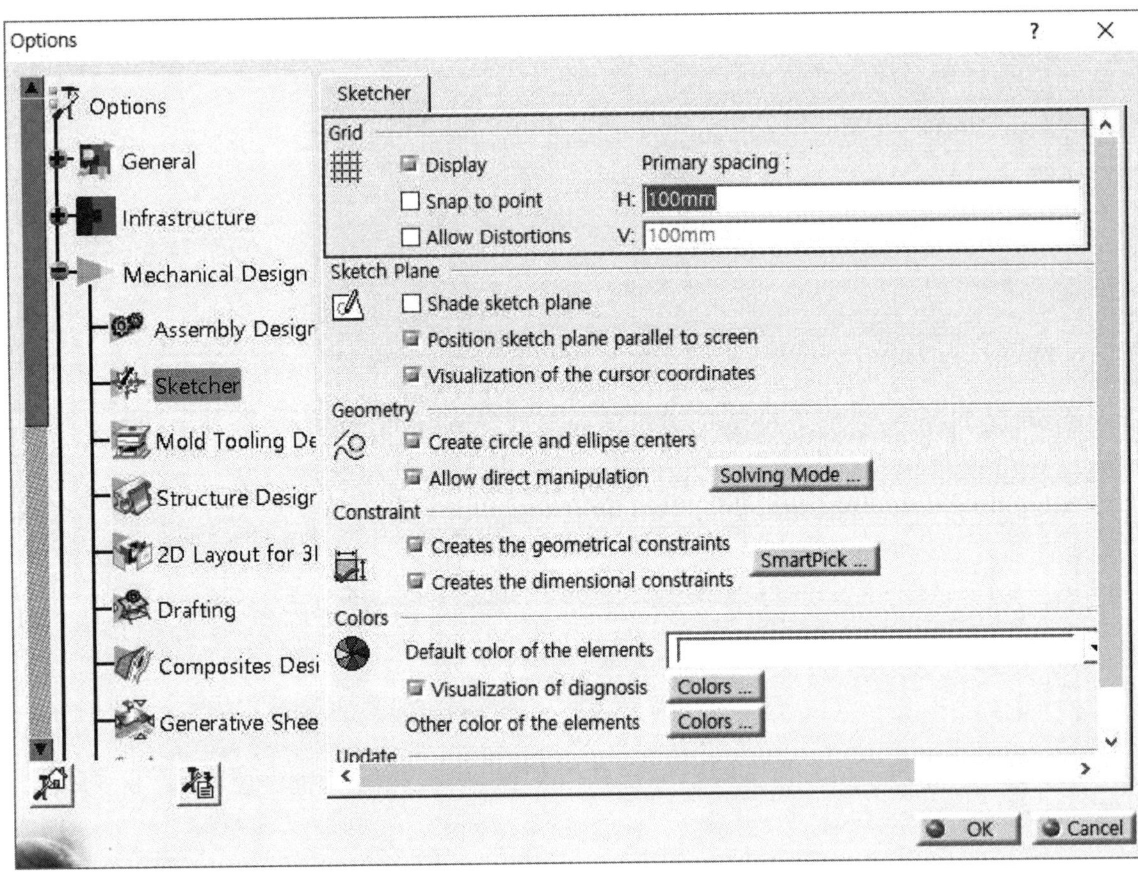

(5) Part Design 환경 설정하기

메인메뉴->Tools->Options...를 선택한다.

왼쪽 메뉴에서 【Options->Infrastructure->Part Infrastructure 메뉴】를 선택한다.

우측 상단의 "Part Document" Tag를 선택하고 아래와 같이 설정한다.

1) "Axis system" 활성화하기

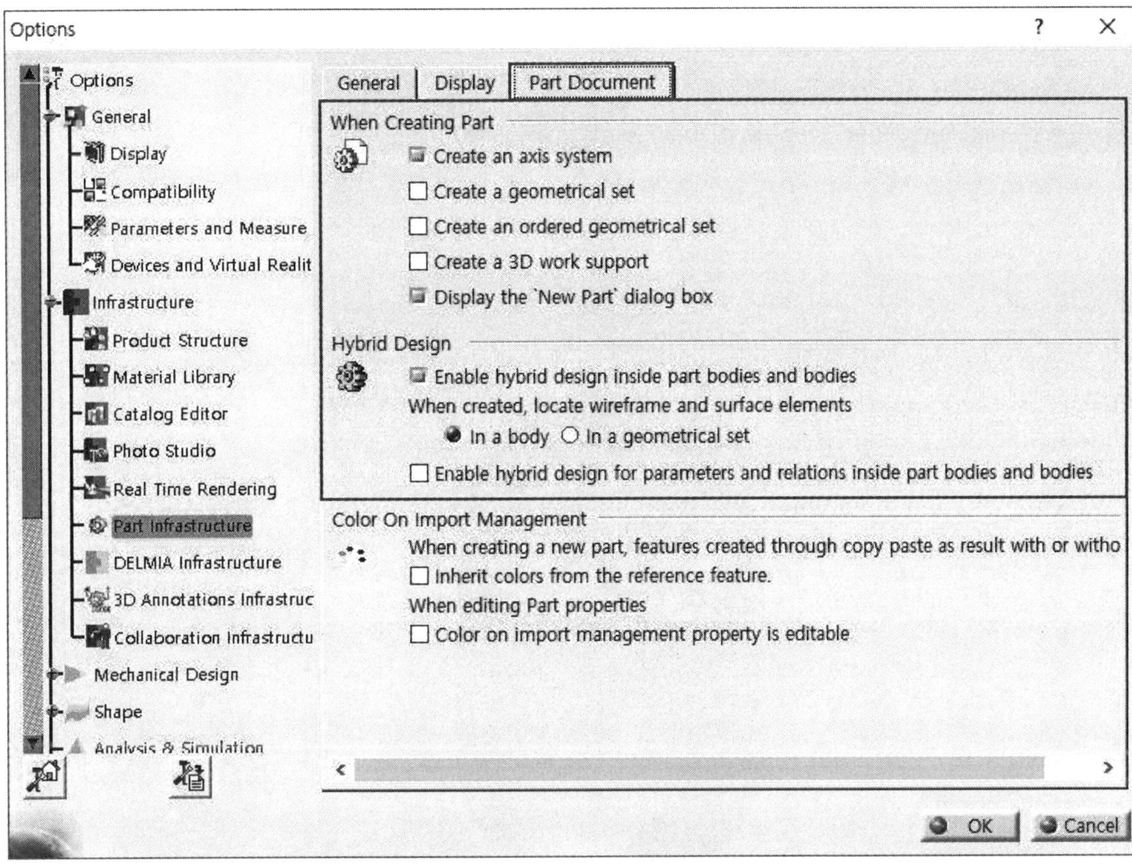

【Create an axis system : OFF】

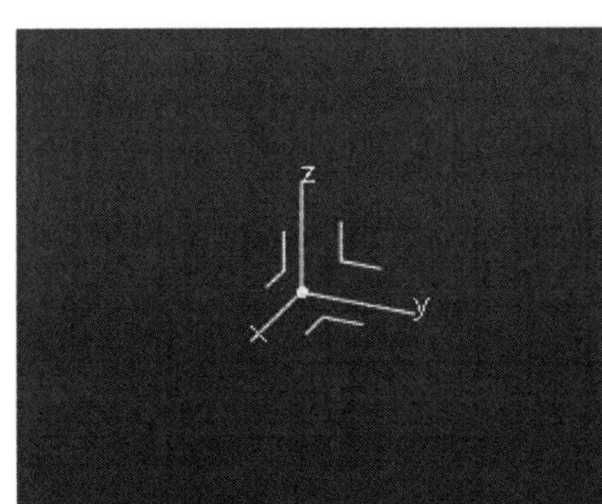

【Create an axis system : ON】

2) 하이브리드 디자인(Hybrid Design) 사용여부 설정하기

"Enable hybrid design"을 선택하면 CATIA V5에서 생성하는 Solid model과 Surface model을 하나의 Body에서 관리할 수 있다. 이 옵션을 선택하지 않으면 Soild model은 Body에 Surface model은 Gemetical Set에 저장된다. 이 옵션의 선택여부는 사용환경에 따라 다르다.

1-4 마우스(mouse) 사용법

CATIA를 원활하게 사용하기 위해서는 마우스의 기본적인 사용법에 익숙해지는 것이 필요하다. 대부분의 마우스는 3개의 버튼(가운데 휠이 있는 경우 포함)을 가지고 있으며, 2버튼 마우스도 있으나 CATIA 사용시는 3버튼 마우스를 사용한다.(2버튼 마우스는 사용에 제약이 있으므로 권장하지 않는다.)

CATIA에서는 마우스의 각 버튼을 단독으로 또는 서로 조합하여 화면에 보이는 모델링 요소를 화면상에서 이동(Pan), 회전(Rotate) 및 확대/축소(zoom-in/zoom-out)할 수 있다.

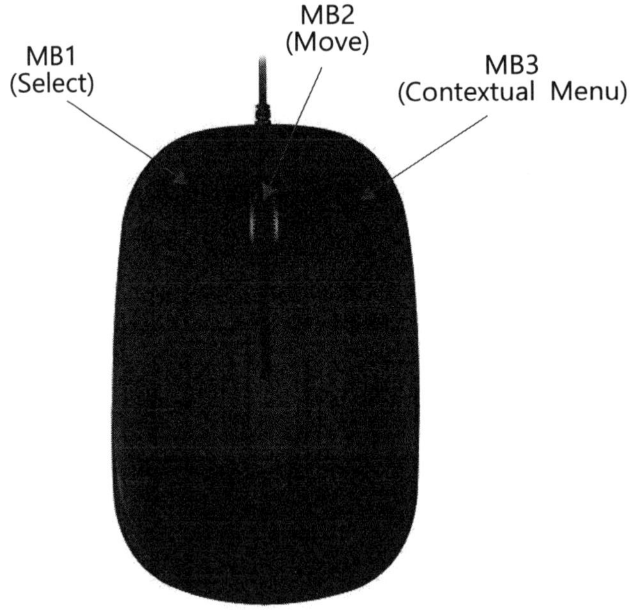

이동하기	2번 버튼(MB2)를 누른 상태에서 마우스를 움직인다.
회전하기	1번 버튼(MB1)과 2번 버튼(MB2)을 동시에 누른 상태에서 마우스를 움직인다.
확대/축소하기	2번 버튼(MB)을 누른상태에서 1번 버튼(MB1)을 눌렀다 땐 후 마우스를 움직인다.

2

스케쳐워크벤치
(Sketcher Workbench)

스케쳐워크벤치는 파트디자인워크벤치(Part Design Workbench) 및 GSD워크벤치(Generative Shape Design Workbench)에서 3차원 형상의 솔리드 또는 서피스모델을 생성할 때 필요한 프로파일(Profile)을 그리는 도구이다. 일반적으로 3차원 모델링 형상의 투상도로부터 프로파일을 완성하고 이로부터 3차원 솔리드 또는 서피스 모델을 완성한다.

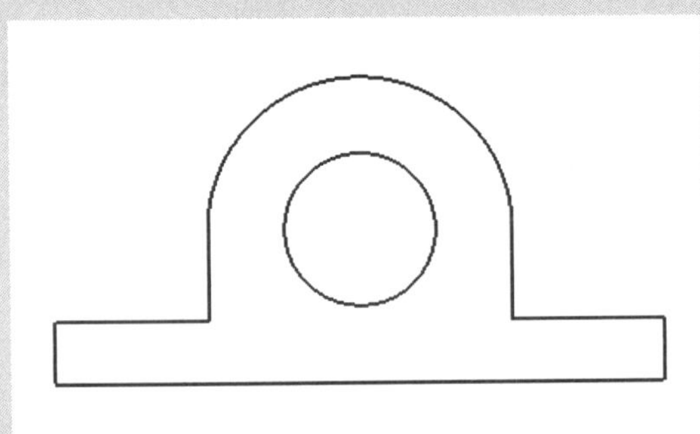

Wireframe(스케쳐워크벤치)

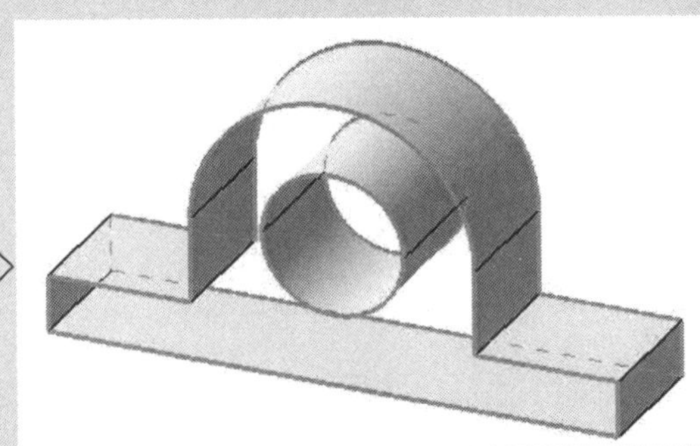

3D Surface model(GSD워크벤치)

2-1 스케쳐워크벤치 시작하기

CATIA를 실행하면 다음과 같은 새로운 프로덕트 파일이 열린다. 먼저 이 파일(창)을 닫고 메인메뉴의 【Start->Shape->Generative Shape Design】을 선택하거나 또는 환경설정에서 즐겨찾기에 등록한 GSD워크벤치를 선택하여 새로운 파트를 연다.

(1) GSD워크벤치 실행하기

1) 메인메뉴에서 실행

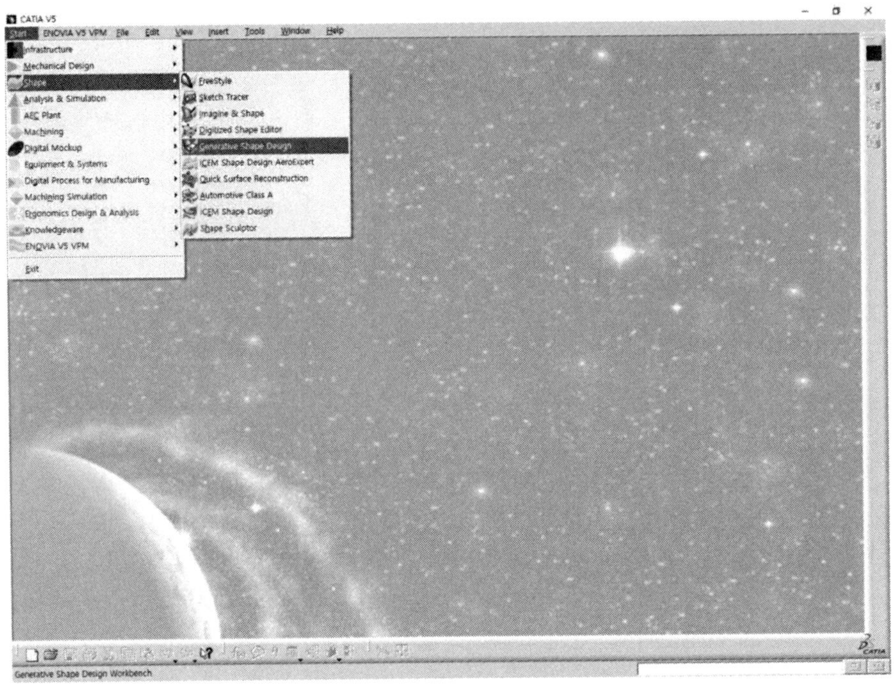

2) 즐겨찾기에서 실행

3) GSD워크벤치 초기화면 구성

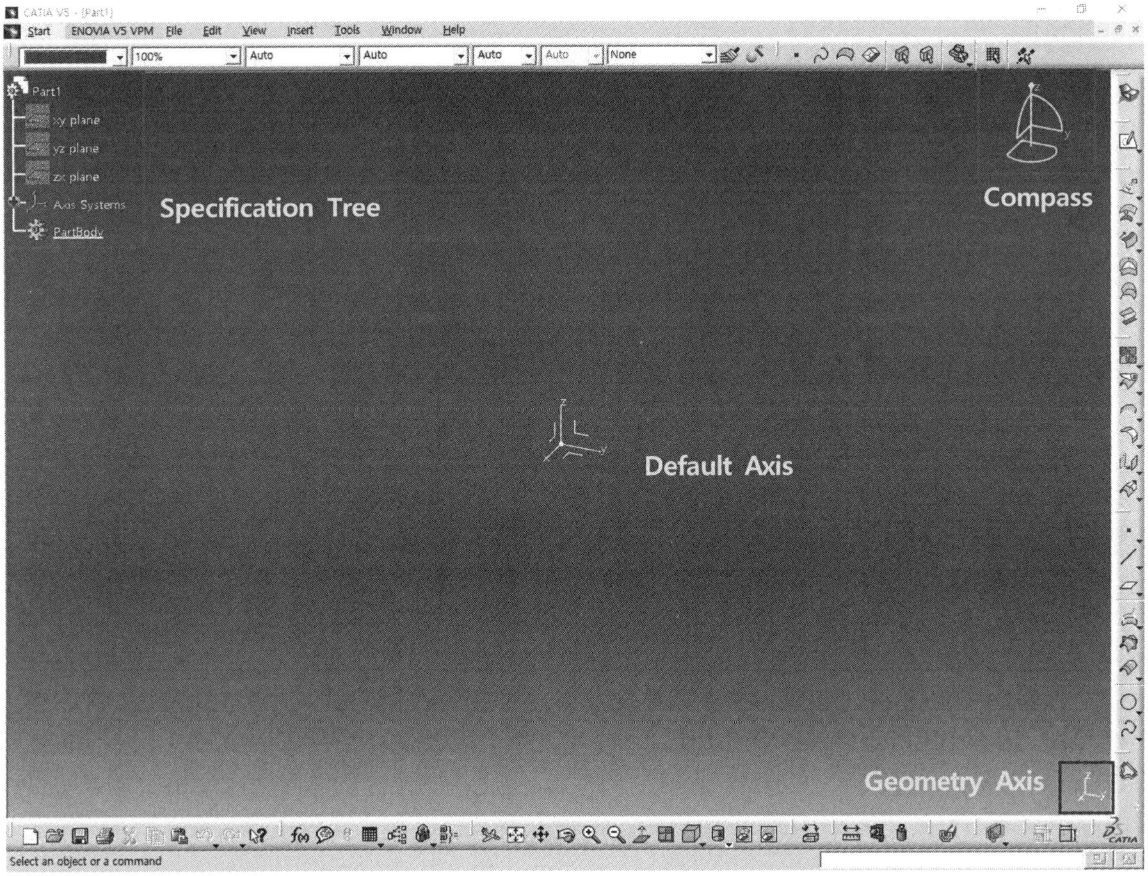

(2) 스케쳐워크벤치 들어가기

1) 스케쳐툴바(Sketcher Toolbar)

스케치(Sketch)란 3차원 솔리드모델 또는 서피스모델을 생성하기 위해 필요한 기본요소를 그리는 과정이며 그 결과물을 GSD워크벤치에서는 프로파일(Profile) 또는 와이어프레임(Wireframe)이라 한다.

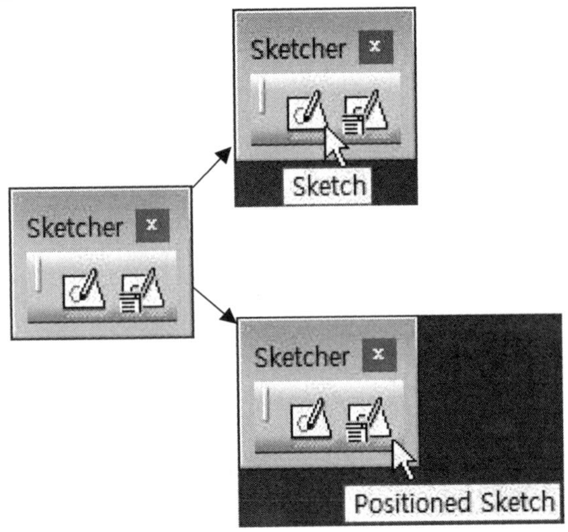

"스케치(Sketch)" 명령어는 CATIA가 설정한 좌표축으로 스케쳐 평면을 설정한다.

"포지션드스케치(Positioned Sketch)" 명령어는 사용자가 의도하는 방향으로 좌표축을 지정하여 스케쳐 평면을 설정할 수 있다. 스케쳐 평면을 지정할 때 주로 사용한다.

【스케쳐워크벤치의 실행방법 및 툴바】

2) 포지션드스케치(Positioned Sketch)

포지션드스케치를 이용하면 스케쳐워크벤치의 수평(H)과 수직(V)축을 사용자가 정의할 수 있다. CATIA는 원점에 3개의 평면이 존재하며 각 평면에 포지션드스케치를 적용할 때 수평과 수직축은 다음과 같이 각각 설정한다.

삼각투상법을 기준으로 정면도는 y-z평면, 측면도는 x-z평면, 평면도는 x-y평면에 해당하며, 삼각법으로 투영한 도면에서 표기하는 치수는 다음 표와 같이 수평축(H)과 수직축(V)의 방향을 기준으로 부여된다.(화살표가 가리키는 방향이 정(+), 반대방향은 부(-)가 된다.)

<table>
<tr>
<td>x-y평면
(평면도)</td>
<td>
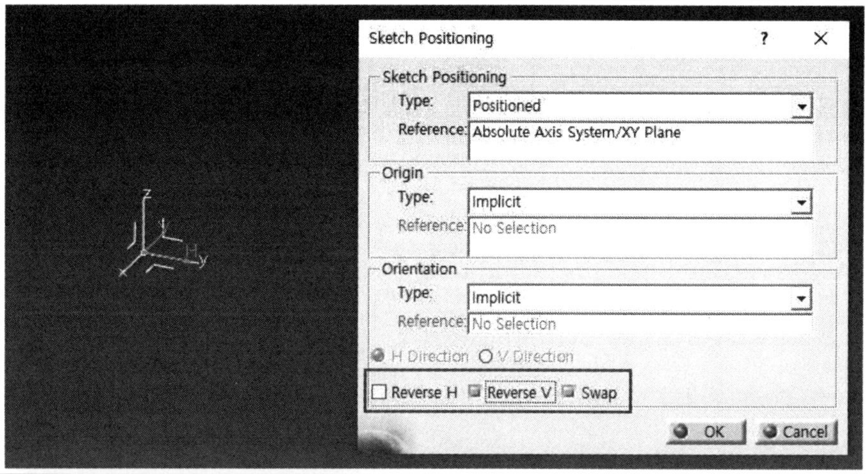

</td>
</tr>
<tr>
<td>x-z평면
(측면도)</td>
<td>
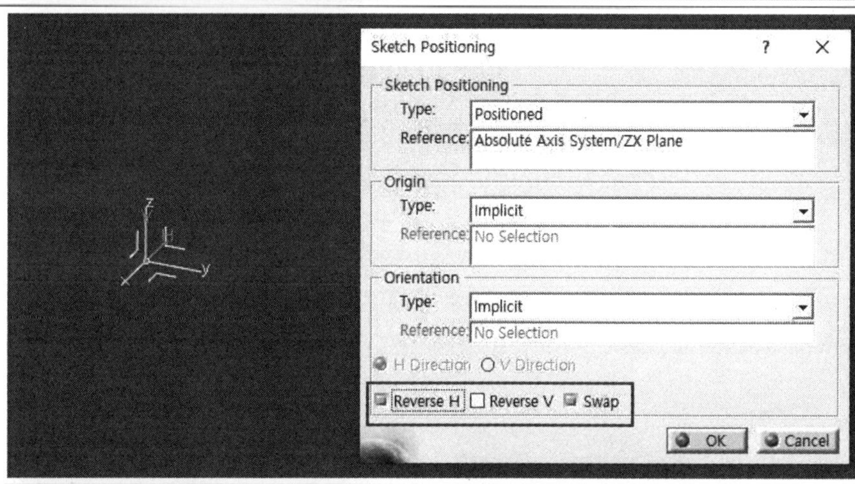

</td>
</tr>
<tr>
<td>y-z평면
(정면도)</td>
<td>
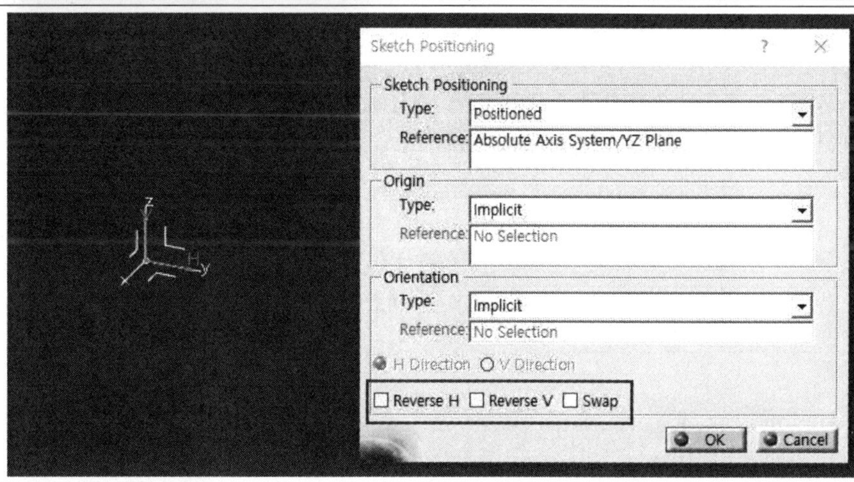

</td>
</tr>
</table>

(3) 스케쳐워크벤치 이해하기

스케쳐워크벤치를 사용하기 전 알아야 할 기본적인 내용에 대해 설명한다.

1) Specification Tree

스케쳐워크벤치를 실행하기 위해 먼저 파트디자인워크벤치를 실행한다. 이 때 화면 왼쪽 상단 메인 메뉴 아래에는 Specification Tree가 있다.

Specification Tree는 CATIA 워크벤치에서 작업하는 모든 내용을 작업순서에 따라 저장하며 윈도우OS의 폴더생성 및 관리방법과 유사하게 Body 및 Geometrical Set 등을 추가하거나 CATIA 워크벤치에서의 작업과정 및 결과물의 속성별 관리도 가능하다.

TIP

- Specification Tree는 F3 key를 이용하여 숨기거나 보일 수 있다.(CATIA 작업화면에서 Specification Tree가 보이지 않는 경우 F3 key를 누른다.)
- Shift+F3 key를 동시에 누르면 CATIA의 작업영역(Working Area)과 Specification Tree를 교대로 선택할 수 있다.(Specification Tree가 선택되면 작업영역은 Dimmed되며 마우스를 이용하여 Specification Tree의 위치나 크기를 조절할 수 있다.)

【GSD워크벤치】	【스케쳐워크벤치】
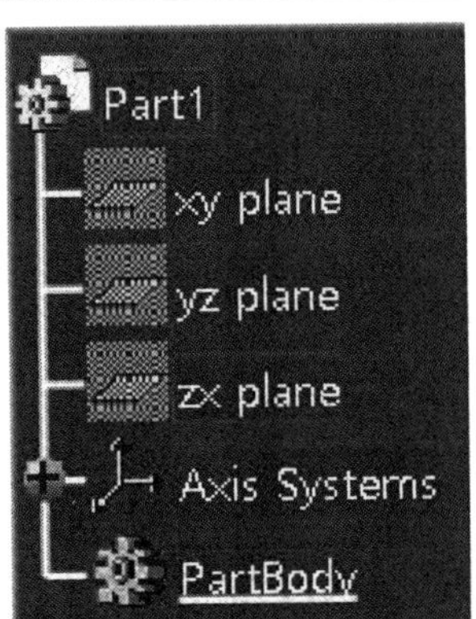	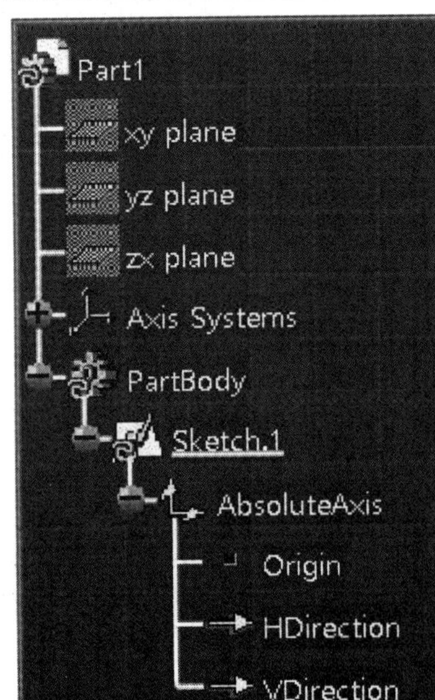

☞ GSD워크벤치와 PART DESIGN워크벤치의 Specification Tree의 구조는 기본적으로 동일하다.

2) 스케치 작업 순서

스케쳐워크벤치는 파트디자인 또는 GSD워크벤치에서 3차원 형상을 정의하기 위하여 필요한 2차원 요소, 즉 프로파일(Profile)을 그리는 도구이다.

보다 생산적인 작업을 위해서는 스케쳐워크벤치에서 제공하는 "Profile Toolbar", "Operation Toolbar", "Constraint Toolbar"의 기능을 잘 이해해야 한다.

스케쳐워크벤치의 일반적인 작업순서는 다음과 같다.

STEP1	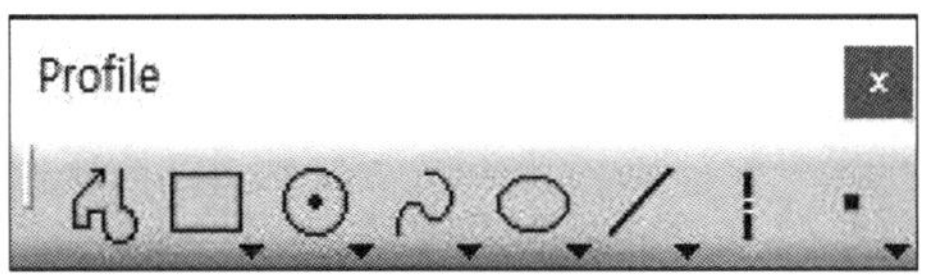	스케치 형상의 대략적인 윤곽을 생성한다.
STEP2	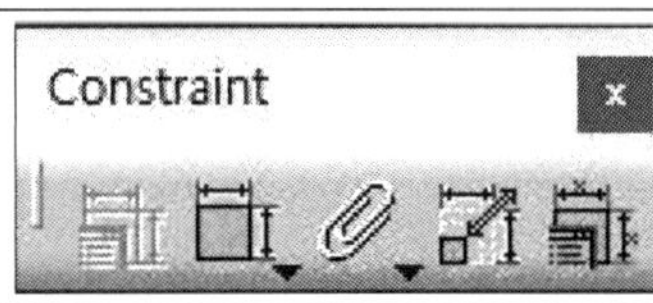	프로파일툴바로 생성한 대략적인 형상에 치수(원점기준) 및 기하학적 상호관계(대칭,직교,접선 등) 등 구속조건을 부여한다.
STEP3	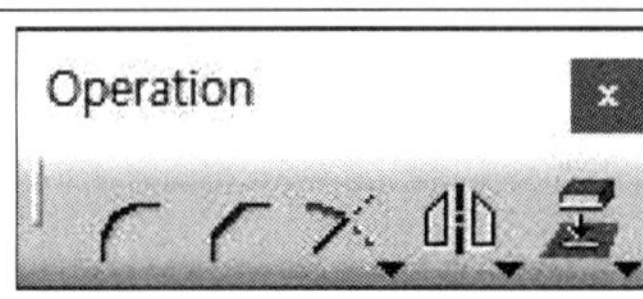	형상을 다듬거나 수정하고 구속조건을 부여하여 최종적인 프로파일을 완성한다.

3) 프로파일(Profile)의 이해

프로파일이란 3차원 형상을 정의하기 위해 필요한 2차원 요소를 말한다. 파트디자인워크벤치와 GSD워크벤치에서는 사용가능한 프로파일의 형태가 다소 다르므로 사용자는 프로파일에 대해 잘 이해해야 한다.

프로파일에는 두가지의 형태가 있다. 하나는『Colsed Profile』즉, 닫혀있는 형상이며 또 다른 형태는『Open Profile』즉, 열려있는 형상으로 파트디자인워크벤치에서는 반드시『Colsed Profile』을 사용해야 한다. 그러나 GSD워크벤치에서는『Colsed Profile』과『Open Profile』둘 다 사용가능하다.

Closed Profile	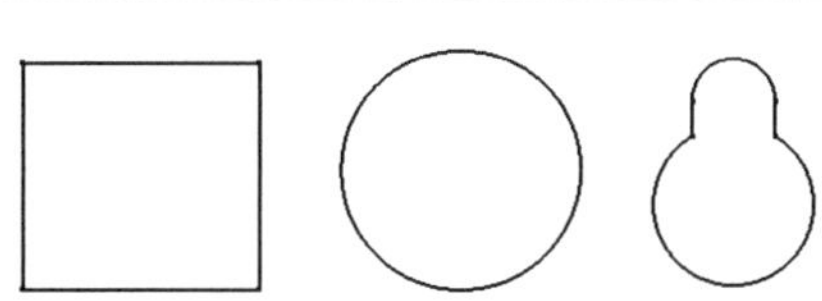	· Part Design Workbench · GSD Workbench
Open Profile	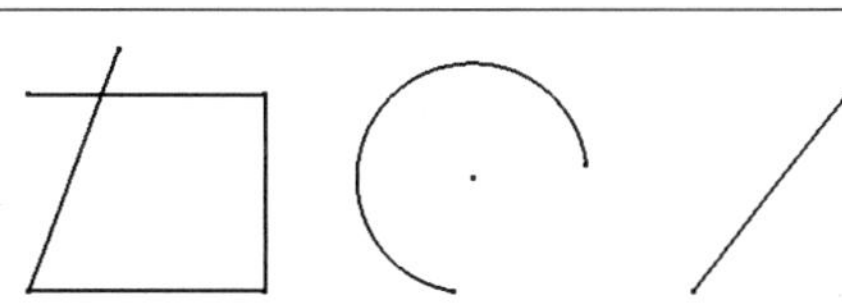	· GSD Workbench

4) 스케치툴(Sketch Tools) 툴바

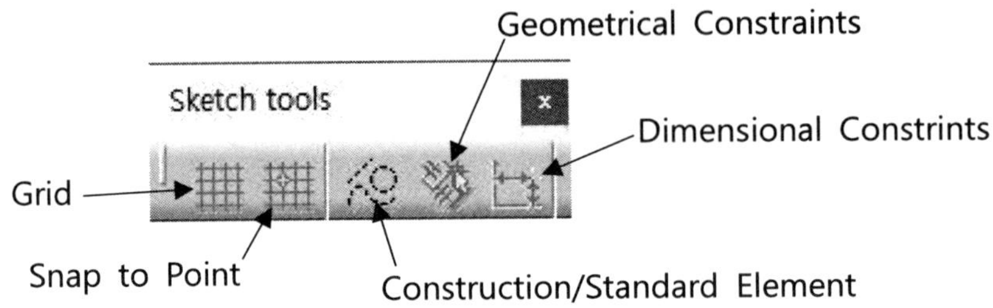

스케치툴은 Tools의 기본 기능 외에 프로파일(Profile)의 좌표, 크기 등 다른 명령어의 보조적인 기능을 지원한다. 예를 들어 "Profile" 툴바()의 "Profile icon()"을 클릭하여 실행하면(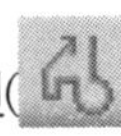) 스케치 툴은 아래와 같이 확장되어 "Profile" 명령의 부가옵션항목을 보여준다.

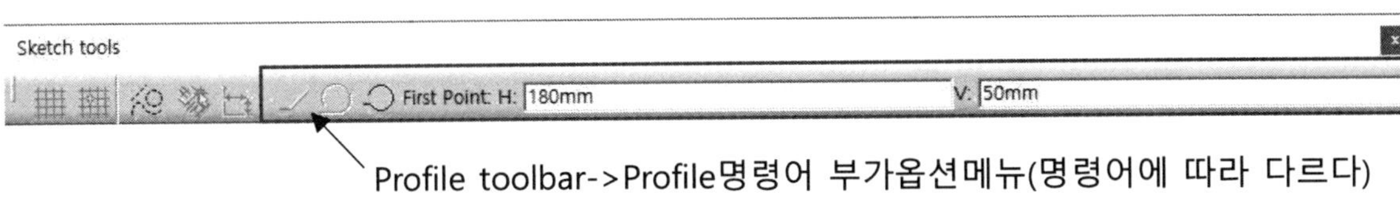

스케치툴의 기본기능에 대한 세부내용은 다음과 같다.

❑ Grid(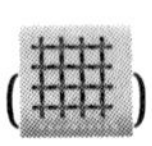)

스케쳐 화면에 격자를 표시하거나 숨길 수 있다. 격자를 표시하면 스케치 작업이 편리하므로 통상적인 스케치 작업시에는 켜두도록 한다.(Grid: 켬, 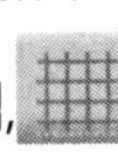)

❑ Snap to Point()

스케쳐 화면에서 프로파일을 생성할 때 격자의 교차점에만 포인트를 찍을 수 있도록 하는 기능이다. 이 기능이 활성화되면 격자의 교차점 외에는 포인트를 찍을 수 없기 때문에 통상적인 스케치 작업시에는 비활성화하는 것이 편리하다.(Snap to Point: 끔, 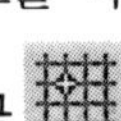)

❑ Construction/Standard Element( )

스케쳐 화면에서 그린 스케치 요소를 Standard 요소로 할 것인지 보조선 요소로 사용할 것인지를 설정한다.

Standard요소로 하는 경우 설정을 해제(끔,)하고, Construction요소로 하는 경우 설정을 적용(켬,)하여 사용한다. Construction 요소로 작업하면 스케쳐워크벤치를 벗어나 파트디자인워크벤치나 GSD워크벤치로 이동하였을 때 화면상에 보이지 않는다. 즉, 3차원 형상 모델링에 직접 사용되지 않는다.(3차원 형상 작업시 보이지 않는다고 해서 스케쳐에서 작업한 Construction요소가 삭제된 것은 아니며 단지 보이지 않는 것이다.)

❑ Geometrical Constraints( )와 Dimensional Constraints( )

CATIA에서는 스케치 작업시 구속(Constraints)이라는 용어를 사용한다. CATIA에서 구속(Constraints)이란 스케치 작업을 통해 생성한 프로파일(Profile)에 각종 속성을 부여하는 것이다. 이러한 속성들을 두가지로 구분하여 기하구속(Geometrical Constraints) 조건과 치수구속(Dimensional Constraints) 조건으로 분류한다.

여기서 "기하구속"이란 기하학적인 구속조건으로서 숫자가 아닌 문자나 기호로 정의되는 구속을 의미하여, "치수구속"이란 숫자로 나타낼 수 있는 구속을 의미한다. CATIA로 스케치 작업을 통해 완성되는 프로파일은 "구속작업(=기하구속+치수구속)"을 거쳐 최종적으로 "완전구속(Fully Constraints) 상태가 되어야 하는 것이다.

【Geometrical Constraints 】 옵션은 이러한 구속작업의 편의성을 위해 CATIA에서 제공하는 것으로 『기하구속조건』을 자동으로 부여하는 기능의 사용여부를 선택하도록 한다. 이 옵션은 작업의 편의성을 위해 항상 켜 두도록 한다.

【Dimensional Constraints 】 옵션은 『치수구속조건』을 자동으로 부여하는 것으로 이 옵션도 작업의 편의성을 위해 항상 켜 두도록 한다.

5) 프로파일(Profile)툴바

스케치 할 형상을 생성하는 기능들을 모아놓은 툴바이다.

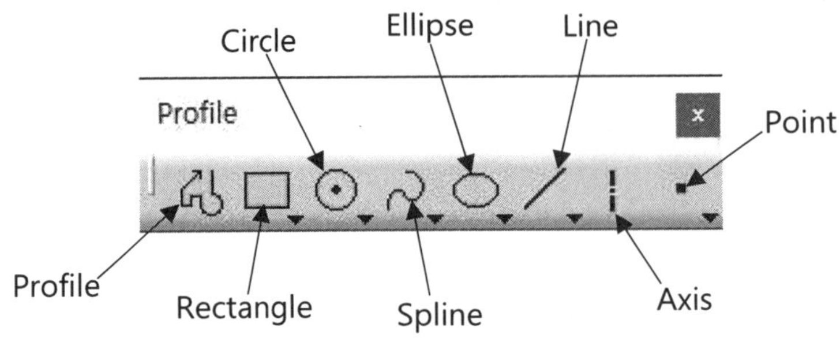

기본 아이콘 우측하단의 "▼" 표시를 클릭하면 세부기능을 가진 보조툴바(Sub Toolbar)가 나타난다.

❑ Profile()

▩ Profile(): 선과 원 등으로 이루어진 다각형을 그린다.(부가옵션이 있다.)
▷Line(): 직선 프로파일을 연속적으로 생성한다. ▷Tangent Arc(): 생성한 직선프로파일에 접선구속을 가지는 호(Arc)를 만든다. ▷Three Point Arc(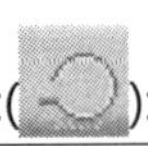): 3개의 점을 이용하여 호(Arc)를 만든다.

❑ Predefined Profile()툴바

【Predefined Profile Toolbar】는 스케쳐작업시 사용빈도가 높은 형상에 대해 미리 정의된 그리기 도구들을 저장하고 있으며 이를 통하여 생산성을 높일 수 있다.

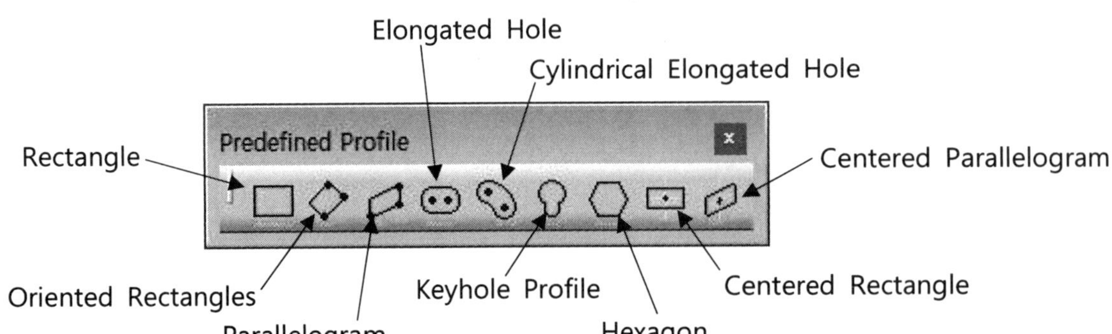

▧ Rectangle( ): 사각형의 형상을 만든다.
▧ Oriented Rectangles( ): 임의의 기준선 방향으로 직각사각형을 만든다.
▧ Parallelogram( ): 평행사변형 형상을 만든다.
▧ Elongated Hole( ): 원의 중심이 연장된 홀 형상을 만든다.
▧ Cylindrical Elongated Hole( ): 연장된 원의 중심선이 호(Arc)인 홀 형상을 만든다.
▧ Keyhole Profile( ): 열쇠구멍 형상을 만든다.
▧ Hexagon( ): 육각형의 형상을 만든다.(보조선을 지우면 안된다.)
▧ Centered Rectangle( ): 중점에 대칭인 직각사각형을 만든다.
▧ Centered Parallelogram( ): 교차하는 두 기준선을 이용하여 평행사변형을 만든다.

❑ Circle( )툴바

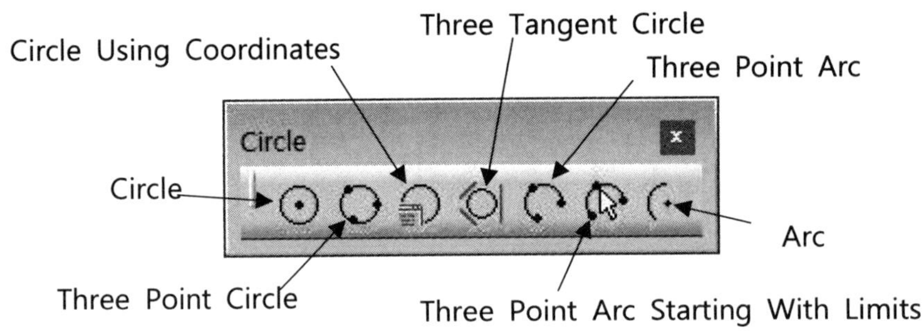

▩ Circle( ): 중심과 반경으로 원을 만든다.
▩ Three Point Circle( ): 세 점으로 이루어진 원을 만든다.
▩ Circle Using Coordinates( ): 좌표값(원점,반경)을 입력하여 원을 만든다.
▩ Three Tangent Circle( ): 세 요소에 접하는 원을 만든다.
▩ Three Point Arc( ): 세 점을 이용하여 호(Arc)를 만든다.
▩ Three Point Arc Starting With Limits( ): 세 점으로 호를 만든다(시작점과 끝점을 먼저 지정하고 마지막으로 반경을 지정하여 호를 완성한다.).
▩ Arc( ): 호를 만든다(원점->시작점->끝점으로 호를 만든다. 호를 만드는 가장 간단한 방법이다.)

❑ Spline( )툴바

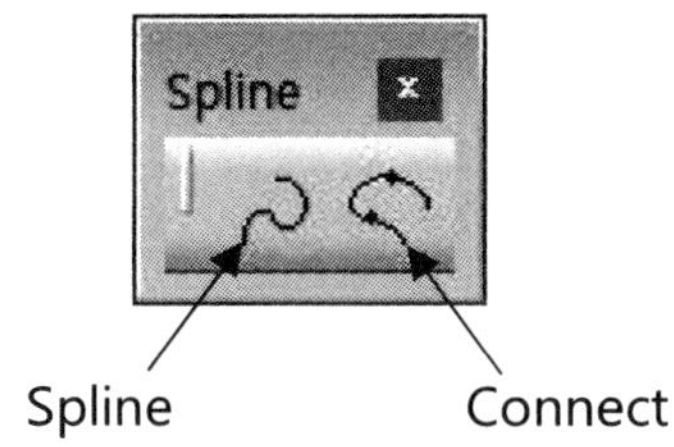

▧ Spline( ): 여러개의 점을 지나는 곡선을 만든다.

▧ Connect( ): 두 프로파일을 연결한다.(부가옵션이 있다.)

▷Continuity in Point( ): 두 프로파일의 끝점을 직선으로 연결한다.

▷Continuity in tangency( ): 두 프로파일의 끝점을 접선방향 속성을 유지하며 연결한다.

▷Continuity in curvature( ): 두 프로파일의 끝점을 곡률을 유지하여 연결한다.

❑ Conic( )툴바

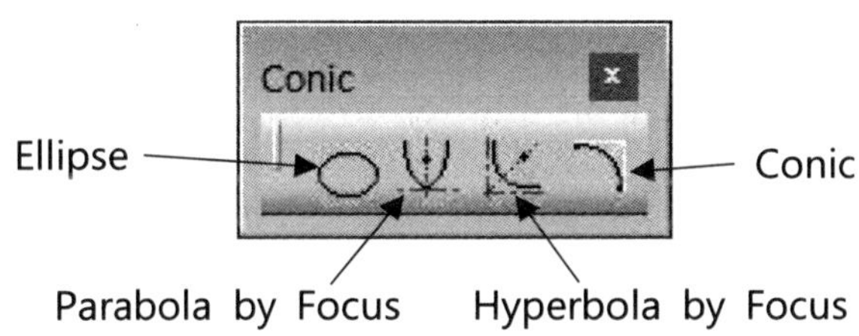

▧ Ellipse( ): 장축(Major Axis)과 단축(Minor Axis)을 가진 타원형을 만든다.

▧ Parabola by Focus( ): 포물선을 만든다.

▧ Hyperbola by Focus( ): 쌍곡선을 만든다.

▧ Conic( ): 원뿔 형상을 만든다.

❑ Line( )툴바

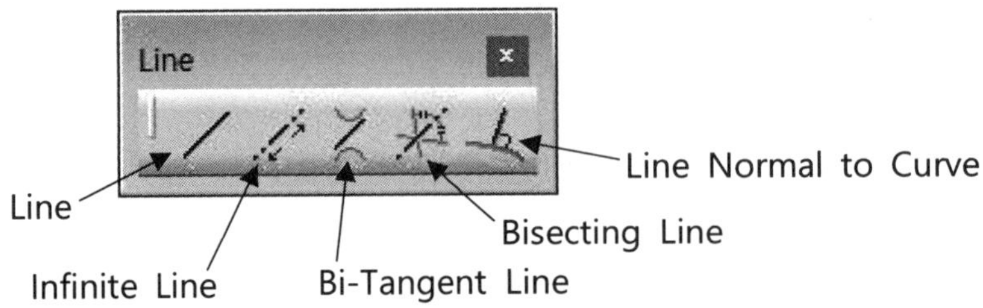

▧ Line( ): 두 개의 점으로 직선을 만든다.

▧ Infinite Line( ): 길이가 무한대인 직선을 만든다.(부가옵션이 있다.)

▶Infinite Line Sub-Toolbar

▷Horizontal Line( ): 수평선을 만든다.

▷Vertical Line( ): 수직선을 만든다.

▷Line Through Two Points( ): 두 개의 점을 연결하는 직선을 만든다.

▧ Bi-Tangent Line( ): 두개의 원(곡선,호)에 접하는 직선을 만든다.

▧ Bisecting Line( ): 교차하는 두 직선의 이등분선을 만든다.

▧ Line Normal to Curve( ): 곡선(원,호)에 대해 임의의 위치(커서가 지정하는 위치)에서 수직선을 만든다.(부가옵션이 있다.)

❑ Axis( )

▧ Axis( ): 축을 만든다.(만들어질 때부터 Construction Element로서 스케쳐 작업시 중심선(축)의 기능을 한다. 3차원 작업공간에서는 보이지 않는다.)

❑ Point( )툴바

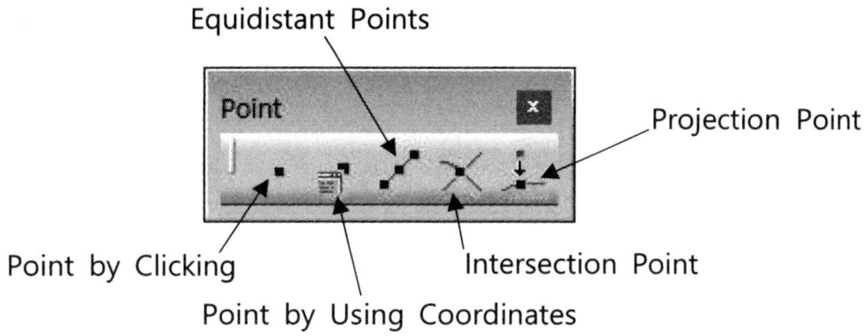

▨ Point by Clicking( ): 마우스로 클릭하는 임의의 위치에 점을 만든다.

▨ Point using Coordinates( ): 좌표값을 직접 입력하여 점을 만든다.

▨ Equidistant Points( ): 선택한 형상에 등간격의 점을 만든다.

▨ Intersection Point( ): 교차하는 두 프로파일의 교차점을 만든다.

▨ Projection Point( ): 임의의 점을 프로파일(직선, 곡선형상 등) 위에 투영시킨다.(부가 옵션이 있다.)

▷Orthogonal Projection( ): 선택한 점을 프로파일에 수직하게 투영한다.

▷Along a Direction( ): 선택한 점을 프로파일에 사용자가 지정한 방향으로 투영한다.

5) 오퍼레이션(Operation)툴바

스케치한 프로파일을 편집하는 기능을 모아 놓은 툴바이다.

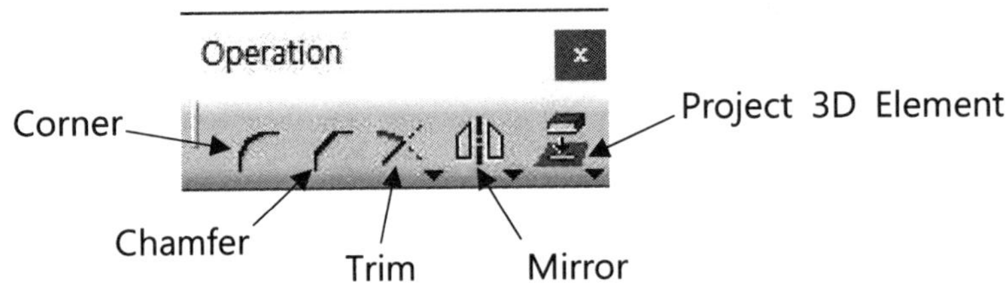

기본 아이콘 우측하단의 "▼" 표시를 클릭하면 세부기능을 가진 보조툴바(Sub Toolbar)가 나타난다.

❑ Corner( )

▩ Corner( ): 두 개의 요소를 선택하여 각 요소에 접하는 라운드 형상을 만든다. (부가옵션이 있다.)

▶ Corner Sub-Toolbar

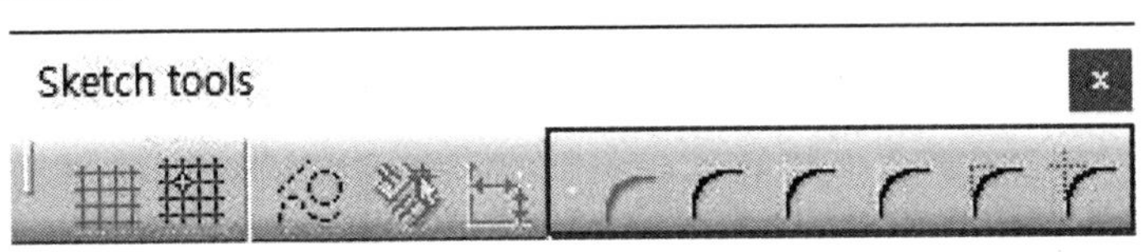

▷Trim All Elements( ): 선택한 두 개의 요소를 모두 제거하여 Corner를 만든다.

▷Trim First Element( ): 선택한 두 개의 요소 중 첫 번째 요소만 제거하여 Corner를 만든다.

▷No Trim( ): Corner를 만들 때 선택한 두 개의 요소를 모두 남긴다.

▷Standard Lines Trim( ): Corner를 만들 때 선택한 두 요소를 모두 Standard Element로 만들고 자른다.

▷Construction Lines Trim( ): Corner를 만들 때 선택한 두 요소를 모두 Construction Element로 만들고 자른다.

▷Construction Lines No Trim( ): Corner를 만들 때 선택한 두 요소를 모두 Construction Element로 만든다.

❑ Chamfer( )

두 개의 요소를 선택하여 모따기를 한다. 스케치툴(Sketch Tool)에서 6가지 부가옵션을 선택할 수 있다.

⊠ Chamfer( ): 두 개의 요소를 선택하여 모따기를 한다.(부가옵션이 있다.)

▶ Chamfer Sub-Toolbar

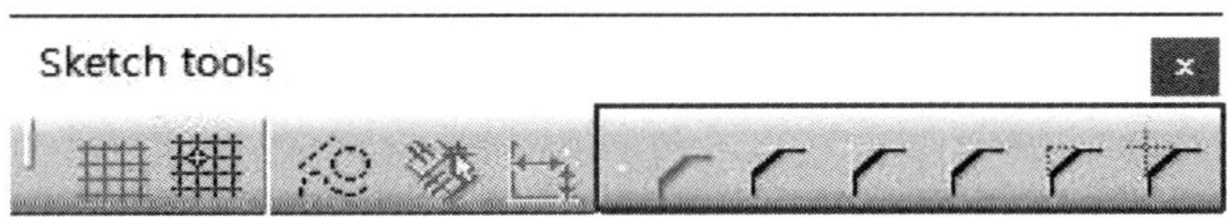

▷Trim All Elements( ): 선택한 두 개의 요소를 모두 제거하여 Corner를 만든다.

▷Trim First Element( ): 선택한 두 개의 요소 중 첫 번째 요소만 제거하여 Corner를 만든다.

▷No Trim( ): Corner를 만들 때 선택한 두 개의 요소를 모두 남긴다.

▷Standard Lines Trim( ): Corner를 만들 때 선택한 두 요소를 모두 Standard Element로 만들고 자른다.

▷Construction Lines Trim( ): Corner를 만들 때 선택한 두 요소를 모두 Construction Element로 만들고 자른다.

▷Construction Lines No Trim( ): Corner를 만들 때 선택한 두 요소를 모두 Construction Element로 만든다.

▶ Chamfer Sub-Toolbar : Chamfer 치수 부여 부가 옵션

▷Angle and Hypotenuse( ): 대각선의 길이와 첫 번째 선택한 요소가 이루는 각도를 이용하여 Chamfer를 만든다.

▷First and Second Length( ): 첫 번째와 두 번째 요소의 Trim되어 잘려나간 길이를 이용하여 Chamfer를 만든다.

▷Angle and First Length( ): 첫 번재 요소의 Trim되어 잘려나간 길이와 첫 번째 요소에 대한 대각선의 각도를 이용하여 Chamfer를 만든다.

❑ Relimitations( )툴바

【Relimitations Toolbar】는 스케치로 생성한 형상요소 중 불필요한 부분을 잘라내거나 형상요소를 수정할 때 사용한다.

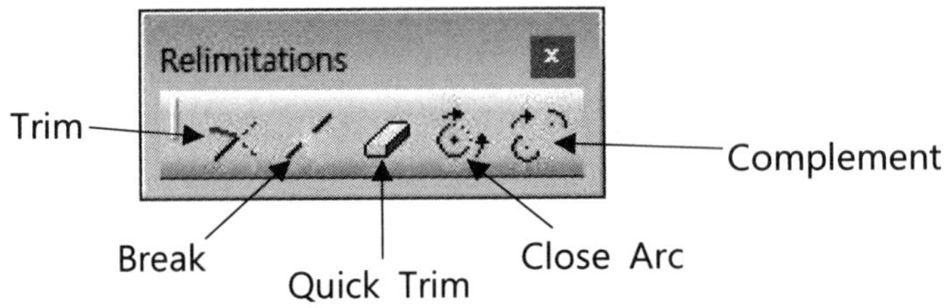

⊠ Trim( ): 교차하는 두 형상요소에서 불필요한 부분을 잘라내거나 수정한다.(부가옵션이 있다.)

▶Trim Sub-Toolbar

▷Trim All Elements ( ): 선택한 두 요소 남기고 나머지를 모두 자른다.

▷Trim First Element ( ): 선택한 두 요소 중 첫 번째 요소를 자른다.

⊠ Break( ): 교차하는 두 형상요소 중 첫 번째 선택한 요소를 두 번째 선택한 요소로 자를 수 있다.

⊠ Quick Trim( ): Trim과 유사한 명령어로 형상요소들의 교차선을 기준으로 원하는 부분 또는 나머지 부분을 제거할 수 있다.(부가옵션이 있다.)

▷Break And Rubber In( ): 교차점을 기준으로 선택한 요소를 지운다.

▷Break And Rubber Out( ): 교차점을 기준으로 선택한 요소를 제외하고 나머지를 지운다.

▷Break And Keep( ): 교차점을 기준으로 선택한 요소를 자른다.

⊠ Close Arc( ): 원 또는 타원 등 닫힌 형상의 일부분이 잘려있는 경우 이를 다시 닫힌 형상으로 복원시킨다.(원 또는 타원만 사용할 수 있다.)

⊠ Complement( ): 원 또는 타원 등 닫힌 형상의 일부분이 잘려있는 경우 현재 남아있는 부분의 반대 부분을 복원시킨다.(원 또는 타원만 사용할 수 있다.)

❑ Transformation( )툴바

【Transformation Toolbar】는 스케치로 생성한 형상요소를 임의의 기준선 또는 축에 대해 이동시키거나 복사한다.

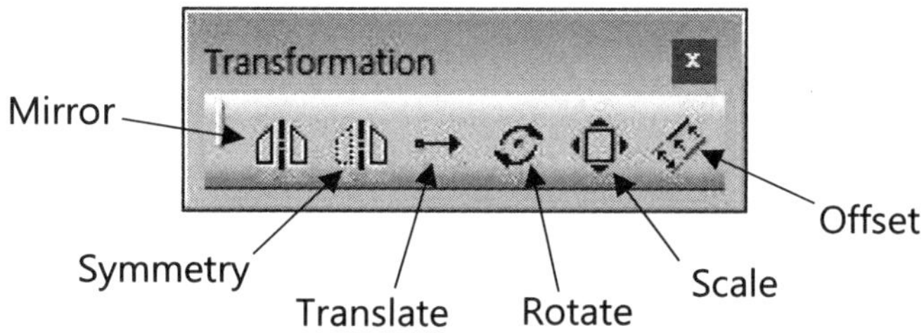

▩ Mirror( ): 임의의 기준선, 축에 대해 선택한 형상요소를 대칭복사한다. 스케치 상의 모든 형상요소에 적용할 수 있다.

▩ Symmetry( ): Mirror 명령어의 실행 방법과 동일하며 선택한 형상요소를 대칭 이동시킨다.(원본 형상이 이동한다.)

▩ Translate( ): 선택한 형상요소를 이동시키거나 복사한다. 부여된 구속조건을 형상요소와 함께 이동, 복사할 수 있다.

▩ Rotate( ): 선택한 형상요소를 회전 이동시키거나 회전 복사한다. 부여된 치수구속조건을 회전 복사할 수 있다.

▩ Scale( ): 선택한 형상요소를 일정 비율로 확대한다. Scale-Value에서 배율을 직접 입력하거나 마우스를 이용하여 배율을 부여할 수 있다.

▩ Offset( ): 선택한 형상요소를 지정한 간격과 방향에 따라 평행 복사한다.(부가옵션이 있다. 옵션으로 양방향 평행복사한다..)

▶ Offest Sub-Toolbar

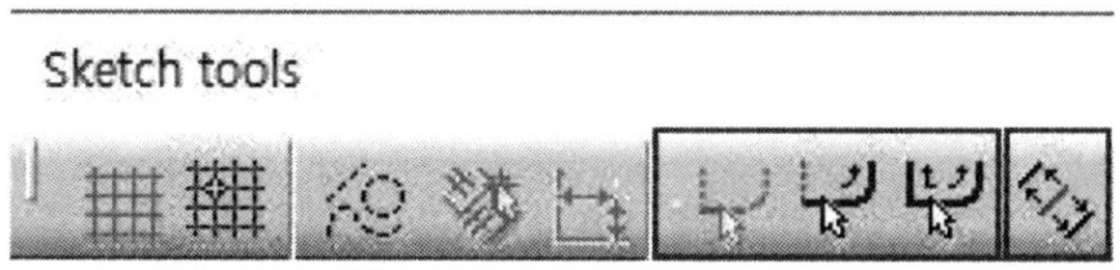

▷ No Propagation( ): 선택한 요소만 오프셋하여 평행복사한다.

▷ Tangent Propagation( ): 선택한 요소에 접하는 요소를 오프셋하여 평행복사한다.

▷ Point Propagation( ): 선택한 요소에 연속한 모든 요소를 오프셋하여 평행복사한다.

❑ 3D Geometry( )툴바

【3D Geometry Toolbar】는 3차원 솔리드 및 Surface 모델로부터 스케쳐 평면에 점, 선, 곡선을 투영한다. Project 3D Elements( )는 솔리드형상의 경계, Intersect 3D Elements( )는 교차하는 평면의 경계를, Project 3D Silhouette Edges( )는 경계면이 존재하지 않는 곡면형상 등의 경계를 투영한다.

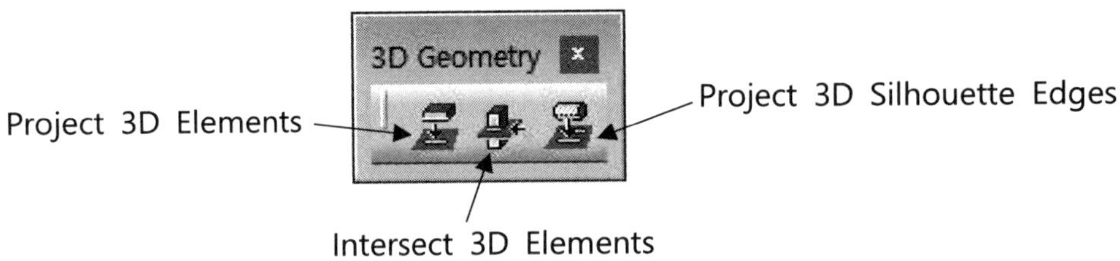

▧ Project 3D Elements( ):	3차원 솔리드형상의 경계(직선, 곡선, 점)를 스케쳐 평면상에 투영한다.(경계의 모서리 부분만 투영한다.)
▧ Intersect 3D Elements( ):	3차원 솔리드형상의 특정면에 대해 스케쳐 평면이 교차하는 형상요소를 투영한다.(경계는 투영하지 않는다.)
▧ Project 3D Silhouette Edges( ):	원형 또는 타원형 등 경계면이 존재하지 않는 3차원 형상요소를 투영한다.(곡면형상 경계의 그림자를 투영한다.)

5) 컨스트레인트(Constraint)툴바

스케치한 프로파일 요소 하나 또는 그 이상의 요소에 대하여 구속조건을 부여한다. 구속(Constraint)이란 원점(Origin)을 기준으로 치수를 부여(Dimensional Constraints)하거나 각 요소간 기하학적인 상관관계를 부여(Geometrical Constraints)하는 것을 말한다.

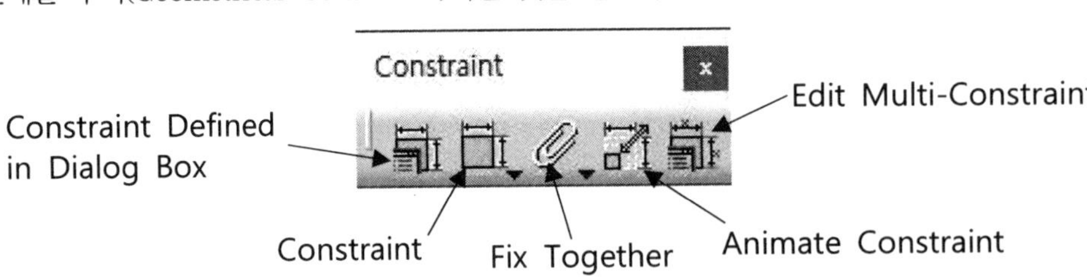

기본 아이콘 우측하단의 "▼" 표시를 클릭하면 세부기능을 가진 보조툴바(Sub Toolbar)가 나타난다.

❑ 구속의 종류

구 분	구속조건의 명칭	기 능
치수구속 (Dimensional Constraints)	☐ Distance	두 요소간 거리를 구속한다.
	☐ Length	프로파일 요소의 길이를 구속한다.
	☐ Angle	프로파일 요소간 각도를 구속한다.
	☐ Radius/Diameter	프로파일 요소(원,호)의 반경/직경을 구속한다.
	☐ Semimajor axis	타원요소의 장축을 구속한다.
	☐ Semiminor axis	타원요소의 단축을 구속한다.
기하구속 (Geometrical Constraints)	☐ Symmetry	두 요소를 중심축에 대해 대칭으로 구속한다.
	☐ Midpoint	선택한 선(Line)의 중앙으로 점(Point)의 위치를 이동시켜 구속한다.
	☐ Equidistant point	두 개의 점의 위치를 선택한 중심점을 기준으로 등간격이 되도록 구속한다.
	☐ Fix	선택한 프로파일 요소를 고정한다.
	☐ Coincidence	두 요소를 일치 구속한다.
	☐ Concentricity	두 요소의 중심을 일치 구속한다(원,호).
	☐ Tangency	두 요소가 접선방향으로 접촉하도록 구속한다.
	☐ Parallelism	두 요소가 평행하도록 구속한다.
	☐ Perpendicular	두 요소를 직각방향으로 구속한다.
	☐ Horizontal	선택한 요소를 수평방향으로 구속한다.
	☐ Vertical	선택한 요소를 수직방향으로 구속한다.

❑ 구속상태별 색상 구분

색 상	용 어	상 태
흰색(White)	Default Color	- 기본색상 - 구속조건이 부여되지 않았거나 구속조건이 부족한 요소
갈색(Brown)	Not-Changed Elements	- 과잉구속상태 - 구속정의에 오류가 있는 요소
녹색(Green)	Iso-Constrained Elements	- 완전구속상태 - 구속조건이 정상적으로 부여된 상태
보라색(Purple)	Over-Constrained Elements	- 과잉구속상태 - 중복되거나 불필요한 구속조건이 부여된 요소
빨간색(Red)	Inconsistent Elements	- 부적절한 구속조건이 부여된 경우
노란색(Yellow)	Protected Elements	- 수정될 수 없도록 보호된 요소 - 3차원 요소를 2차원 평면상에 투영한 경우

❑ Constraints( )툴바

프로파일의 각 요소에 구속조건을 부여한다. 서브 툴바에서 Constraint( )와 Contact Constraint ( )를 선택할 수 있다.

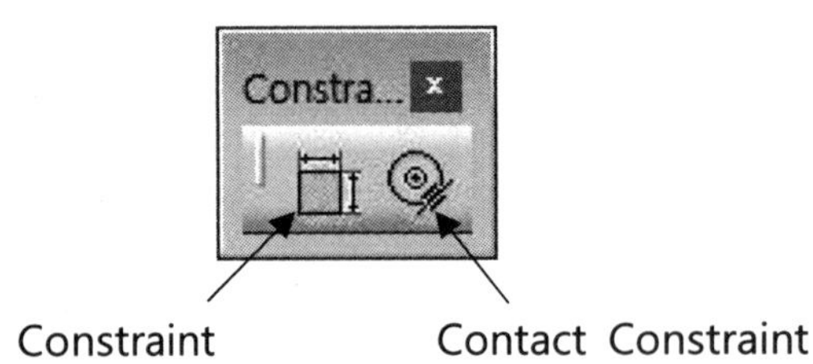

▩ Constraint( ):	치수구속과 기하구속을 모두 부여할 수 있다.(구속을 부여할 프로파일 요소를 선택한 후 마우스 우측버튼을 누르면 부여 가능한 구속조건이 제시된다.)
▩ Contact Constraint( ):	선택한 프로파일 요소를 일치시킨다.(원/호의 경우 중심을 일치구속한다. 원(호)/선의 경우 접선방향으로 구속한다. 선/선의 경우 일치구속한다.)

3

GSD워크벤치 (Generative Shape Design Workbench)

GSD워크벤치(Generative Shape Design Workbench)는 스케치(Sketch)로 생성한 프로파일(Profile) 또는 GSD워크벤치의 와이어프레임(Wireframe)툴바로 생성한 와이어프레임(Wireframe)을 이용하여 파트디자인워크벤치로 표현하기 어려운 복잡한 외곽 형상을 가진 3차원 서피스모델(Surface Model)을 만드는 도구이다.

서피스모델(Surface Model)은 솔리드모델(Solid Model)과 달리 속이 비어있어 단면을 잘라 내부를 확인할 수 없으며 두께나 무게 등 물리적인 속성을 가지고 있지 않으므로 최종적으로는 솔리드모델(Solid Model)로 완성되어야 한다.

Wireframe and Surface Design

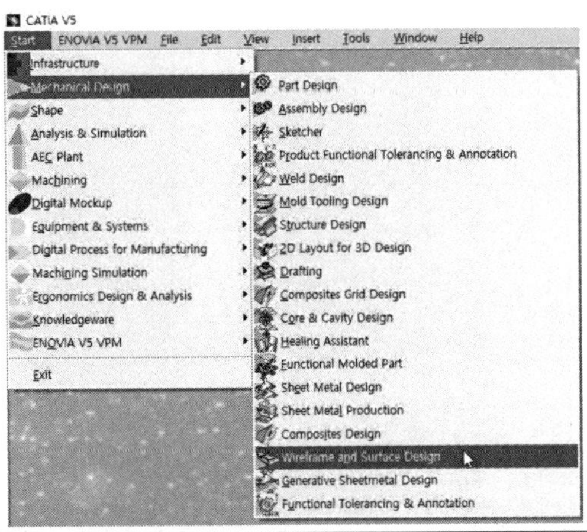

Generative Shape Design

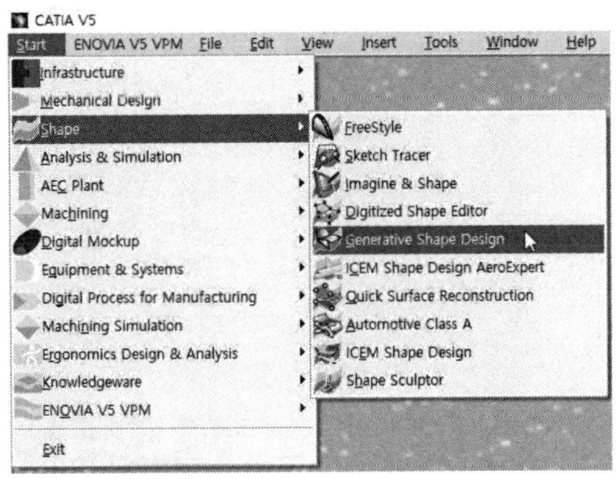

GSD워크벤치와 Wireframe and Surface Design워크벤치는 사용하는 툴바나 기능이 거의 유사하지만 GSD워크벤치에는 Wireframe and Surface Design워크벤치에서 제공하지 않는 Advanced Surfaces툴바 및 Volumes툴바 등 설계작업을 보다 생산적으로 할 수 있는 더 많은 기능을 제공하므로 주로 GSD워크벤치를 사용한다.

GSD워크벤치(Generative Shape Design Workbench)는 스케치(Sketch)로 생성한 프로파일(Profile) 또는 GSD워크벤치의 와이어프레임(Wireframe)툴바로 생성한 와이어프레임(Wireframe)을 이용하여 파트디자인워크벤치로 표현하기 어려운 복잡한 외곽 형상을 가진 3차원 서피스모델(Surface Model)을 만드는 도구이다.

서피스모델(Surface Model)은 솔리드모델(Solid Model)과 달리 속이 비어있어 단면을 잘라 내부를 확인할 수 없으며 두께나 무게 등 물리적인 속성을 가지고 있지 않으므로 최종적으로는 솔리드모델(Solid Model)로 완성되어야 한다.

Wireframe and Surface Design	Generative Shape Design
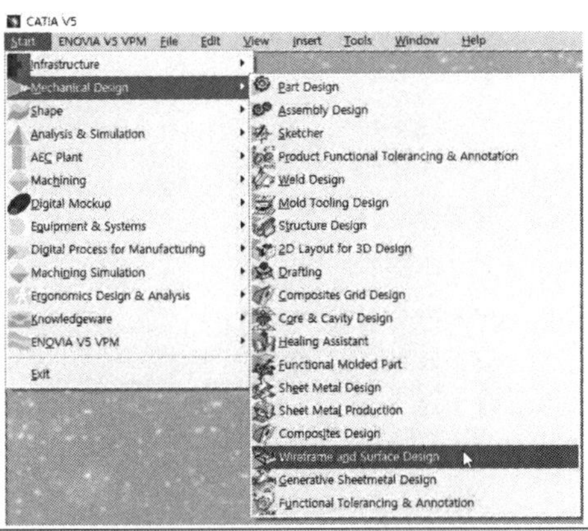	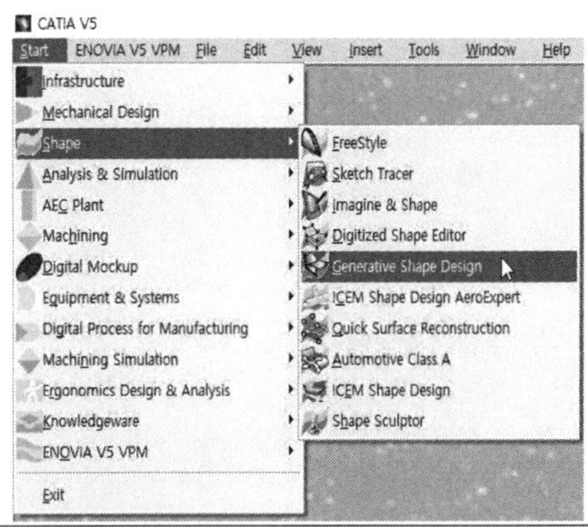

GSD워크벤치와 Wireframe and Surface Design워크벤치는 사용하는 툴바나 기능이 거의 유사하지만 GSD워크벤치에는 Wireframe and Surface Design워크벤치에서 제공하지 않는 Advanced Surfaces툴바 및 Volumes툴바 등 설계작업을 보다 생산적으로 할 수 있는 더 많은 기능을 제공하므로 주로 GSD워크벤치를 사용한다.

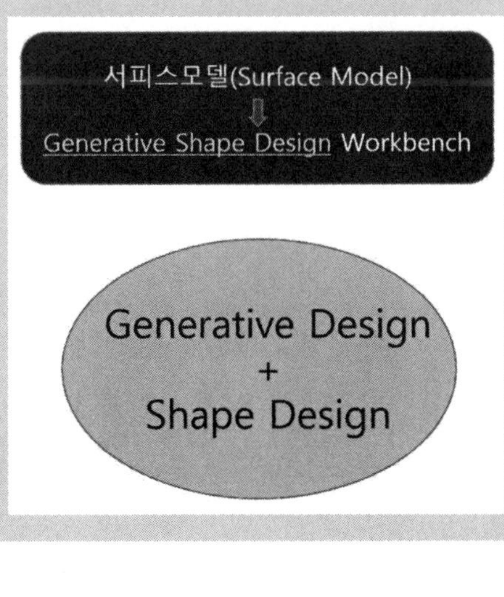

ㅁ 워크벤치별 지원 툴바목록

Wireframe&Surface Workbench	GSD Workbench
✔ Standard Workbench ✔ Graphic Properties ✔ Knowledge ✔ View 3Dx Device Workbenches ✔ Product View Result Mobile Session Instant Collaboration ✔ Analysis ✔ Apply Material ✔ Developed Shapes Insert ✔ Measure ✔ Operations ✔ Render ✔ Replication ✔ Select Selection Sets ✔ Sketcher ✔ Surfaces ✔ Tools User Selection Filter ✔ Wireframe Customize...	✔ Standard ✔ Workbench ✔ Graphic Properties ✔ Knowledge View 3Dx Device Workbenches Product View Result Mobile Session Instant Collaboration ✔ Advanced Operations ✔ Advanced Surfaces ✔ Analysis ✔ Annotations ✔ Apply Material ✔ BiW Templates ✔ Constraints ✔ Developed Shapes ✔ Dynamic Sectioning Insert ✔ Law ✔ Measure ✔ Operations Realistic Shape Optimizer Reconcile ✔ Render ✔ Replication ✔ Select Selection Sets ✔ Sketcher Surface Machining Tools ✔ Surfaces ✔ Tools User Selection Filter ✔ Views/Annotation Planes ✔ Volumes ✔ Wireframe Customize...

3-1 GSD워크벤치 시작하기

(1) CATIA 실행

CATIA를 실행하면 다음과 같은 새로운 프로덕트 파일이 열린다. 먼저 이 파일(창)을 닫고 메인메뉴의 【Start->Shape->Generative Shape Design】을 선택하거나 또는 환경설정에서 즐겨찾기에 등록한 GSD워크벤치를 선택하여 새로운 파트를 연다.

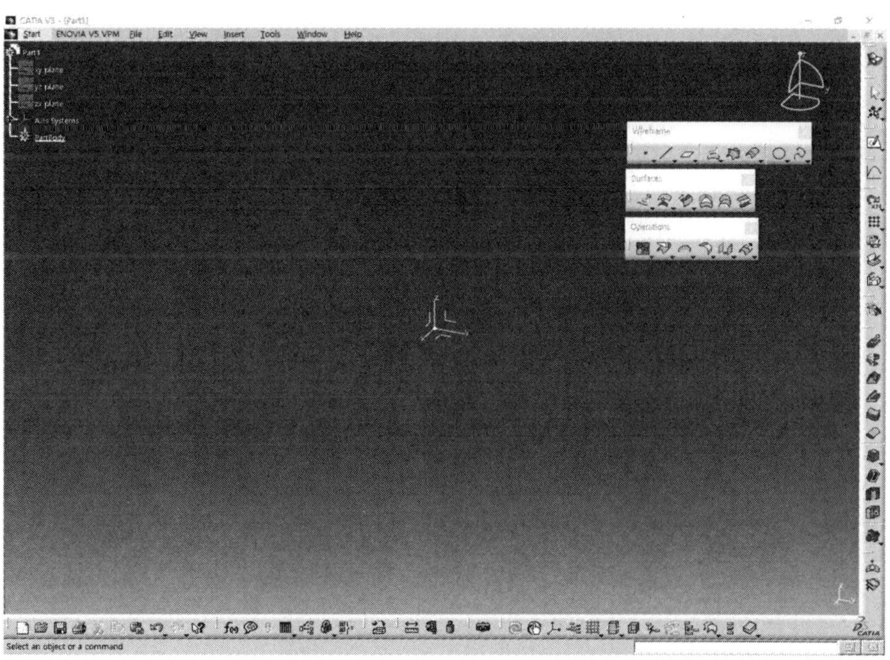

(2) GSD워크벤치 실행

GSD워크벤치를 실행하면 New Part 대화창이 나타난다. 이 창에서 파일명을 지정하거나 하이브리드 디자인(Hybrid Design) 기능의 사용여부, 지오메트리컬 세트(Geometrical Set)의 사용여부 등을 선택할 수 있다.

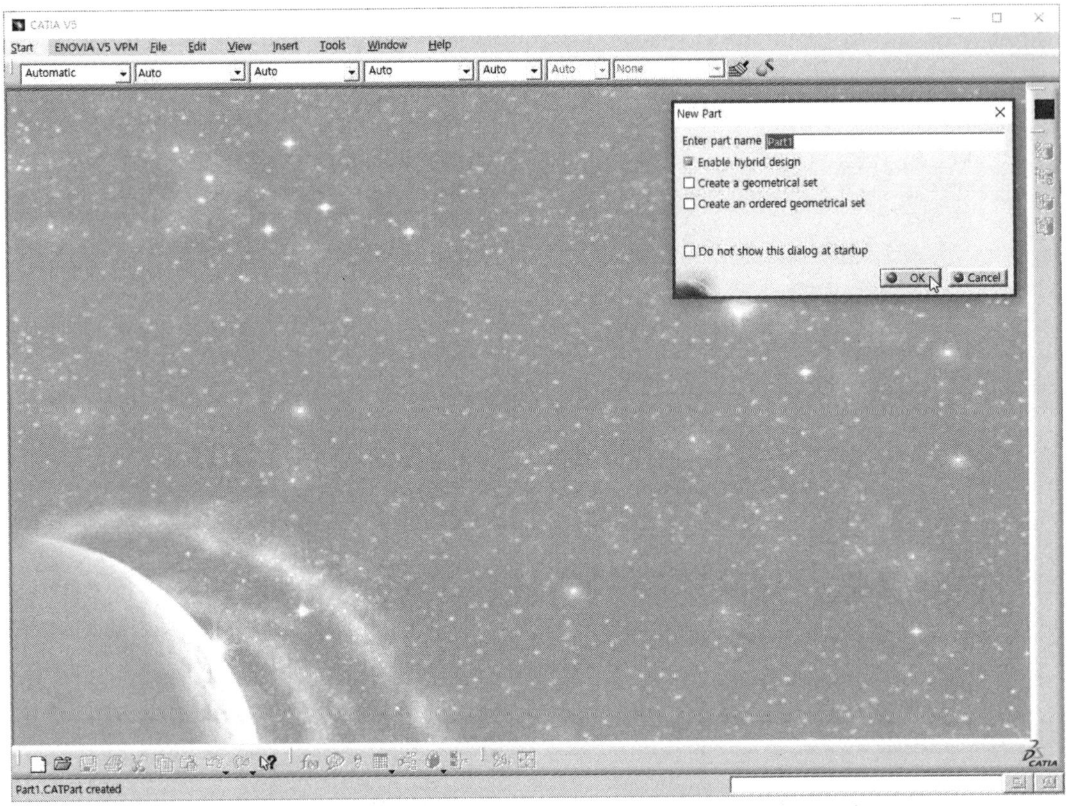

1) 하이브리드디자인(Hybrid Design)

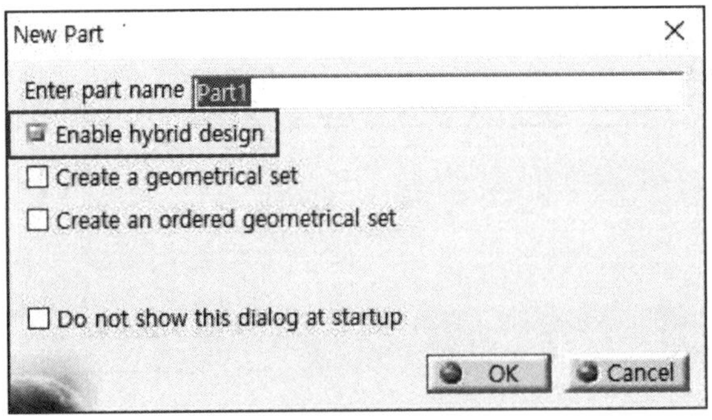

CATIA에서 워크벤치(파트디자인, GSD 등)를 처음 시작하면 New Part대화창이 나타난다. 여기서 하이브리드디자인(Hybrid Design) 옵션을 켜거나 끌 수 있다.

CATIA에서 워크벤치(파트디자인, GSD 등)를 처음 시작하면 New Part대화창이 나타난다. 여기서 하이브리드디자인(Hybrid Design) 옵션을 켜거나 끌 수 있다.

CATIA에서 하이브리드디자인이란 워크벤치가 실행된 후 PartBody내에 와이어프레임(Wireframe), 서피스(Surfaces) 및 솔리드(Solid)모델을 동시에 저장하여 관리하느냐 별도로 저장하여 관리하느냐의 차이이다. 통상적인 모델링작업에서 솔리드모델은 바디(Body)에 서피스모델은 지오메트리컬세트(Geometrical Set)에 저장된다. 하이브리드 디자인을 선택하면 Body와 Geometrical Set가 하나의 PartBody내에 저장되며 해제하면 별도로 저장되는 차이로 이해하면 된다.

☞TIP: 파트바디(PartBody)란 Body나 Geometrical Set(GS)와는 다르다. CATIA에서 PartBody는 최종모델링 결과를 저장하며 Body나 GS와 달리 지울 수 없다.

▶ 서피스(Surface) 모델링 작업시 Hybrid Design과 Non-Hybrid Design 비교

① 하이브리드디자인 옵션을 켜거나(Hybrid Design) 끄는(non-Hybrid Design) 경우 Specification Tree의 PartBody 아이콘 색상이 바뀐다.

■ Enable hybrid design(켬, 초록색)	□ Enable hybrid design(끔, 노란색)
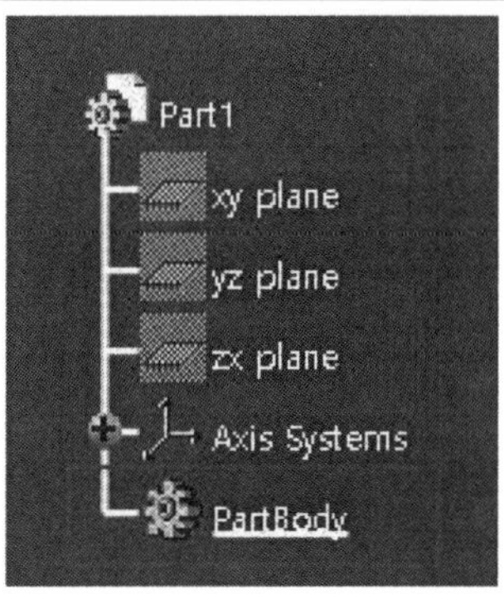	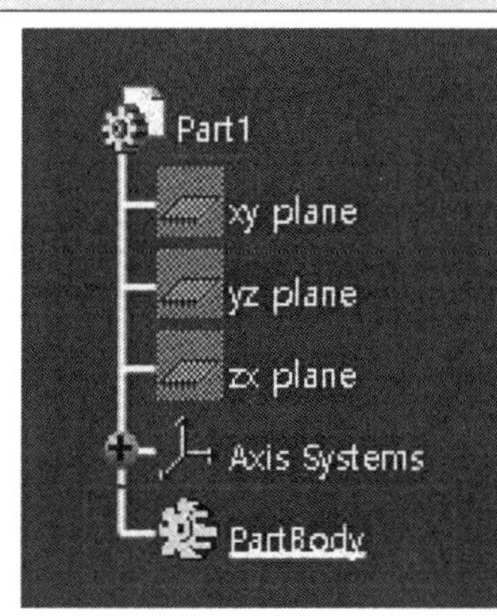

② 서피스(Surface)모델링 작업시 Specification Tree 구조

【Surface Model】

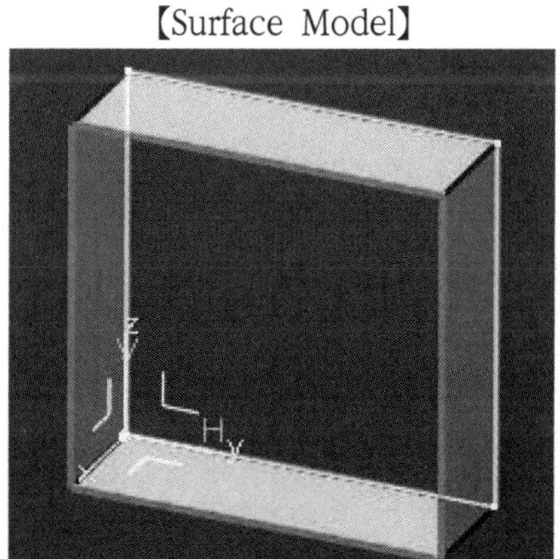

■ Enable hybrid design(켬)	□ Enable hybrid design(끔)
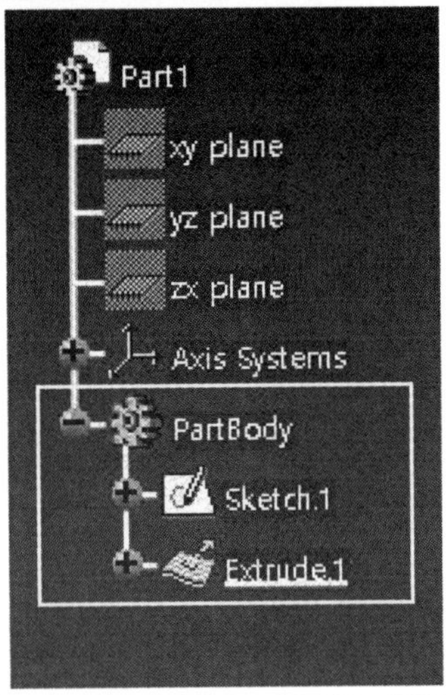	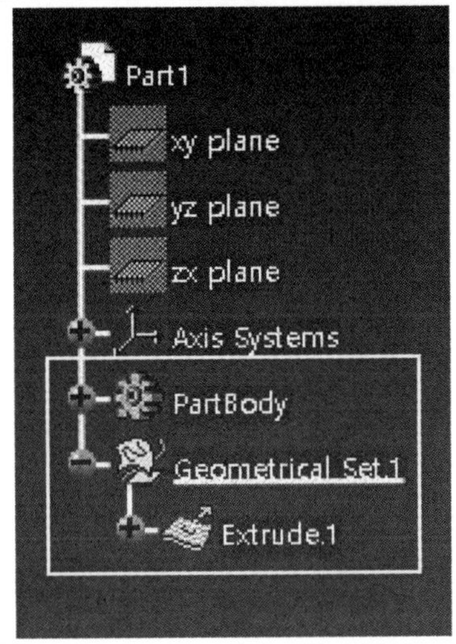

Specification Tree구조를 보면 하이브리드디자인(Hybrid Design)의 경우 Extrude.1으로 표시된 서피스 모델이 PartBody에 저장되며 논하이브리드디자인(non-Hybrid Design)의 경우 별도의 Geometrical Set에 저장되어 있음을 알 수 있다. Tree 관리의 편리성 측면에서는 논하이브리드디자인(non-Hybrid Design)이 좀 더 효율적일 것이며 본 교재에서도 논하이브리드디자인으로 작업할 것이다.

2) 지오메트리컬 세트(Geometrical Set)

CATIA로 3차원 형상을 모델링할 때 사용되는 점(Points), 선(Lines), 평면(Planes) 등을 지오메트리(Geometry)라 부릅니다. 이러한 지오메트리들을 효과적으로 분류하여 관리하는 것은 3차원 모델링 작업을 진행하는 데 있어 생산성에 영향을 미치는 중요한 요인이 되므로 유사한 요소들은 그 유사성에 따라 각 각 별도의 지오메트리컬 세트(Geometrical Set, GS)로 나누어 관리하는 것이 필요하다.

① 지오메트리컬 세트(GS) 만들기

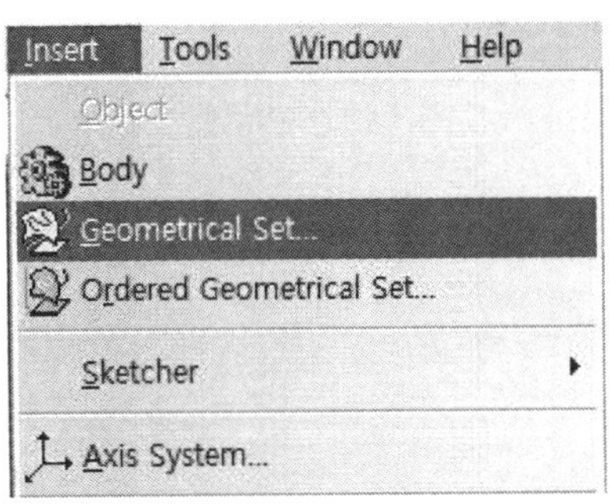

▹ 메인메뉴에서 Insert→Geometrical Set...를 선택한다.

☞TIP: GS를 만들 때 미리 Name을 부여하는 것이 효율적이다. 별도로 Name을 지정하지 않으면 Geometrical Set.1, Set.2…등 순차적인 번호가 부여된 GS가 생성되어 Specification Tree에 쌓인다.)

② 지오메트리컬 세트(GS)를 적용한 서피스모델링 작업 예

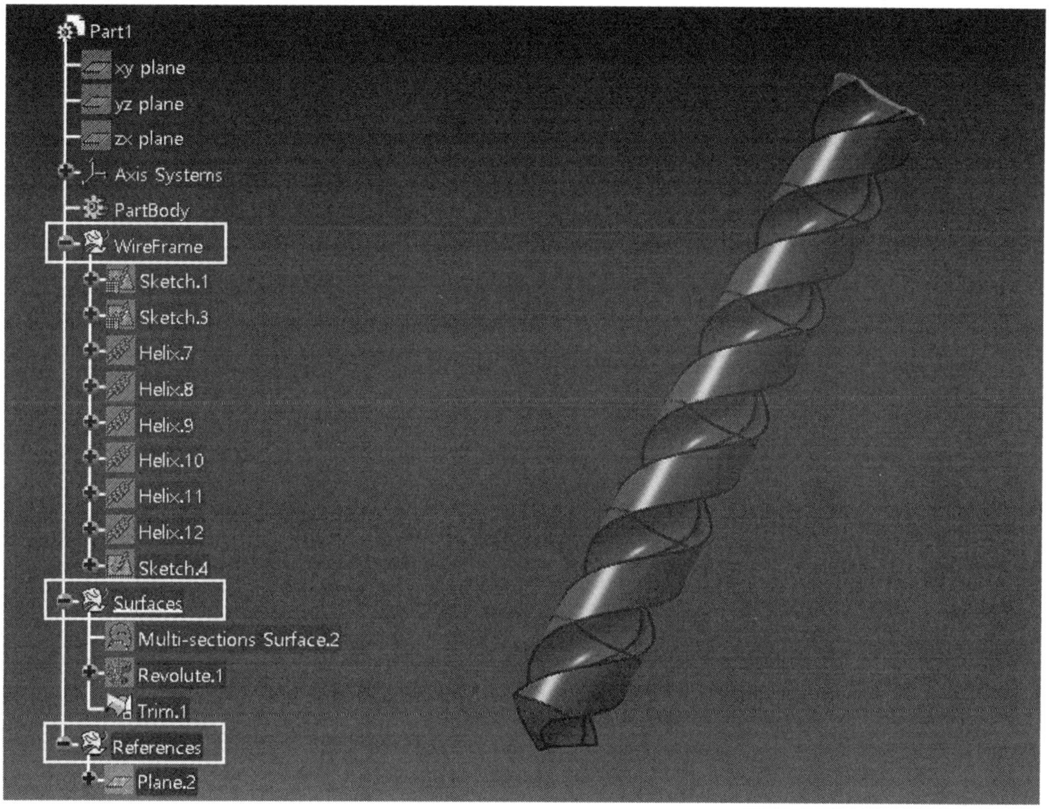

3-2 GSD워크벤치 들어가기

(1) 와이어프레임 툴바(Wireframe Toolbar)

3차원 서피스모델을 생성하기 위한 기본적인 툴바이다. 서피스모델을 생성하기 위해서는 뼈대가 필요하며 이를 와이어프레임(Wireframe)이라 한다.

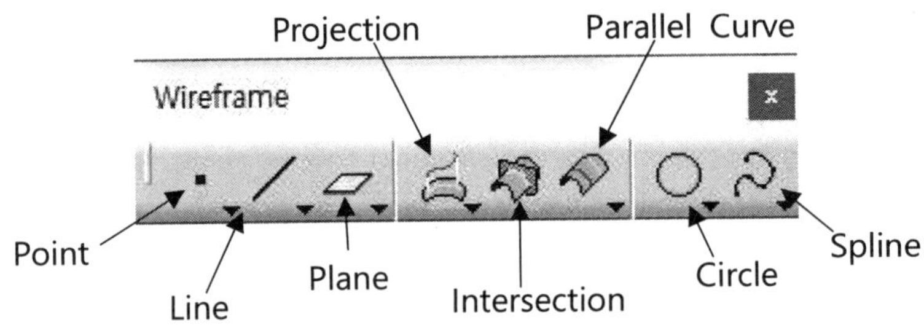

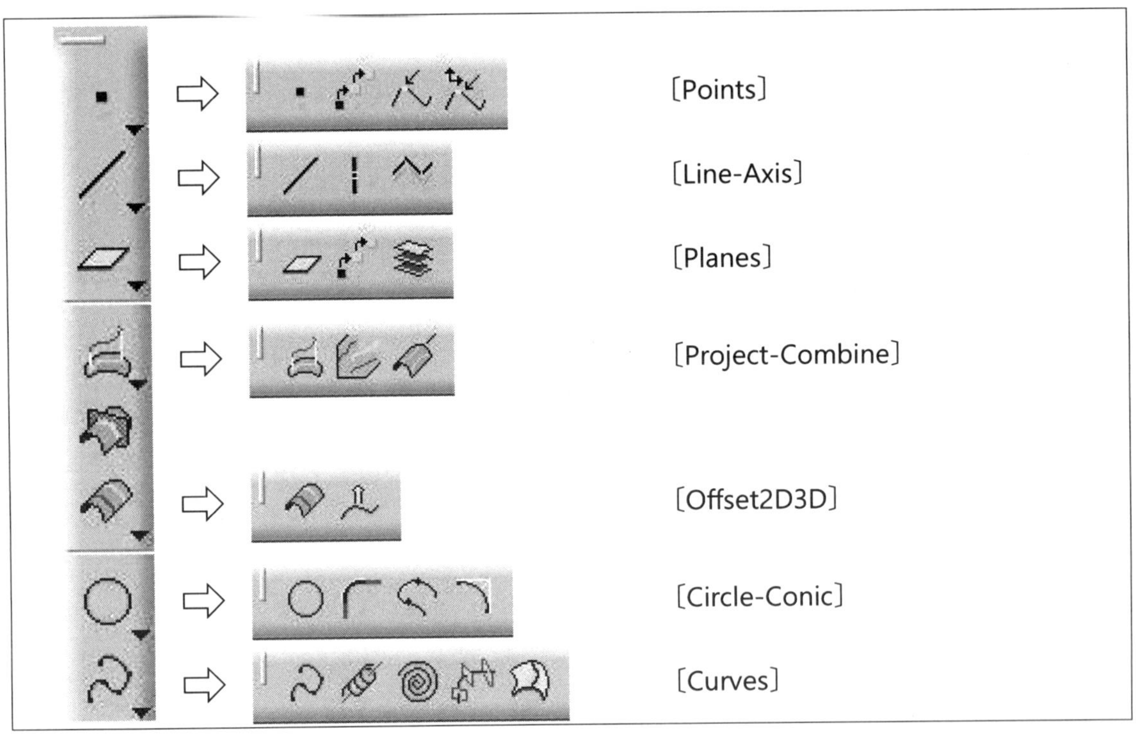

❑ Points( )

점(Point)은 서피스모델을 생성할 때 참조요소 중 하나로서 다양한 용도로 사용된다.

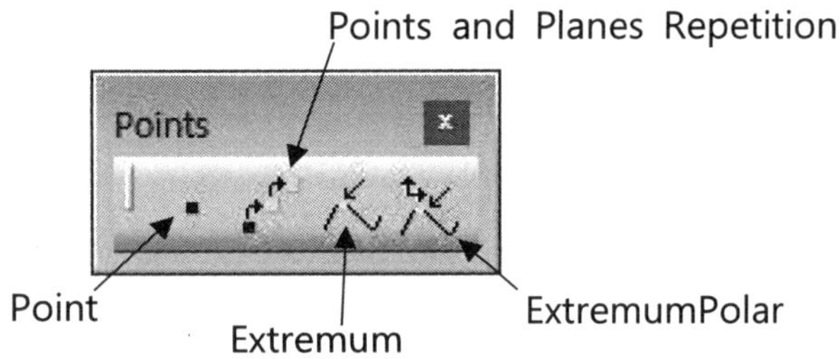

⊠ Point( ): 3차원 공간에 점(Point)을 생성한다.

(1) Point( )명령을 실행하면 Point Definition 대화창이 나타난다.

(2) 대화창으로부터 다양한 생성조건을 선택할 수 있다.

▶Point type:

① Coordinates: 3차원 좌표를 입력하여 공간상에 점을 만든다.
이 때 좌표의 부여기준은 원점(Origin→x=0, y=0, z=0)이 되며 필요에 따라 미리 생성한 Point를 클릭하여 원점의 위치를 바꿀 수 있다.

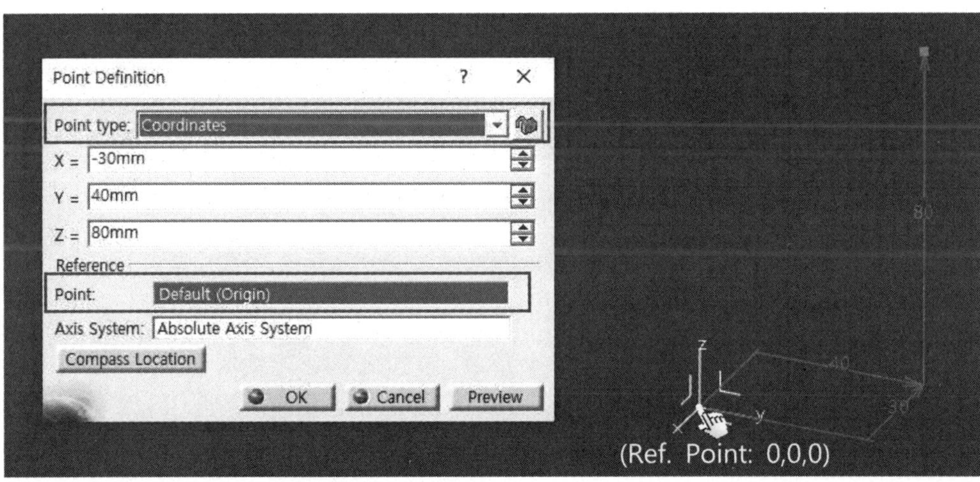

▧ Point( ): 3차원 공간에 점(Point)을 생성한다.

② On curve: 선택한 요소(Line, Curve, Spline 등)에 Reference Point(시작점)로부터 시작하여 정해진 거리만큼 떨어진 위치에 점을 만든다.(부가옵션이 있다.)

▹ Distance on curve: 시작점을 기준으로 정해진 거리만큼 떨어진 위치에 점을 만든다.(부가옵션이 있다.)

■ Geodesic: 시작점에서 끝점까지 곡선의 거리를 측정한다.

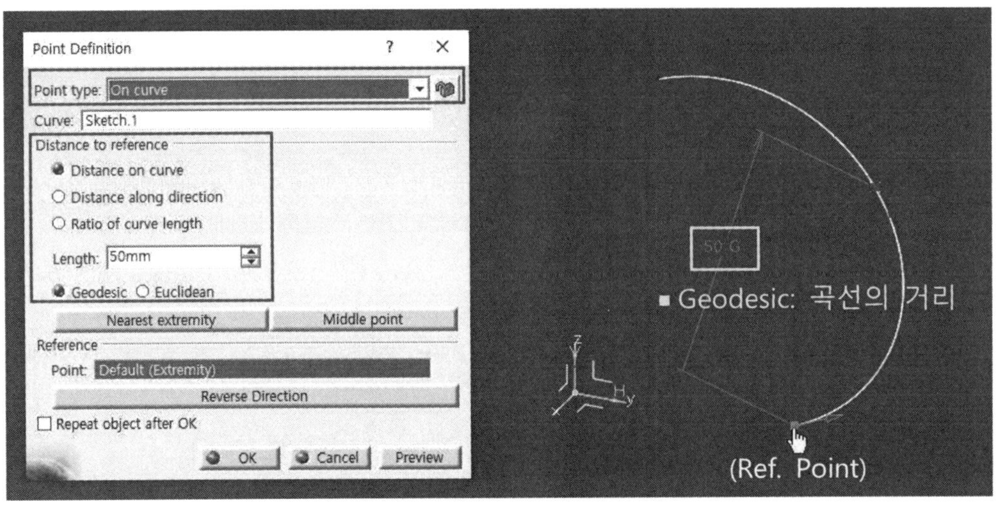

■ Euclidean: 시작점에서 끝점까지 직선 거리를 측정한다.

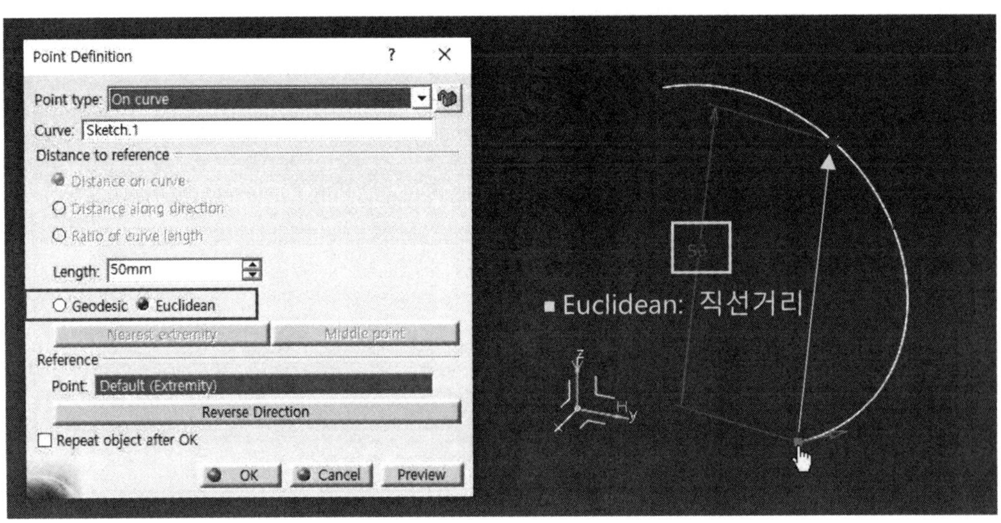

⊠ Point( ): 3차원 공간에 점(Point)을 생성한다.

⊃Nearest extremity(Nearest extremity)

현재 생성된 점의 위치로부터 선택한 커브(Curve)의 가장 가까운 끝지점에 점(Point)을 만든다.(점의 위치는 화살표의 방향에 따라 다르다.)

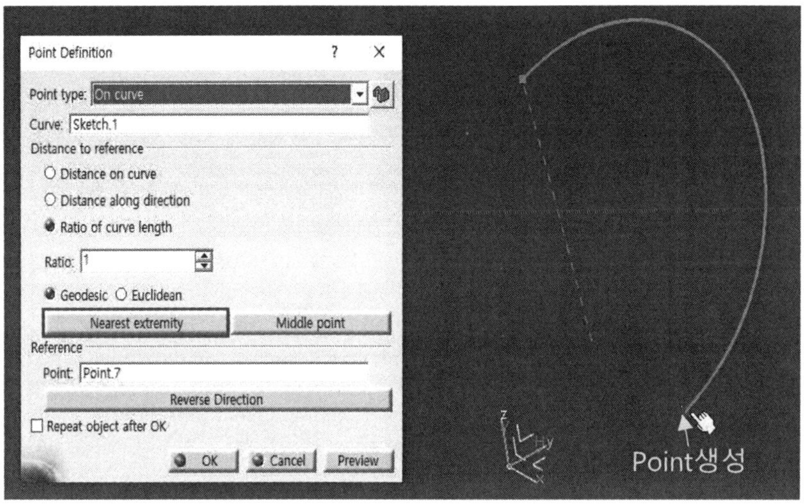

⊃Middle point(Middle point)

선택한 커브(Curve)의 중간지점에 점(Point)을 만든다. 이 때 Curve의 전체길이를 백분위로 환산하여 적용한다.(전체길이=1, Ratio=0.5가 된다.)

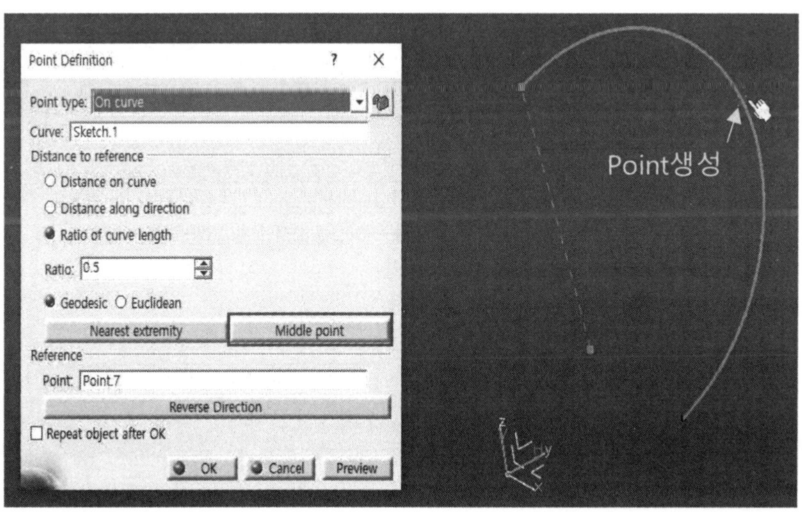

⊠ Point( ): 3차원 공간에 점(Point)을 생성한다.

③ On plane: 선택한 면(Plane)위에 점을 만든다. 선택한 면은 수평(Horizontal)과 수직(Vertical)의 2차원 좌표를 가지며 기준점(Reference Point), 즉 원점(0,0)에 대해 수평(H)과 수직(V)거리를 좌표값으로 가지는 점을 생성한다.(필요에 따라 기준점을 바꿀 수 있다.)

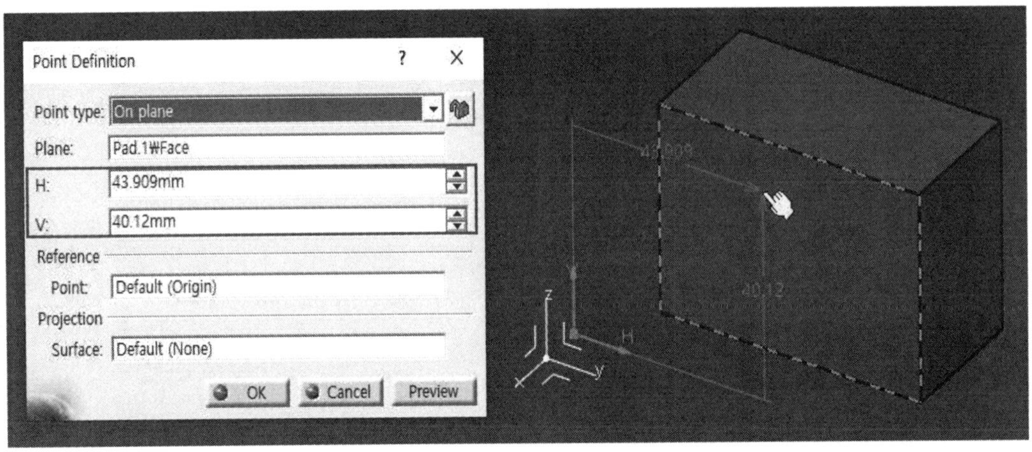

④ On surface: 선택한 표면(Surface)위에 점을 만든다. 기준(Refernece)이 되는 표면을 선택한 후 거리를 입력하거나 마우스로 위치를 지정한다. 부여하는 거리의 기준점(Reference point)의 위치는 최초 선택한 표면의 중점(Middle)이며 필요에 따라 기준점을 바꿀 수 있다.

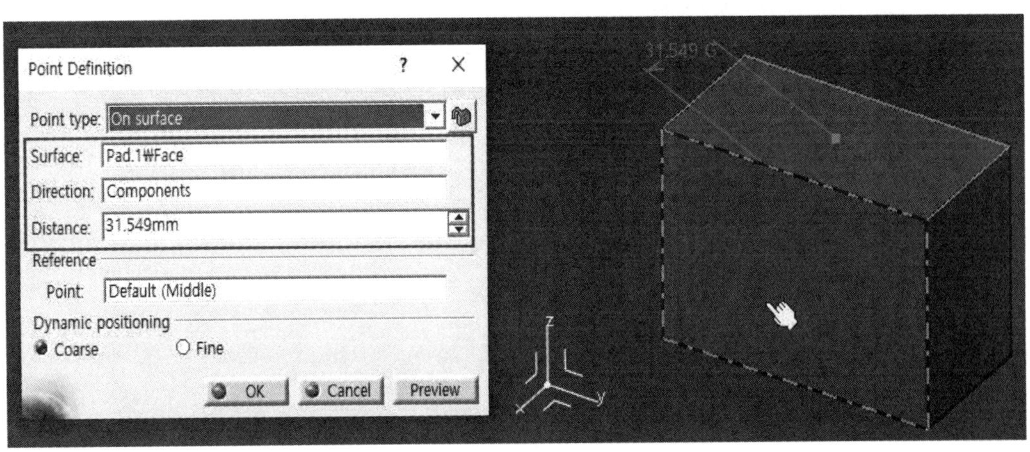

⊠ Point( ): 3차원 공간에 점(Point)을 생성한다.

⑤ Circle/Sphere/Ellipse center: 선택한 커브(curve)의 중심에 점을 만든다.

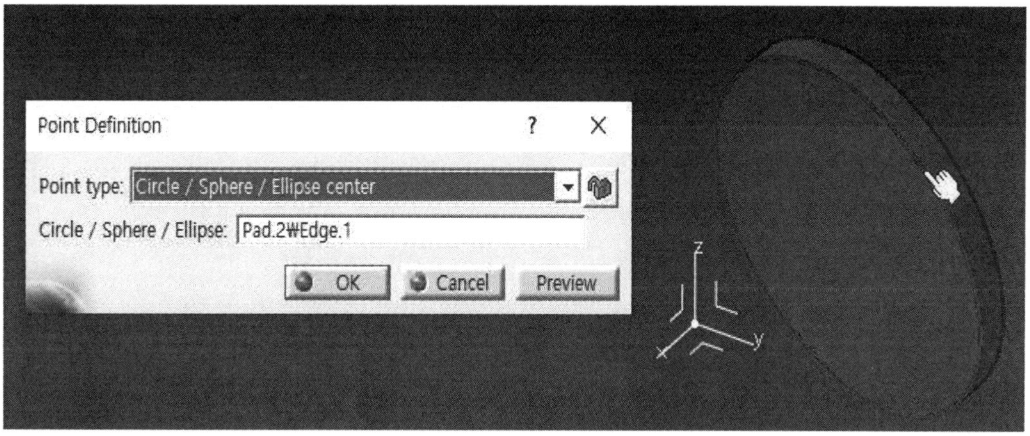

⑥ Tangent on curve: 선택한 커브(Curve)와 사용자가 지정한 방향으로 접하는 위치에 점(Point)을 만든다.

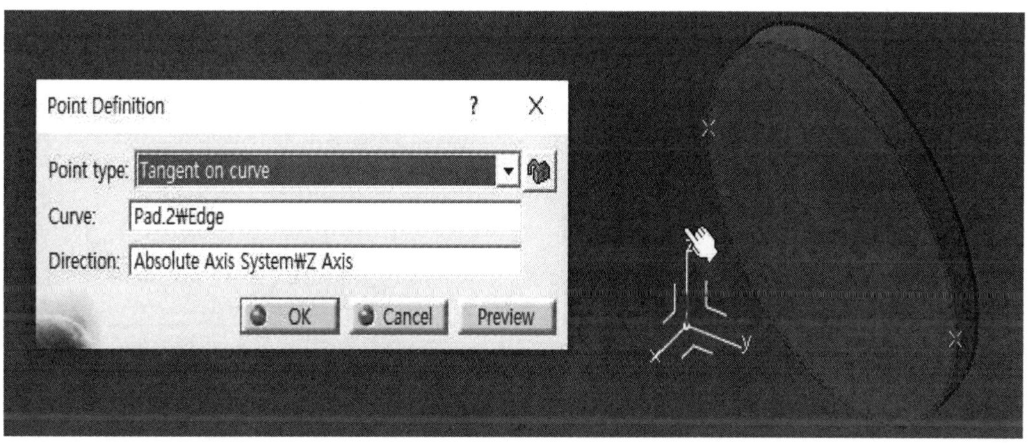

▧ Point( ): 3차원 공간에 점(Point)을 생성한다.

▹ 조건을 만족하는 점(Point)이 여러개 있는 경우 다음 대화창에서 남기고자 하는 점을 선택할 수 있다.

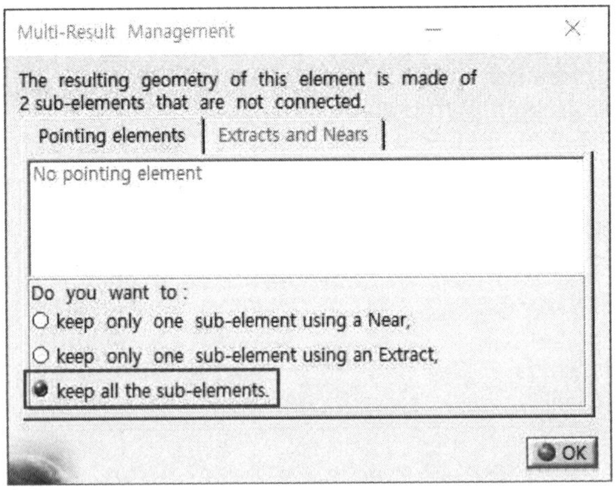

⑦ Between: 두 개의 점을 선택한 후 이 두 점간의 상호관계를 이용하여 새로운 점(Point)을 만든다.

▹ Ratio: 두 점간의 거리를 백분위로 표현하여 그 비율로 새로운 점의 위치를 결정한다. 최초 선택하는 두 점간의 거리의 비(Ratio)는 1이다.

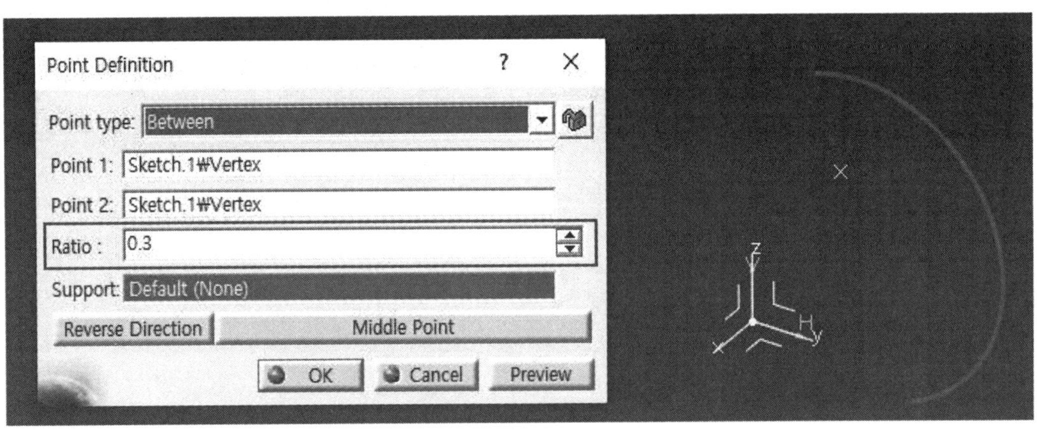

⊠ Points & Planes Repetition(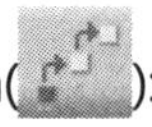): 선택한 커브상에 커브의 길이를 기준으로 지정한 수 만큼 등간격의 점을 생성한다.

(1) Points and Planes Repetition(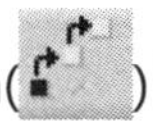)명령을 실행하면 Points and Planes Repetition 대화창이 나타난다.

(2) 등간격의 점을 생성할 커브(Curve)를 선택한다. 기준점(First Point)의 위치는 선택한 커브의 끝 점이 되며 필요시 변경할 수 있다.

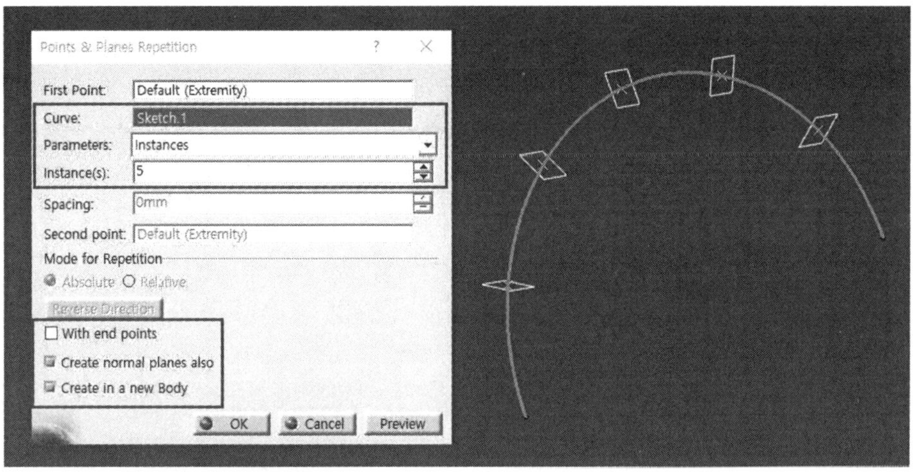

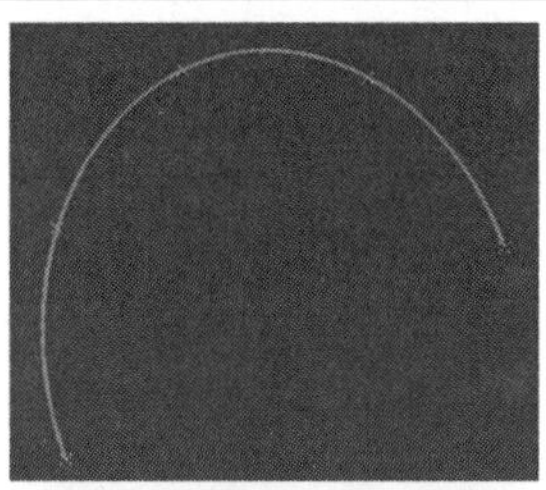

▪ With end points: 양 끝점을 포함하여 지정한 숫자만큼 등간격으로 점을 만든다.

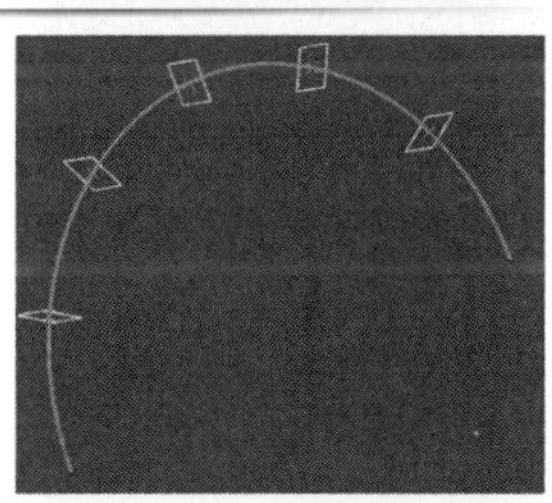

▪ Create normal planes also: 점과 함께 커브에 수직한 면(Plane)을 동시에 만든다.

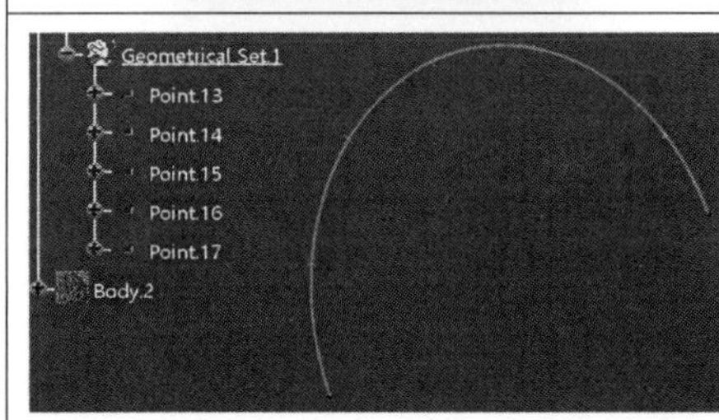

▪ Create in a new Body: 점을 생성할 때 새로운 Geometrical Set를 만든다.(새로운 GS내에서 점이 생성된다.)

⊠ Extremum( ): 선택한 커브에 지정한 방향으로 가장 멀거나(Max) 가까운(Min) 거리에 있는 점을 생성한다.

(1) Extremum( )명령을 실행하면 Extremum Definition대화창이 나타난다.
(2) 점을 생성할 커브(Element)를 선택한 후 방향(Direction)을 지정한다.
- ▹ Element: Sketch.1
- ▹ Direction: Y축(Z-X평면)
  - Max: 지정한 방향으로 가장 먼 거리에 있는 점을 만든다.
  - Min: 지정한 방향으로 가장 가까운 거리에 있는 점을 만든다.

(3) 여러 개의 방향을 지정하여 원하는 점을 만들 수 있다.

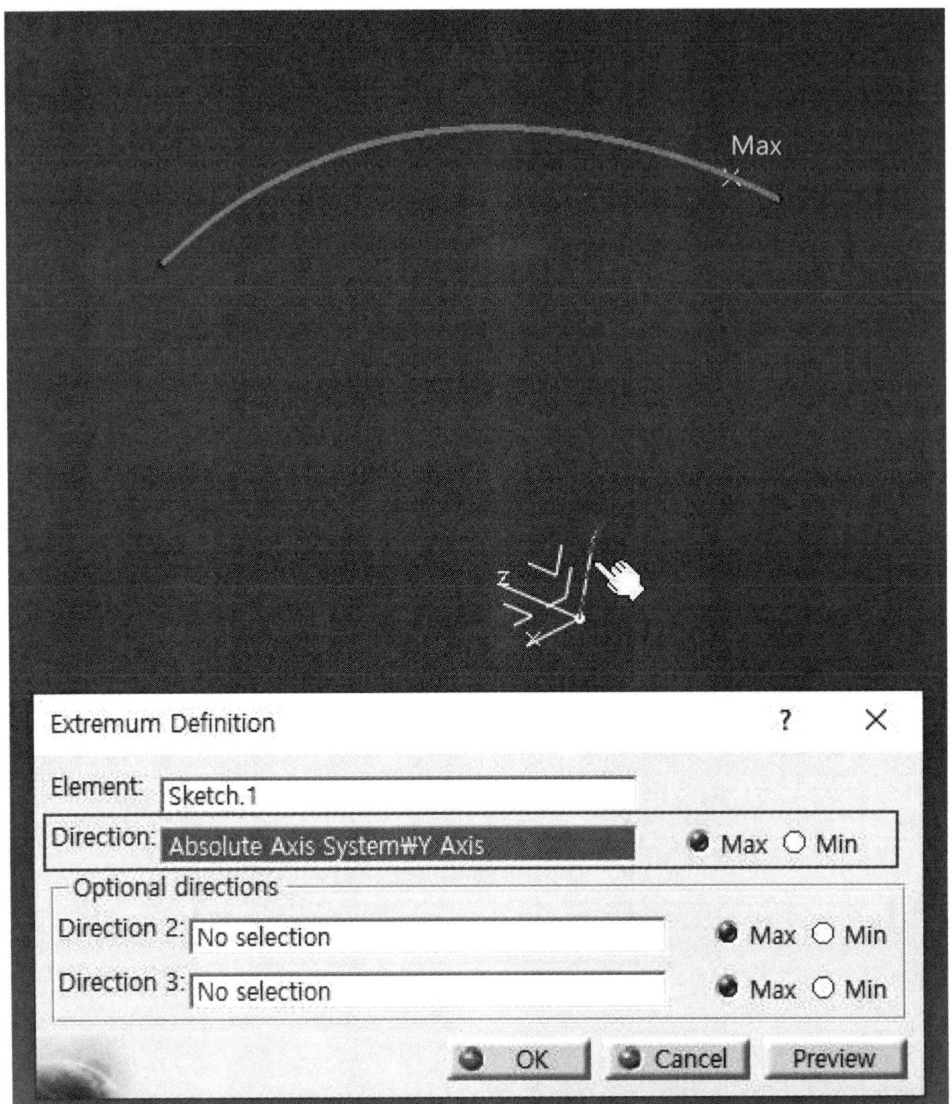

⊠ ExtremumPolar( ): 선택한 커브에 기준점(원점)으로부터 지정한 방향으로 가장 멀거나(Max) 가까운(Min) 거리에 있는 점을 생성한다.

▶ ExtremumPolar( )명령을 실행하면 Extremum Definition대화창이 나타난다.

▹ Type: 선택한 커브에 점을 생성할 때 기준점에 대한 생성조건을 선택한다.

▹ Contour: Sketch.1

▹ Support: YZ평면

① Type: Min radius

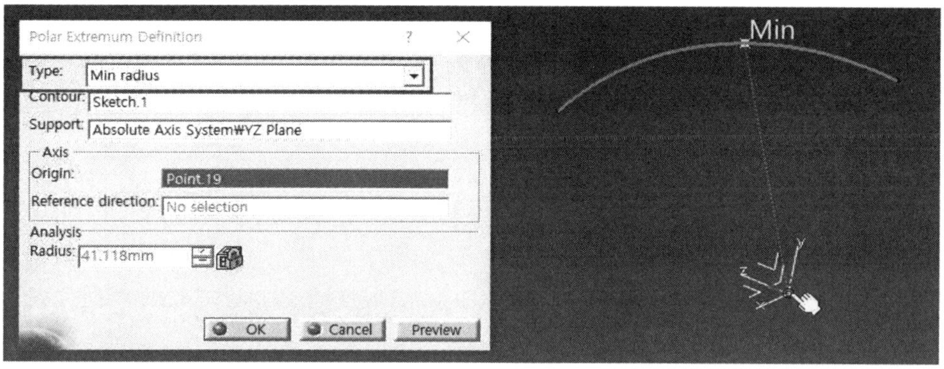

② Type: Max radius

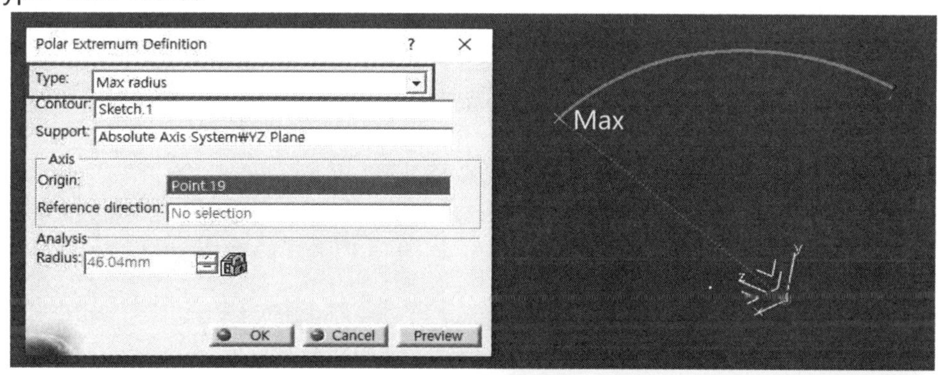

▶ Type 옵션별 실행 결과

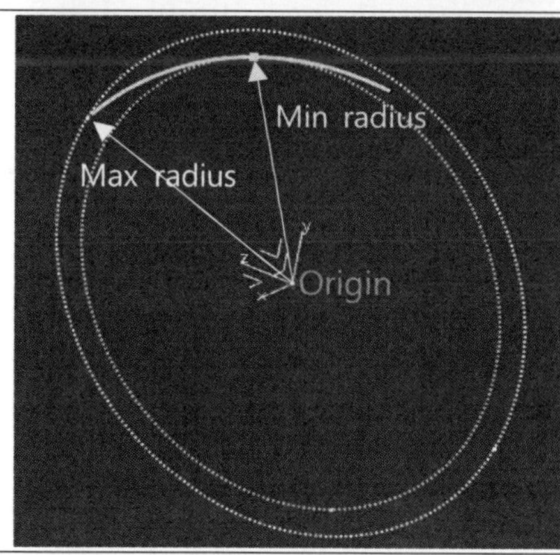

❑ Line-Axis()

선(Line)또는 축(Axis)은 서피스모델을 생성할 때 참조요소 중 하나로서 방향을 지정하거나 회전의 중심축으로서 사용할 수 있으며 선(Line)으로 서피스모델을 생성하거나 가이드커브(Guide curve)의 기능을 하는 등 다양한 용도로 사용된다.

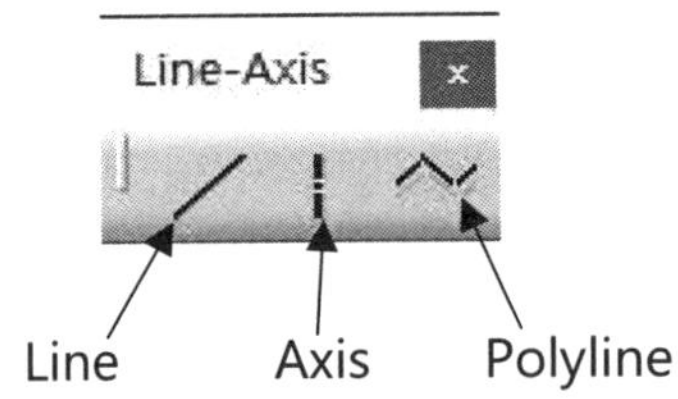

▩ Line(): 3차원 공간상에 선(Line)을 생성한다.

▶Line()명령을 실행하면 Line Definition대화창이 나타난다.

(1) Line type에서 선(Line) 생성 옵션을 선택할 수 있다.

① Line type: Point-Point
두개의 점으로 선을 만든다.

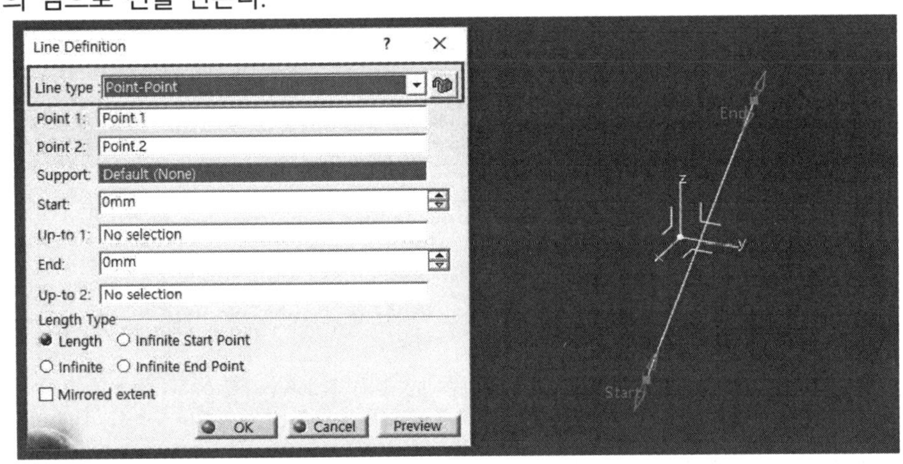

☞TIP: 각 각의 점은 미리 만들어 두거나 새로 만들 수 있다. 새로 만드는 경우 Point입력창에서 오른쪽 마우스버튼을 눌러 Point생성옵션을 선택한다.

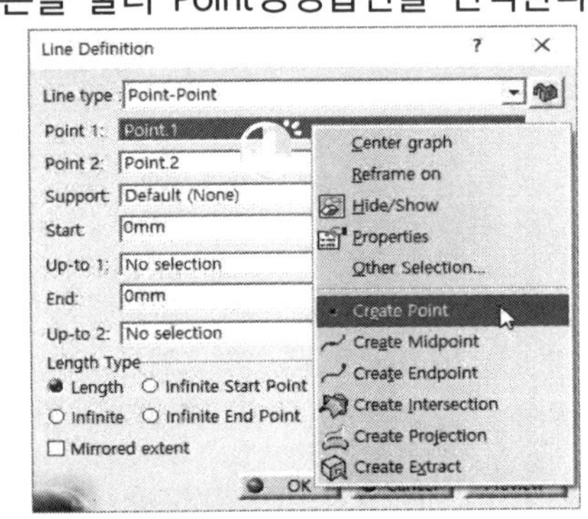

⊠ Line( ): 3차원 공간상에 선(Line)을 생성한다.

② Line type: Point-Direction

하나의 점과 방향, 길이를 입력하여 선을 만든다.

▹ 시작점을 선택한다.

▹ 방향을 선택한다.(Direction: Z Axis)

▹ 선의 길이를 입력한다.(Start: 70mm, End: 0mm)

☞TIP: 아래 예제의 경우 End값은 시작점으로부터 입력한 길이만큼 Offset된 위치를 나타낸다.(옵션에 따라 Start값과 End값이 아래 예제와 다를 수 있으므로 생성되는 선(Line)의 형태를 Preview 를 눌러 미리 확인해야 한다.

화살표를 클릭하거나 Reverse Direction 을 클릭하면 선이 생성되는 방향을 바꿀 수 있다.

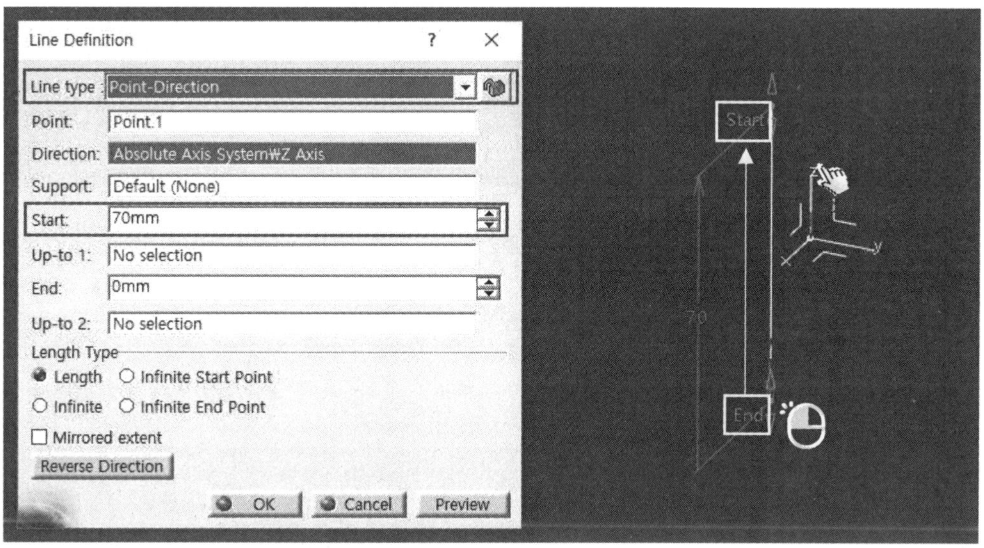

③ ine type: Angle/Normal to curve

선택한 커브(curve)에 생성할 선(Line)이 특정한 기울기(각도,Angle)를 가지거나 수직(Normal) 속성을 가질 때 적용한다.

▹ 선이 만들어질 때 지나갈 기준점(Point)을 선택한다.

▹ 각도(Angle)을 부여한다.

▹ 선의 길이를 입력한다.(Start: 50mm, End: 0mm)

: Start값은 선의 길이를, End값은 시작점으로부터 입력한 길이만큼 Offset된 위치를 나타낸다.

☞TIP: 부여되는 각도(Angle)는 선(Line)이 생성될 때 기준이 되는 점(Point)에서 선택한 커브(Curve)접하는 가상의 접선이 기준선이 되며 이 기준선에 대해 각도(Angle)가 적용된다.

⊠ ine( ): 3차원 공간상에 선(Line)을 생성한다.

▸ 기준점을 지나며 선택한 커브에 접하는 기준선에 대해 기울기가 부여된다.

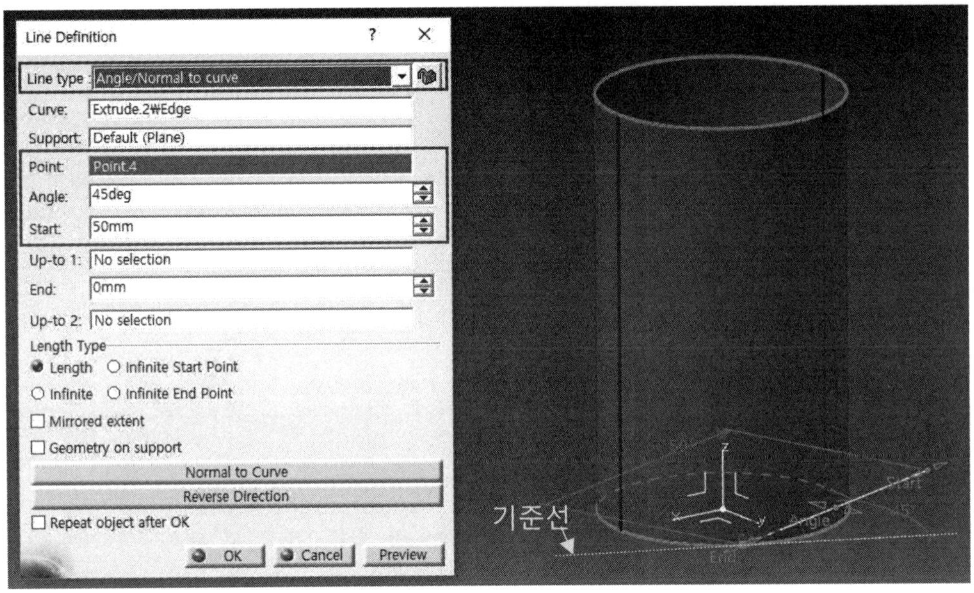

▸ 부가메뉴

■ Geometry on support:

▹ Support: Extrude.2(미리 생성된 원통형의 서피스모델)

▹ 이 부가메뉴를 선택하면 생성되는 선(Line)은 아래 예에서처럼 기준점에서 시작하여 특정 한 각도를 가지는 동시에 선택한 서피스모델의 형상을 따라가며 생성되어 서피스모델의 형상이 변하면 생성되는 선의 형상도 따라 변하게 된다.

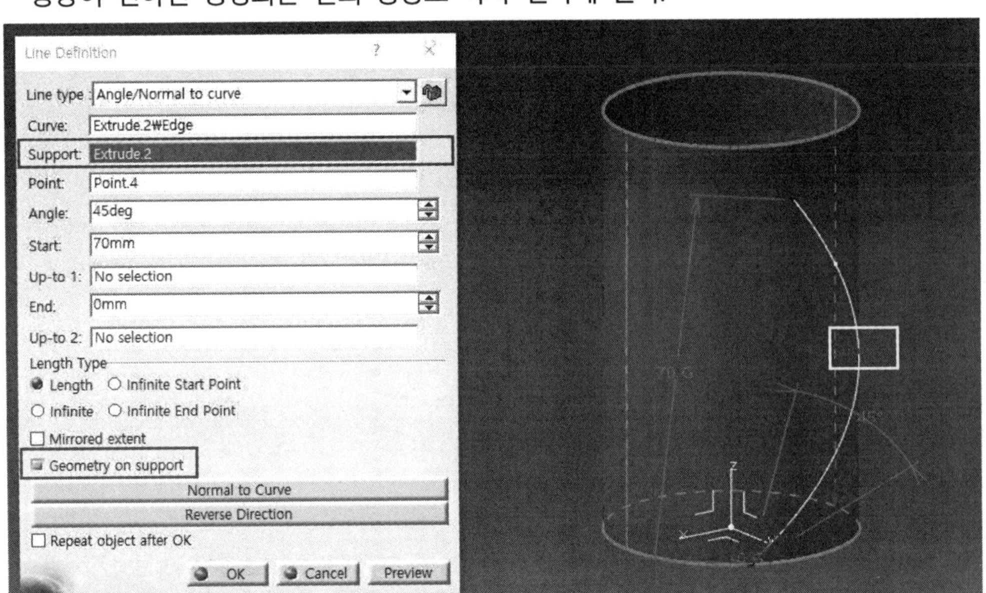

⊠ Line( ): 3차원 공간상에 선(Line)을 생성한다.

④ Line type: Tangent to curve
기준점을 지나 선택한 커브(Curve)에 접하는 선(접선)을 만든다.
▹ 커브(Curve)를 선택한다.
▹ 기준점(Point)을 선택한다.
▹ 선이 생성된 기준면(여기서는 XY평면)을 지정한다.

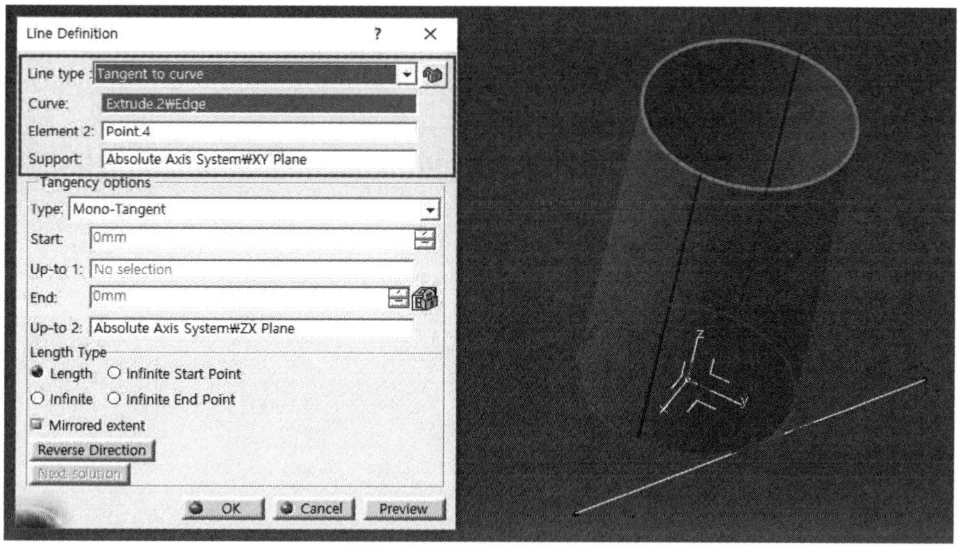

⑤ Line type: Normal to surface
기준점을 지나 선택한 서피스모델(Surface)에 수직(Normal)인 선(Line)을 만든다.
▹ 대상이 될 서피스(Surface)를 선택한다.
▹ 기준점을 선택한다.
▹ 길이를 입력한다.
☞TIP: 길이 대신 "Up-to 1:"을 선택한 후 서피스를 선택하면 기준점으로부터 지정한 서피스까지 선이 생성된다.)

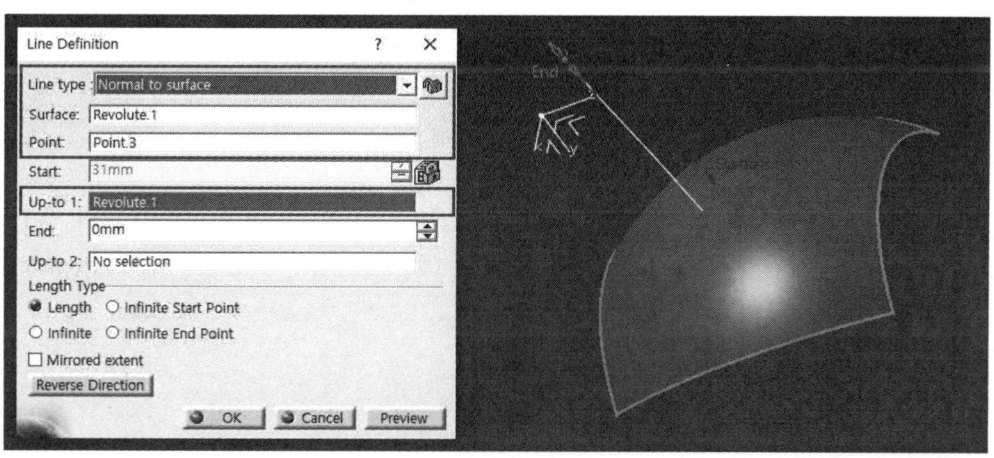

⊠ Line( ): 3차원 공간상에 선(Line)을 생성한다.

⑥ Line type: Bisecting

교차되는 두 개의 선을 선택하여 교차각을 이등분하는 선을 생성한다.

▹ 첫 번째 선(Line)을 선택한다.

▹ 두 번째 선(Line)을 선택한다.

▹ 시작점(Start)의 위치를 입력한다.(50 mm)

: 시작점에서 끝점의 반대쪽으로 50 mm길이의 선이 생성된다.

▹ 끝점(End)의 위치를 입력한다.(0 mm)

: 끝점에서 시작점의 반대쪽으로 생성되는 선의 길이를 의미한다.

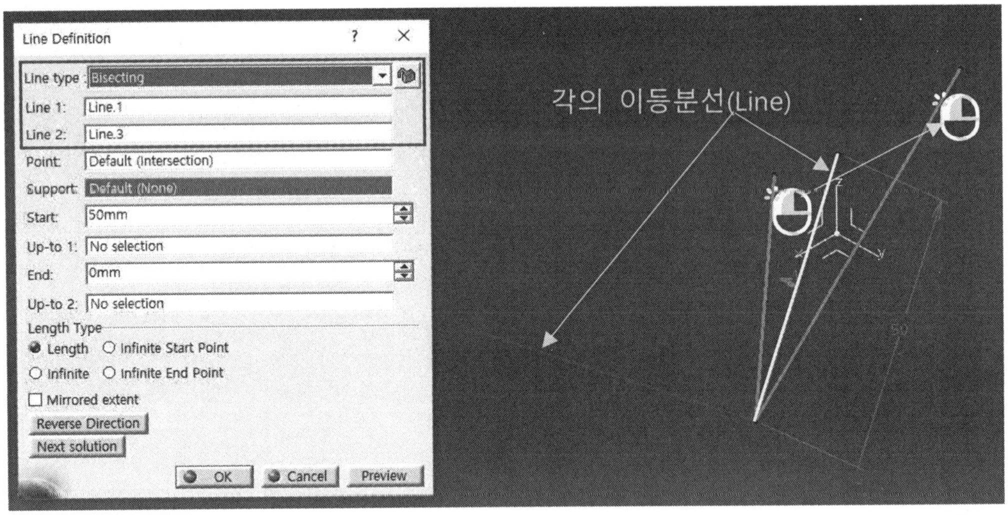

☞Tip: 서로 교차하는 두 직선에 대한 각의 이등분선은 두 개가 존재하게 된다. 명령을 실행하면 CATIA화면에 두 개의 결과가 나타나며 Line Definition 대화창 하단의 Next solution을 클릭하여 원하는 결과를 선택할 수 있다.

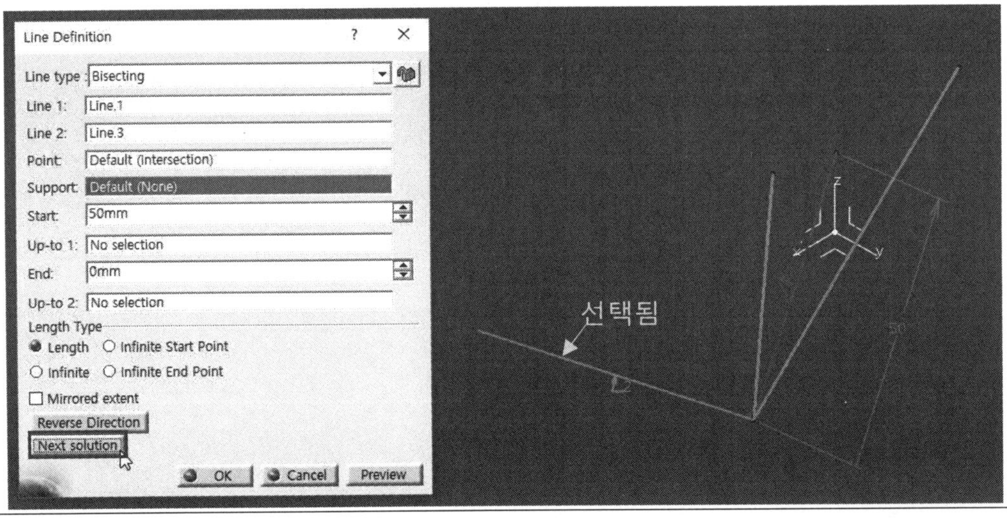

⊠ Axis( ): 선택한 요소의 중심선(축)을 생성한다.

▶ 선택한 요소에 중심선을 만든다.

☞ 선택 가능한 요소는 원형(Circle 또는 Arc)만 가능한다.

▹ 원통형 서피스모델에 적용

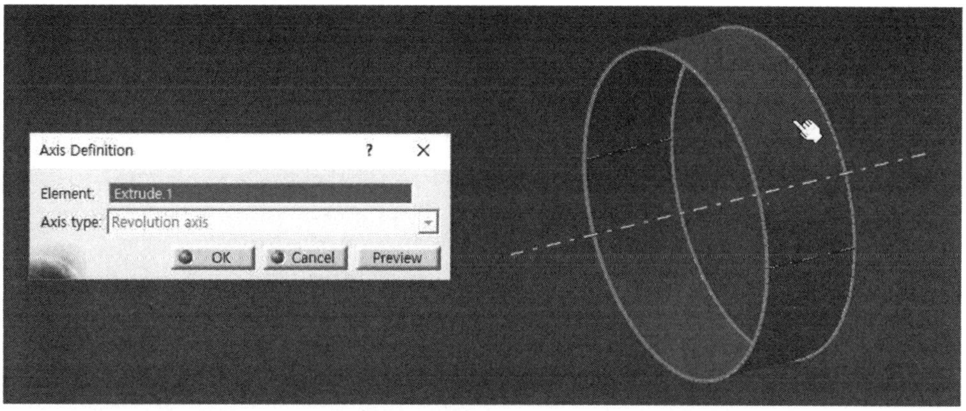

▹ 원(Circle)에 적용(Alligned with reference direction Option선택)

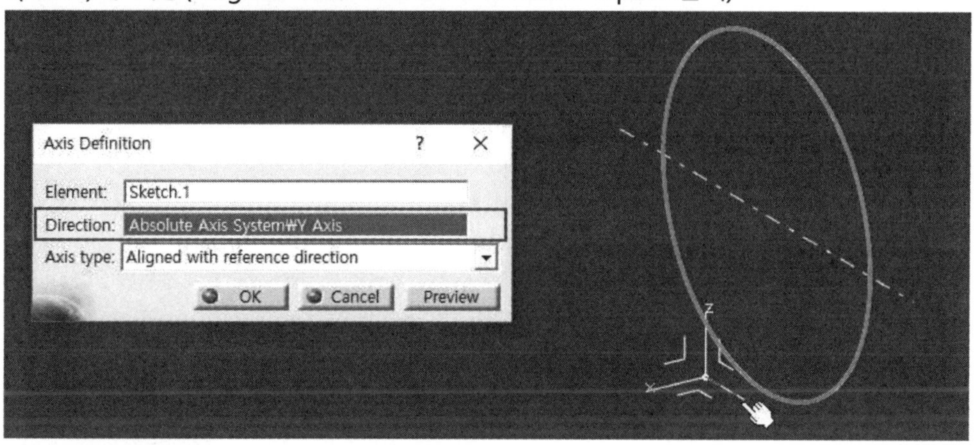

☞ Axis type: 옵션

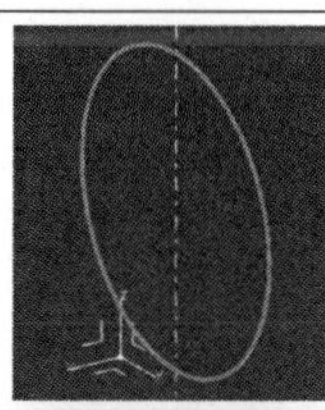	▹ Normal to direction 사용자가 지정한 방향에 수직인 축을 만든다. (Direction: Y Axis)
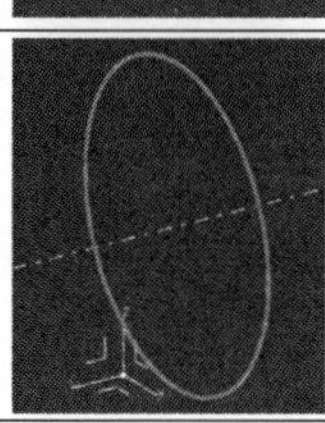	▹ Normal to circle 선택한 원의 중심을 지나며 원에 수직방향의 축을 만든다.

▧ Polyline( ): 3차원 공간상에 폴리라인(연속선,Polyline)을 생성한다.

▶ 여러 개의 점(Point)을 선택하고 각 점을 꼭지점으로 하는 연속선(Polyline)을 만든다. 연결할 점의 개수에 제한은 없으며 두 개의 점이 하나의 직선을 이루고 이러한 직선이 서로 연결되어 하나의 Polyline이 된다.

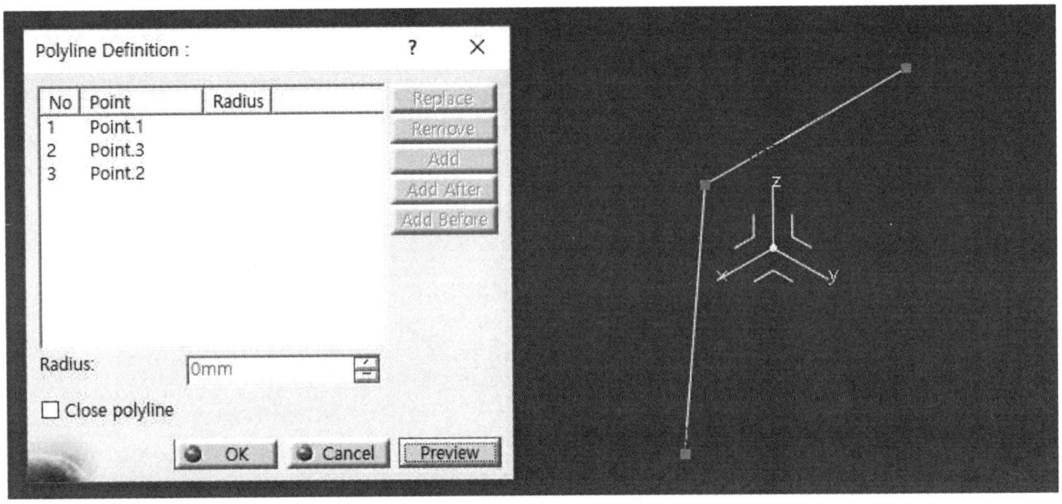

☞TIP: 꼭지점에 코너반경을 부여할 수 있다.

▸ 여러개의 꼭지점이 있는 경우 각 꼭지점마다 코너반경을 부여할 수 있다.

▹ Polyline definition 대화창에서 Point를 선택한다.

▹ 코너반경(Radius)을 부여한다.(20 mm)

▹ Preview 를 눌러 실행결과를 확인한다.

■ Close ploynline: 시작점(Point.1)과 끝점(Point.2)을 서로 연결하여 닫힌 폴리라인(Ploynline)을 만든다.

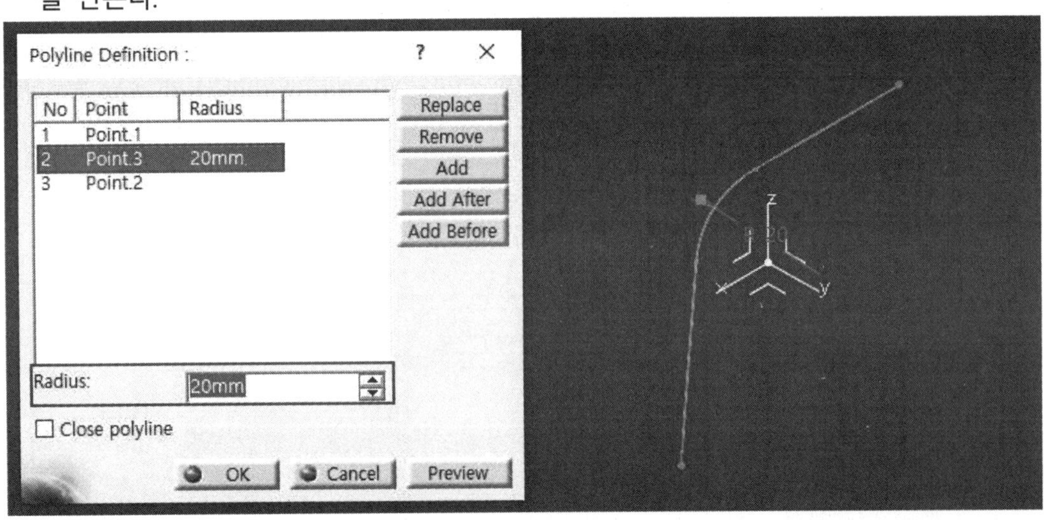

❑ Planes( )

3차원 공간에 임의의 평면(Plane)을 생성한다. CATIA에서는 3차원 좌표계에 기본적으로 3개의 평면(XY Plane, XZ Plane, YZ Plane)을 제공하며 이를 기준평면이라 한다.

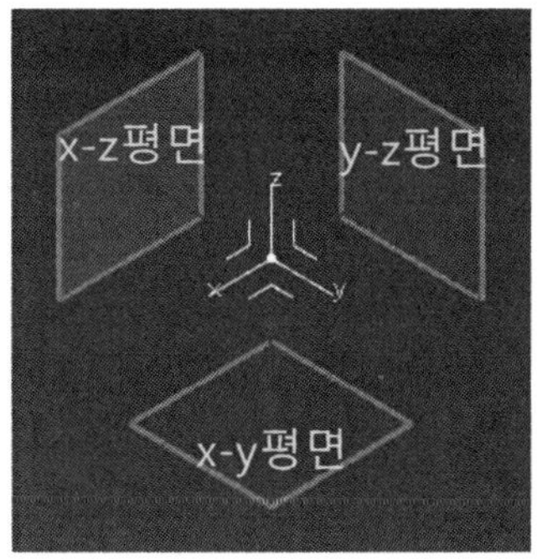

실제 설계에서 이러한 평면은 스케치(Sketch)로 프로파일(Profile)을 생성하기 위한 기준면으로 사용되며 파트디자인워크벤치나 GSD워크벤치에서 3차원모델 형상을 만들 때 빈번하게 사용된다. Plans툴바는 CATIA에서 제공하는 기준평면 외에 사용자가 임의의 위치에 평면(Plane)을 생성할 수 있도록 하는 다양한 기능을 제공한다.

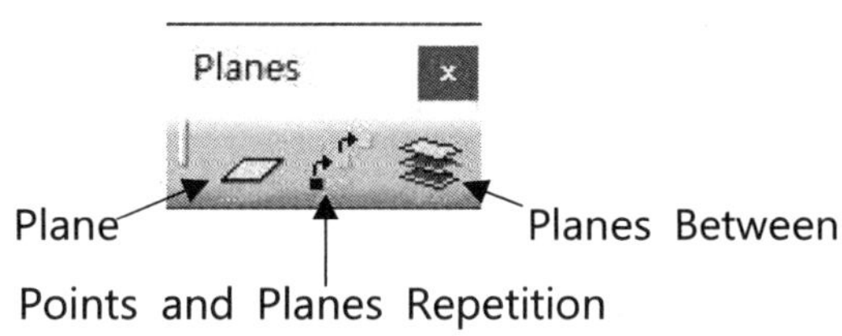

⊠ Plane( ): 3차원 공간좌표상에 가상의 평면(Plane)을 생성한다.

▶Plane( )명령을 실행하면 Plane Definition 대화창이 나타난다.
여기서 다양한 부가옵션을 선택하여 가상의 평면(Plane)을 만들 수 있다.

① Plane type: Offset from plane
사용자가 지정한 평면으로부터 일정한 거리만큼 Offset하여 Plane을 만든다.
- ▹Reference: XY Plane
- ▹Offset: 50 mm

☞TIP: 화살표를 클릭하면 Plane의 생성방향을 바꿀 수 있다.

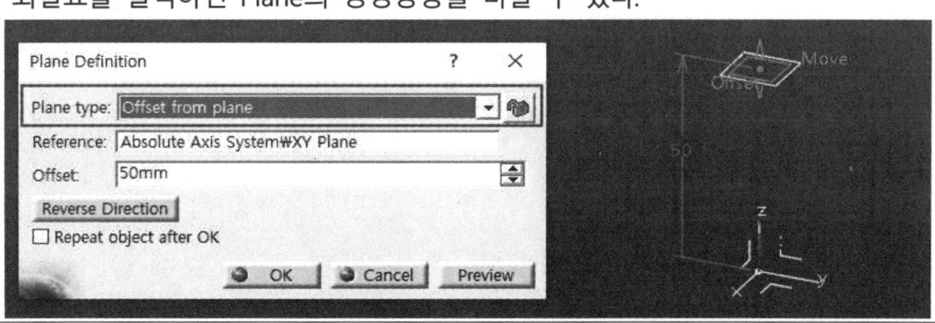

▩ Plane(): 3차원 공간좌표상에 가상의 평면(Plane)을 생성한다.

② Plane type: Parallel through point
지정한 점(Point)의 위치에 선택한 기준면과 평행한 새로운 Plane을 생성한다.
▹ Reference: YZ Plane

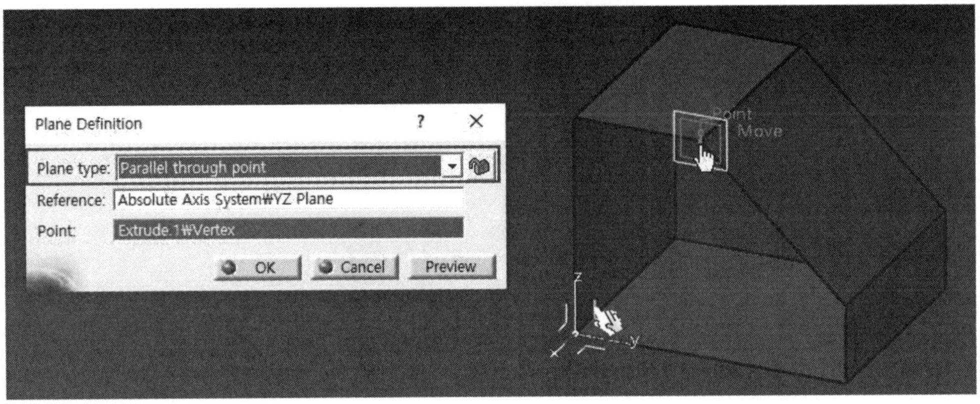

③ Plane type: Angle/Normal to plane
지정한 선(Line)을 중심축으로하며 선택한 기준면에 대해 일정한 각도로 기울어진 새로운 Plane을 만든다.
▹ Rotation axis: 새로 생성되는 Plane의 회전중심축
▹ Reference: Face(선택한 서피스의 임의의 표면, 기준면)
▹ Angle: 45deg(Normal to plane :기준면에 대해 직각(90deg)인 Plane을 만든다.)

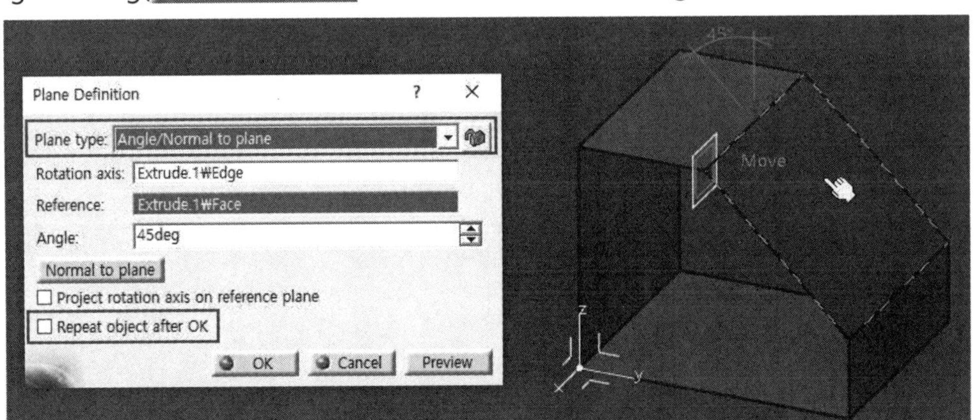

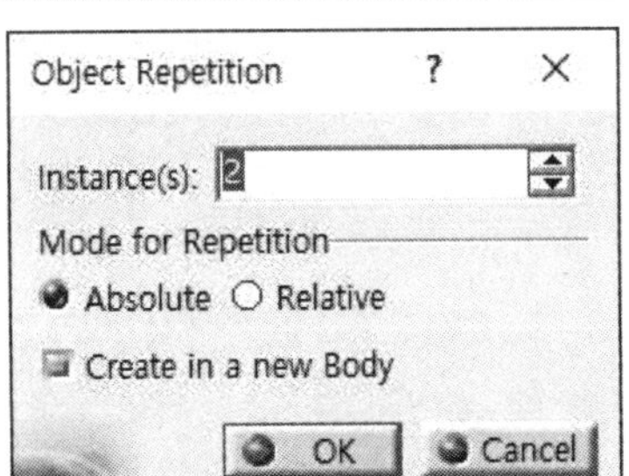

▪ Repeat object after OK: 동일한 조건으로 평면을 여러개 만든다.(대화창에서 만들 평면의 개수를 지정할 수 있다.)

⊠ Plane( ): 3차원 공간좌표상에 가상의 평면(Plane)을 생성한다.

④ Plane type: Through three points

세개의 점(Points)들로 하나의 Plane을 만든다.(세개의 점을 이으면 삼각형 형상을 가진 평면이 생성되며 이 평면이 새로 만들어지는 Plane이 된다.)

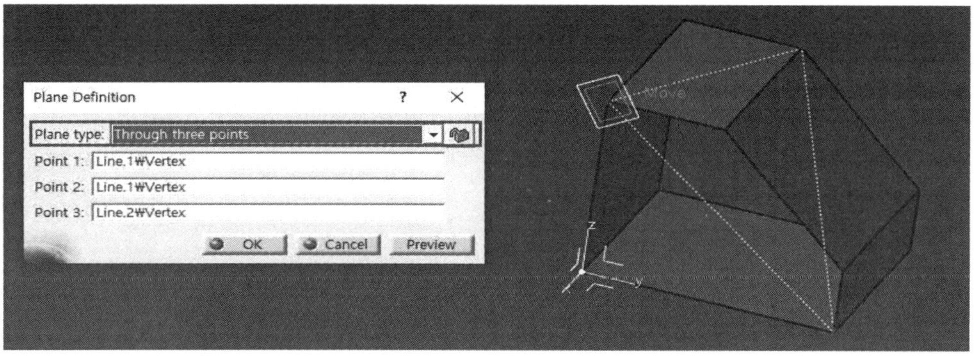

⑤ Plane type: Through two lines

두개의 선(Lines)들로 하나의 Plane을 만든다.

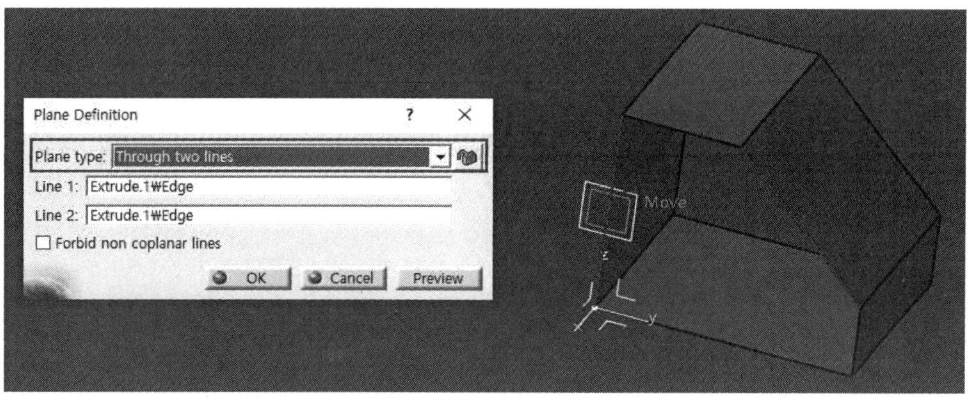

⑥ Plane type: Through point and line

하나의 점(Point)과 하나의 선(Lines)으로 새로운 Plane을 만든다. 점에서 선의 끝점을 연결하는 가상의 선에 의해 만들어지는 평면이 된다.

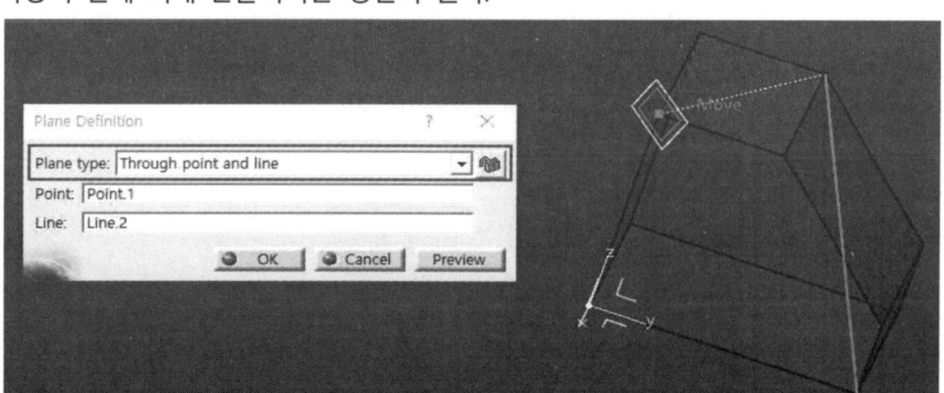

▩ Plane( ): 3차원 공간좌표상에 가상의 평면(Plane)을 생성한다.

⑦ Plane type: Through planer curve

선택한 커브(Curve)가 놓여있는 평면에 Plane을 만든다.

☞선택가능한 커브(Curve)로는 Circle, Arc, Spline이 있다.

☞폴리라인(Polyline)과 같이 커브의 형상이 단일 평면상에 존재하지 않으면 이 옵션에 의해 Plane이 생성되지 않는다.(커브는 반드시 단일평면상에 있어야 한다.)

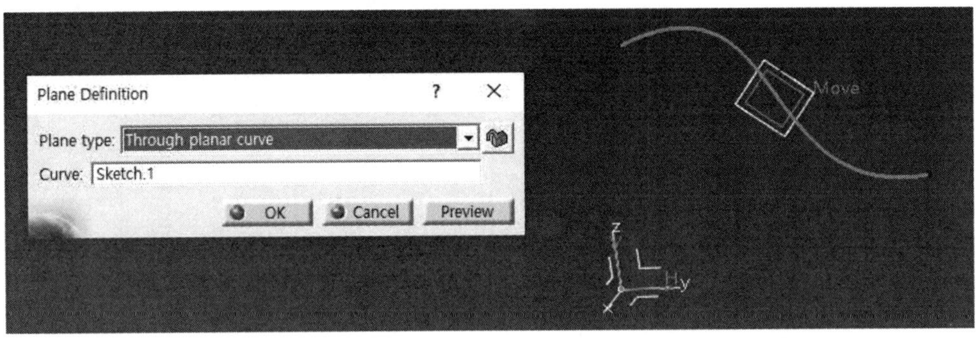

⑧ Plane type: Normal to curve

선택한 커브(Curve)에 수직인 Plane을 지정한 점(Point)의 위치에 만든다.

☞Plane이 생성되는 기준점의 위치는 선택한 커브(Curve)상에 존재하지 않아도 무관하다.

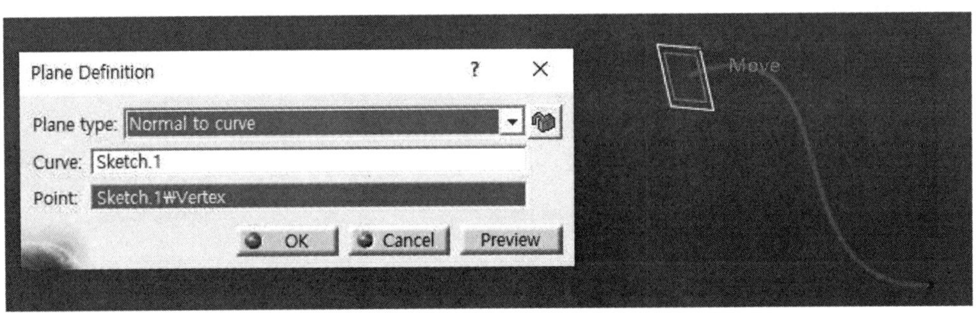

⑨ Plane type: Tangent to surface

선택한 서피스(Surface)에 접하는 Plane을 지정한 점(Point)의 위치에 만든다.

☞Plane이 생성되는 기준점의 위치는 선택한 서피스(Surface)상에 존재하지 않아도 무관하다.

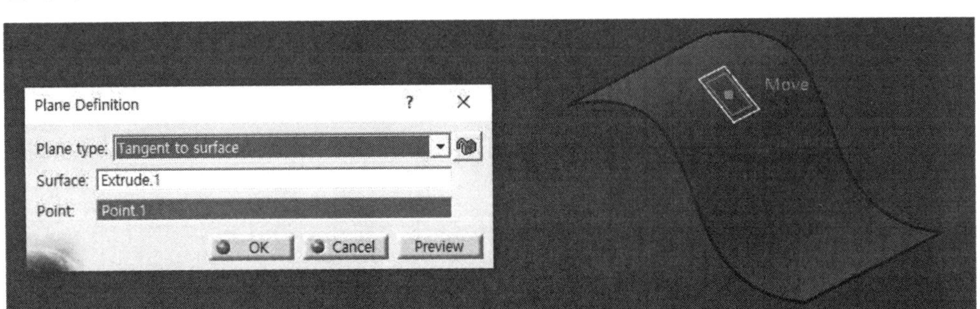

⊠ Plane( ): 3차원 공간좌표상에 가상의 평면(Plane)을 생성한다.

⑩ Plane type: Equation

주어진 방정식에서 상수값(A,B,C)을 직접 입력하여 Plane을 만든다.

▹ 방정식: Ax + By + Cz = D

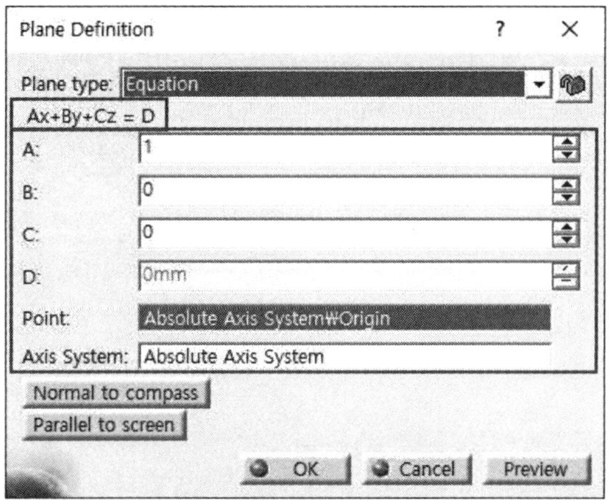

A=1,B=0,C=0,D=0	A=0,B=1,C=0,D=0	A=0,B=0,C=1,D=0
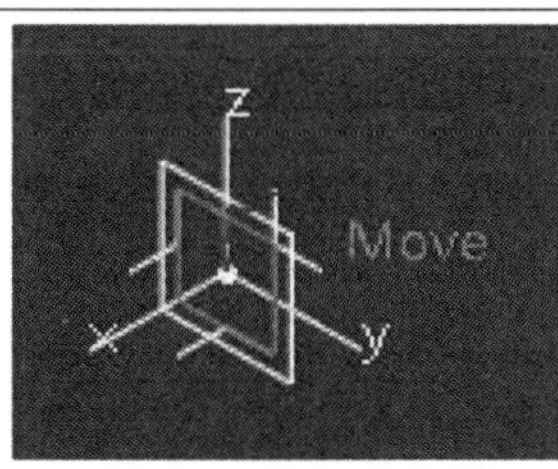	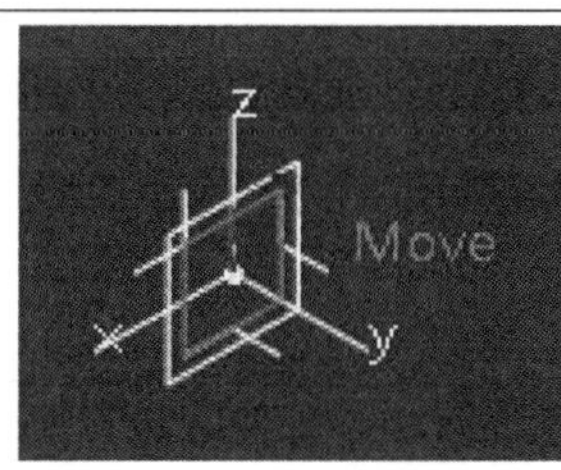	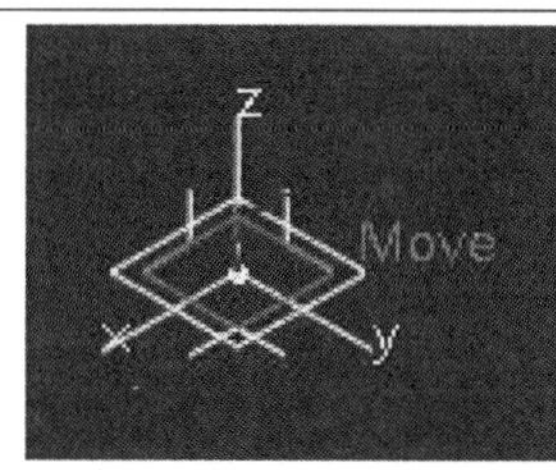

⑪ Plane type: Mean through points

선택한 점(Points)들의 평균값을 이용하여 Plane을 만든다.

☞Plane을 만들기 위해서는 최소한 3개 이상의 점(Points)이 필요하며 점을 선택하는 순서는 Plane의 생성과는 무관하다.

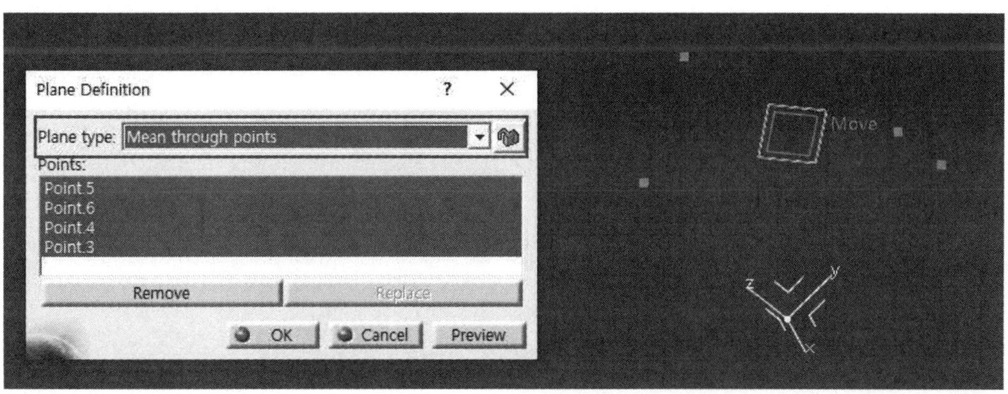

▩ Points and Planes Repetition( ): 3차원 공간상에 있는 커브(Curve)위에 등간격의 점(Point)을 생성하고 동시에 그 위치에서 커브에 수직인 평면(Plane)을 생성한다.

▶ Points and Planes Repetition( )명령을 실행하면 Points & Planes Repetition 대화창이 나타난다.

▹ 커브와 시작점을 선택하고 등간격으로 만들 점의 개수를 지정한다.

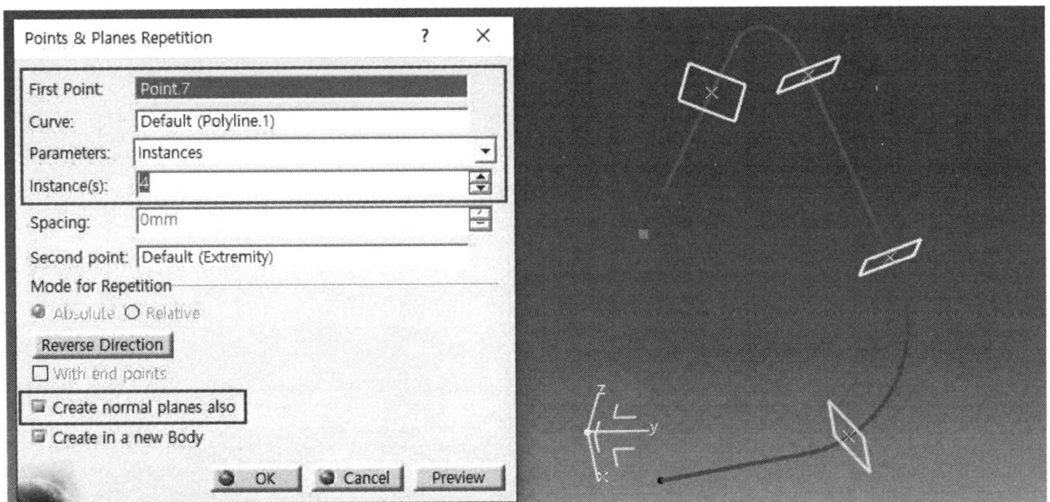

▩ Planes Between( ): 두 개의 Plane사이에 등간격으로 새로운 Plane을 생성한다.

▶ Planes Between( )명령을 실행하면 Planes Between 대화창이 나타난다.

▹ 첫 번째 Plane과 두 번째 Plane을 선택하고 두 Plane 사이에 만들고자 하는 Plane의 개수를 지정한다.

❑ Project-Combine( )

Project-Combine서브툴바에는 서피스(Surface) 면 위에 3차원 공간상의 프로파일(Profile) 형상을 투영하거나(Projection,) 서로 다른 곡률을 가진 두 개의 프로파일을 이용하여 새로운 곡률을 가진 새로운 Wireframe을 만들거나(Combine,) 또는 서피스상에 임의의 기준점으로부터 특정한 기울기를 가지는 점들을 서로 연결하여 새로운 커브(Curve)를 만드는(ReflectLine,)명령어가 포함되어 있다.

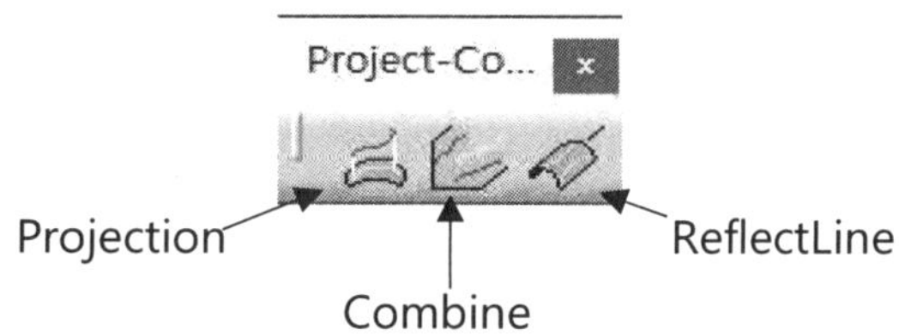

▧ Projection( ): 서피스면 위에 프로파일을 투영하여 새로운 와이어프레임(Wireframe)을 생성한다.
▶ Projection( )명령을 실행하면 Projection Definition 대화창이 나타난다. ▹ 투영하고자 하는 프로파일을 선택하고 투영할 서피스면을 선택한다. 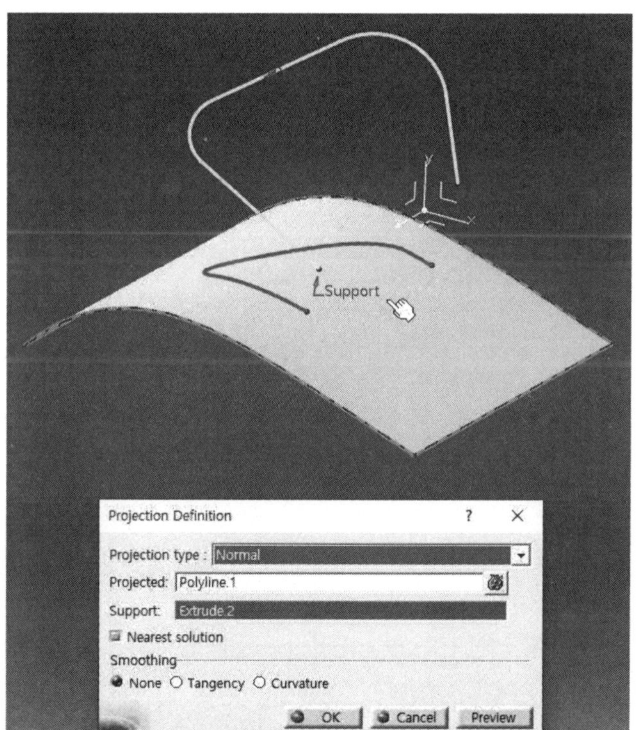

▨ Projection( ): 부가옵션

▶ 투영하는 두가지 옵션이 있다.

① Projection type: Normal
투영되는 와이어프레임은 투영면(Surface)의 곡률에 따라 변형되어 생성된다.

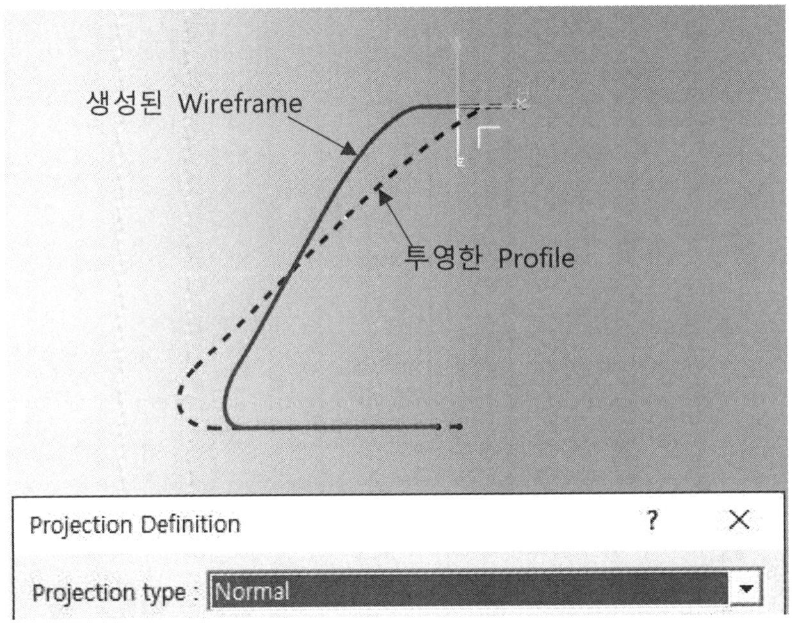

② Projection type: Along a direction
투영되는 와이어프레임은 지정한 방향(여기서는 Y축)으로 투영되어 서피스면의 곡률과 무관하게 프로파일의 형상과 동일한 형상으로 서피스면 위에 생성된다.

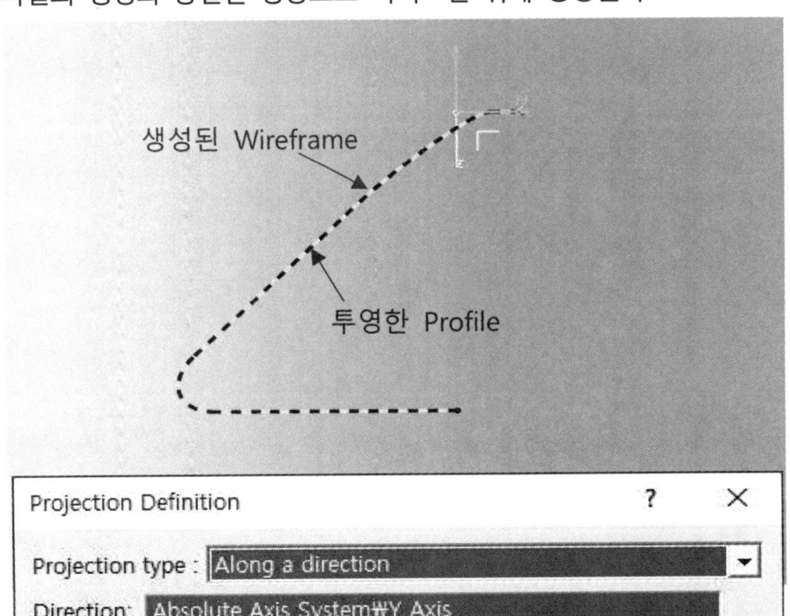

⊠ Combine( ): 서로 다른 곡률을 가진 두 개의 프로파일을 이용하여 두 프로파일의 형상을 모두 가지는 새로운 Wireframe을 생성한다.

▶Combine( )명령을 실행하면 Combine Definition 대화창이 나타난다.

▹합치고자 하는 두 개의 프로파일(Profile)을 선택한다.

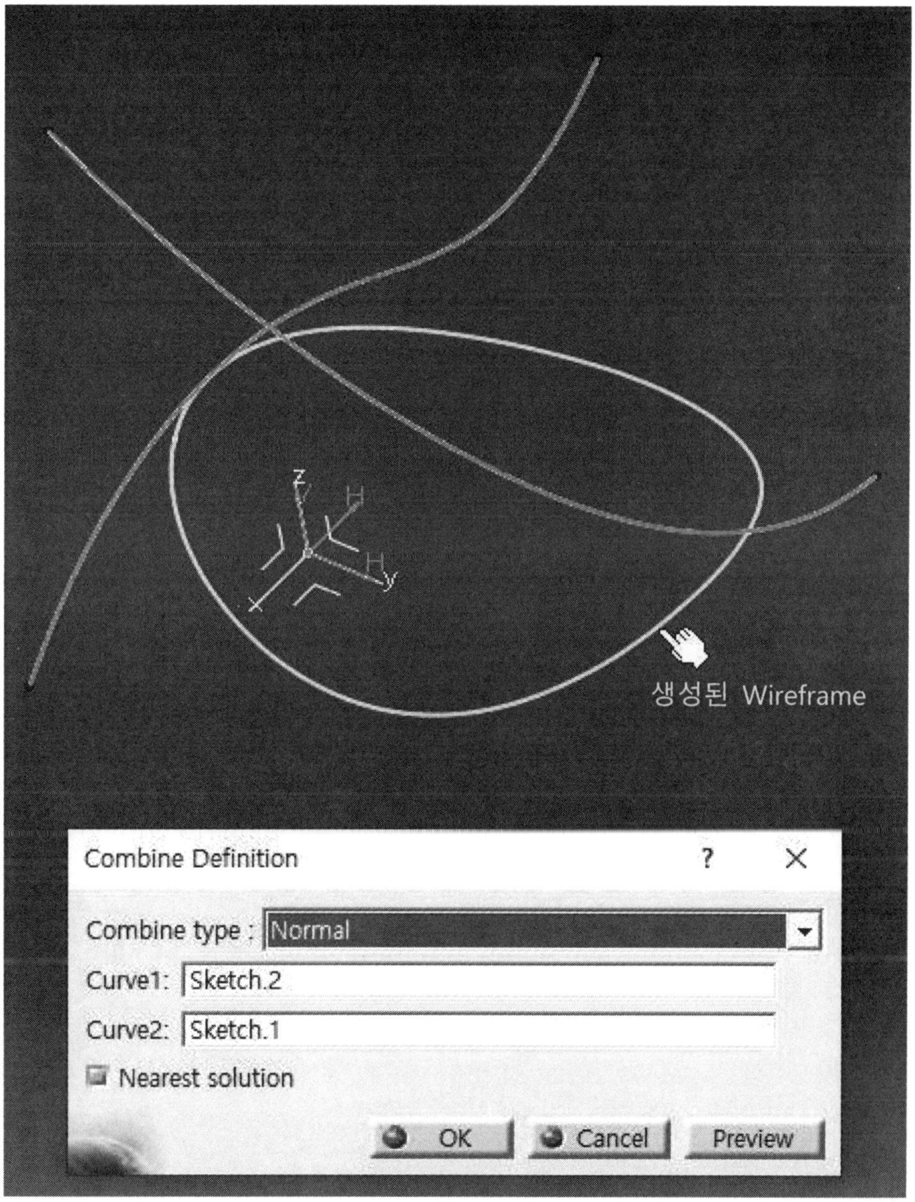

☞TIP: 선택한 두 개의 Profile은 서로 다른 평면상에 존재해야 하며 교차점을 가져야 한다.

⊠ ReflectLine( ): 서피스면 위에 임의의 기준점으로부터 지정한 방향으로 특정한 각도를 가진 점을 투영하고 서로 연결하여 커브(Curve)를 생성한다.

▶ReflectLine( )명령을 실행하면 Reflect Line Definition 대화창이 나타난다.(두 가지 부가옵션을 선택할 수 있다.)

① Type: Cylindrical
- ▹ 커브를 투영할 서피스면(Support)을 선택하고 투영할 방향(Direction)을 지정한다.
- ▹ 각도를 입력한다.(Angle=30deg)

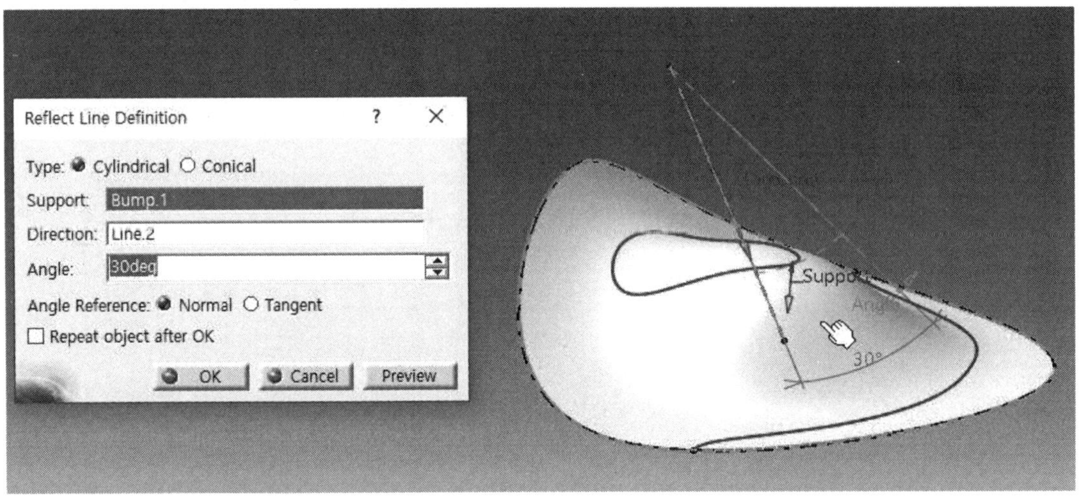

② Type: Conical
- ▹ 커브를 투영할 서피스면(Support)을 선택한다.
- ▹ 기준점(Origin)을 선택한다.
- ▹ 각도를 입력한다.(Angle=30deg)

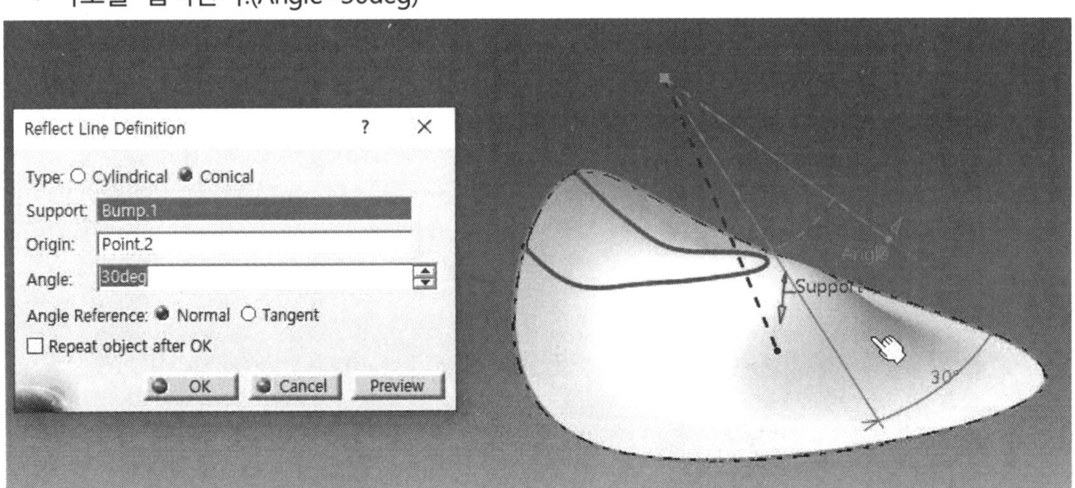

❑ Intersection( )

두 개의 형상요소가 서로 교차할 때 교차되는 부분의 형상을 생성한다. 교차형상은 형상요소의 형태(서피스, 커브)에 따라 다르다.

【교차형상별 Intersecton( )명령 실행결과】

실행결과	점(Point)	선(Line)
교차되는 형상	①선(Line)과 선(Line) ②선(Line)과 면(Plane) ③선(Line)과 서피스(Surface)	①서피스(Surface)와 서피스(Surface) ②서피스(Surface)와 면(Plane)

▧ Intersection( ): 두개의 형상요소가 서로 교차할 때 교차되는 부분의 형상을 생성한다.

▶Intersection( )명령을 실행하면 Intersectin Definition 대화창이 나타난다.

① 실행결과가 점(Point)인 경우

▹ 선(Line)과 선(Line)

☞선택할 요소가 1개 이상인 경우 를 클릭하면 여러개의 요소를 동시에 선택할 수 있다.(Ctrl key를 누른 상태에서 마우스로 각 요소를 선택할 수도 있다.)

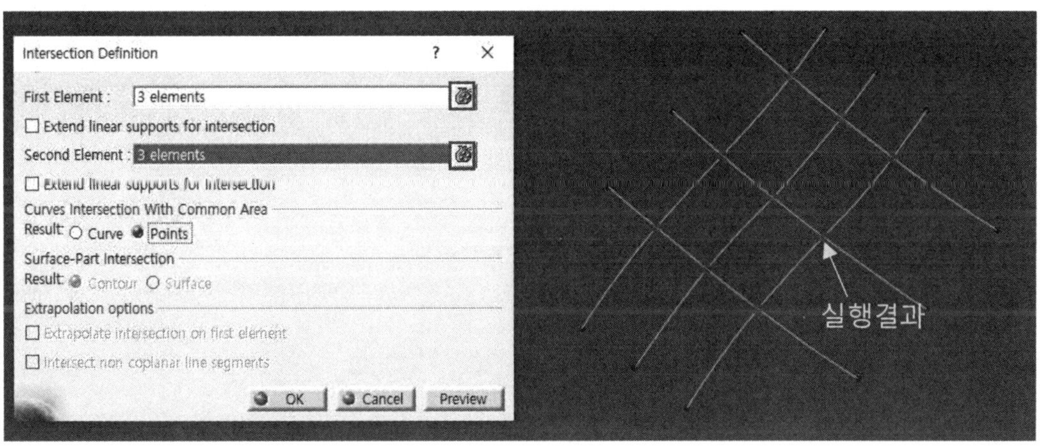

▧ Intersection( ): 두개의 형상요소가 서로 교차할 때 교차되는 부분의 형상을 생성한다.

▹ 선(Line)과 면(Plane)

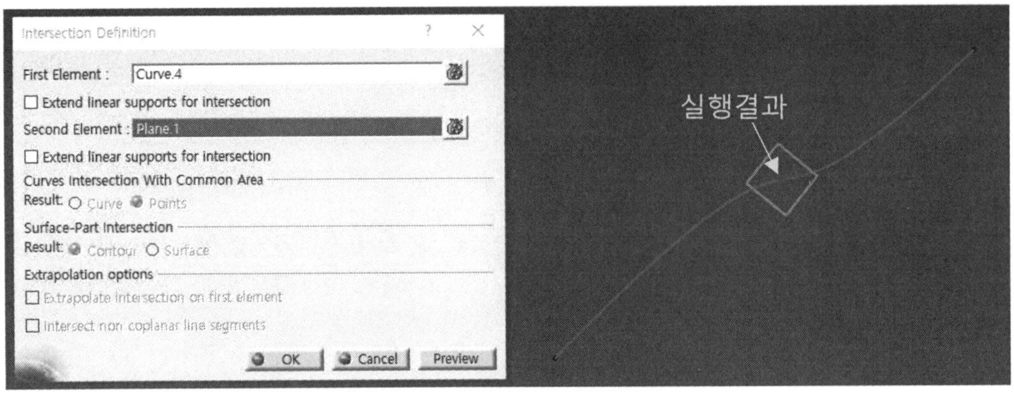

▹ 선(Line)과 서피스(Surface)

② 실행결과가 선(Line)인 경우

▹ 서피스(Surface)와 서피스(Surface)

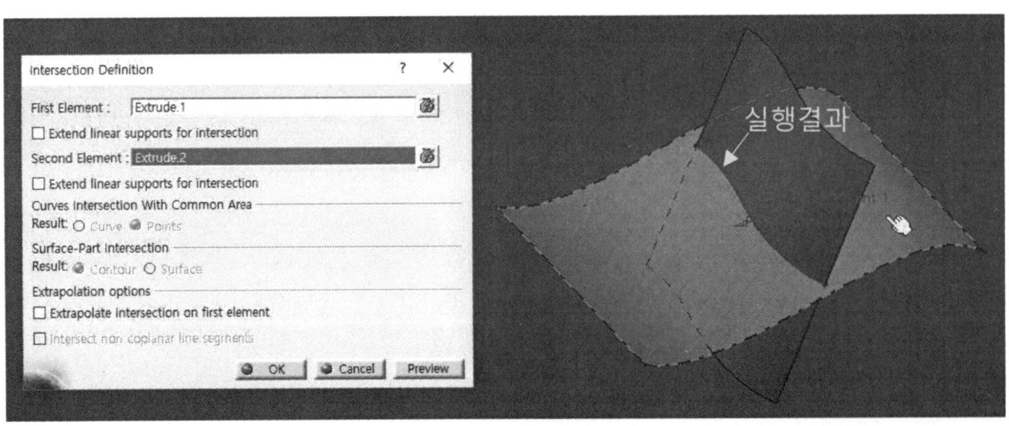

⊠ Intersection( ): 두개의 형상요소가 서로 교차할 때 교차되는 부분의 형상을 생성한다.

▹ 서피스(Surface)와 면(Plane)

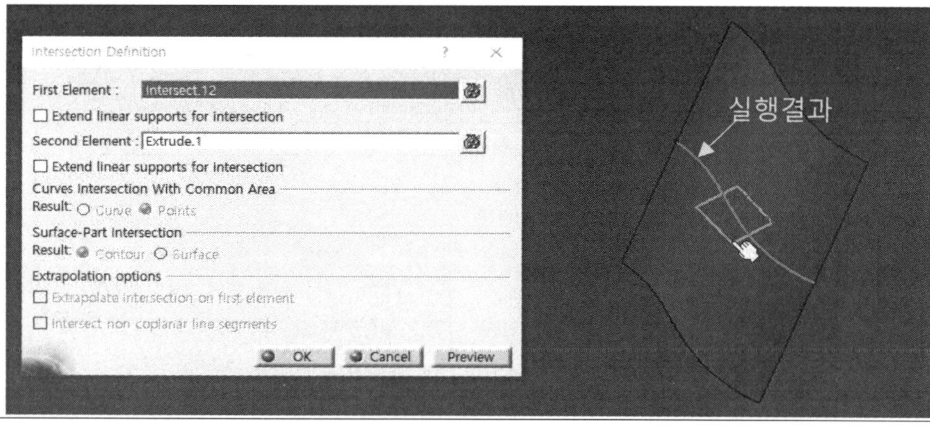

❑ Offset2D3D( )

서피스(Surface) 위에 놓여 있는 프로파일(Profile)을 서피스(Surface) 면 위에서 평행이동하거나 3차원 공간상에 Offset하여 새로운 와이어프레임(Wireframe)을 생성한다.

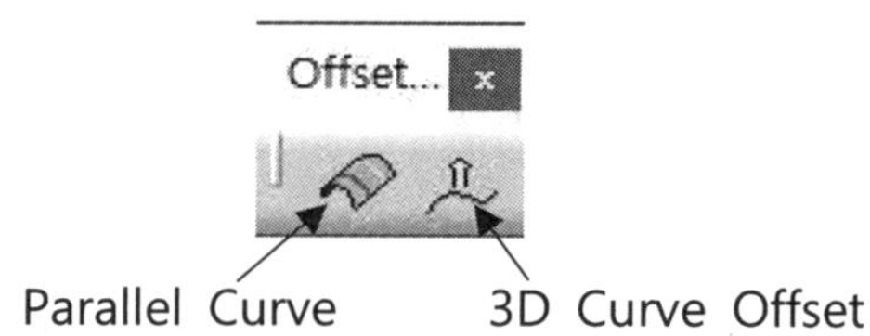

⊠ Parallel Curve( ): 서피스면 위의 프로파일을 프로파일이 놓여 있는 서피스면 상에서 평행이동하여 새로운 와이어프레임을 생성한다.

▶ Parallel Curve( )명령을 실행하면 Parallel Curve Definition 대화창이 나타난다.

① Suport: 면(Plane)인 경우

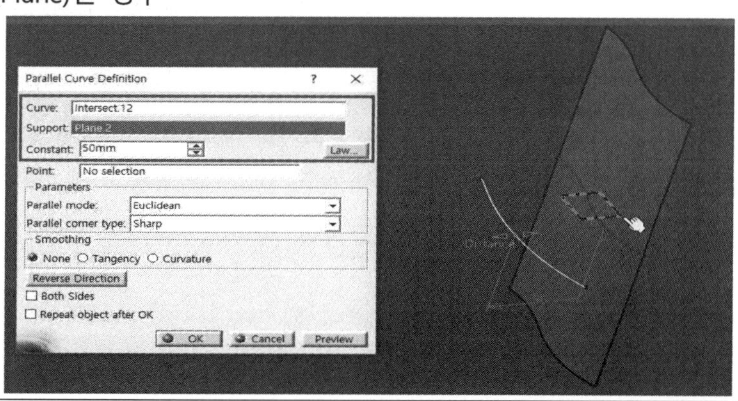

▧ Parallel Curve(): 서피스면 위의 프로파일을 프로파일이 놓여 있는 서피스면 상에서 평행이동하여 새로운 와이어프레임을 생성한다.

② Suport: 서피스(Surface)인 경우

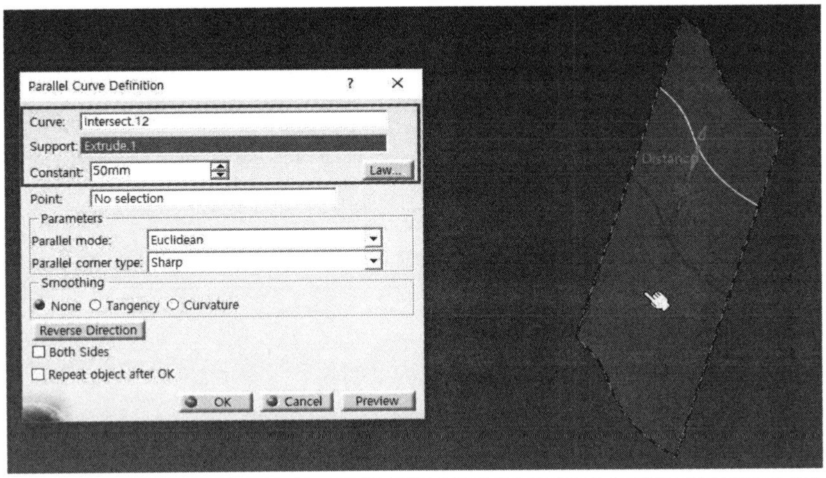

▧ 3D Curve Offset(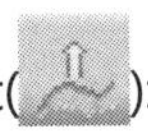): 3차원 공간상에 프로파일(Profile)을 지정한 방향으로 Offset하여 새로운 와이어프레임(Wireframe)을 생성한다.

▶ 3D Curve Offset()명령을 실행하면 3D Curve Offset Definition 대화창이 나타난다. Offset하고자 하는 커브(Curve)를 선택하고 Offset방향과 크기를 입력한다.

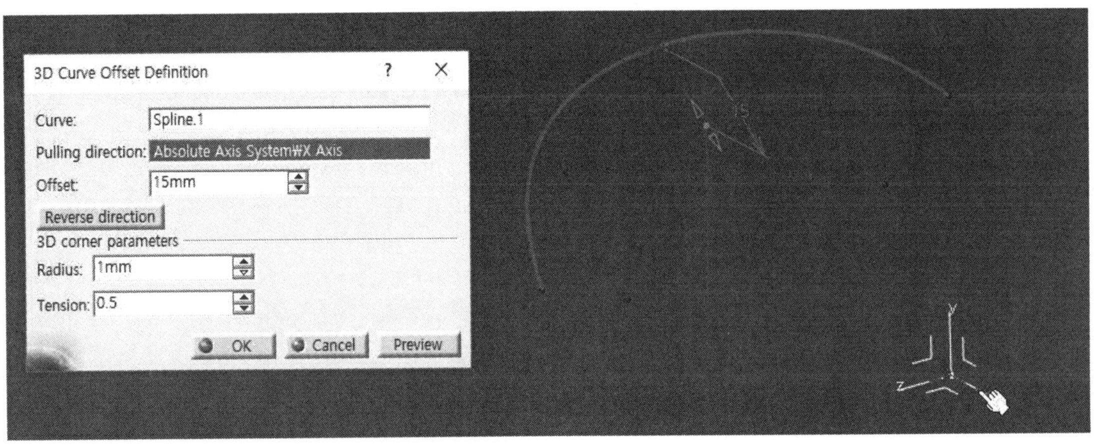

☞TIP: Offset 방향(Pulling direction)을 잘 못 지정하는 경우 또는 과도한 Offset량을 부여하면(프로파일이 Offset되는 과정에서 곡률이 변한다.) Error가 발생하므로 주의해야 한다.

⊠ 3D Curve Offset( ): 3차원 공간상에 프로파일(Profile)을 지정한 방향으로 Offset하여 새로운 와이어프레임(Wireframe)을 생성한다.

▹ Offset방향이 잘 못 지정된 경우

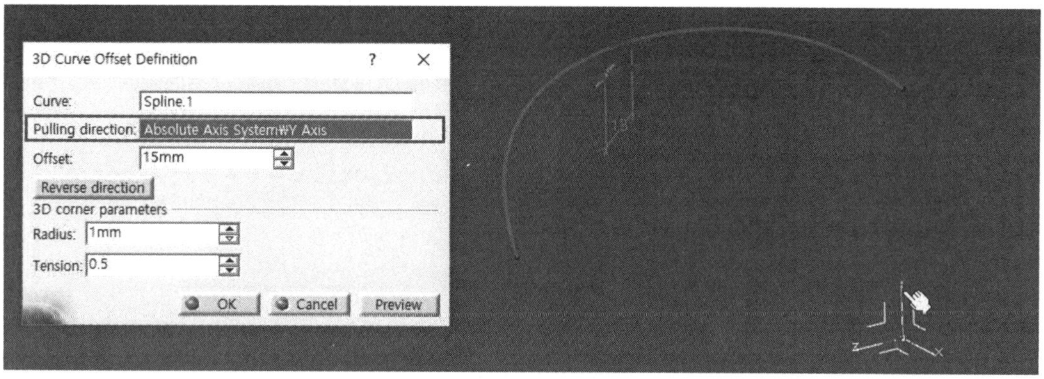

▹ Offset량이 과도한 경우

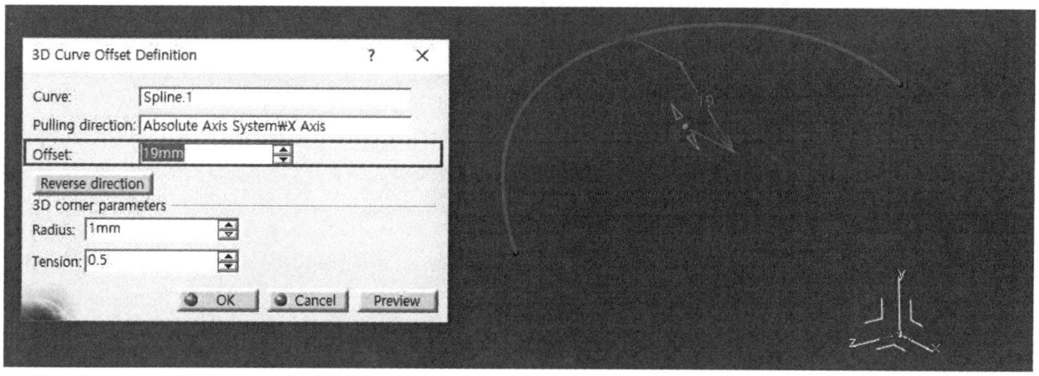

❑ Circle-Conic( )

Circle-Conic서브툴바를 이용하여 3차원 공간에 원(Circle,)을 만들거나 교차하는 두 프로파일의 교차부위를 둥글게 다듬거나(Corner,) 커브와 커브를 연결(Connect,)할 수 있으며 또한 원뿔형상(Conic,)을 생성할 수 있다.

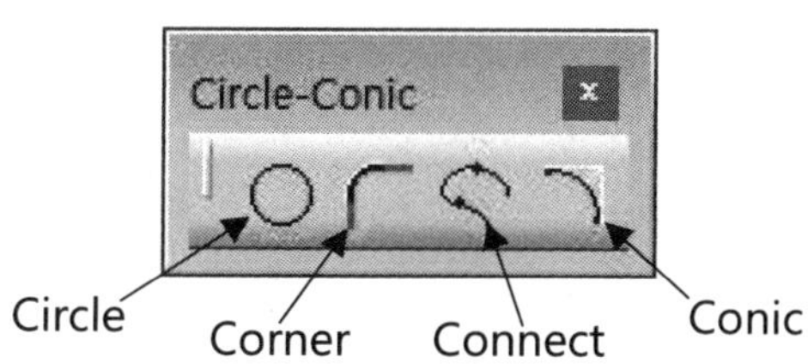

▧ Circle(○): 3차원 공간상에 원(Circle) 또는 호(Arc)를 생성한다.

▶ Circle(○)명령을 실행하면 Circle Definition 대화창이 나타난다.
부가옵션이 있다.(Definition 대화창에서 Circle type을 선택한다.)

① Circle type: Center and radius
원의 중심(Center)과 반경(Radius) 그리고 기준평면(Support)을 지정하여 원(Circle)을 만든다.
☞원의 시작점과 끝점이 기준선에 대해 이루는 각도를 입력하면 호(Arc)가 된다.

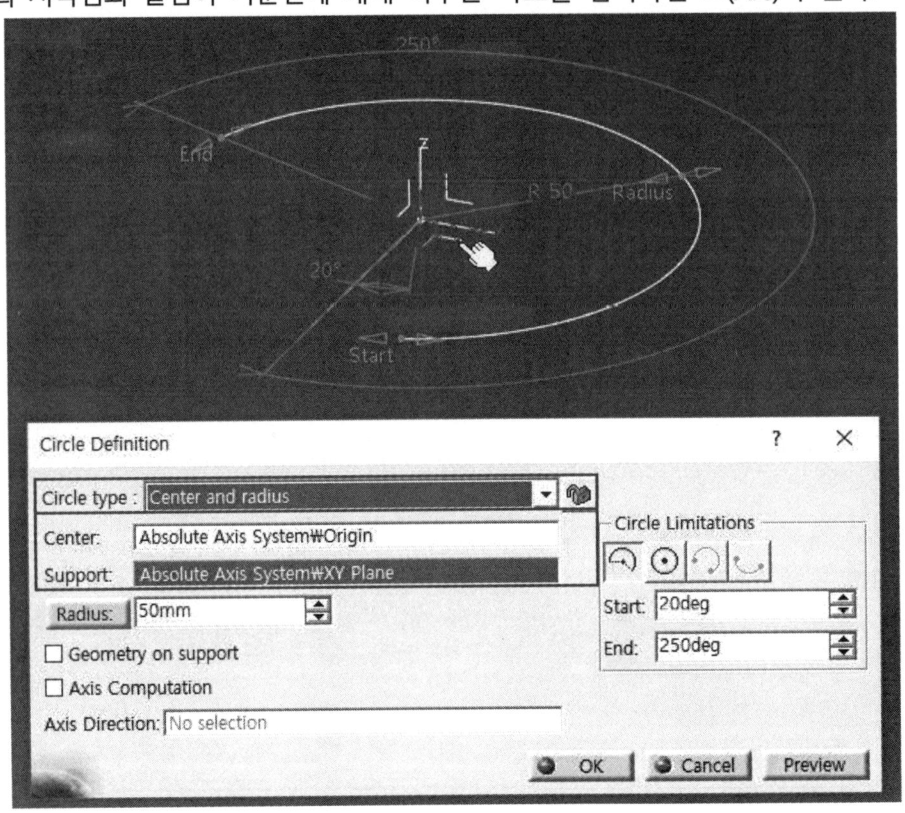

→[Circle Limitations]에서 Circle명령의 실행 결과로서 원(Circle, 0°-360°), 호(Arc, Start:기준선에 대해 중심점과 호의 시작점을 연결한 선이 이루는 각도-End:끝점을 연결한 선이 이루는 각도를 입력)를 선택할 수 있다.

【 원(Circle) 】

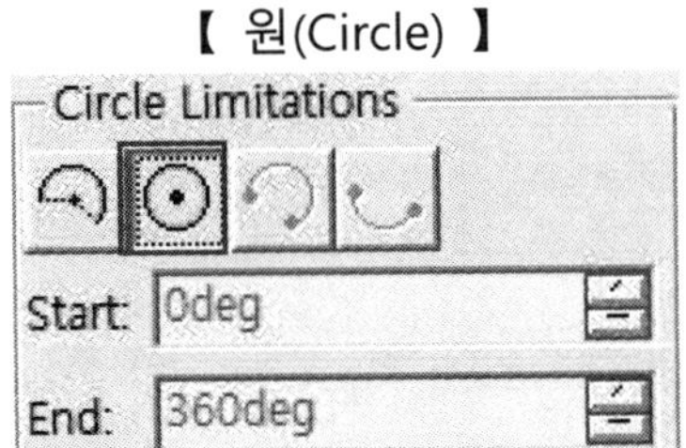

【 호(Arc) 】

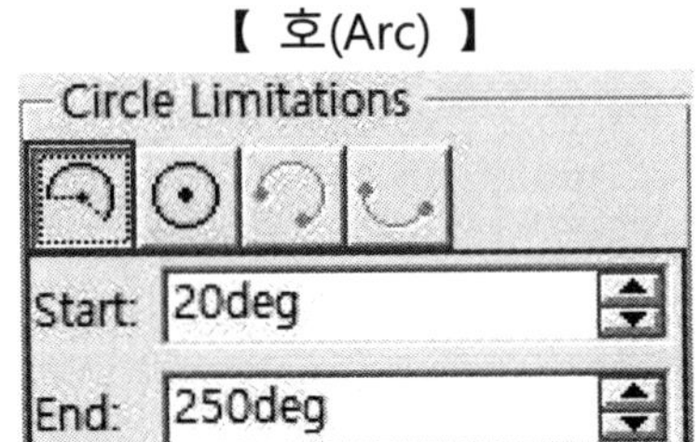

▧ Circle(): 3차원 공간상에 원(Circle) 또는 호(Arc)를 생성한다.

② Circle type: Center and point

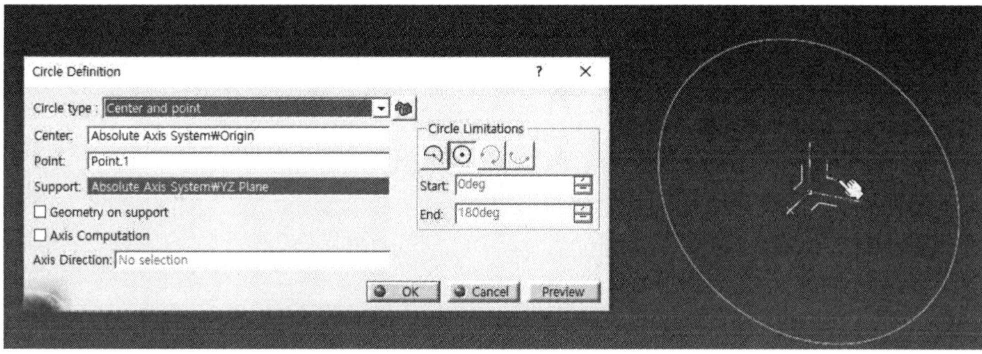

③ Circle type: Two points and radius

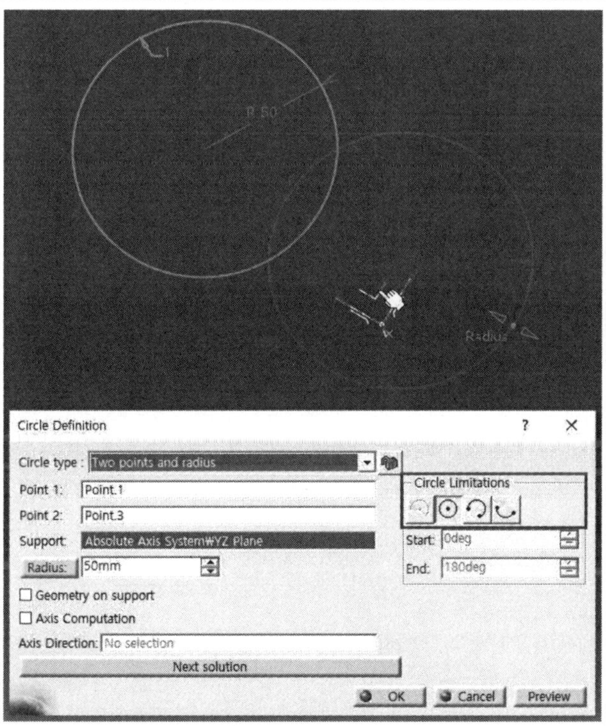

Trimmed Circle

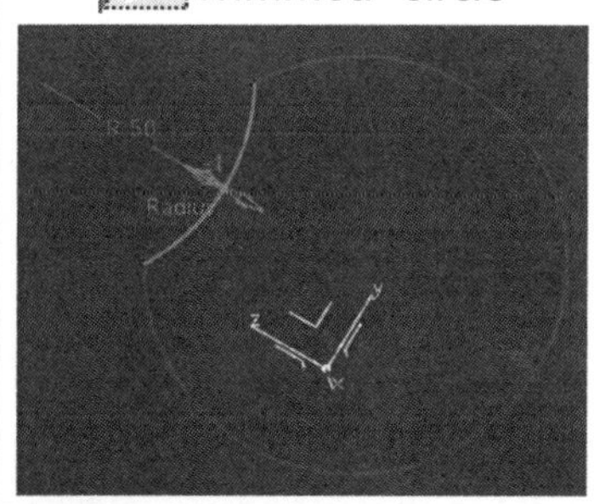

Complementary Circle

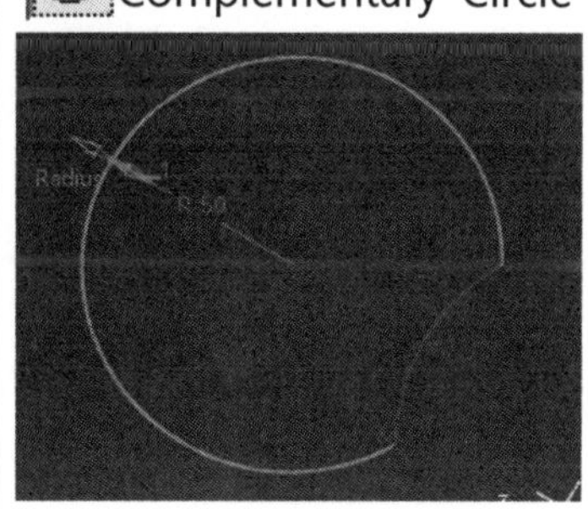

⊠ Circle( ): 3차원 공간상에 원(Circle) 또는 호(Arc)를 생성한다.

④ Circle type: Three Points
세 점을 지나는 원을 만든다.

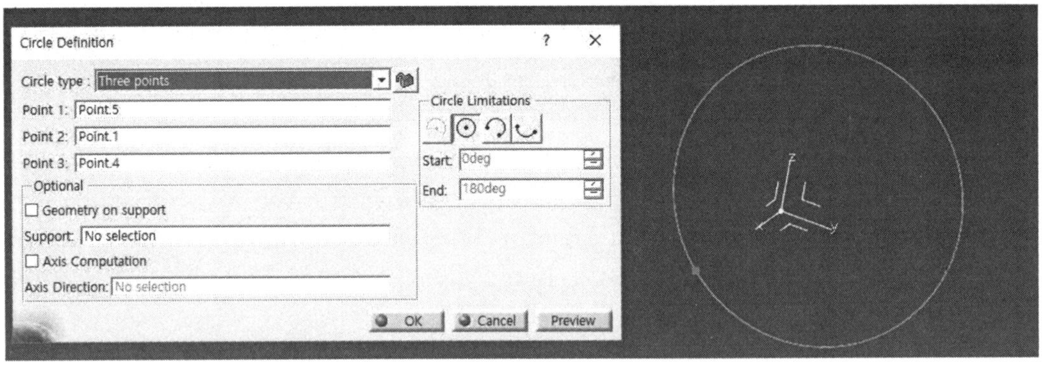

⑤ Circle type: Center and axis
원의 중심과 반경 및 중심축을 지정하여 원을 만든다.

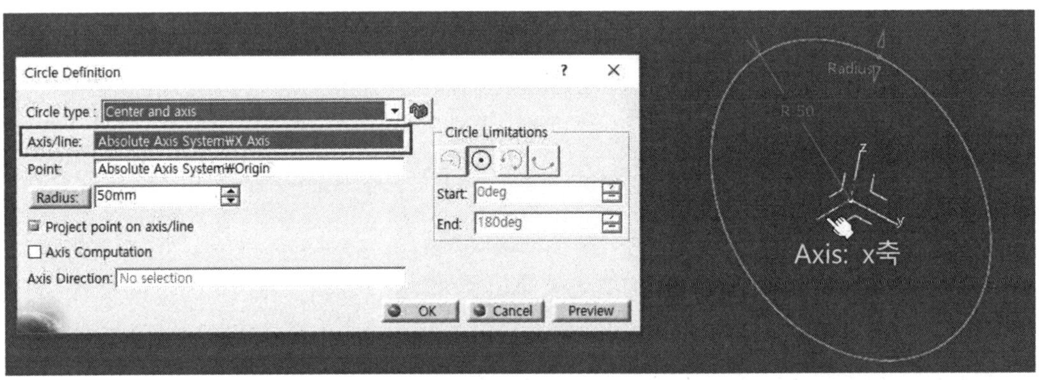

⑥ Circle type: Bitangent and radius
두 요소에 동시에 모두 접하는 원(Circle)을 만든다.

☞여러 개의 실행결과가 있는 경우 Next Solution 을 클릭하여 원하는 결과를 선택한다.

☞Circle Definition 대화창에서 부여한 한 원의 반경(Radius)이 주어진 조건을 만족하지 않으면 원(Circle)은 생성되지 않는다. 따라서 두 요소를 선택하기 전 생성 가능한 원의 반경을 미리 확인한 후 명령을 실행해야 한다.

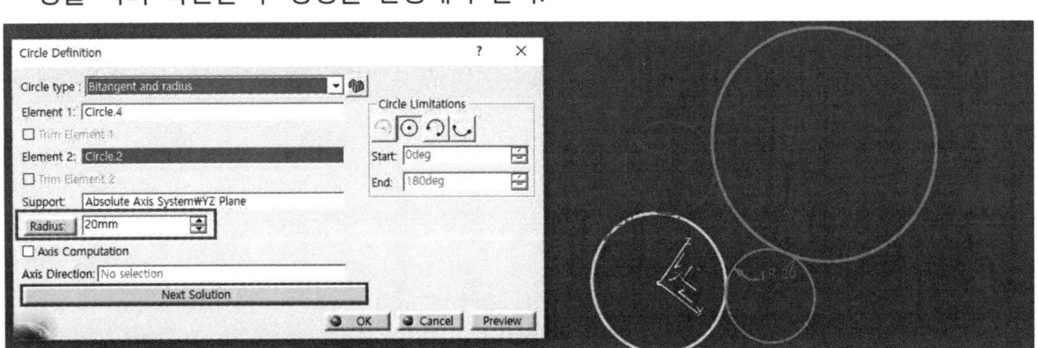

⊠ Circle( ): 3차원 공간상에 원(Circle) 또는 호(Arc)를 생성한다.

⑦ Circle type: Bitangent and point
두 요소와 동시에 접하며 점(Point)를 지나는 원을 만든다.

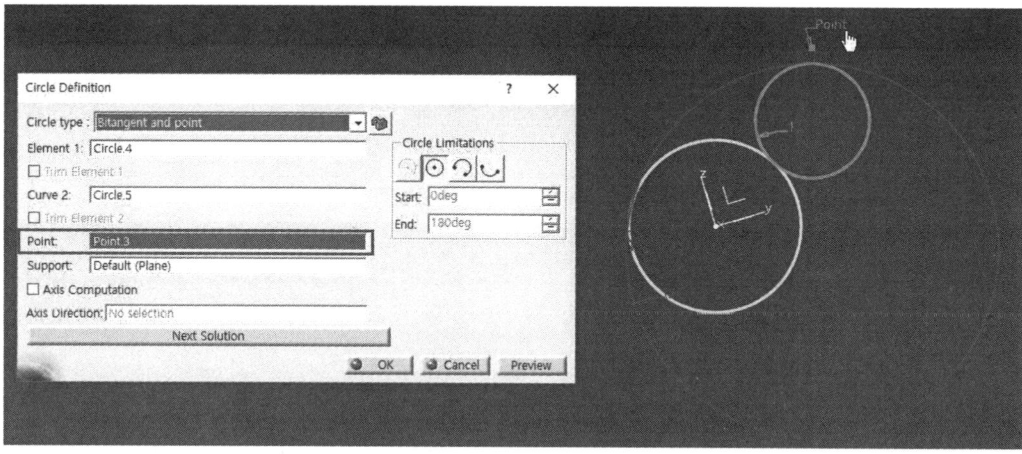

⑧ Circle type: Tritangent
세 개의 요소에 동시에 접하는 원을 만든다.

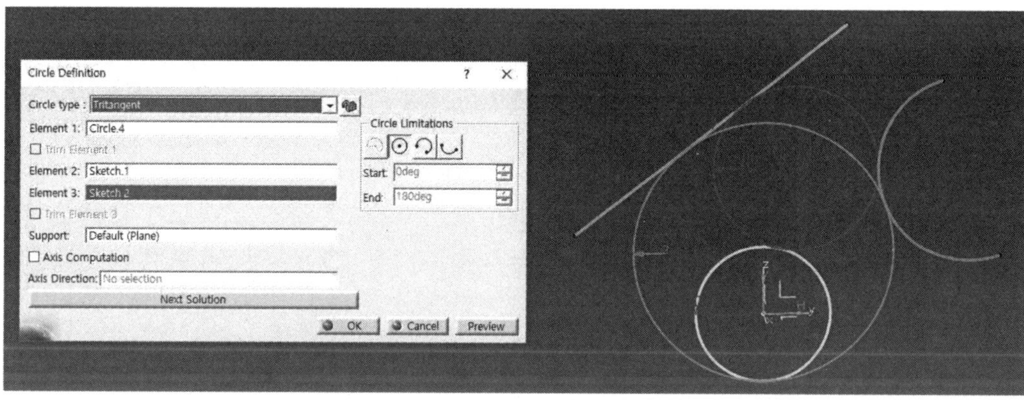

⑨ Circle type: Center and tangent
지정한 점을 중심으로 선택한 요소에 접하는 원을 그린다.

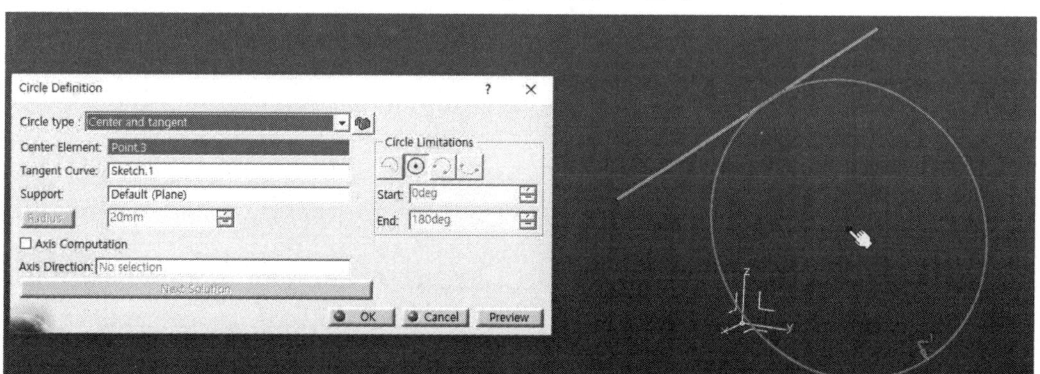

▩ Corner( ): 교차하는 두 개의 선(Line)의 교차부에 코너(Corner)를 생성한다.

▶ Corner( )명령을 실행하면 Corner Definition 대화창이 나타난다.
부가옵션이 있다.(대화창에서 Corner Type:을 선택한다.)

① Corner Type: Corner on Support
- ▹ 두 직선이 동일한 평면(Plane)상에 있을 때 적용할 수 있다.
- ▹ 코너(Corner)를 만들 두 직선을 선택하고 반경(Radius)를 부여한다.
- ▹ 실행결과가 여러 개인 경우 Next Solution 을 클릭하여 원하는 결과를 선택할 수 있다.

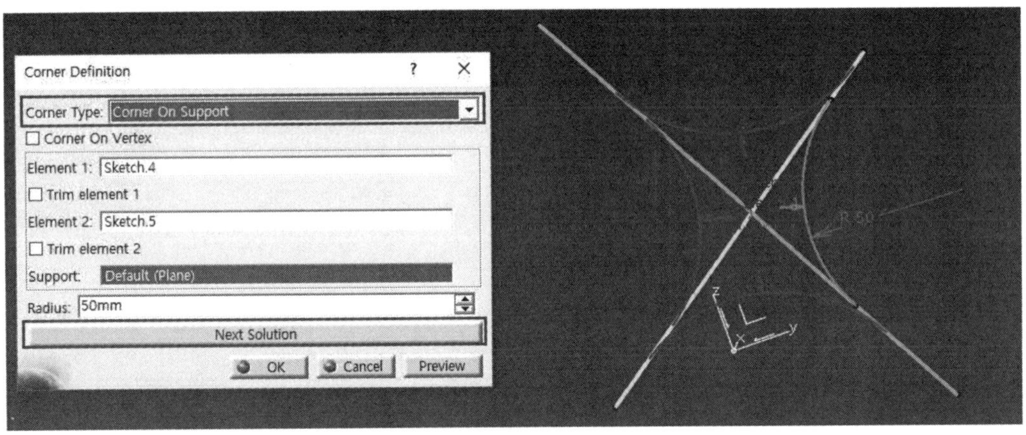

② Corner Type: 3D Corner
- ▹ 두 직선이 동일한 평면(Plane)상에 있지 않은 경우 사용한다.
- ▹ 실행결과가 여러 개인 경우 Next Solution 을 클릭하여 원하는 결과를 선택할 수 있다.

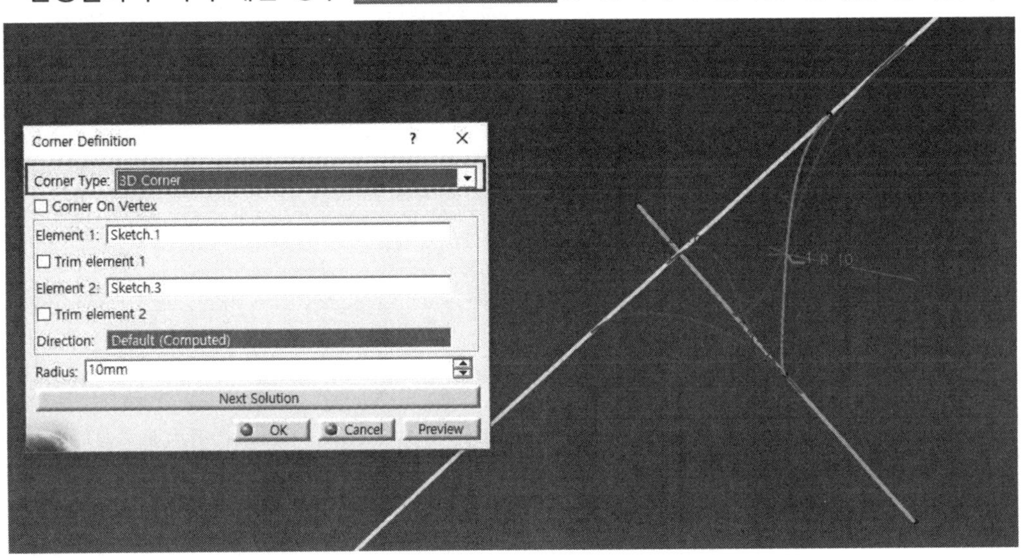

⊠ Connect Curve( ): 3차원 공간상에 원(Circle) 또는 호(Arc)를 생성한다.

▶ Connect Curve( )명령을 실행하면 Connect Curve Definition 대화창이 나타난다. 부가옵션이 있다.(대화창에서 Connect type:을 선택한다.)

① Connect type: Normal

▹ 두 개의 요소의 끝점을 서로 연결한다.(화살표를 클릭하거나 Reverse Direction 를 클릭하면 연결방향을 바꿀 수 있다.)

▹ 부가옵션에서 연결되는 조건(Continuity)을 변경할 수 있다.(연결 조건은 두 요소 각 각 별도로 부여할 수 있다.)

▸ Continuity: Tangency(선택한 요소의 끝점에서 접선방향으로 커브(Curve)가 생성된다.)

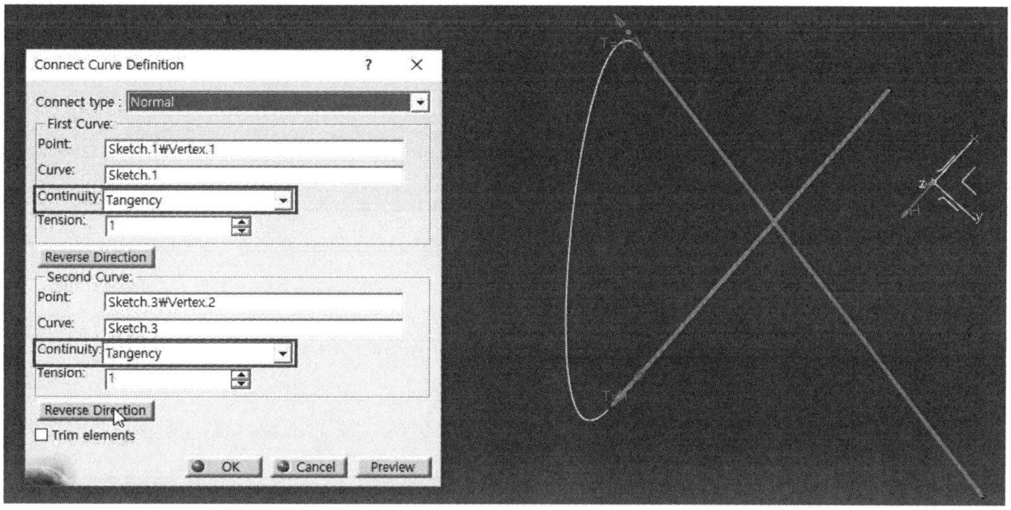

▸ Continuity: Point(선택한 요소의 끝점과 끝점을 곡률없이 직접 연결한다.)

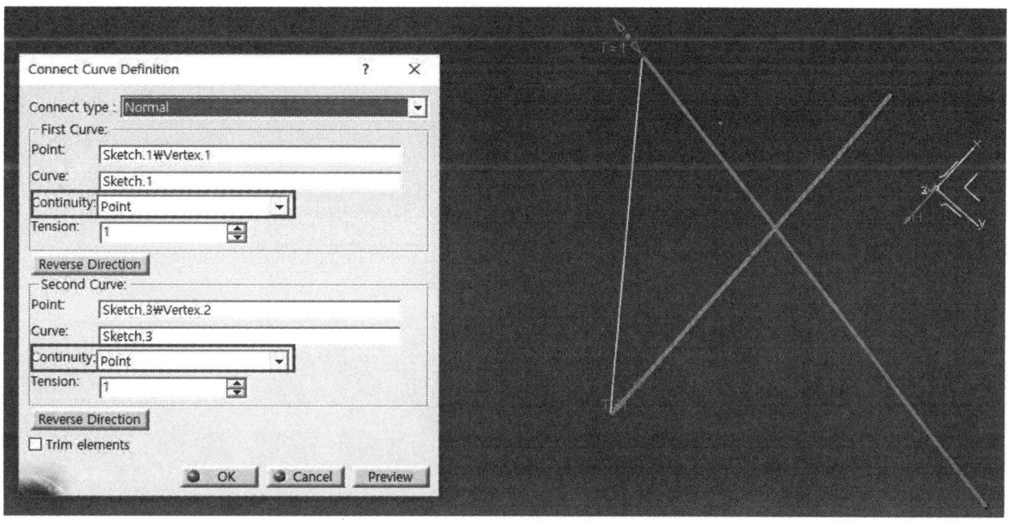

⊠ Connect Curve( ): 3차원 공간상에 원(Circle) 또는 호(Arc)를 생성한다.

▸ Continuity: Curvature

두 요소를 연결하는 커브(Curve)는 임의의 곡률반경을 가진다. 곡률은 Tension값에 따라 변하며 부드러운 형상으로 연결되도록 곡률의 크기가 결정된다.

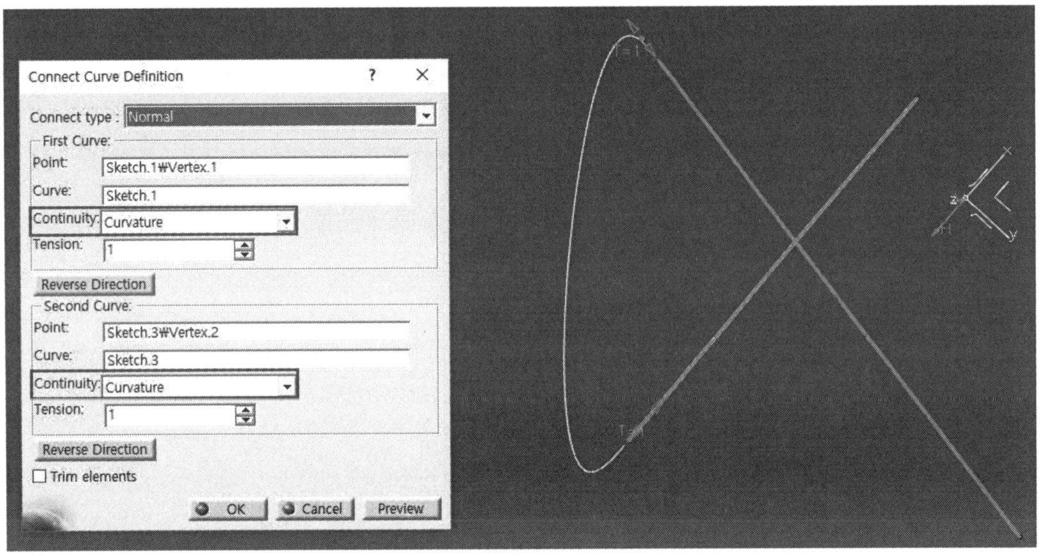

☞TIP: 대화창 옵션 중 Tension값은 연결되는 커브(Curve)의 장력을 의미한다. 기준값은 1이며 그 값이 클수록 끝점에서 연결되는 커브의 궤적이 바깥방향으로 벗어나게 된다.

② Connect type: Base Curve

▹ 두 요소를 커브(Curve)로 연결할 때 기준이 되는 커브를 사용한다. 이 때 만들어지는 커브는 기준커브의 형상을 가지게 된다.

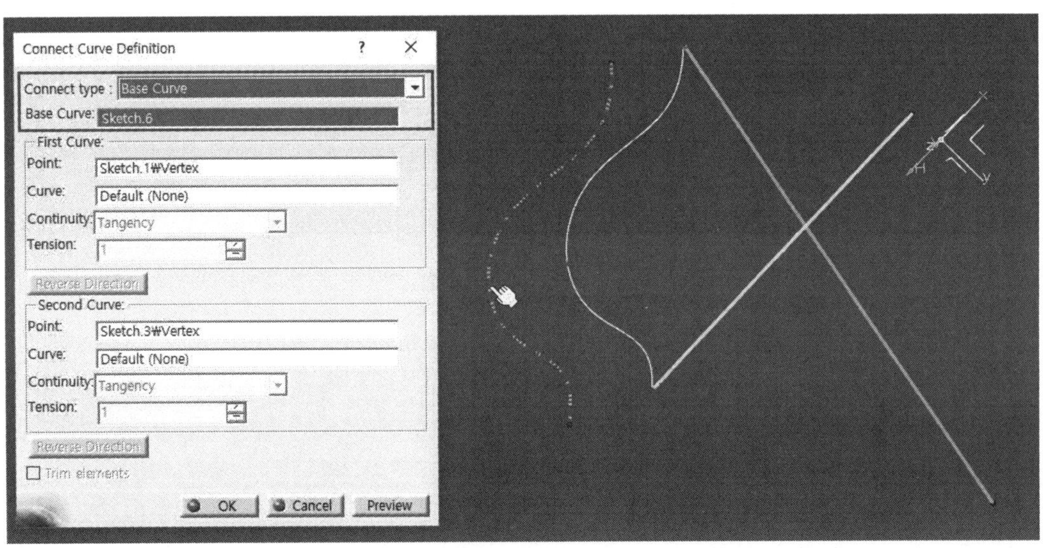

⊠ Conic( ): 3차원 공간상에 원뿔형상을 생성한다.

▶Conic( )명령을 실행하면 Conic Definition 대화창이 나타난다.

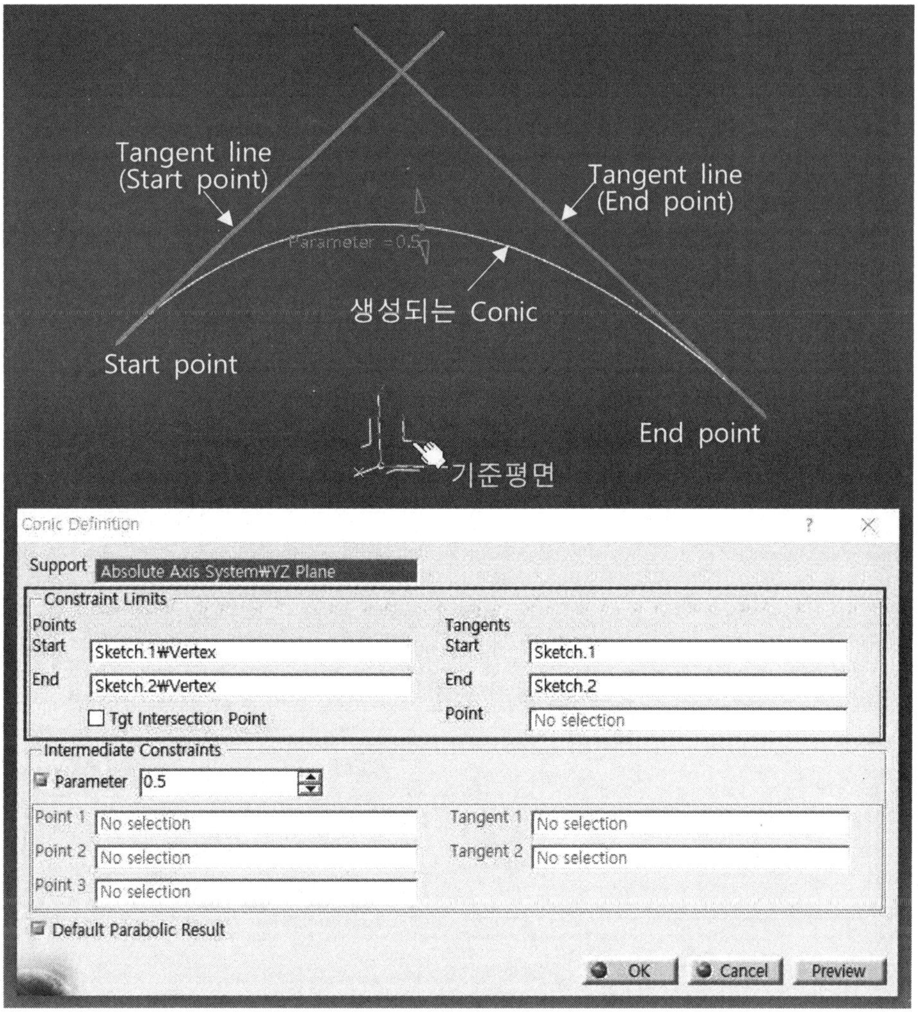

☞TIP: Constraint Limits옵션 중 ■Tgt Intersection Point를 선택하면 Conic은 선택한 두 선(Line)의 교차점이 아닌 지정한 점(Point)을 기준으로 생성된다.

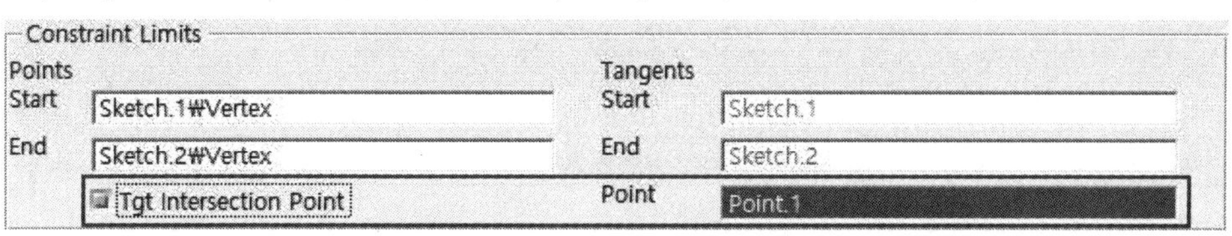

☞TIP: Intermediate Constraints옵션에서 Parameter값에 따라 원뿔의 꼭지점 형상이 변한다. Parameter값은 0부터 1까지 부여할 수 있으며 0에 가까울수록 직선, 1에 가까울수록 삼각형의 형상을 가지게 된다.(0과 1은 부여할 수 없다.)

❑ Curves( )

Curves 서브툴바는 3차원 공간에 다양한 형상의 곡선(Curve)을 생성하는 기능을 가진다.

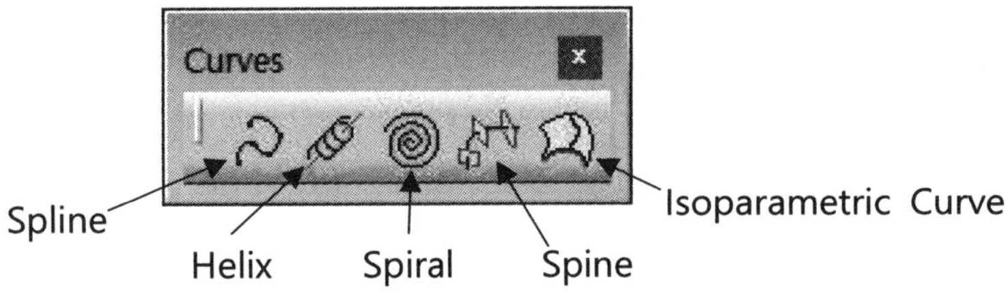

▧ Spline( ): 여러 개의 점을 연결하여 3차원 평면상에 커브(Curve)를 생성한다.

▶Spline( )명령을 실행하면 Spline Definition 대화창이 나타난다.

① 미리 생성된 점(Points)들을 만들고자 하는 커브(Curve)의 형상에 따라 순서대로 선택한다.
→점이 선택되는 순서에 따라 커브가 만들어집니다.

② 특징한 집(Point)에서 커브를 생성할 때 접선구속이 필요한 경우 기준선을 선택한다.
→Tangents Dir.

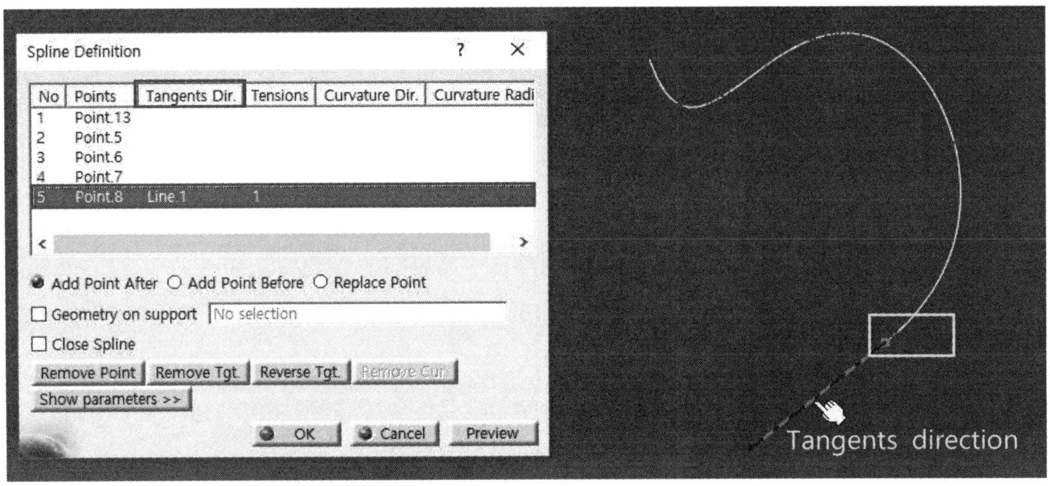

☞TIP: 커브를 수정할 때 먼저 선택한 점(Point)을 지우거나 추가할 수 있으며 생성조건을 바꿀 수 있다.

- Add Point After: 선택한 점의 다음 순서에 새로운 점을 추가한다.
- Add Point Before: 선택한 점의 앞에 새로운 점을 추가한다.
- Replave Point: 선택한 점을 다른 점으로 변경한다.

Remove Point: 선택한 점을 지운다.

Remove Tgt.: 접선구속조건을 지운다.

Reverse Tgt.: 커브가 선택한 요소에 접할 때 그 방향을 반대로 바꾼다.

■Close Spline: 시작점과 끝점을 서로 연결하여 닫힌 스플라인(Spline)을 만든다.

⊠ Helix( ): 스프링형상을 생성한다.

▶ Helix( )명령을 실행하면 Helix Curve Definition 대화창이 나타난다. 다음 순서로 명령을 실행한다.(중심축을 제일 마지막에 선택한다.)

① 시작점(Starting Point)를 선택한다. ▹ x=0 mm, y=20 mm, z=0 mm
② 피치(Pitch)값을 입력한다: ▹ 20 mm
③ 스프링의 높이(Height)를 입력한다. ▹ 100 mm
④ 스프링의 중심축(Axis)을 선택한다. ▹ Z축
⑤ 스프링의 시작위치(Angle)을 입력한다. ▹ 30°
⑥ 스프링의 기울기(Taper Angle)를 입력한다. 5°

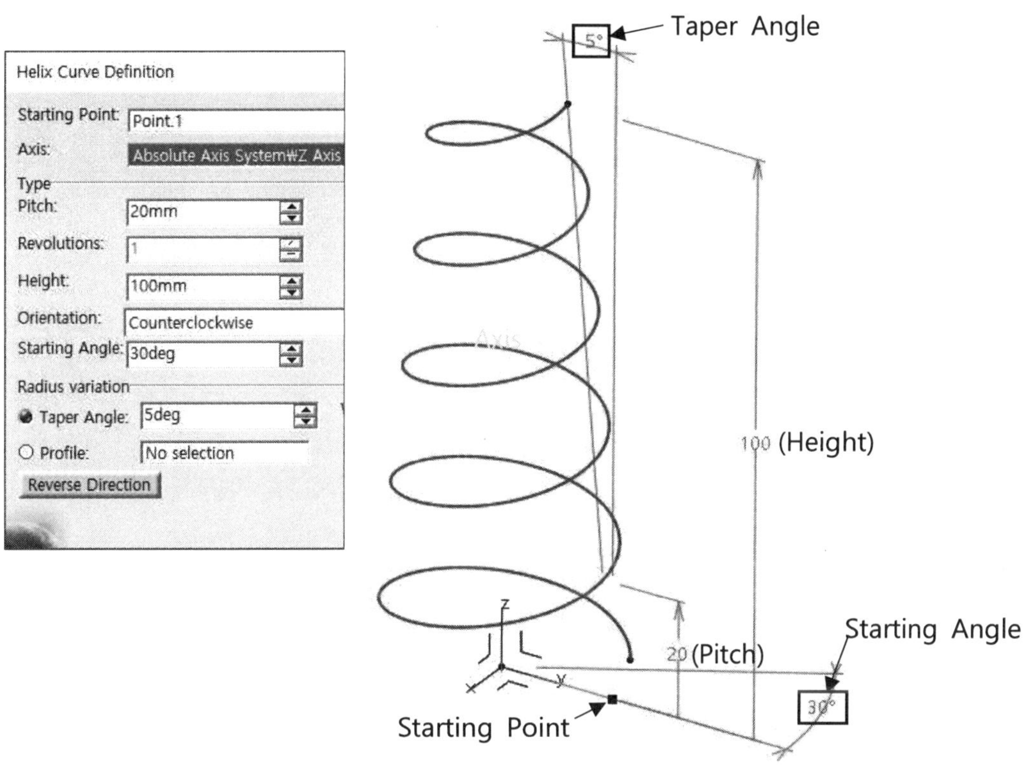

▨ Helix(): 스프링형상을 생성한다.

☞TIP: 스프링 형상을 만들 때 반경방향의 옵션(Radius variation)을 이용하여 다양한 변형을 줄 수 있다.(● Profile 선택)

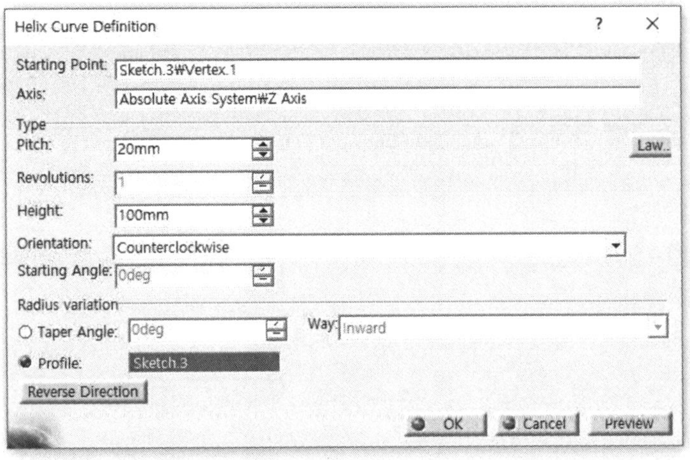

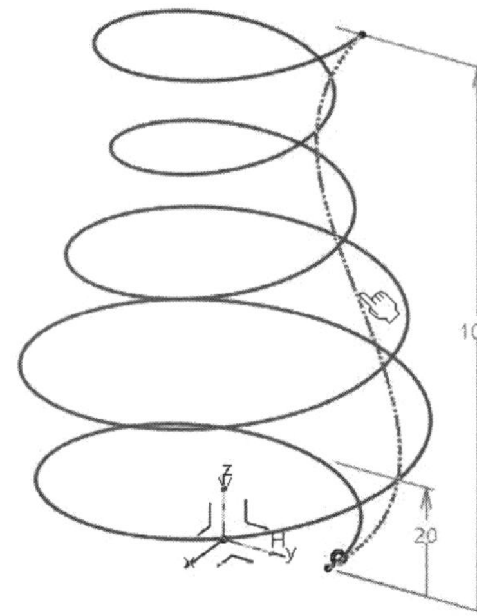

▨ Spiral(): 나선모양의 커브를 생성한다.

▶ Spiral()명령을 실행하면 Spiral Curve Definition 대화창이 나타난다. 다음 순서로 명령을 실행한다.(중심축을 제일 마지막에 선택한다.)

▷Type: Angle & Radius

시작점의 반경(Start radius), 끝점의 반경(End Radius) 및 감은 횟수(Revolutions)로 나선을 만든다.

① 기준면(Support)을 먼저 선택한다.(XY평면)
② 중심점(Center point)을 선택한다.(원점)
③ 나선의 생성방향을 선택한다.(Y축)
④ 나선 시작점의 반경을 입력한다.(Start radius: 0mm)
⑤ 나선 종료지점의 반경을 입력한다.(End radius: 50mm)
⑥ 감을 횟수를 입력한다.(Revolution: 5)

⊠ Spiral( ): 나선모양의 커브를 생성한다.

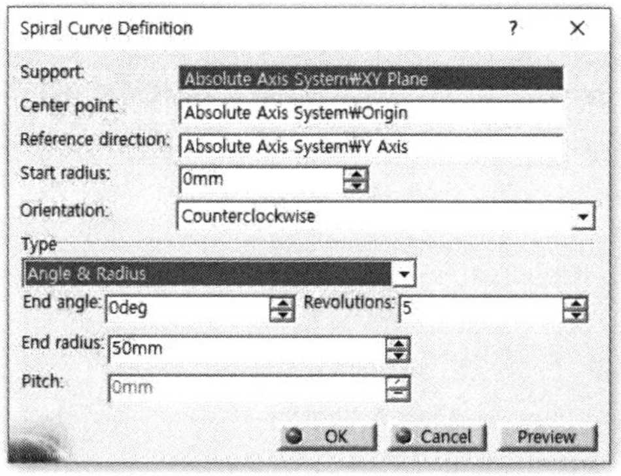

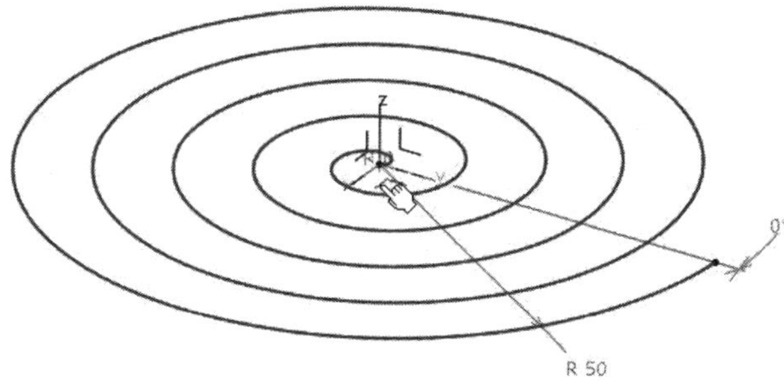

☞TIP: Orientation옵션으로 나선의 생성방향을 바꿀 수 있다.

▹ Counterclockwise: 반시계방향으로 나선을 만든다.

▹ Clockwise: 시계방향으로 나선을 만든다.

▷ Spiral( )명령의 부가옵션

① Type: Angle & Pitch ▹ 끝점 각도(End angle)와 나선 간격(Pitch), 감은횟수(Revolutions)로 나선을 만든다.	
② Type: Radius & Pitch ▹ 끝점의 반경(End radius)와 나선간격(Pitch)으로 나선을 만든다.	

▩ Spine( ): 여러 개의 가이드(Guide Curve)를 사용하여 서피스(Surface)를 생성할 때 하나의 기준선으로 사용되는 스파인(Spine)을 생성한다.

▶ 스파인(Spine,)은 서피스모델링 작업에서 매우 빈번하게 사용되는 요소이다. Sweep이나 Multi-Sections Surface 등 형상이 복잡하거나 여러 개의 가이드(Guide Curve)를 사용하여 서피스를 생성해야 하는 경우 대부분 Spine이 필요하게 된다. Spine은 프로파일(Profile)이나 와이어프레임(Wireframe)과 달리 그 자체로 서피스를 생성하지는 않지만 서피스를 생성할 때 필요한 중요한 요소 중 하나인 것이다.

▷ 스파인(Spine)은 두가지 방법으로 생성할 수 있다.

- Plane을 이용하는 방법
- Guide Curve를 이용하는 방법

① Plane을 이용하는 방법
스파인(Spine)을 만들기 위해 사용할 Plane들을 순서에 따라 선택한다.

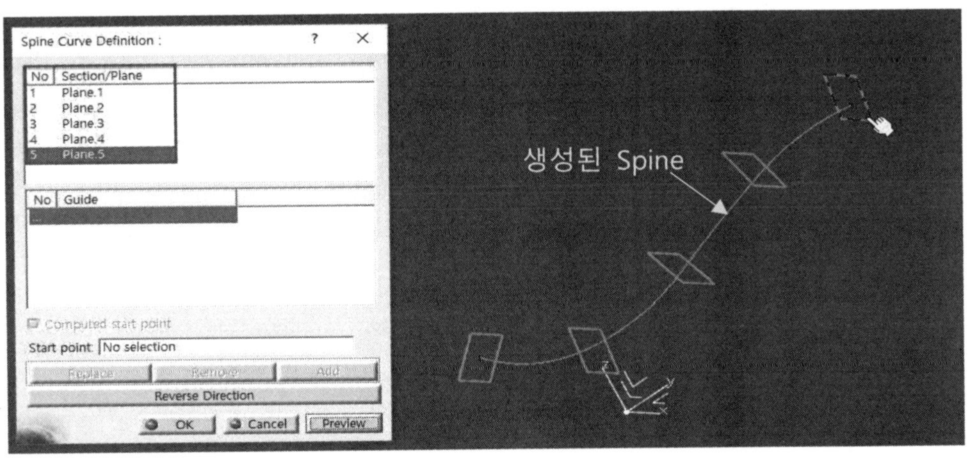

② 여러 개의 Guide Curve를 이용하는 방법
스파인(Spine)을 만들기 위해 사용할 Plane들을 순서에 따라 선택한다.

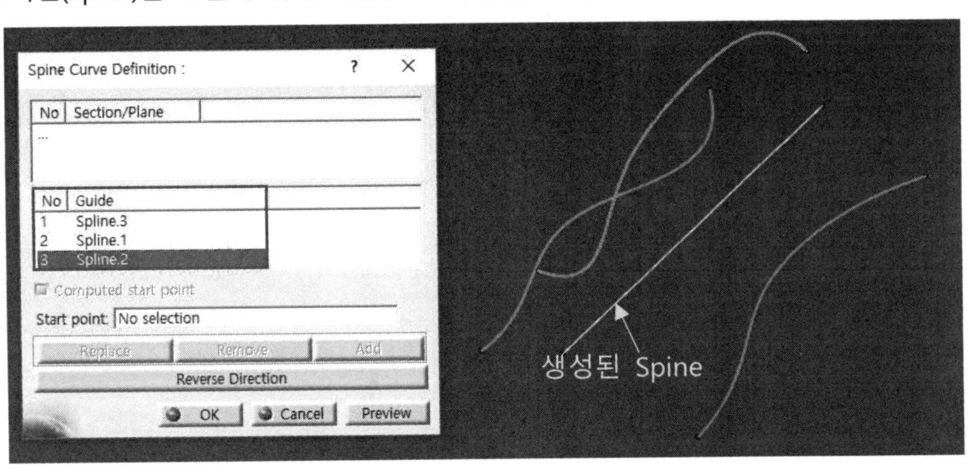

⊠ Isoparametric Curve( ): 선택한 서피스(Surface)면 위에 Isoparametric Curve를 생성한다.

▶Isoparametric Curve( )명령을 실행하면 Isoparametric Curve 대화창이 나타난다.

① Curve를 생성할 기준 서피스(Surface)를 선택한다.
② Curve가 지나갈 점(Point)을 선택한다.
점(Point)은 미리 생성해 두거나 마우스로 임의의 위치를 클릭하여 선택할 수 있다.
③ Curve를 만들 방향(Direction)을 지정한다.

마우스를 움직여 방향을 지정하거나 대화창의 를 클릭하여 수직과 수평방향을 지정할 수 있다.

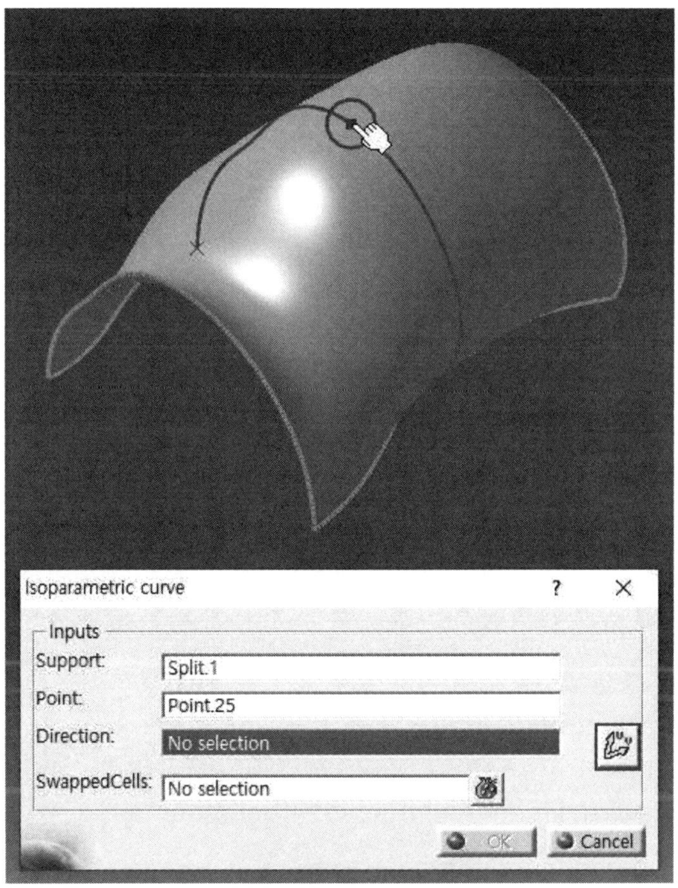

☞TIP: 마우스를 움직여 커브의 생성위치를 바꿀 수 있다.

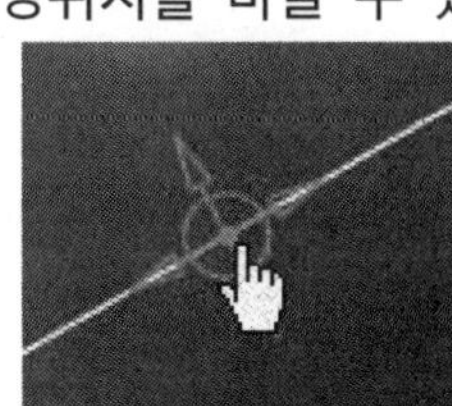

(2) 서피스 툴바(Surfaces Toolbar)

3차원 와이어프레임(Wireframe) 또는 스케치로 작업한 프로파일(Profile)을 이용하여 서피스(Surface) 모델을 생성하는 툴바이다.

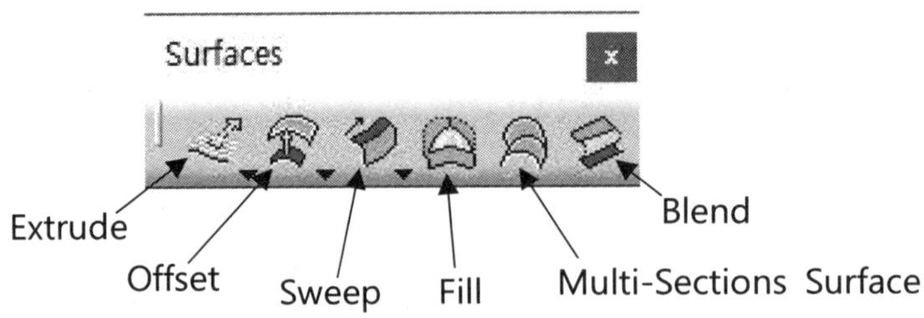

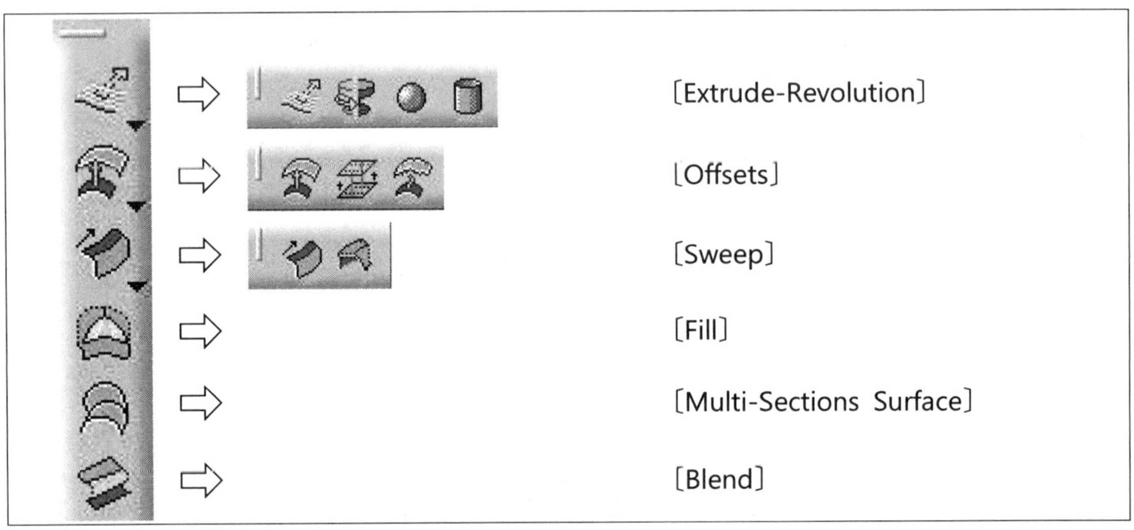

❑ Extrude-Revolution()

Extrude-Revolution툴바는 와이어프레임(Wireframe)에 길이를 주거나 기준점이나 축을 중심으로 거리(반경)나 각도를 부여하여 서피스모델을 만드는, 비교적 간단한 형상을 가진 서피스모델을 생성하는 기능을 가진다.

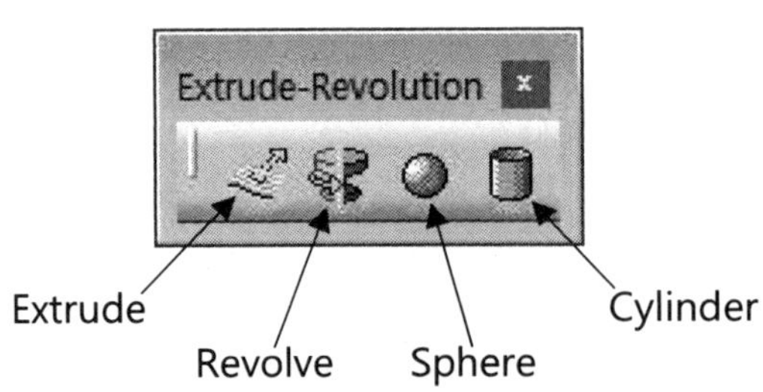

⊠ Extrude(): 와이어프레임(Wireframe)에 직선방향으로 길이를 부여하여 서피스(Surface)모델을 생성한다.

▶ Extrude()명령은 파트디자인워크벤치(Partdesign Workbench)에서 다루었던 솔리드모델을 생성하는 패드(Pad,)명령의 실행과 유사하다. Pad명령은 솔리드(Solid)모델을 생성하며 Extrude명령은 서피스(Surface)모델을 생성한다.

▶ Extrude()명령을 실행하면 Extrude Surfaces Definition 대화창이 나타난다.

(1) 프로파일(Profile)을 선택한다.

(2) 서피스가 생성될 방향(Direction)을 지정한다.

▹ 별도로 지정하지 않으면 프로파일이 놓여져 있는 면에 수직방향(sketch normal)으로 서피스가 생성된다.

(3) 길이를 부여한다.(부가옵션이 있다.)

▸ Extrusion Limits:

① Type: Dimension

서피스가 생성될 때 시작위치에서 끝 위치까지의 직선방향 길이를 입력한다.

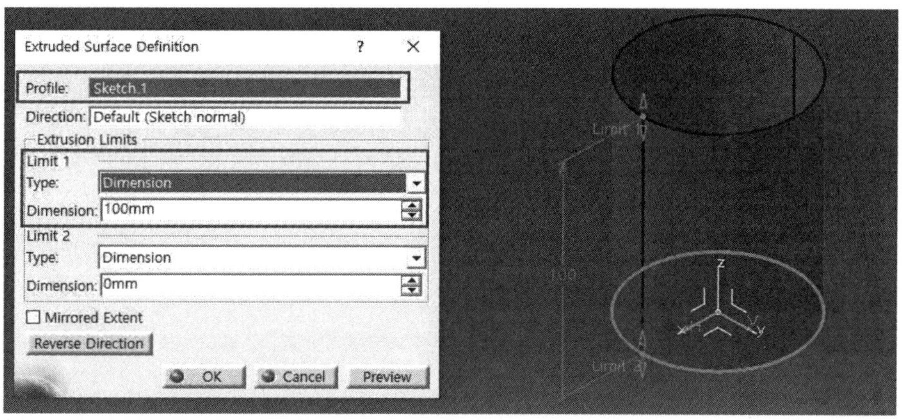

② Type: Up-to element

선택한 요소까지 서피스를 생성한다.

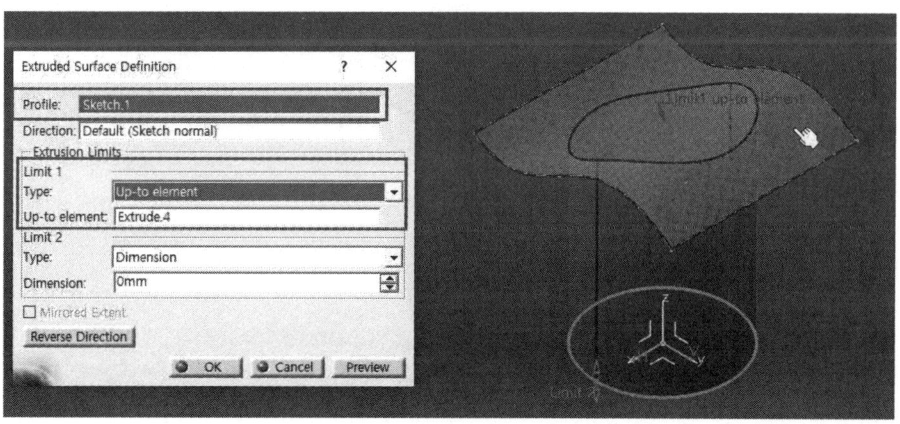

▩ Extrude( ): 와이어프레임(Wireframe)에 길이를 부여하여 서피스(Surface)모델을 생성한다.

▸ Direction:
서피스가 생성되는 방향을 지정한다.
▹ 미리 생성되어 있는 선(Line)을 선택(Direction)한 후 길이(Dimension)를 입력하거나 서피스가 생성될 끝부분의 3차원요소를 선택(Up-to element)한다.

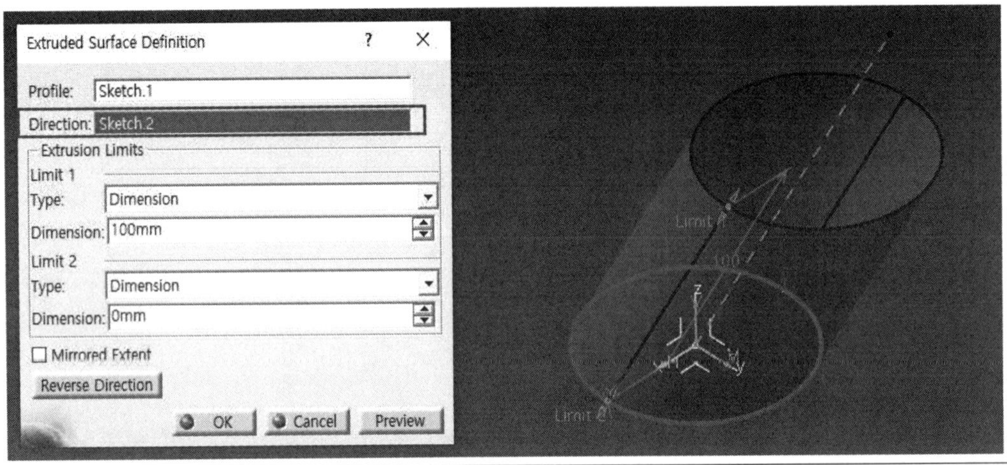

▩ Revolve( ): 축을 기준으로 프로파일(Profile)을 회전시켜 서피스를 생성한다.

▶ Revolve( )명령을 실행하면 Revolution Surface Definition 대화창이 나타난다.

① 회전시킬 프로파일(Profile)을 선택한다.
② 회전의 중심축(Revolution axis)를 선택한다.
③ 회전각도를 입력한다.

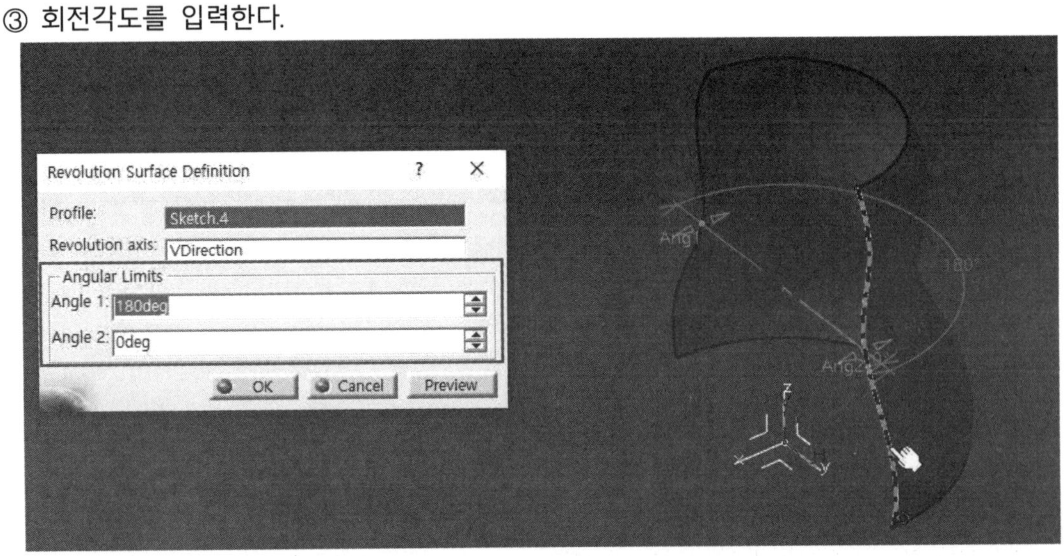

⊠ Sphere( ): 구(Sphere)형상의 서피스모델을 생성한다.

▶ Sphere( )명령을 실행하면 Sphere Surface Definition 대화창이 나타난다.

- 구(Sphere)의 중심점(Center)을 선택한다.

☞부가옵션이 있다.

① 구의 반경(Radius)와 각도(Angle)를 입력하여 구를 만든다.( )

② 완전한 구(Sphere)를 만든다.( )

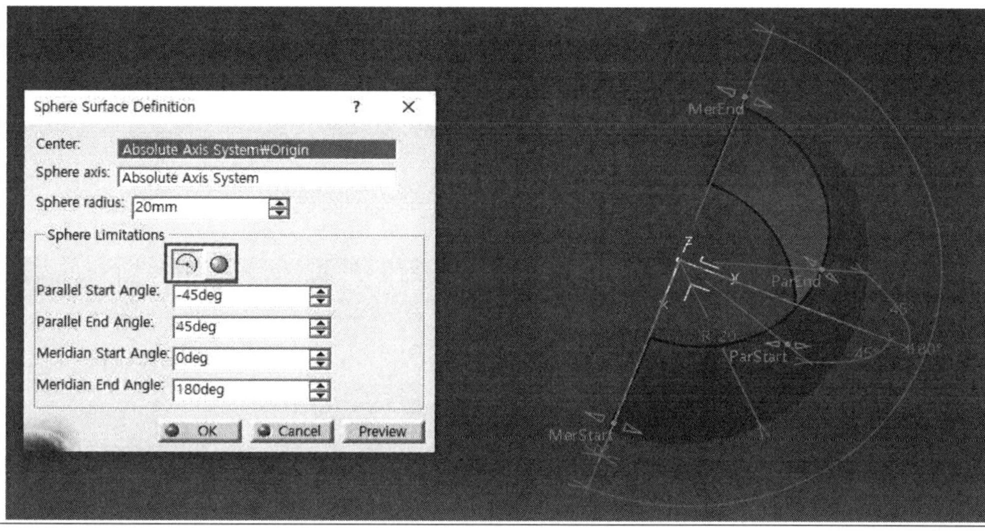

⊠ Cylinder( ): 원통(Cylinder)형상의 서피스모델을 생성한다.

▶ Cylinder( )명령을 실행하면 Cylinder Surface Definition 대화창이 나타난다.

- 원통(Cylinder)의 중심점(Center)을 선택한다.
- 원통의 반경(Radius)과 길이(Length)를 입력한다.

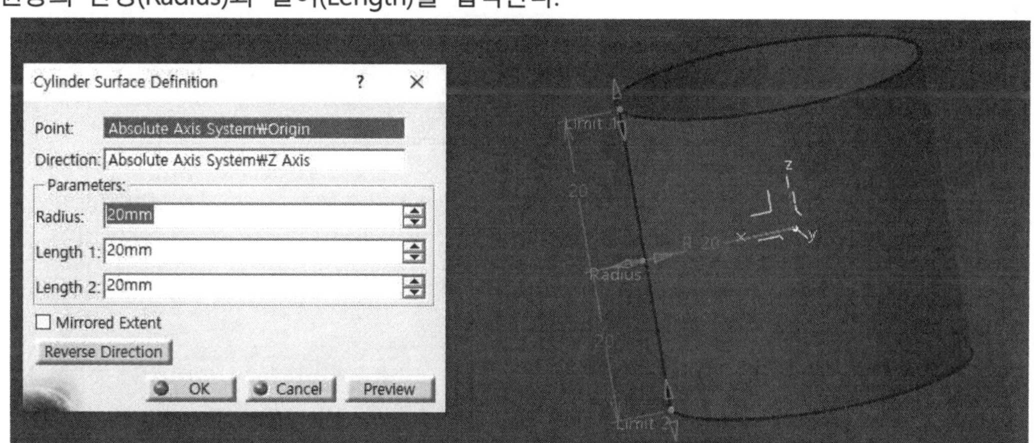

❑ Offsets( )

Extrude-Revolution툴바는 와이어프레임(Wireframe)에 길이를 주거나 기준점이나 축을 중심으로 거리(반경)나 각도를 부여하여 서피스모델을 만드는, 비교적 간단한 형상을 가진 서피스모델을 생성하는 기능을 가진다.

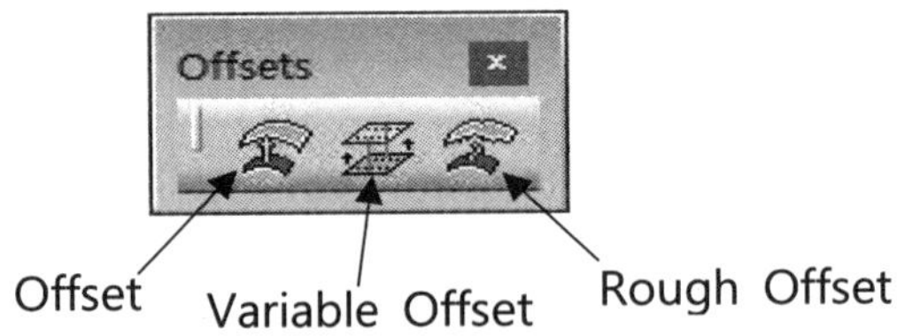

⊠ Offset( ): 선택한 서피스(Surface)를 Offset하여 새로운 서피스를 생성한다.

▶ Offset( )명령을 실행하면 Offset Surface Definition 대화창이 나타난다.

▸ Offset할 서피스(Surface)를 선택하고 방향과 거리를 지정한다.

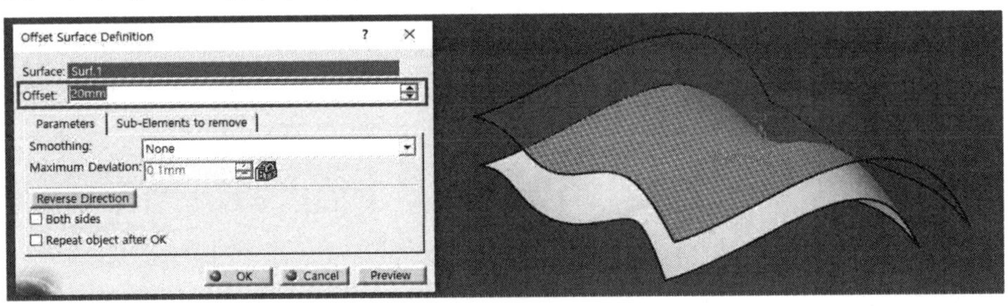

▹ Reverse Direction : Offset방향을 반대방향으로 바꾼다.

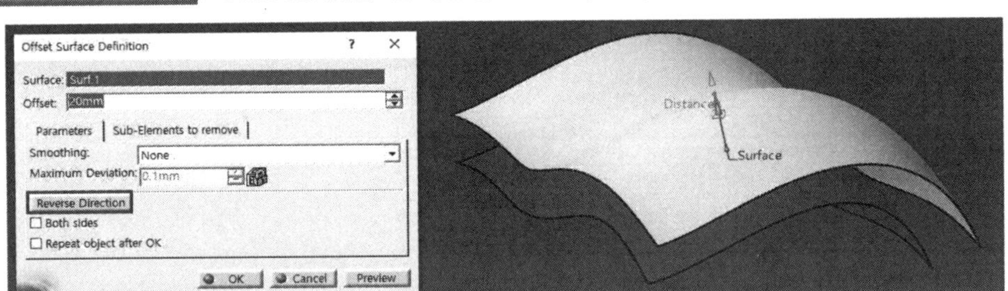

▹ Both sides : 양쪽 방향으로 Offset한다.

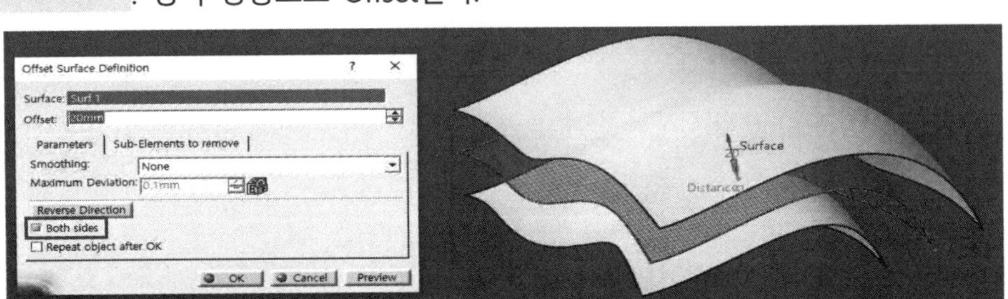

⊠ Variable Offset( ): 와이어프레임(Wireframe)에 길이를 부여하여 서피스(Surface)모델을 생성한다.

▶ 여러개의 서피스(Surface)가 서로 연결된(Join) 서피스를 각 각의 면에서 서로 다른 거리로 Offset하여 새로운 서피스를 만든다.

▶ Variable Offset( )명령을 실행하면 Variable Offset Definition 대화창이 나타난다.

- Offset할 서피스(Surface)를 선택하고 방향과 거리를 지정한다.
  - ▹ 옵셋할 서피스는 여러개의 서피스가 서로 연결(Join)되어 있어야 한다.
  - ▹ 연결된 서피스를 선택하면 일정한 거리(30 mm)만큼 Offset하여 새로운 서피스를 만든다.

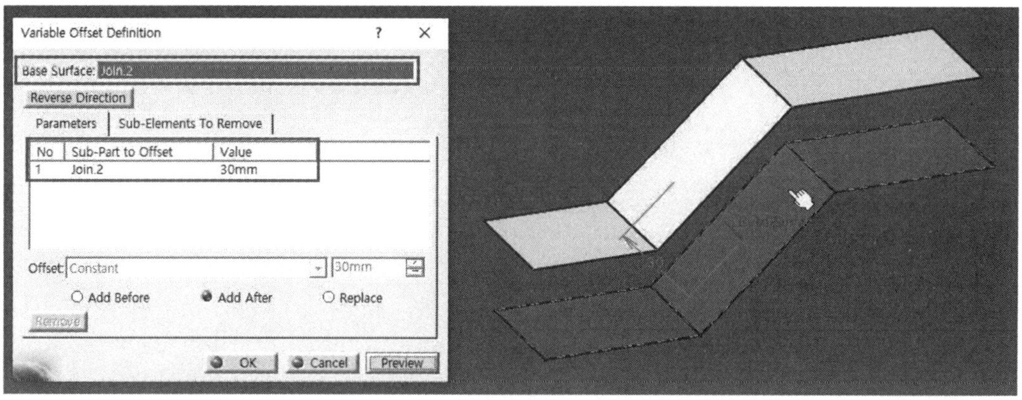

▹ 각 각 서로 다른 Offset을 부여하기 위해서는 분리된 각 각의 서피스(Surface)를 선택해야 한다. 즉 기준서피스(Base Surface)는 연결된 서피스를 선택하고 Offset을 부여할 때에는 기준서피스(Join.2)를 지정한 후 분리된 별개의 서피스를 각 각 선택한 후 Offset을 부여한다.

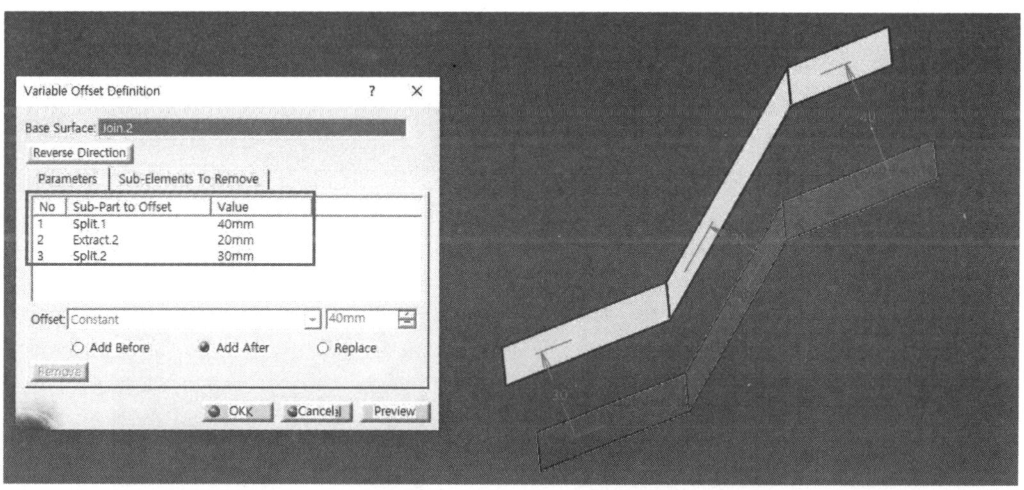

☞TIP: Offset으로 "-"값을 부여할 수 있으며 이 때 서피스(Surface)는 기준면에서 옵셋되는 방향의 반대방향으로 생성된다.

▩ Rough Offset( ): 서피스의 내, 외측으로 일정한 Offset값을 부여하여 새로운 서피스를 생성한다.(오차값을 부여할 수 있다.)

▶ Rough Offset( )명령은 선택한 서피스(Surface)에 대해 내, 외측으로 일정한 Offset량과 오차(Deviation)를 적용하여 새로운 서피스를 만든다.

▶ Rough Offset명령을 실행하면 Rough Offset Surface Definition 대화창이 나타난다.
① 기준 서피스(Surface)를 선택한다.
② 옵셋(Offset: 3 mm)을 입력한다.
③ 오차(Deviation: 1 mm)를 부여한다.

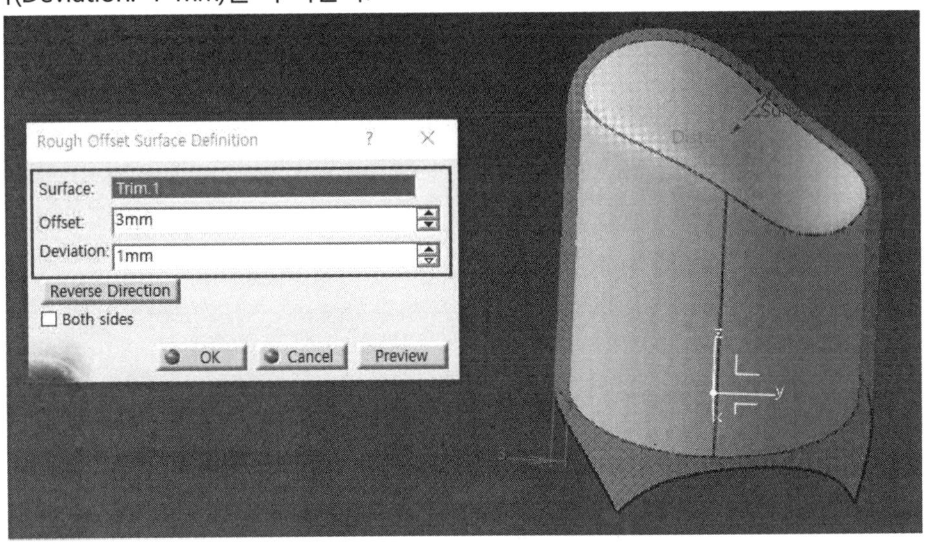

▶ Offset( )명령은 기준 서피스에 대해 일정한 Offset을 엄격하게 적용하여 새로운 서피스를 만들지만 Rough Offset( )명령은 오차값(Deviation)을 줄 수 있기 때문에 Offset명령과 차별화된다. 새로운 서피스는 오차값이 적용됨에 따라 기준 서피스의 형상과 다른, 오차값만큼 왜곡된 형상을 가지게 된다.

Offset( )명령 실행결과	Rough Offset( )명령 실행결과
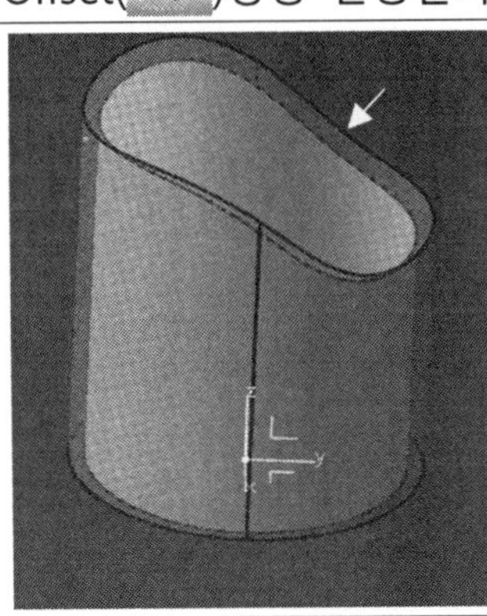	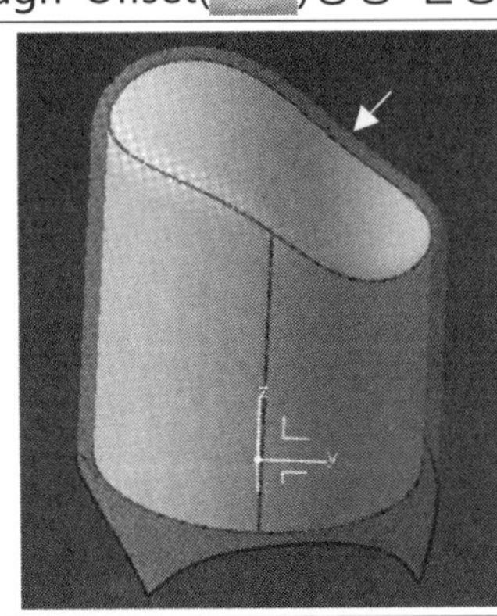

❑ Sweeps( )

Sweeps툴바는 GSD 워크벤치(Workbench)에서 가장 다양한 옵션을 가진 툴바로서 다양한 형태의 서피스모델을 생성할 수 있다.

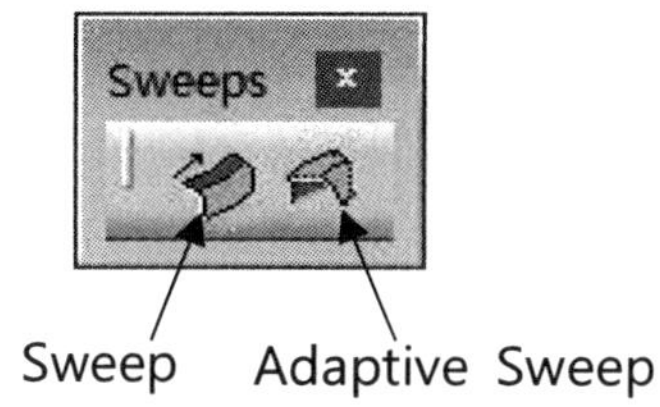

⊠ Sweep( ): 다양한 옵션을 이용하여 새로운 서피스모델을 생성한다.
(Profile type에 따른 부가옵션이 있다.)

▶ Sweep( )명령을 실행하면 Swept Surface Definition 대화창이 나타난다. 대화창의 상단에서 Profile type:을 선택하여 서피스(Surface)를 만든다.

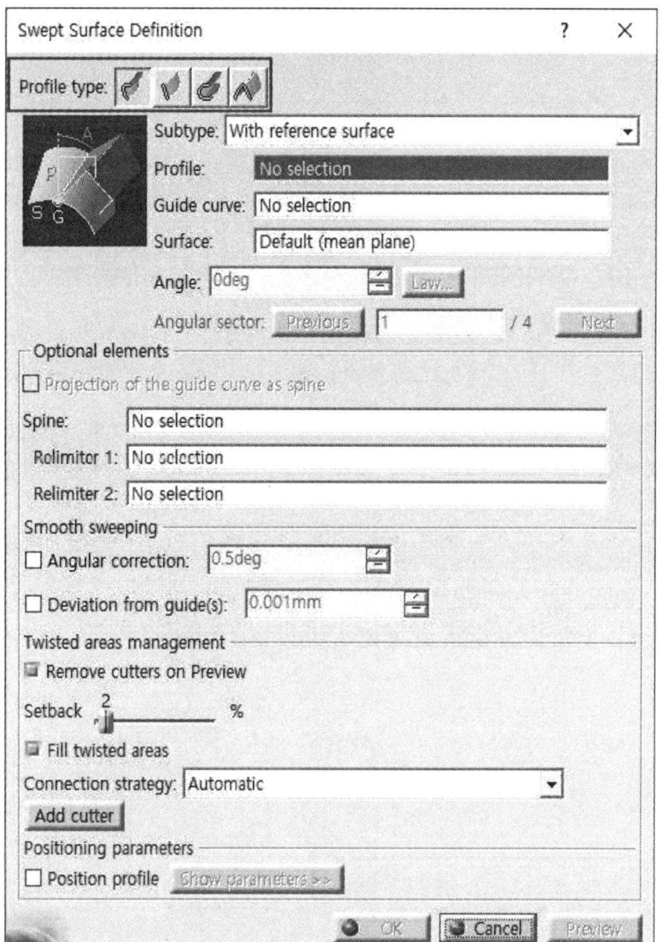

⊠ Sweep( ): 다양한 옵션을 이용하여 새로운 서피스모델을 생성한다.
(Profile type에 따른 부가옵션이 있다.)

▶ Profile type에서 4가지 프로파일(Profile) 유형을 선택할 수 있다.

(1) Profile type: Explicit( )

▸ 프로파일(Profile)과 가이드커브(Guide curve)로 서피스를 만든다. 이 옵션의 경우 미리 생성된 프로파일(Profile)이 반드시 필요하다.

① Subtype: With reference surface

▹ 프로파일과 가이드커브를 선택할 때 어떤 요소를 프로파일로 할 것인지, 어떤 요소를 가이드커브로 할지 잘 선택해야 한다. 선택요소가 바뀌면 실행결과 생성되는 서피스(Surface)의 형상이 달라진다.

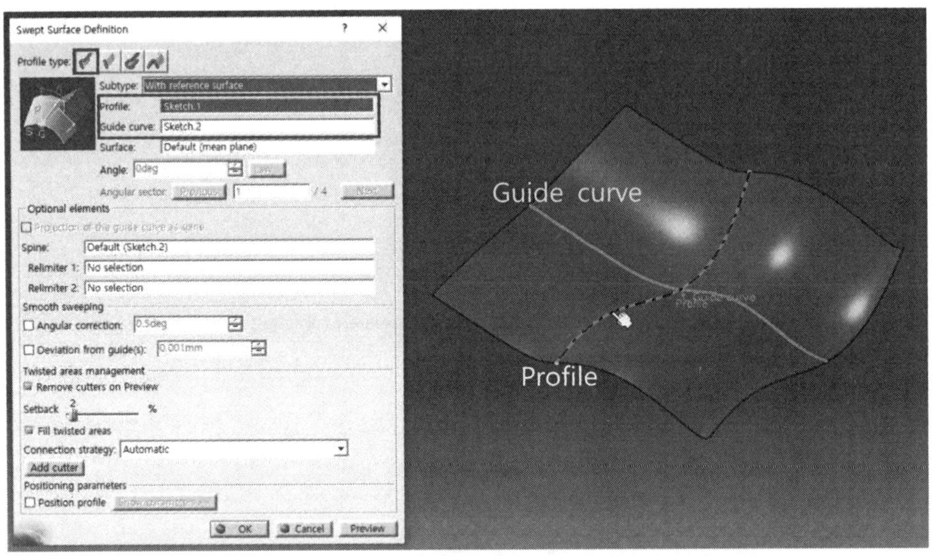

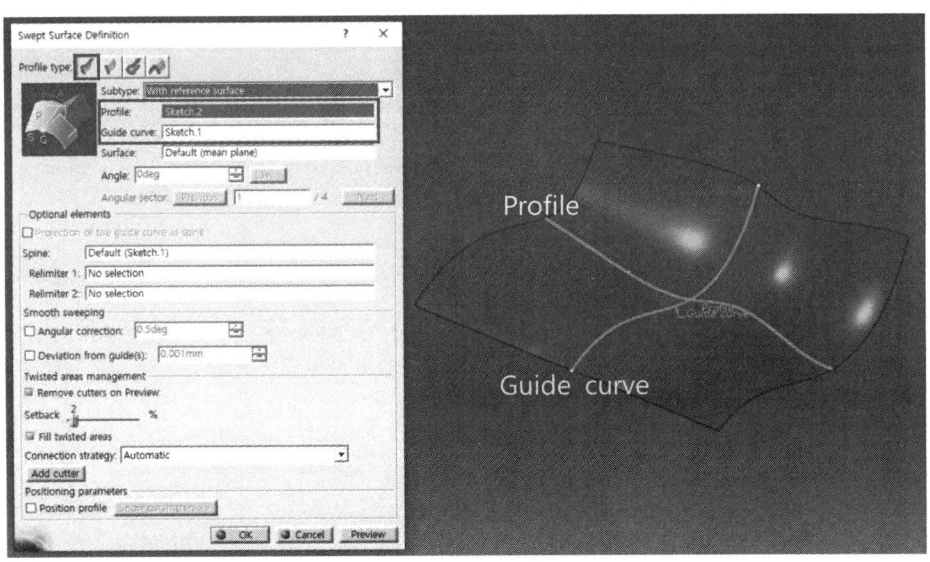

⊠ Sweep( ): 다양한 옵션을 이용하여 새로운 서피스모델을 생성한다.
(Profile type에 따른 부가옵션이 있다.)

② Subtype: With two guide curves

▹ 선택한 프로파일(Profile)이 두 개의 가이드커브(Guide curve)를 따라 서피스(Surface)를 만든다.

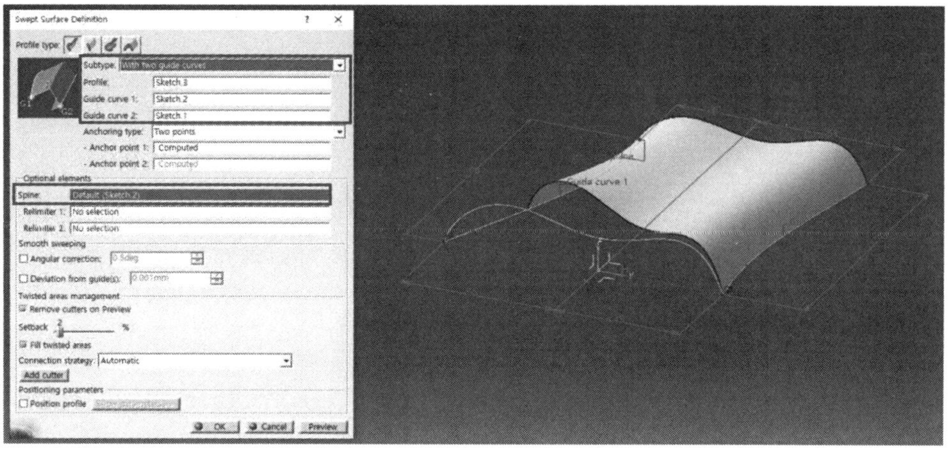

☞TIP: Sweep명령을 이용하여 서피스(Surface)를 생성할 때 프로파일(Profile)과 가이드(Guide curve)의 조건에 따라 원하는 결과를 만들지 못하는 경우 두 개의 가이드커브를 대표하는 스파인(Spine)을 적용하여 서피스를 만든다.

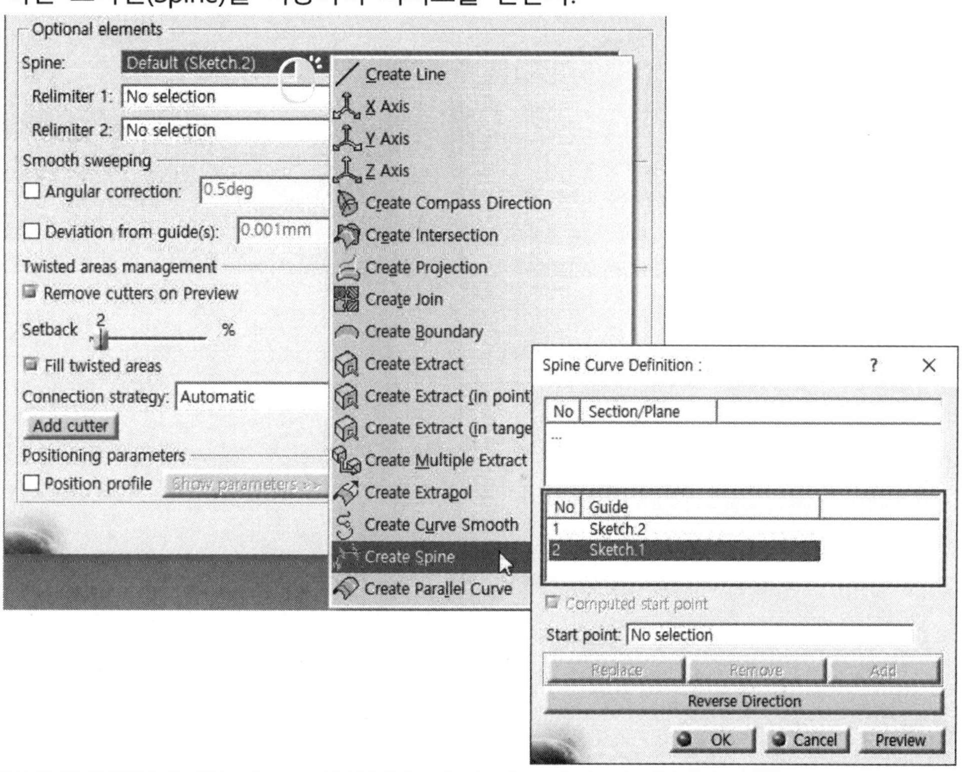

⊠ Sweep( ): 다양한 옵션을 이용하여 새로운 서피스모델을 생성한다.
(Profile type에 따른 부가옵션이 있다.)

☞스파인(Spine)을 적용한 서피스(Surface) 생성 결과

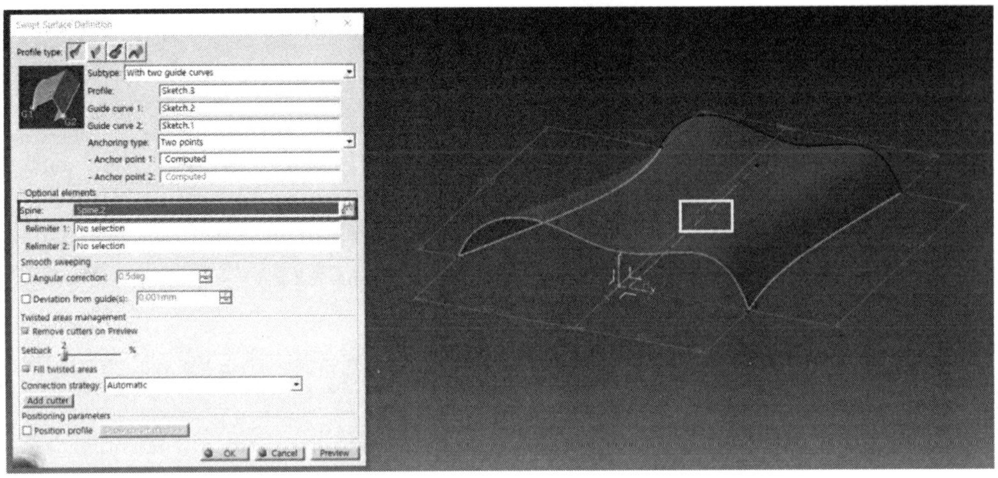

③ Subtype: With pulling direction

▹ 선택한 프로파일(Profile)이 가이드(Guide curve)를 따라 서피스(Surface)를 만들 때 사용자가 지정한 방향으로 기울기를 가진 서피스(Surface)를 만든다.

☞TIP: Angluar sector의 Previous Next 를 눌러 조건에 맞게 생성된 서피스 중 원하는 서피스를 선택한다.

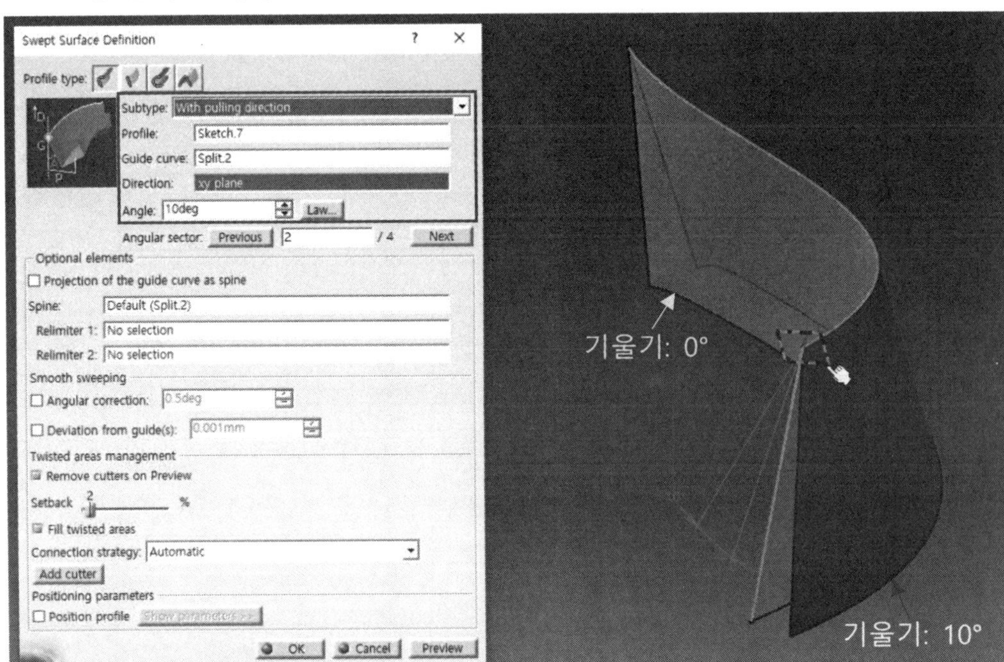

⊠ Sweep( ): 다양한 옵션을 이용하여 새로운 서피스모델을 생성한다.
(Profile type에 따른 부가옵션이 있다.)

(2) Profile type: Line( )

▸ 가이드커브(Guide curve)로 서피스를 만든다. 서피스를 생성할 때 프로파일(Profile) 형상은 선(Line)이다. 프로파일(Profile)의 형상이 선(Line)으로 정해져 있어 별도의 프로파일(Profile)은 불필요하다.

① Subtype: Two limits

▹ 두 개의 가이드(Guide curve)를 따라 직선 프로파일(Line type profile)이 서피스를 만든다.

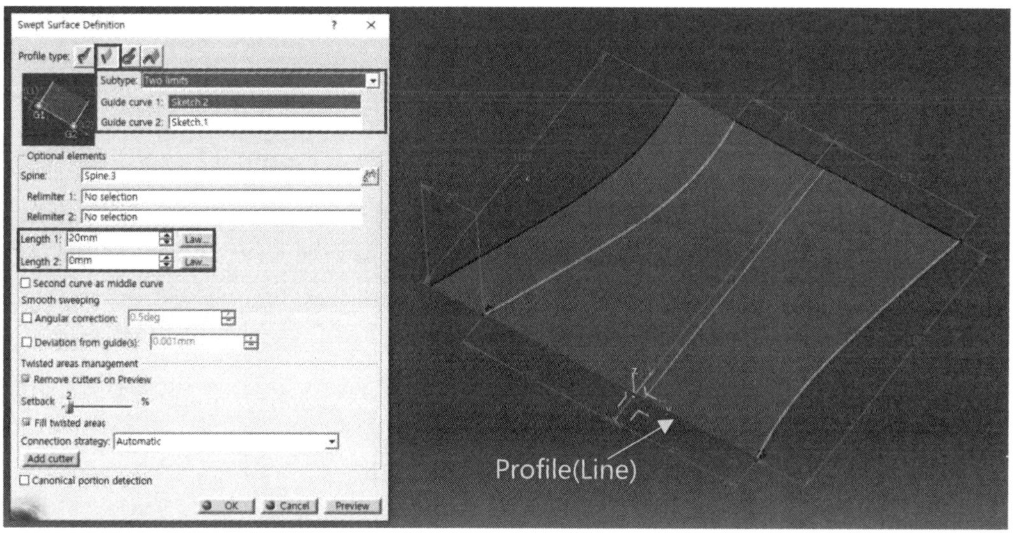

② Subtype: Limit and middle

▹ 두 개의 가이드(Guide curve)를 따라 직선 프로파일(Line type profile)이 서피스를 만든다. 두 번째 가이드(Guide curve 2)를 기준으로 양쪽으로 확장된 서피스가 만들어진다.

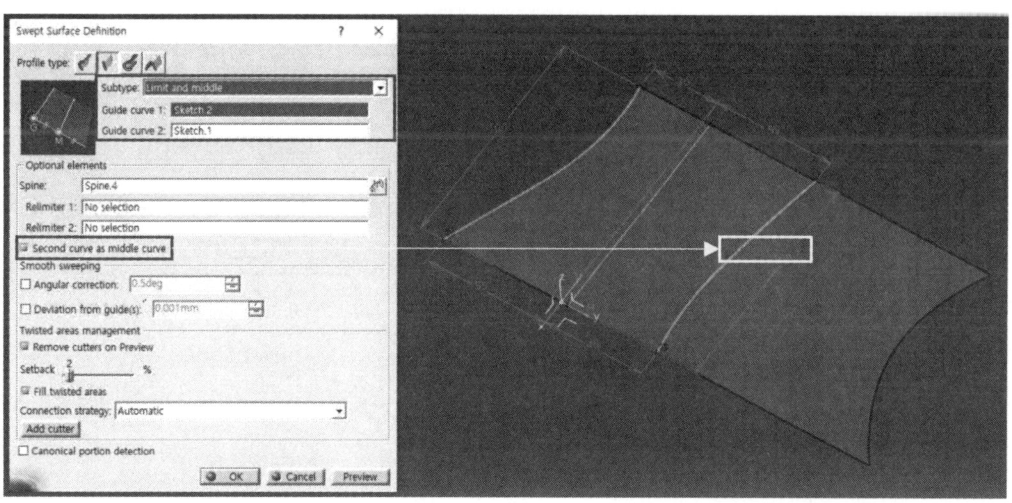

⊠ Sweep(): 다양한 옵션을 이용하여 새로운 서피스모델을 생성한다.
(Profile type에 따른 부가옵션이 있다.)

③ Subtype: With reference surface

▹ 선 프로파일(Line type profile)이 가이드(Guide curve)를 따라 기준서피스(Reference surface)에 지정한 각도(15°)만큼 기울어진 상태로 생성된다.

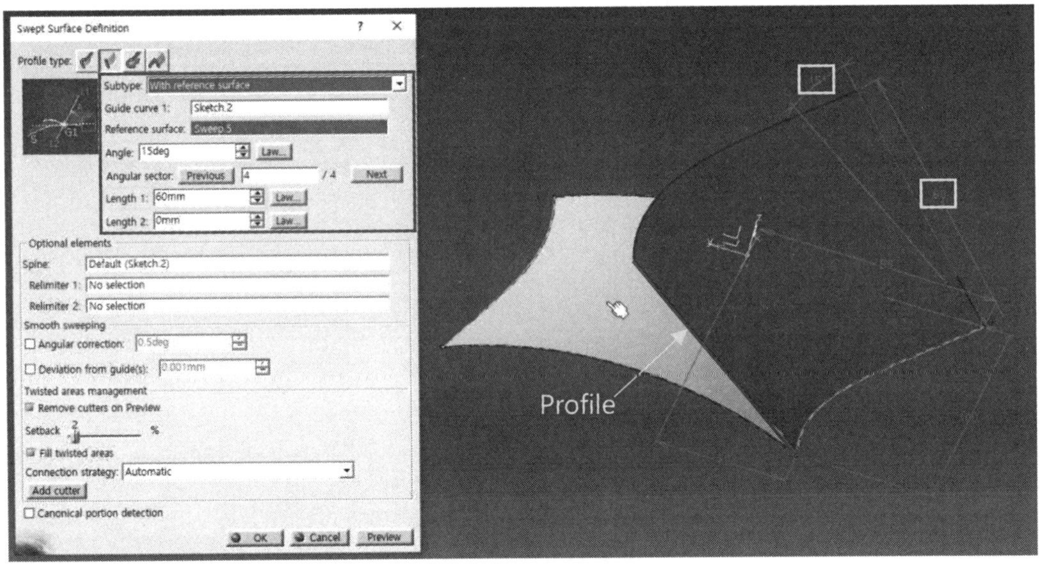

④ Subtype: With reference curve

▹ 선 프로파일(Line type profile)이 가이드(Guide curve)를 따라 기준커브(Reference curve)에 지정한 각도(30°)만큼 기울어진 상태로 생성된다.

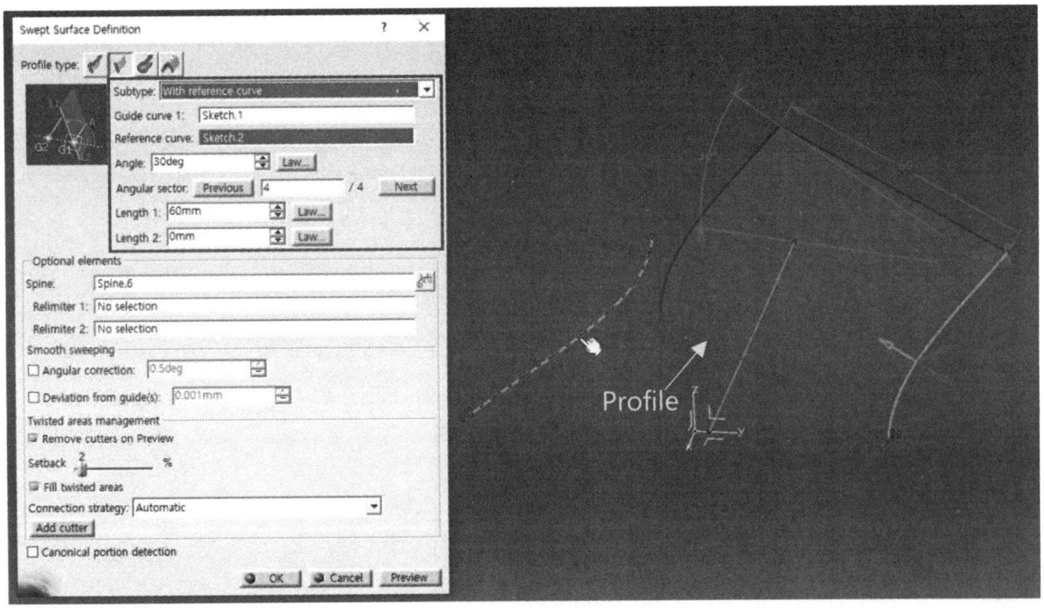

⊠ Sweep( ): 다양한 옵션을 이용하여 새로운 서피스모델을 생성한다.
(Profile type에 따른 부가옵션이 있다.)

⑤ Subtype: With tangency surface

▹ 선 프로파일(Line type profile)이 가이드(Guide curve)를 따라 기준서피스(Reference surface)에 접선방향으로 새로운 서피스를 만든다.

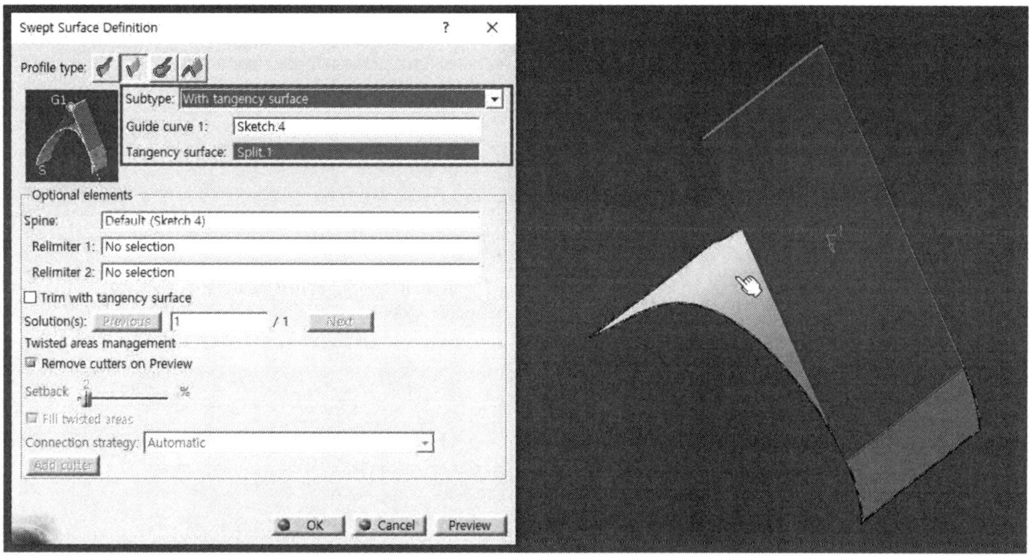

⑥ Subtype: With draft direction

▹ 선 프로파일(Line type profile)이 가이드(Guide curve)를 따라 지정한 방향으로 일정한 기울기를 가진 서피스(Surface)를 만든다.

☞TIP: Angluar sector의 Previous Next 를 눌러 조건에 맞게 생성된 서피스 중 원하는 서피스를 선택한다.

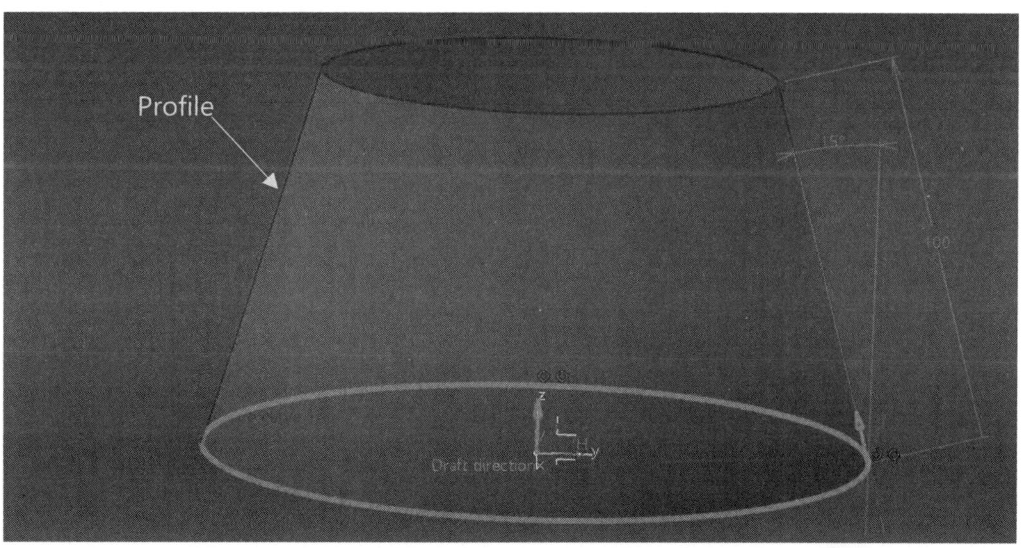

▩ Sweep( ): 다양한 옵션을 이용하여 새로운 서피스모델을 생성한다.
(Profile type에 따른 부가옵션이 있다.)

▹ Subtype: With drafe direction 대화창 옵션

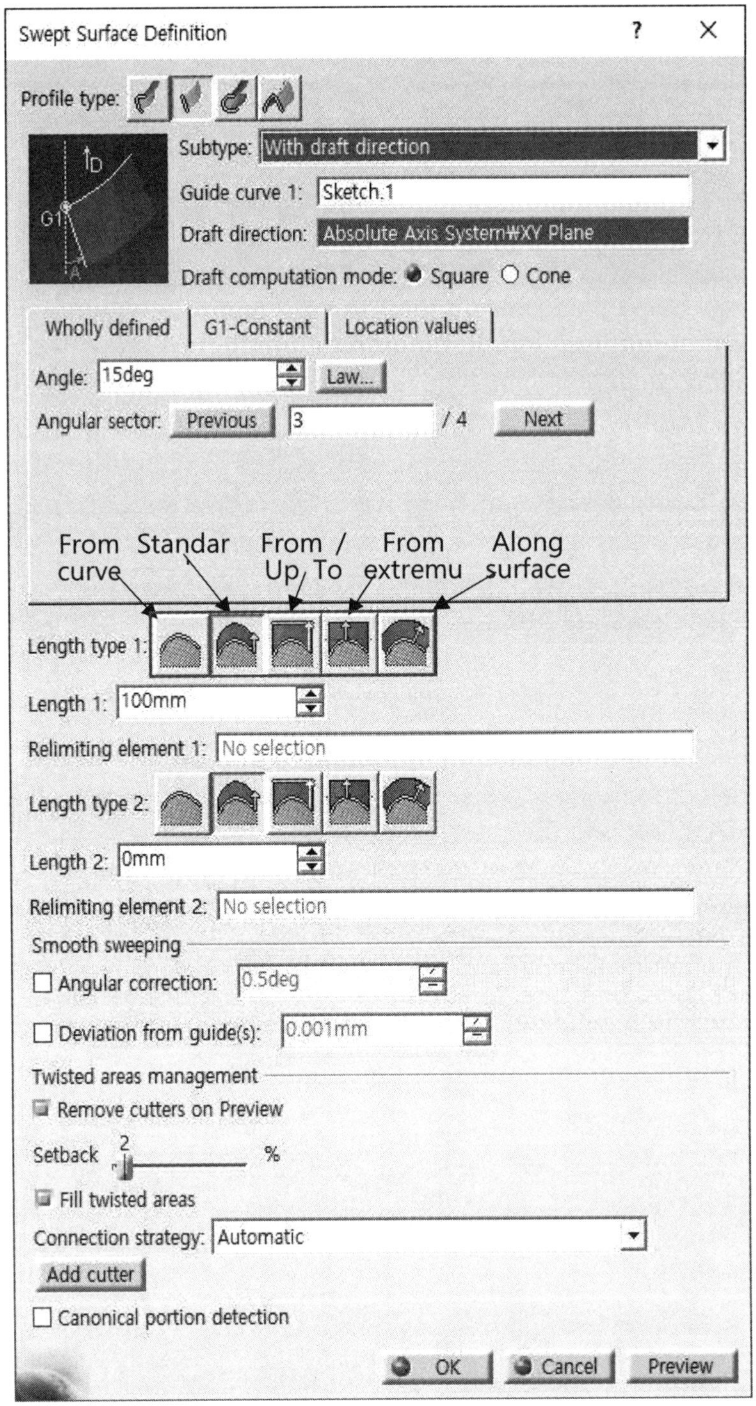

⊠ Sweep(): 다양한 옵션을 이용하여 새로운 서피스모델을 생성한다.
(Profile type에 따른 부가옵션이 있다.)

⑦ Subtype: With two tangency surfaces

- 선 프로파일(Line type profile)이 두 개의 서피스(Surface)에 접하는 새로운 서피스를 만든다.
- 선택한 스파인(Spine)에 따라 실행결과 만들어지는 서피스의 형상이 달라진다.

▹ Spine: Sketch.2인 경우

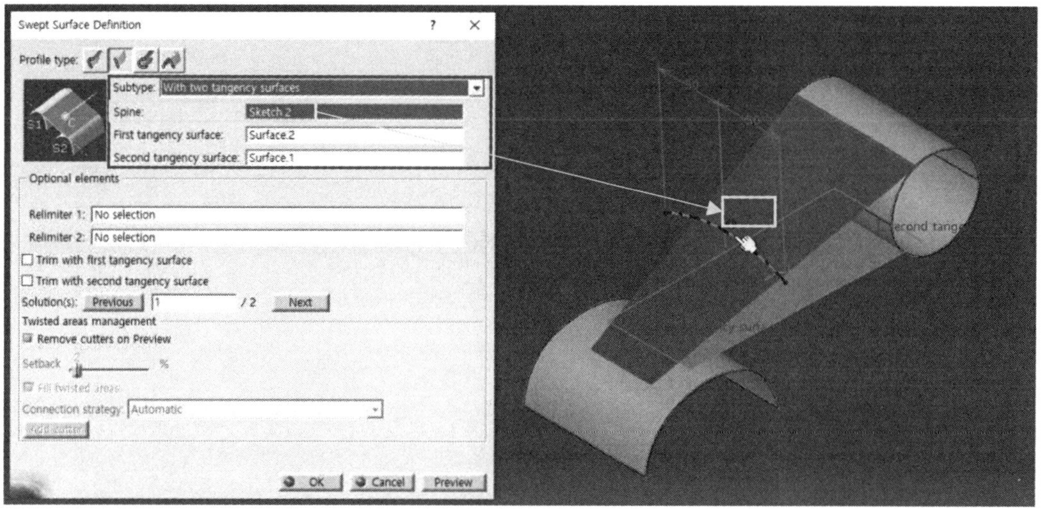

▹ Spine: Surface.2₩Edge인 경우

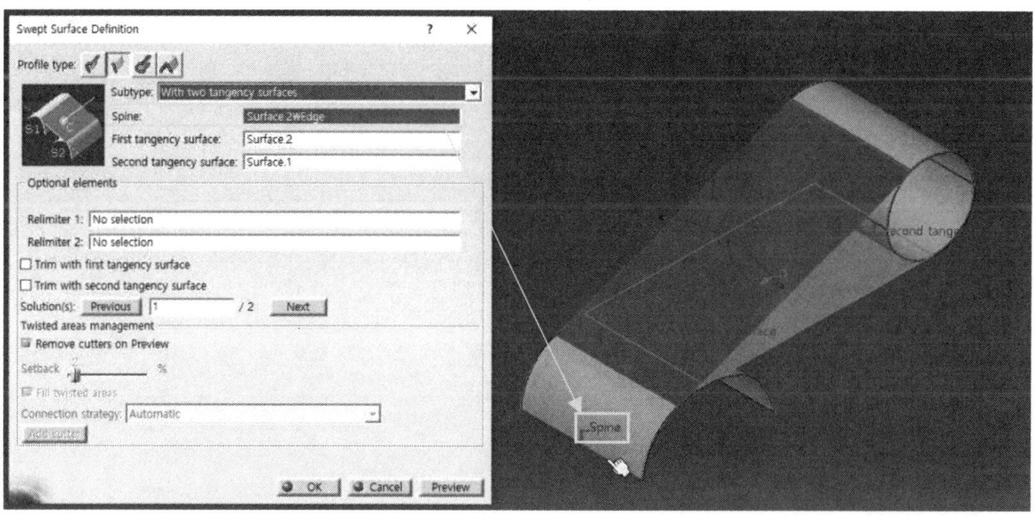

▩ Sweep( ): 다양한 옵션을 이용하여 새로운 서피스모델을 생성한다.
(Profile type에 따른 부가옵션이 있다.)

(3) Profile type: Circle( )

▸ 가이드커브(Guide curve)로 서피스를 만든다. 서피스를 생성할 때 프로파일(Profile) 형상은 원(Circle)이다.

① Subtype: Three guides

▹ 세 개의 가이드(Guide curve)를 따라 원형인 서피스를 만든다.

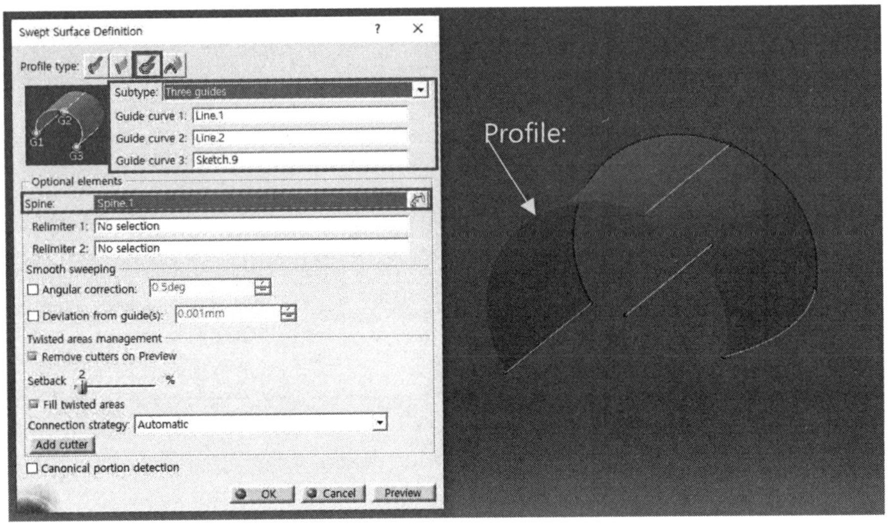

② Subtype: Two guide and radius

▹ 두 개의 가이드(Guide curve)와 프로파일(Profile:Circle)의 반경(Radius)을 이용하여 서피스를 만든다.

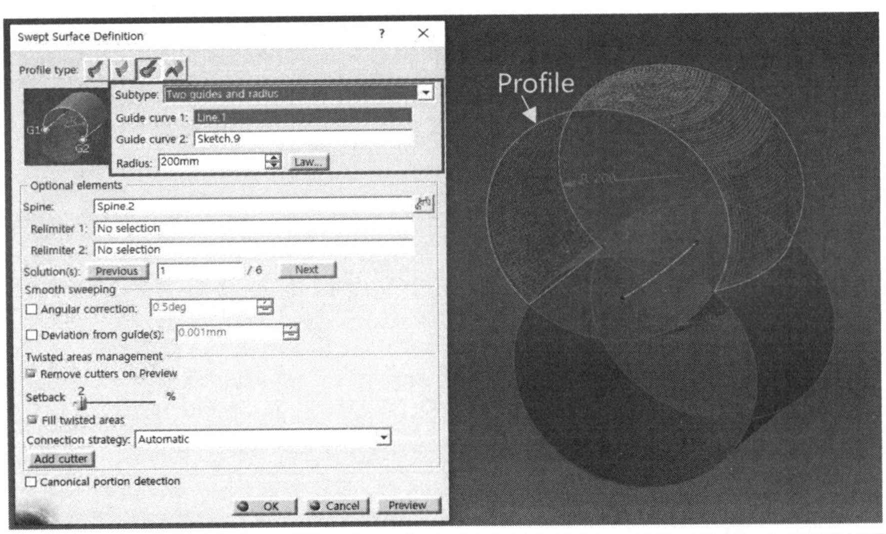

⊠ Sweep( ): 다양한 옵션을 이용하여 새로운 서피스모델을 생성한다.
(Profile type에 따른 부가옵션이 있다.)

③ Subtype: Center and two angels

▹ 중심축(Center curve)과 기준선(Reference curve), 그리고 시작위치와 끝위치의 각도(Angle)을 이용하여 단면형상이 원형인 서피스를 만든다.

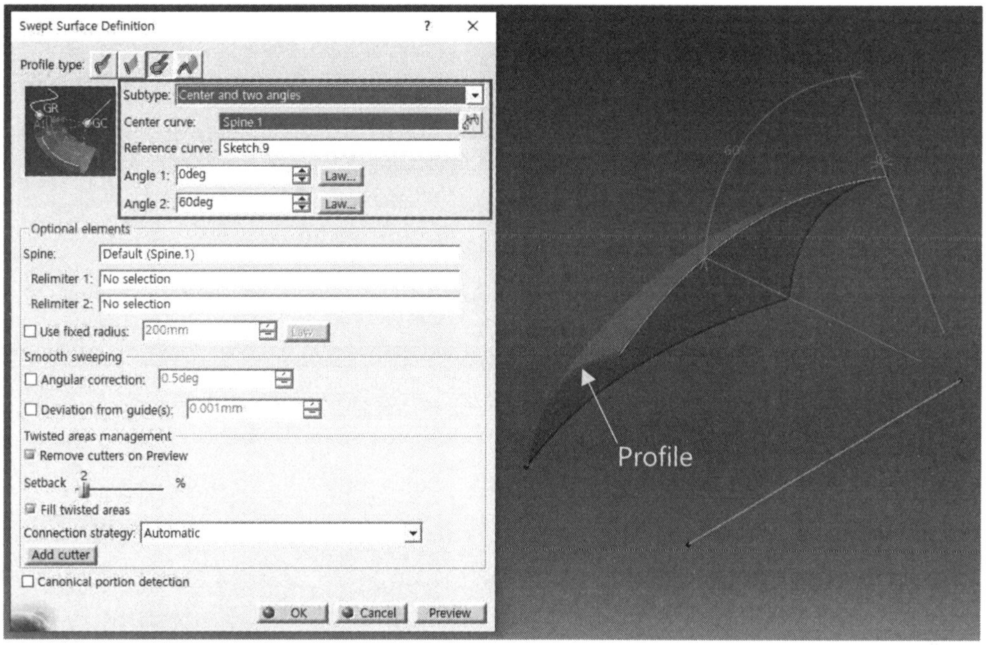

④ Subtype: Center and radius

▹ 두 개의 가이드(Guide curve)와 프로파일(Profile:Circle)의 반경(Radius)을 이용하여 서피스를 만든다.

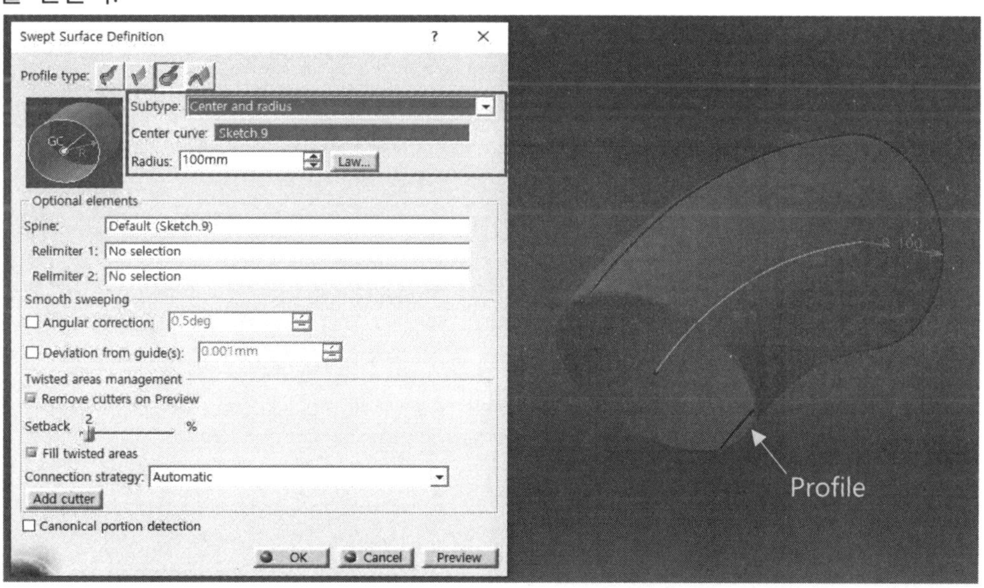

▧ Sweep( ): 다양한 옵션을 이용하여 새로운 서피스모델을 생성한다.
(Profile type에 따른 부가옵션이 있다.)

⑤ Subtype: Two guides and tangency surface
두 개의 가이드를 따라 지정한 서피스에 접하는 새로운 서피스를 만든다.

- Limit curve with tangency를 선택한다.(Guide.1)
→접하고자 하는 서피스상에 있어야 한다.
- Tangency surface를 선택한다.
- Limit curve를 선택한다.(Guide.2)

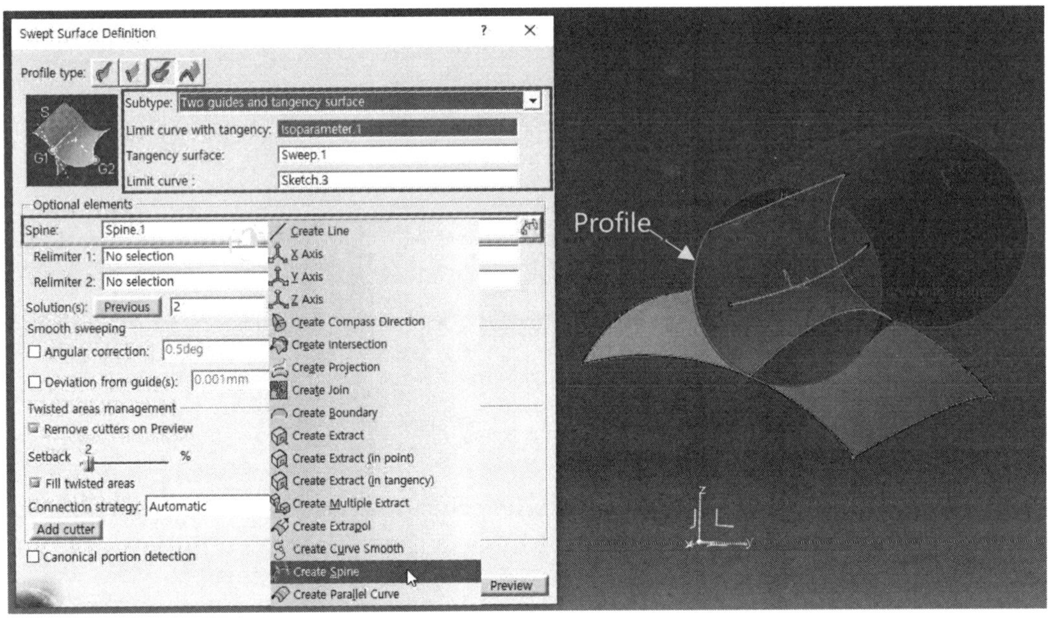

☞TIP: Guide.2의 길이가 접하고자 하는 서피스상에 있는 Guide.1보다 짧은 경우 원하는 서피스가 만들어지지 않는다. 이 때 두 개의 가이드를 이용하여 하나의 스파인(Spine)을 만든 후 작업을 실행하면 원하는 결과를 얻을 수 있다.
(Spine 입력창에서 마우스 우측버튼을 클릭하여 Create Spine을 선택한다.)

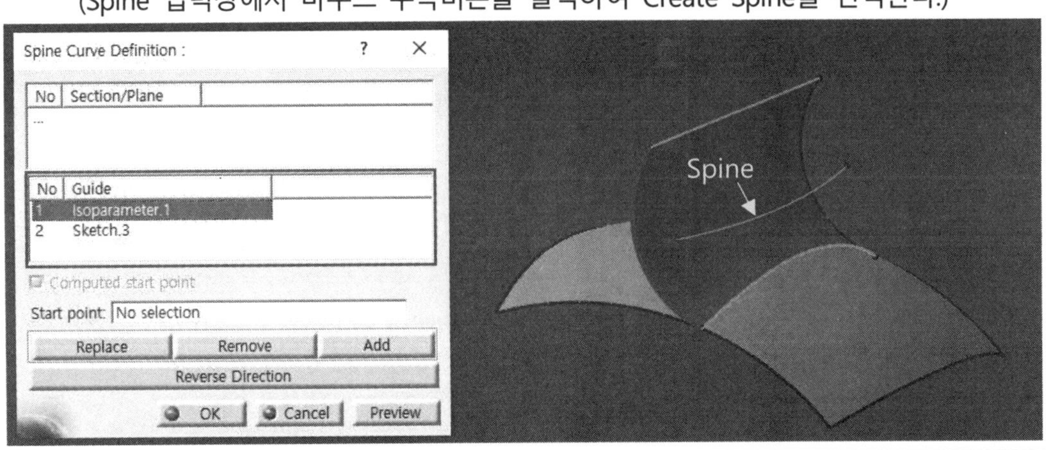

⊠ Sweep( ): 다양한 옵션을 이용하여 새로운 서피스모델을 생성한다.
(Profile type에 따른 부가옵션이 있다.)

⑥ Subtype: One guide and tangency surface
하나의 가이드(Guide curve.1)와 접하는 서피스(Tangency surface), 그리고 반경(Radius)을 이용하여 새로운 서피스를 만든다.

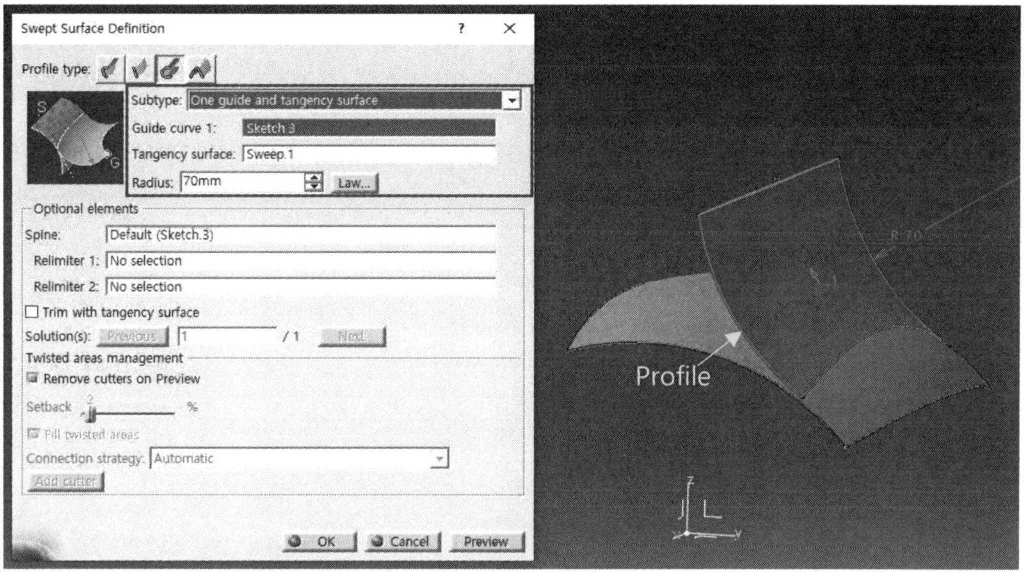

⑦ Subtype: Limit curve and tangency surface
서피스상에 있는 하나의 Limit curve에서 주어진 반경(Radius)으로 그 서피스에 접하는 새로운 서피스를 만든다.

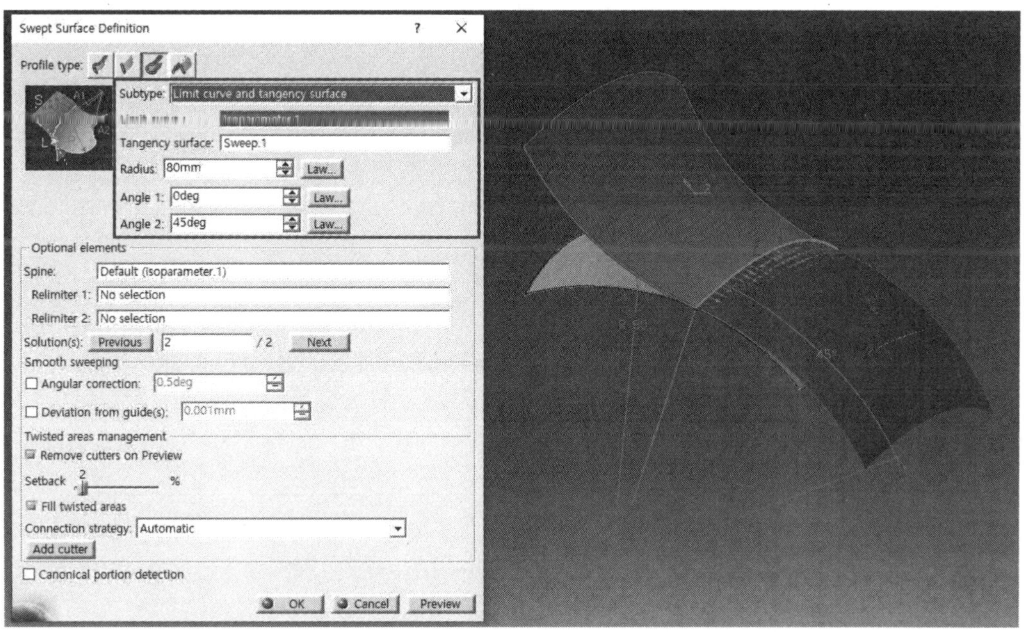

⊠ Sweep( ): 다양한 옵션을 이용하여 새로운 서피스모델을 생성한다.
(Profile type에 따른 부가옵션이 있다.)

(4) Profile type: Conic( )

▸ 가이드커브(Guide curve)로 서피스를 만든다. 서피스를 생성할 때 프로파일(Profile) 형상은 원뿔모양(Conic)이다.

① Subtype: Two guide curves

▹ 두 개의 가이드(Guide curve)를 따라 가이드가 놓여진 서피스에 접하는(Tangency) 동시에 단면형상이 원뿔형(Conic)인 서피스를 만든다.

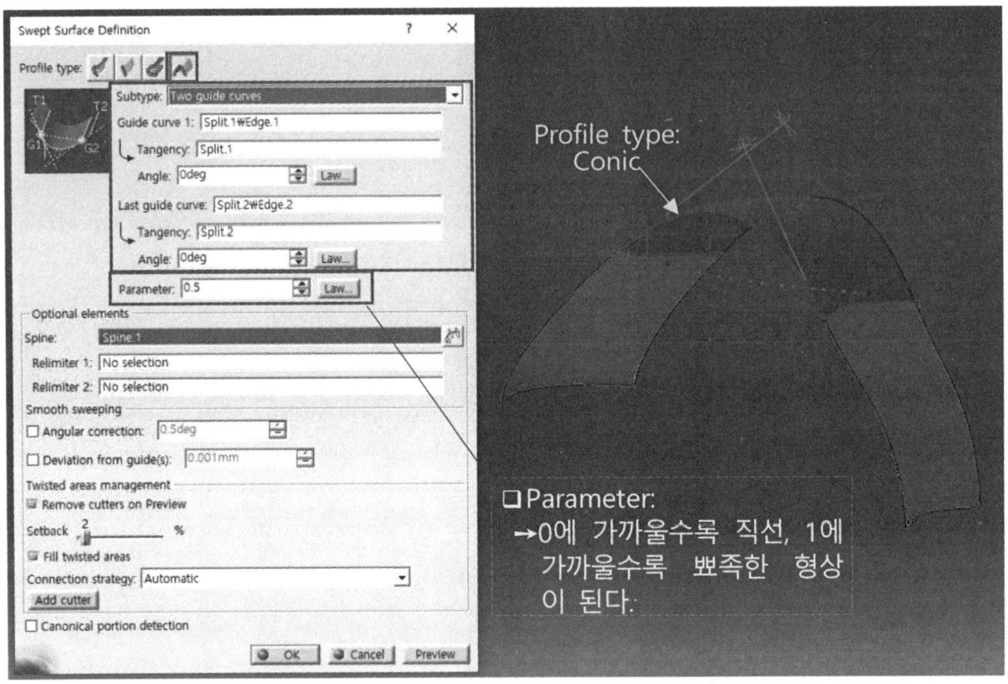

☞TIP: 두 개의 가이드를 이용하여 하나의 스파인(Spine)을 만든다.
(Spine 입력창에서 마우스 우측버튼을 클릭하여 Create Spine을 선택한다.)

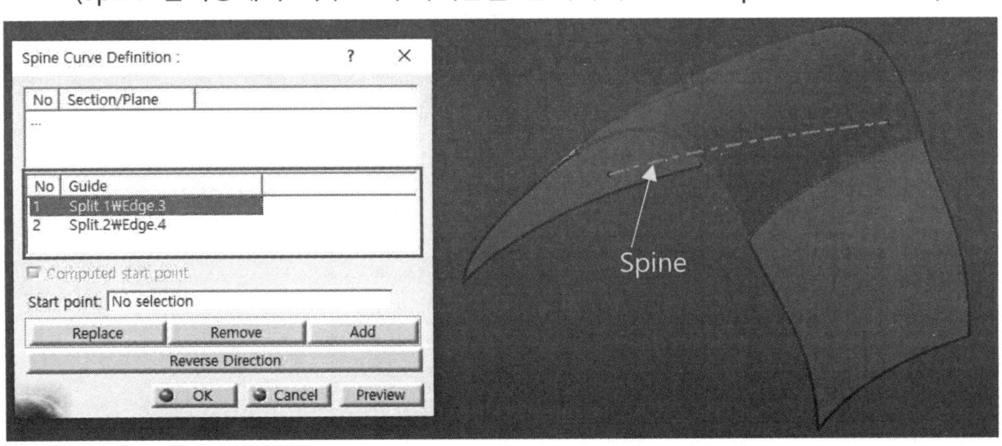

⊠ Sweep( ): 다양한 옵션을 이용하여 새로운 서피스모델을 생성한다.
(Profile type에 따른 부가옵션이 있다.)

② Subtype: Three guide curves

▹ 세 개의 가이드(Guide curve)를 따라 가이드가 놓여진 서피스에 접하는(Tangency) 동시에 단면형상이 원뿔형(Conic)인 서피스를 만든다.

- Guide curve.1을 선택하고 Guide.1이 접할 서피스를 선택한다.
- Guide curve.2를 선택한다.(새로운 서피스가 지나간다.)
- Guide curve.3을 선택하고 Guide.3이 접할 서피스를 선택한다.
- 원하는 서피스가 만들어지지 않는 경우 세 개의 Guide로 Spine을 만든다.

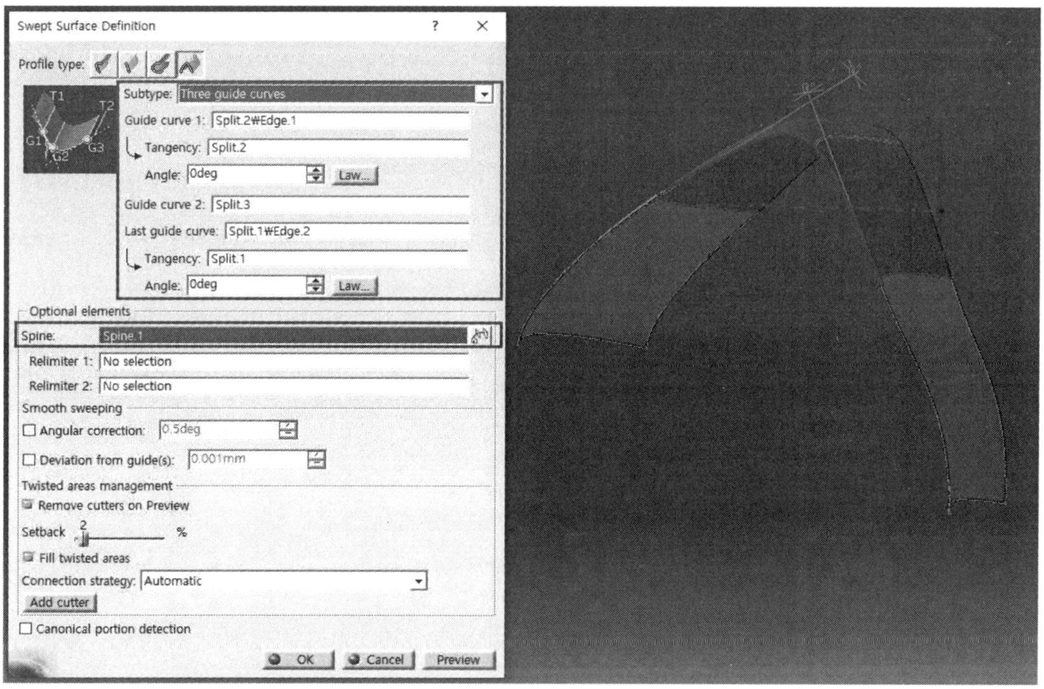

③ Subtype: Four guide curves

▹ 네개의 가이드(Guide curve)를 따라 첫 번째 가이드가 놓여진 서피스에 접하는(Tangency) 동시에 단면형상이 원뿔형(Conic)인 서피스를 만든다.

- Guide curve.1을 선택하고 Guide.1이 접할 서피스를 선택한다.
- Guide curve.2를 선택한다.(새로운 서피스가 지나간다.)
- Guide curve.3를 선택한다.(새로운 서피스가 지나간다.)
- Guide curve.4를 선택한다.(새로운 서피스가 지나간다.)
- 원하는 서피스가 만들어지지 않는 경우 네 개의 Guide로 Spine을 만든다.

④ Subtype: Five guide curves

▹ 다섯개의 가이드(Guide curve)를 따라 단면형상이 원뿔형(Conic)인 서피스를 만든다.

- 원하는 서피스가 만들어지지 않는 경우 다섯 개의 Guide로 Spine을 만든다.

▩ Adaptive Sweep( ): 선택한 프로파일(Profile)이 가이드커브(Guide Curve)를 따라 새로운 서피스를 만든다.

▶ 다음 모델에 대해 Adaptive Sweep( )명령을 적용해보자.

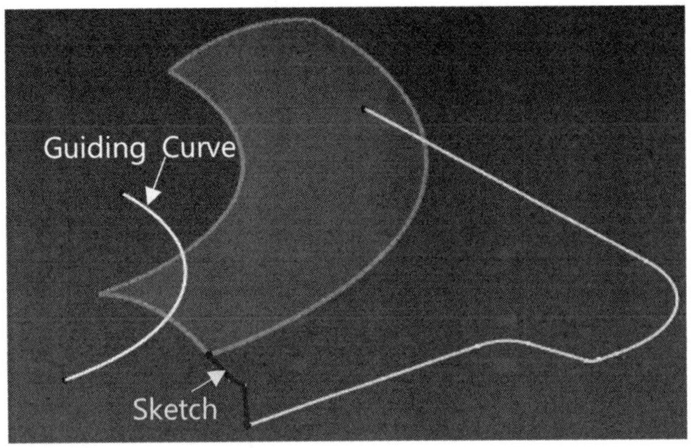

▶ Adaptive Sweep( )명령을 실행하면 Adaptive Sweep Definition 대화창이 나타난다.

① Guiding Curve를 선택한다.(별도로 지정하지 않으면 Guiding Curve가 Spine이 된다.)
▹ Guiding Curve의 시작점(Start point)에 Axis system이 표시되며 Sweep surface의 시작평면이 된다.
② Reference Surface는 선택사항으로 Sweep면이 생성되는 축을 정의하는데 사용된다.
③ 생성될 서피스(Surface)의 단면형상을 선택한다.(Sketch)
④ Guiding Curve의 끝점을 선택한다.
▹ Guiding Curve의 끝점(End point)에 Axis system이 표시되며 Sweep surface의 마지막평면이 된다.
⑤ Preview 를 눌러 생성되는 서피스의 형상을 확인하고 오류가 없으면 OK 를 눌러 모델링 작업을 완료한다.

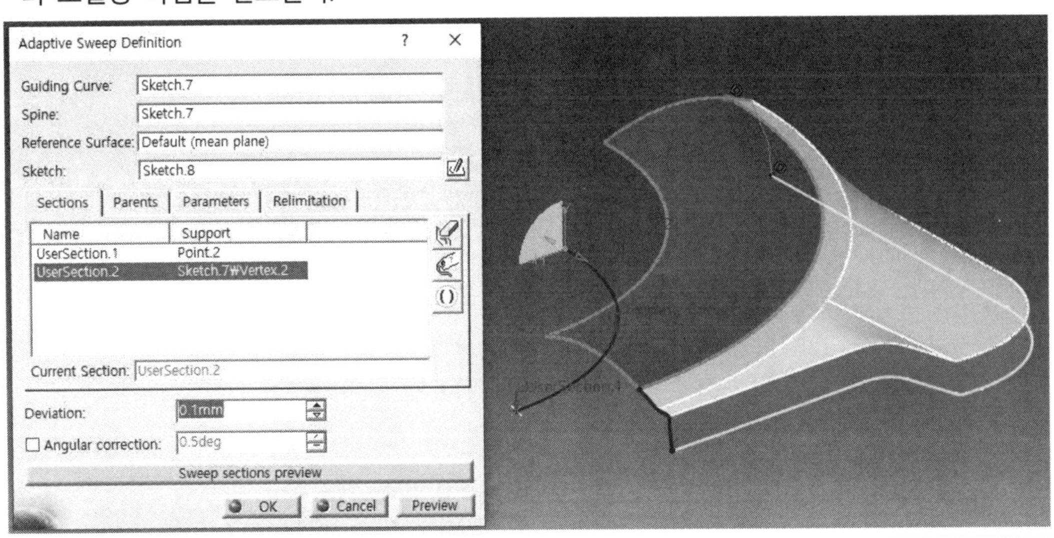

⊠ Fill(): 서피스의 경계(Boundary)나 프로파일(Profile)들이 폐곡선(Closed Contour)를 만들 때, 이 닫힌 경계의 안쪽을 새로운 서피스로 채운다.

▶ Fill()명령을 실행하면 Fill Surface Definition 대화창이 나타난다.
채우고자 하는 경계면(Boundary) 또는 프로파일(Profile)을 연결된 순서대로 선택한다.(닫힌 경계를 이루는 요소라도 선택순서가 연결되지 않으면 오류가 발생한다.)

☞모든 요소가 선택되었을 때 다음과 같은 메시지가 표시되어야 정상적인 닫힌 경계로서 인식하며 서피스가 생성된다.

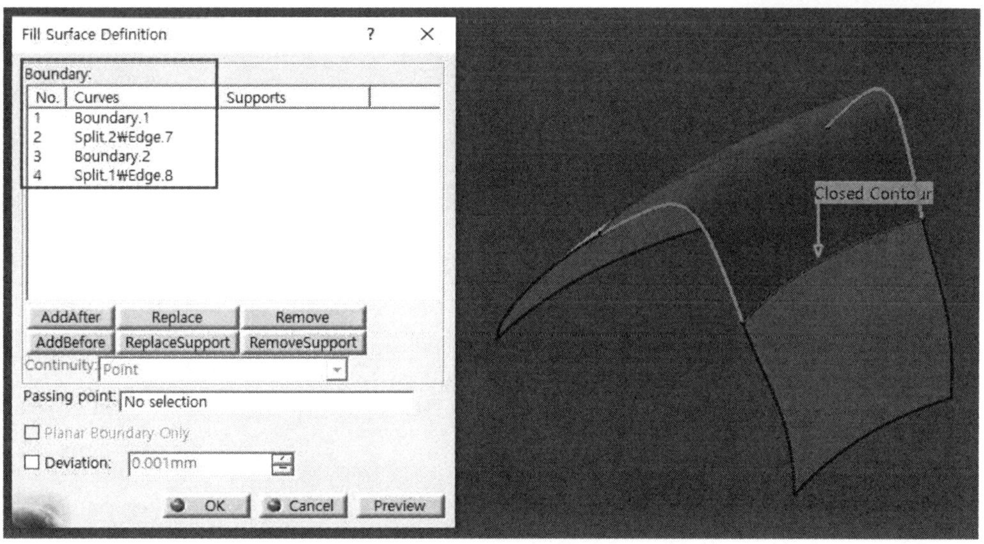

☞TIP: 닫힌 경계를 채울 때 선택한 요소에 구속조건을 부여할 수 있다.

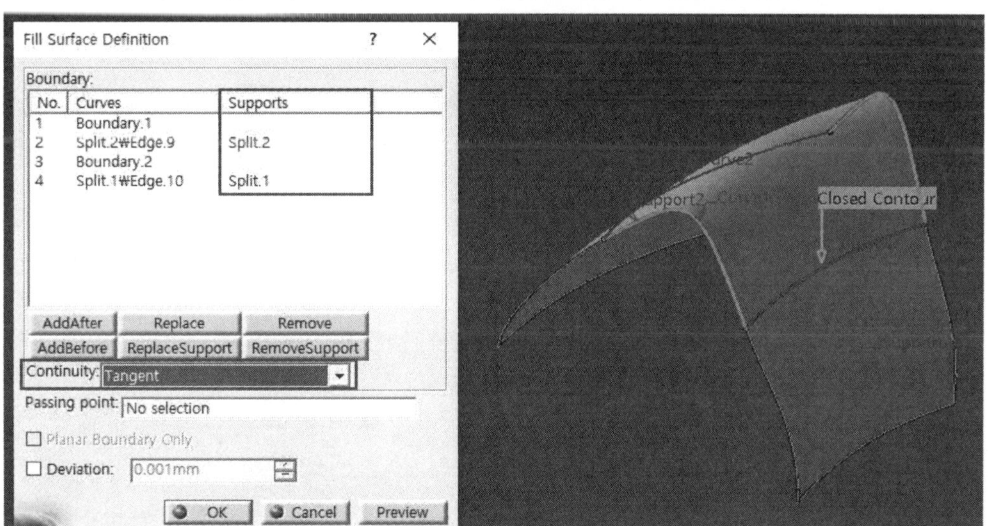

▧ Multi-Sections Surface( ): 서로 다른 형상을 가진 여러 개의 프로파일(Profile)을 이용하여 단면 형상이 길이방향으로 연속적으로 변화하는 새로운 서피스(Surface)를 생성한다.

▶ Multi-Sections Surface( )명령은 서로 다른 형상을 가진 여러 개의 프로파일(Profile)을 이용하여 하나의 서피스를 만든다.
이 때 만들어지는 서피스의 단면은 그 형상이 길이방향으로 계속 변한다. 파트디자인워크벤치의 Multi-Sections Solid( )명령과 작업과정과 작업결과가 유사하다.

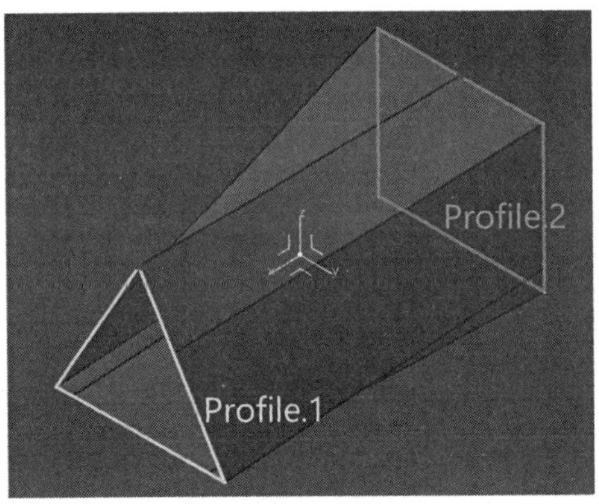

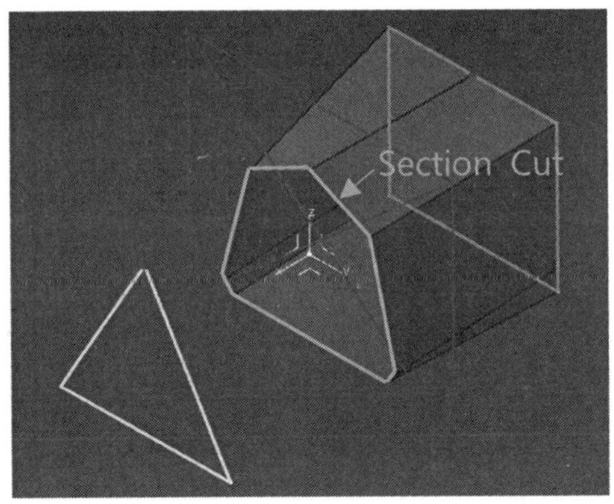

▶ Multi-Sections Surface( )명령을 실행하면 Multi-Sections Surface Definition 대화창이 나타난다.

① 단면형상(Section)을 선택한다.

‣ Closing Point의 위치와 화살표의 방향이 일치해야 한다. 의도적으로 Closing Point의 위치를 서로 다르게 둘 수 있지만 대부분의 경우 아래 예에서처럼 동일한 위치에 두도록 한다. (꼭지점이 없는 경우 Multi-Sections Surface명령을 실행하기 전 미리 생성해 두어야 한다.)

② 단면의 형상이 전혀 다른 경우 서피스가 생성되지 않을 수 있다. 이런 경우 Coupling메뉴에서 Ratio옵션을 선택한다.

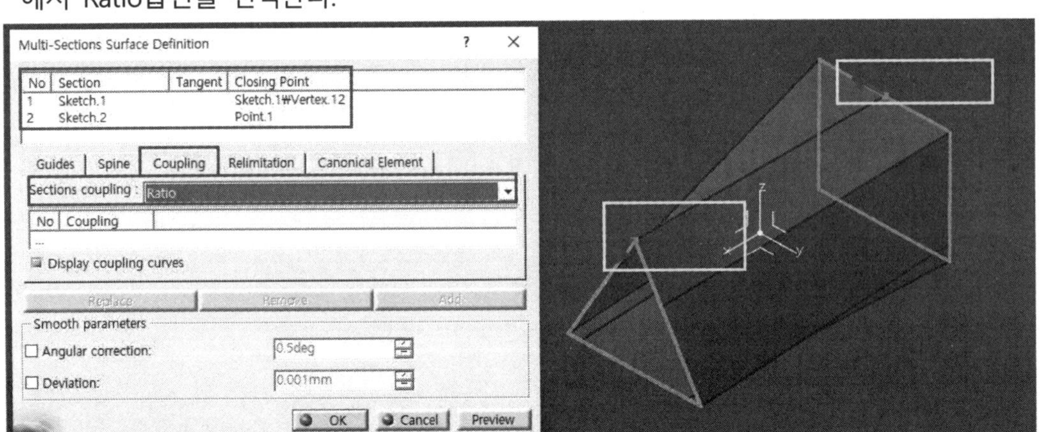

⊠ Blend( ): 서로 떨어진 두 개의 서피스(Surface)를 서피스의 경계(Boundary)를 이용하여 부드럽게 연결하는 새로운 서피스를 생성한다.

▶ Blend( )명령은 떨어져 있는 두 개의 서피스(Surface) 사이에서 두 서피스를 부드럽게 연결하는 새로운 서피스를 만든다.

▶ Blend( )명령을 실행하면 Blend Definition 대화창이 나타난다.

① 첫 번째 서피스(Surface)의 경계(Boundary, First curve)를 선택한다.
② 그 경계(Boundary)가 속한 서피스(Surface, First support)를 선택한다.
③ 두 번째 서피스의 경계(Second curve)를 선택한다.
④ 그 경계가 속한 서피스(Second support)를 선택한다.

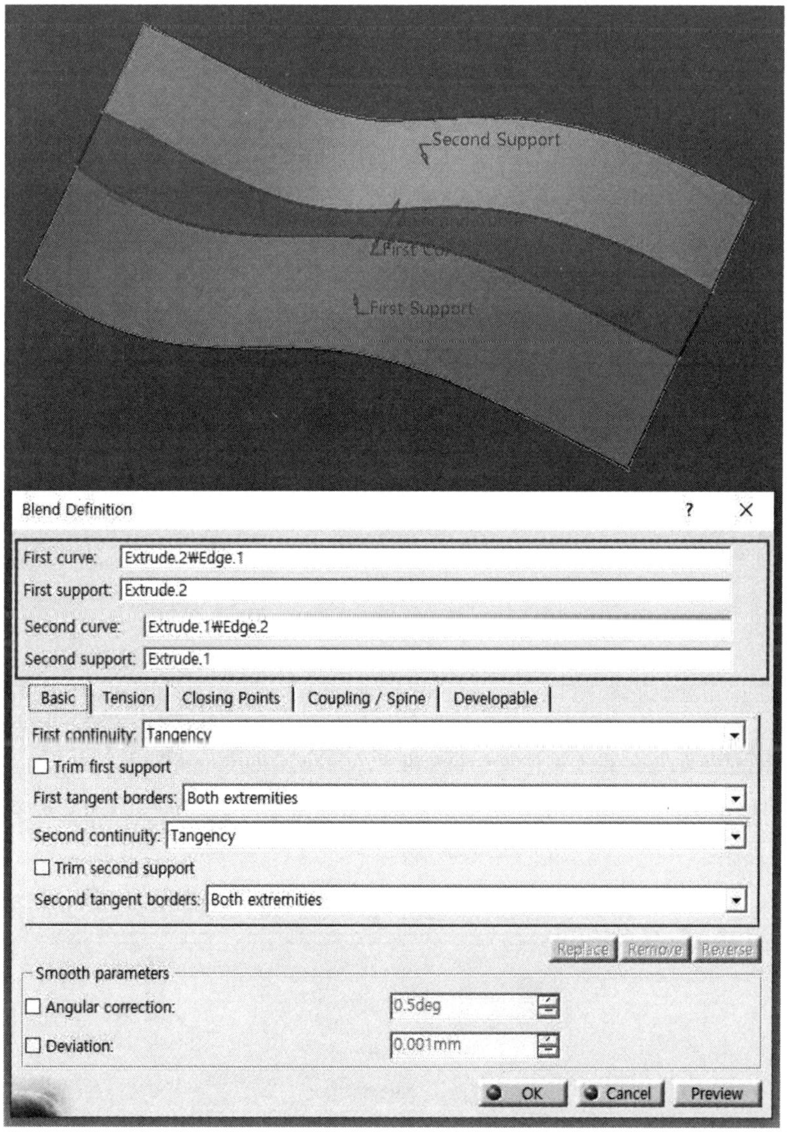

(3) 오퍼레이션 툴바(Operation Toolbar)

서피스모델링 작업 과정을 통해 생성한 와이어프레임(Wireframe) 또는 서피스(Surface)를 편집하여 새로운 와이어프레임(Wireframe) 또는 서피스(Surface)로 만든다.

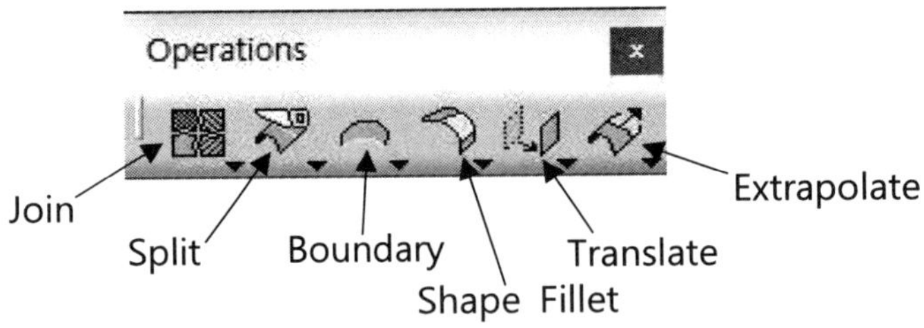

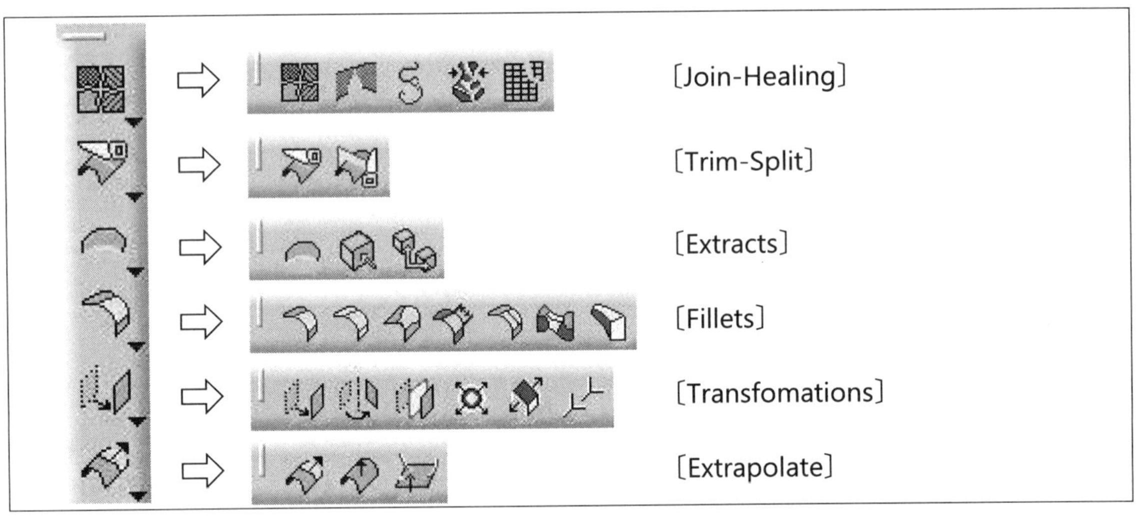

❑ Join-Healing()

Join-Healing 툴바는 인접한 서피스(Surface) 또는 와이어프레임(Wireframe)을 이어 붙이거나(Join, ) 분리된 서피스의 공간을 채우거나(Healing, ) 와이어프레임의 마디를 부드럽게 하거나(Curve Smoothing, ) 잘려진 서피스모델을 복구하거나(Untrim, ) 또는 여러개의 영역으로 이루어진 서피스모델(Surface model)이나 와이어프레임(Wireframe)을 각 셀(Cell)별로 분리하는(Disassemble, ) 등 다양한 명령어를 가지고 있다.

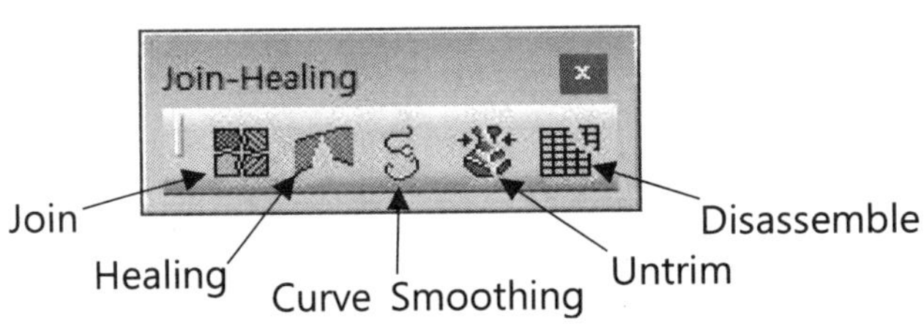

⊠ Join(): 인접한 두 개 이상의 서피스 또는 와이어프레임을 서로 연결하여 하나의 서피스 또는 와이어프레임으로 만든다.

▶ Join()명령은 인접해 있는 여러 개의 서피스(Surface) 또는 와이어프레임(Wireframe)을 연결하여 하나의 서피스나 와이어프레임을 만든다.

☞TIP: 서피스모델링 작업시 서로 분리된 서피스와 연결된 서피스, 분리된 와이어프레임과 연결된 와이어프레임은 화면상으로 구분할 수 있다. 서피스의 경우 경계면의 색상으로, 와이어프레임의 경우 끝점의 형태로 구분한다.

구 분	분리됨	연결됨
서피스		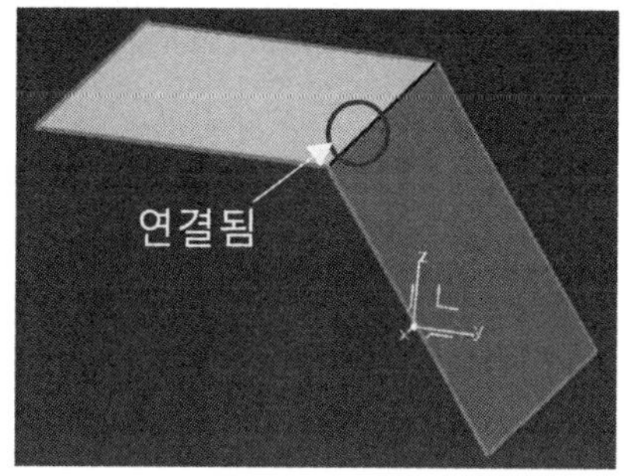
	→서로 분리된 서피스의 경계면 색상은 초록색, 연결된 경계면 색상은 검정색이다. →표시된 부분의 색상을 비교하면 분리된 상태와 연결된 상태를 직관적으로 확인할 수 있다. 바깥경계는 아직 연결되지 않았으므로 초록색 실선으로 표시되고 있다.(이러한 옵션은 CATIA환경설정메뉴에서 켜거나 끌 수 있다.)	
와이어프레임	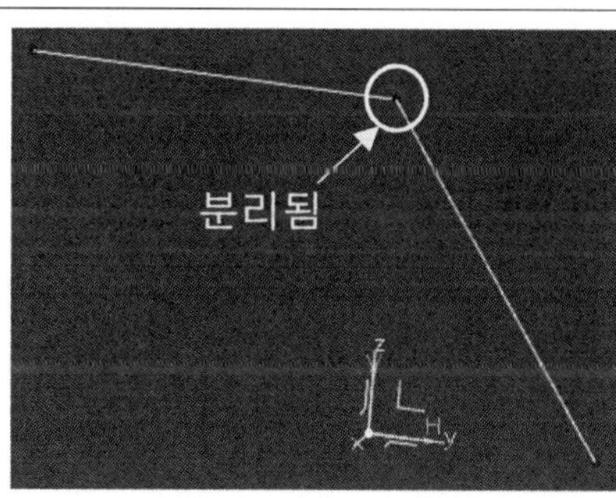	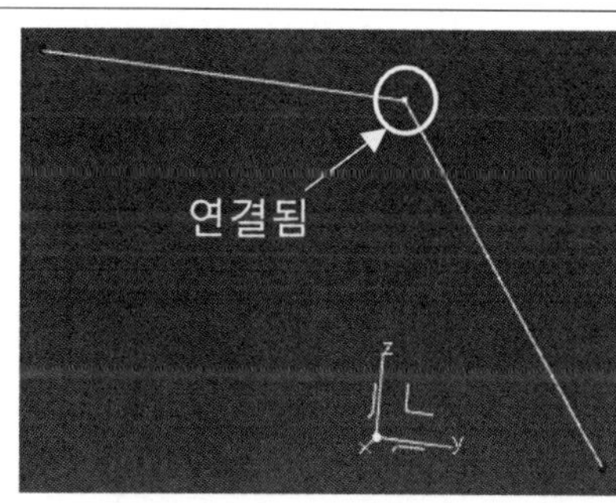
	→서로 분리된 요소의 끝점은 까만 동그라미형태이며 연결된 요소는 하얀색의 작은 점으로 표현된다. →표시된 부분의 색상으로 분리/연결여부를 확인할 수 있다. 양 끝점은 연결되지 않았으므로 까만 동그라미로 표시되고 있다.	

☞TIP: 환경설정(Tools→Options...→General→Display→Visualization)에서 서피스 경계면 표시옵션을 다음과 같이 지정한다.

⊠ Join( ): 인접한 두 개 이상의 서피스 또는 와이어프레임을 서로 연결하여 하나의 서피스 또는 와이어프레임으로 만든다.

▶ Join( )명령을 실행하면 Join Definition 대화창이 나타난다.

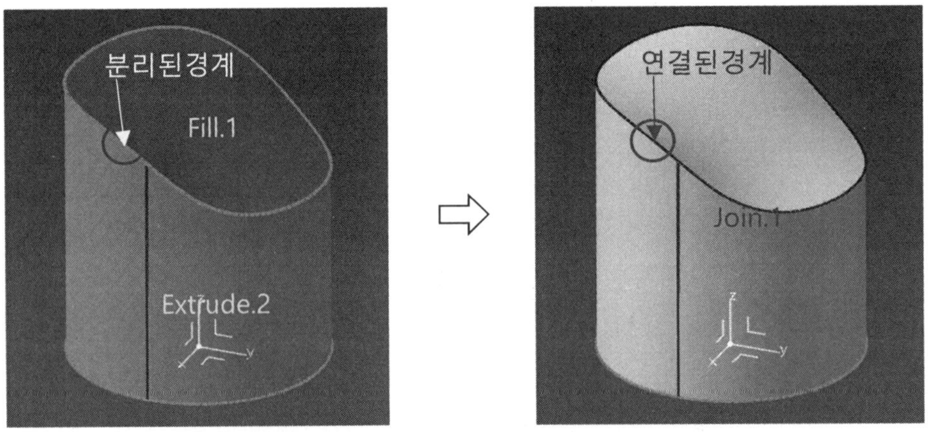

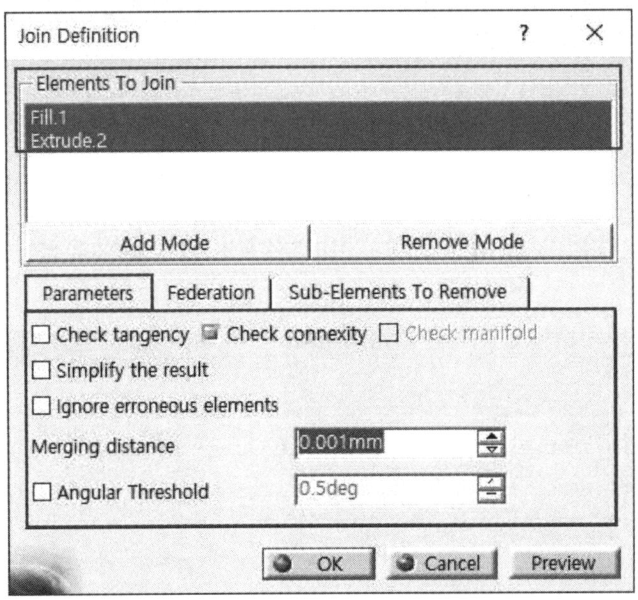

【대화창 설정옵션: Parameters】

- ■ Check tangency: 연결(Join)되는 두 서피스가 접선구속을 가져야 한다.(서로 접선구속을 가지지 않는 경우 서피스가 연결되지 않는다.)
- ■ Check connexity: 연결(Join)되는 두 서피스는 서로 붙어 있어야 한다.(두 요소사이의 Offset값이 0.001 mm이상이면 서로 연결되지 않는다.)
- ■ Simplify the result: 연결(Join) 후 생성되는 요소의 개수를 줄여줍니다.
- ■ Ignore erroneous elements: 연결(Join)하기 어려운 요소를 무시한다.
- ■ Merging distance: 연결(Join)하려는 두 요소간 Offset 값의 한계를 지정한다.(최대 0.1 mm)

⊠ Healing(): 인접한 두 개 이상의 서피스를 서로 연결하여 하나의 서피스로 만든다.(와이어프레임에는 적용할 수 없다.)

▶ Healing()명령은 Join()명령과 같이 인접한 두 개의 서피스를 연결하여 새로운 서피스를 만들지만 그 적용대상이나 적용조건에는 서로 차이가 있다.

▹ Healing명령은 서피스만 연결할 수 있다.

▹ Healing명령은 Merging Distance값의 크기에 제한이 없다.(Join명령의 경우 0.1 mm이내의 Offset값만 허용된다.)

▶ Healing()명령을 실행하면 Healing Definition 대화창이 나타난다.

☞TIP: Healing명령을 실행하기 위해서는 연결할 서피스 간의 Offset값(Merging distance)을 먼저 측정한다. Merging distance값이 클수록 새로이 생성되는 서피스의 변형도 커지므로 Offset량을 미리 측정하여 최소값을 사용하는 것이 매우 중요하다.

① 연결할 서피스의 Offset값을 측정한다.

▹ Analysis툴바의 Connect Checker Analysis()명령을 이용하여 연결할 두 서피스의 Offset값을 측정한다.

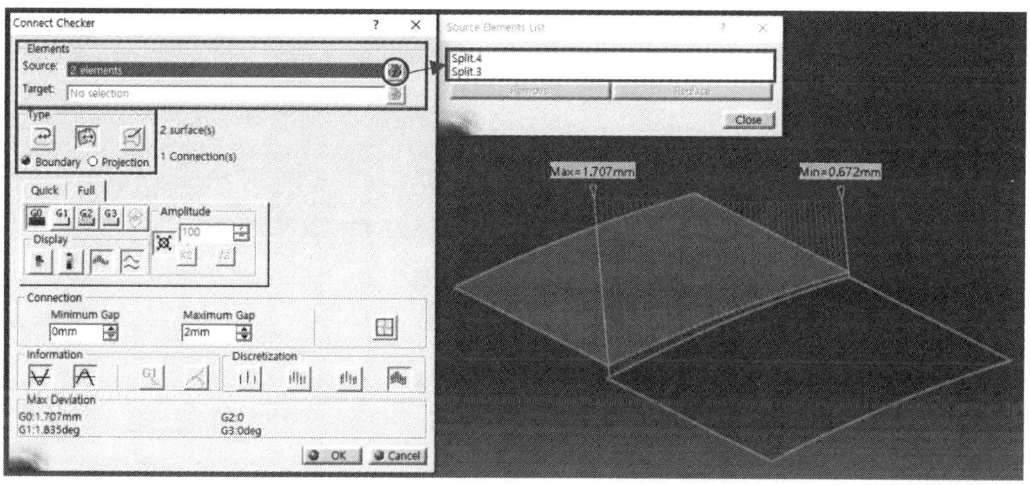

▹ Measure툴바의 Measure Between()명령을 이용할 수도 있다.

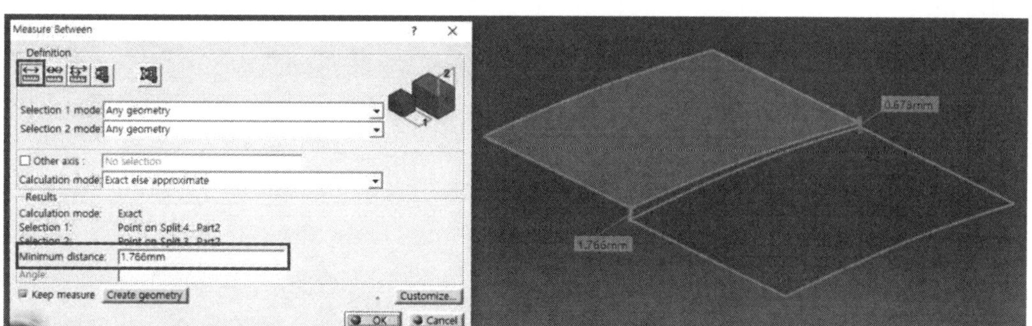

⊠ Healing( ): 인접한 두 개 이상의 서피스를 서로 연결하여 하나의 서피스로 만든다.(와이어프레임에는 적용할 수 없다.)

② Healing Definition 대화창에서 연결할 서피스를 선택한다.

③ Merging distance를 입력한다.

▹ Merging distance값은 먼저 측정한 두 서피스간 Offset값 중에서 가장 큰 값을 기준으로 부여한다.(Max=1.766 mm)

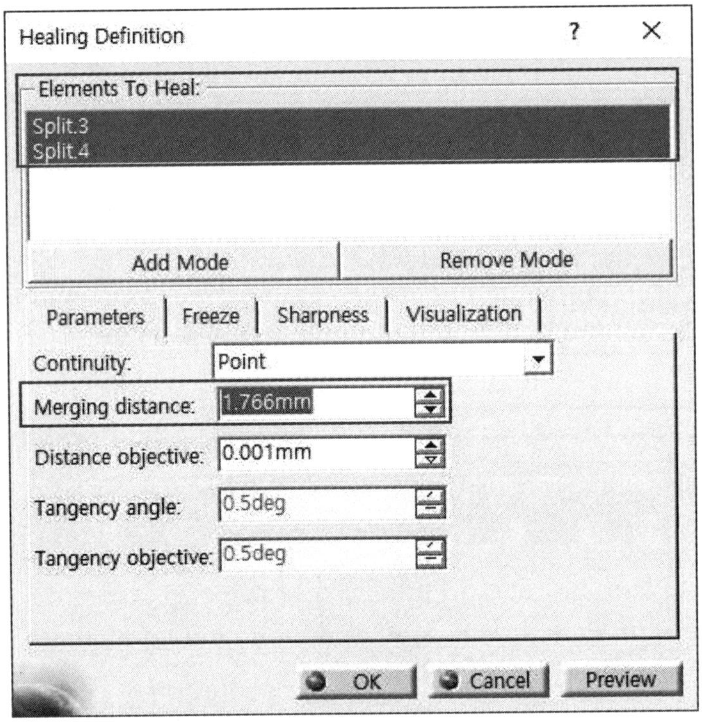

④ Preview 를 눌러 실행결과를 미리 확인한다.

⑤ 오류 없이 서피스가 만들어 진 경우 OK 를 눌러 모델링작업을 완료한다.

⊠ Healing(): 인접한 두 개 이상의 서피스를 서로 연결하여 하나의 서피스로 만든다.(와이어프레임에는 적용할 수 없다.)

☞Freeze 옵션: Healing()명령을 실행하여 만들어 진 서피스는 부여되는 Merging distance값에 따라 변형된 형태가 된다. 모델링 과정에서 변형을 최소화하고자 하는 경우 대상 서피스에 Freeze옵션을 적용한다.

▹ Freeze옵션: 적용하지 않음

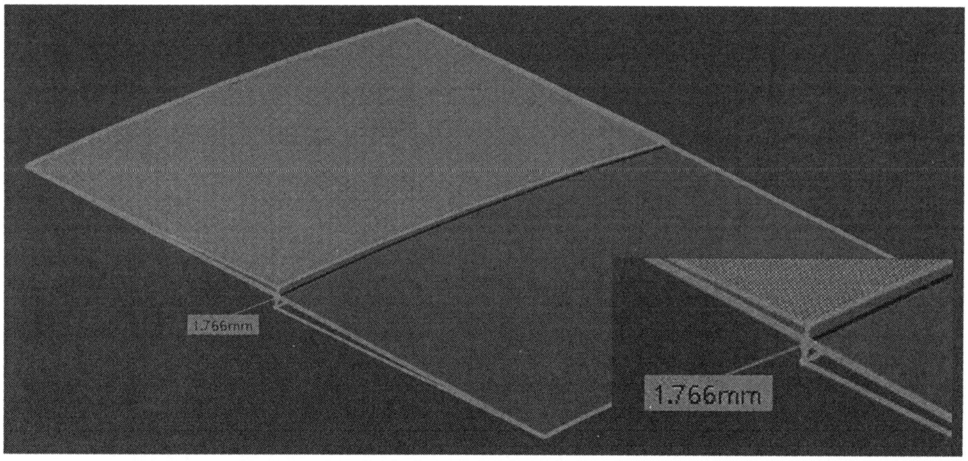

▹ Freeze옵션: 적용함

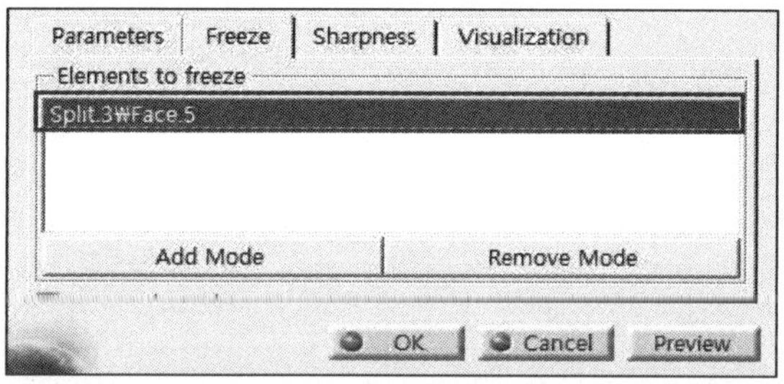

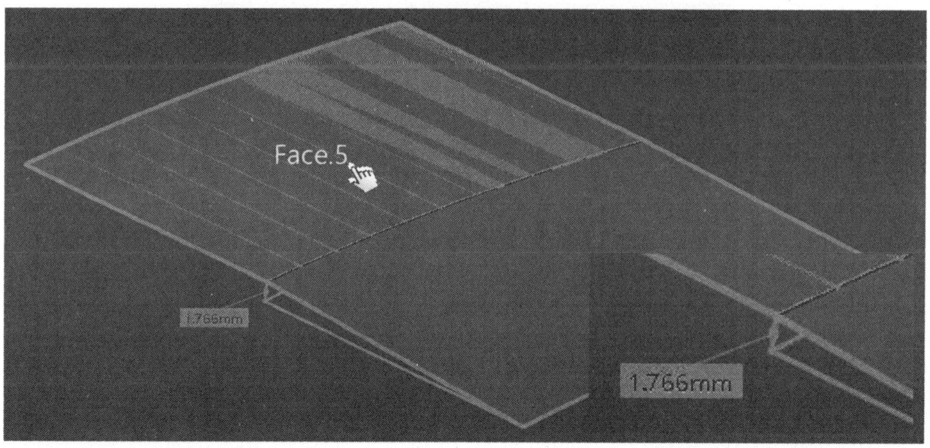

▩ Curve Smooth(): 커브(Curve)의 연결지점이 불연속적이거나 접선방향으로 구속되어 있지 않을 때 이 연결지점을 수정하여 부드럽게 이어 붙인다.

▶ 서피스(Surface)모델링 작업시 사용하는 커브(Curve)의 형상이 불연속적이거나 연결지점에 마디를 가지고 있으면 생성되는 서피스(Surface)는 아래 예에서처럼 경계선 등이 생겨 품질이 저하된다. 이러한 문제를 해결하기 위해 Curve Smooth()명령을 사용한다. Curve Smooth()명령으로 연결지점의 불연속성을 해소하고 마디를 부드럽게 수정하여 높은 품질의 서피스를 만들 수 있다.

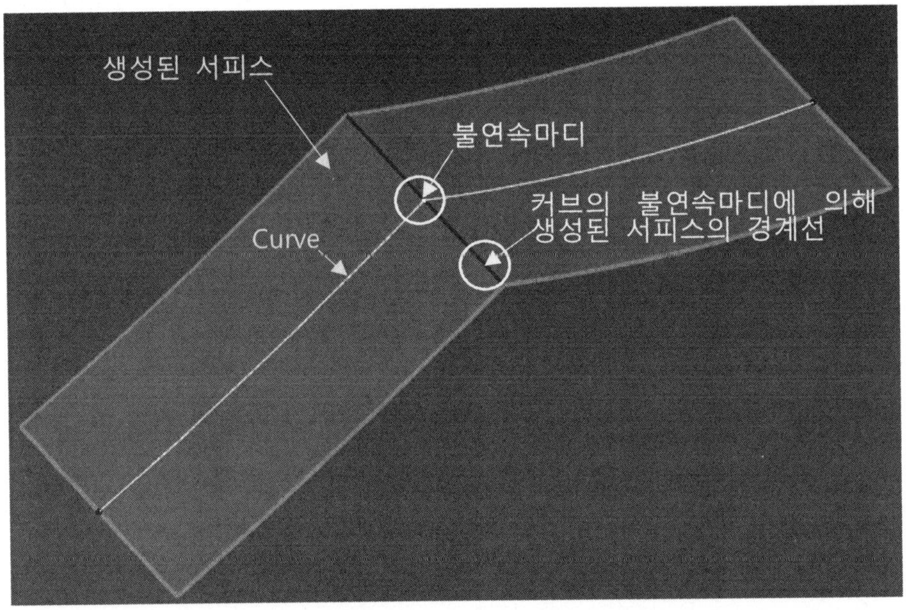

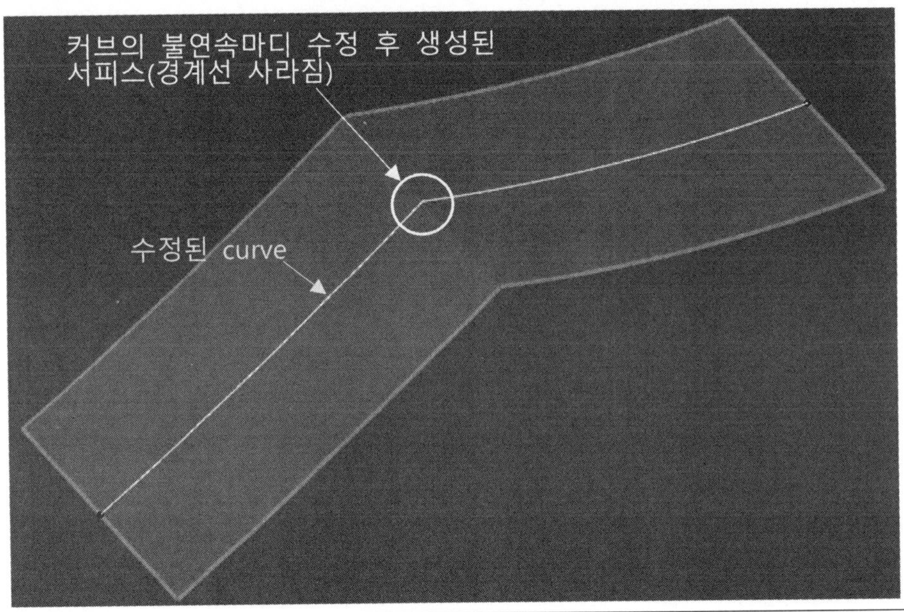

⊠ Curve Smooth( ): 커브(Curve)의 연결지점이 불연속적이거나 접선방향으로 구속되어 있지 않을 때 이 연결지점을 수정하여 부드럽게 이어 붙인다.

▶ Curve Smooth( )명령을 실행하면 Curve Smooth Definition 대화창이 나타난다.

① 수정할 커브(Curve)를 선택한다.

▹ 커브의 불연속마디에 대한 정보를 알 수 있다. 아래 예의 경우 마디에서 접선방향의 연결속성을 가지기 위해서는 최소 41.551° 이상의 각도를 부여해야 함을 알 수 있다.(오렌지색으로 불연속마디에 대한 정보를 알려준다.)

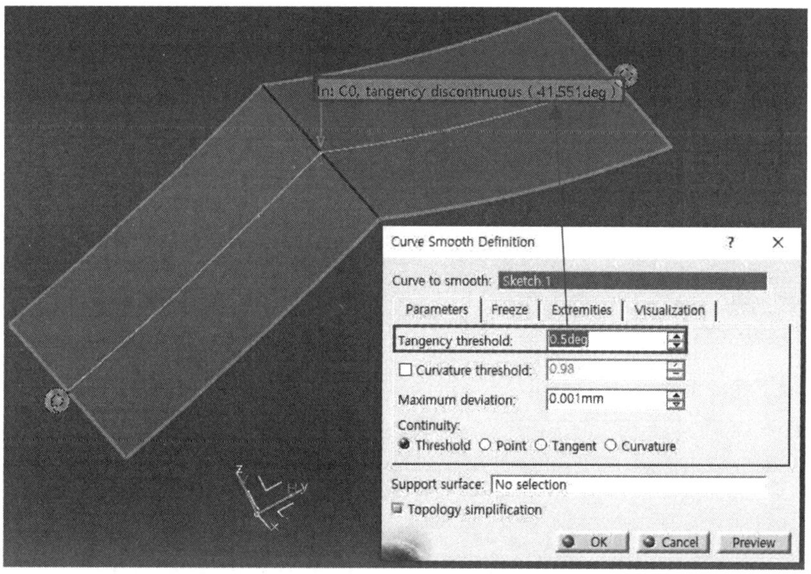

▹ Tangency threshold: 42°를 부여한다.(불연속마디가 사라진다. 오류가 없으면 초록색으로 마디에 대한 정보가 표시된다.)

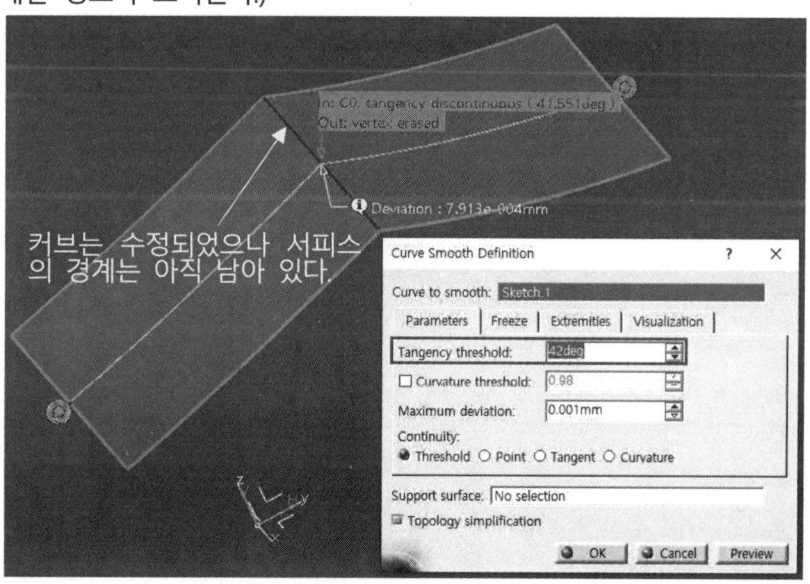

▩ Curve Smooth( ): 커브(Curve)의 연결지점이 불연속적이거나 접선방향으로 구속되어 있지 않을 때 이 연결지점을 수정하여 부드럽게 이어 붙인다.

② 수정한 커브를 서피스(Surface)모델에 적용한다.

▹ Curve Smooth( )명령으로 커브(Curve)를 수정한 후에도 이미 만들어진 서피스는 변경되지 않는다. 마디를 수정한 커브를 서피스모델(Extrude.1)에 적용하기 위해서는 기존에 사용한 Curve(Sketch.1)를, 수정한 Curve(Curve smooth.1)로 변경(Replace)하는 과정이 필요하다.

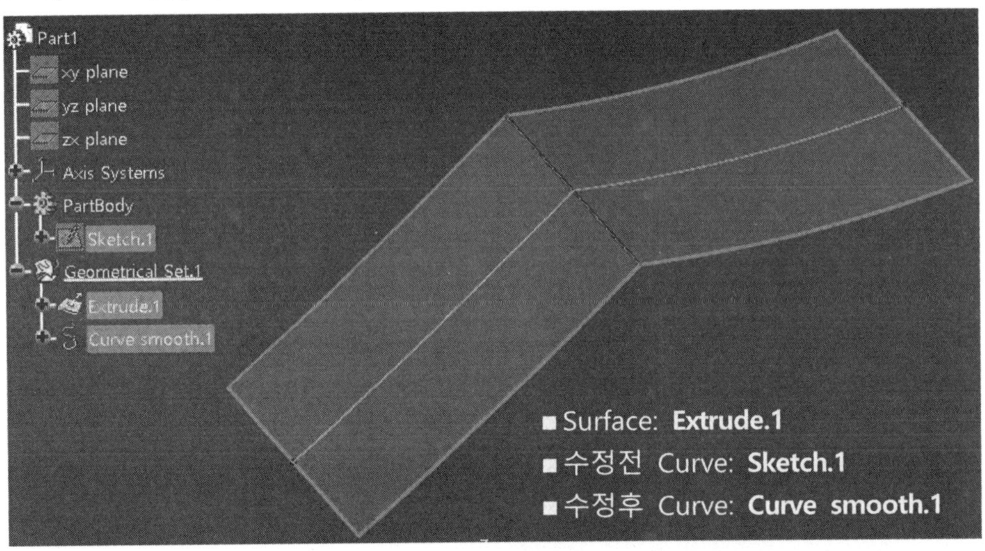

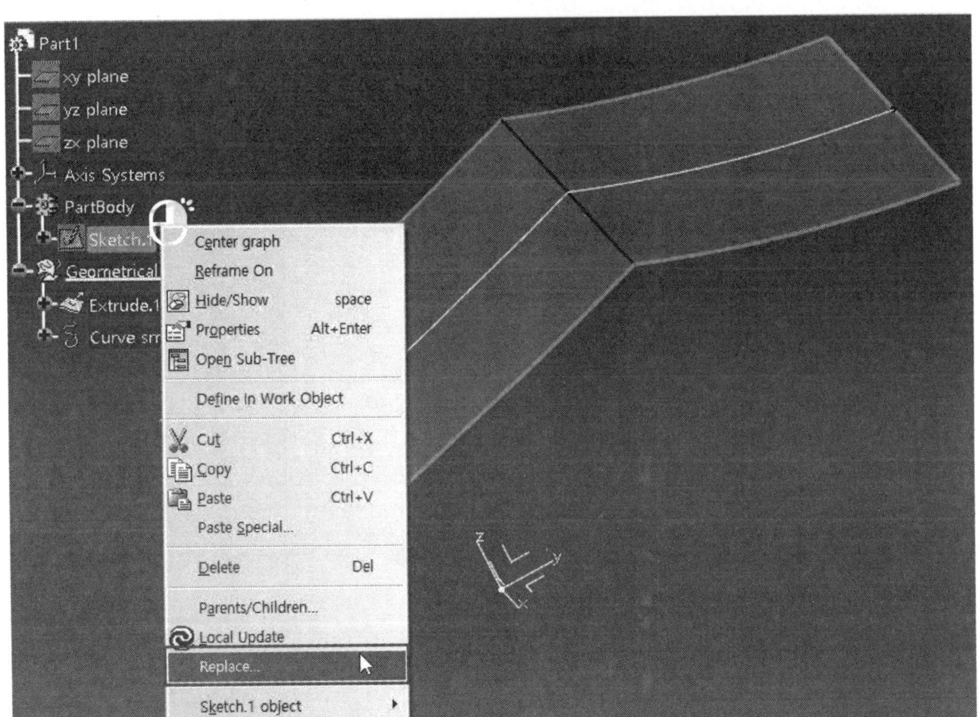

⊠ Curve Smooth( ): 커브(Curve)의 연결지점이 불연속적이거나 접선방향으로 구속되어 있지 않을 때 이 연결지점을 수정하여 부드럽게 이어 붙인다.

▹ Replace 대화창에서 Sketch.1을 대체할 Curve smooth.1을 선택한다.
▹ 대화창의 Curve smooth.1을 클릭하여 커브변경에 오류가 없는지 확인한다.

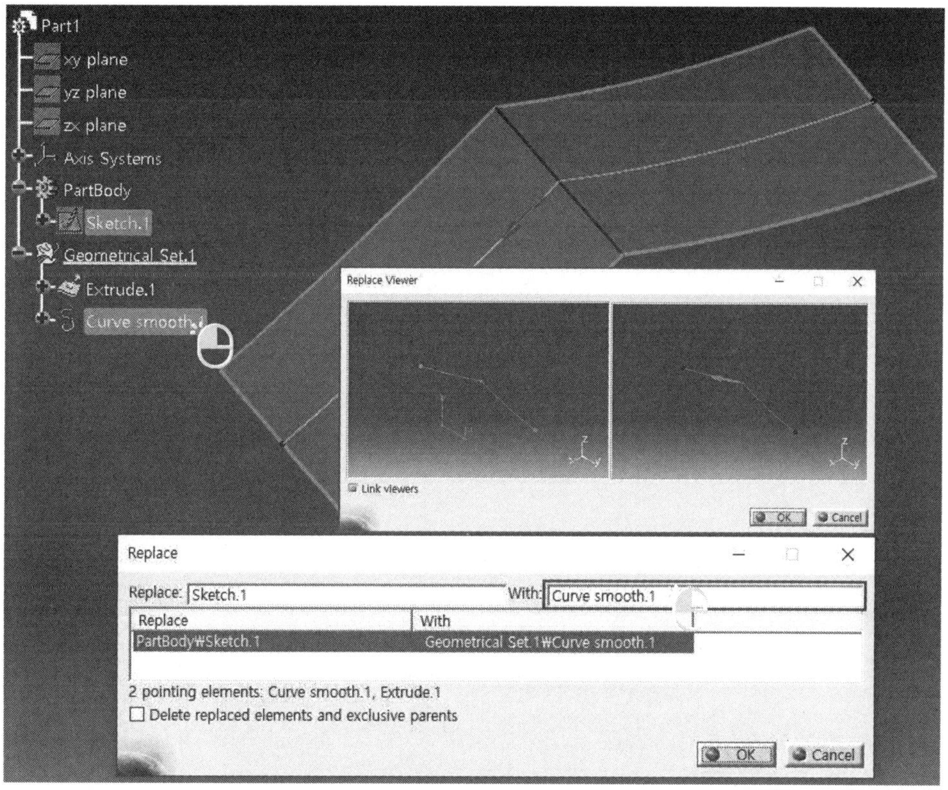

③ OK 를 눌러 모델링작업을 완료한다.

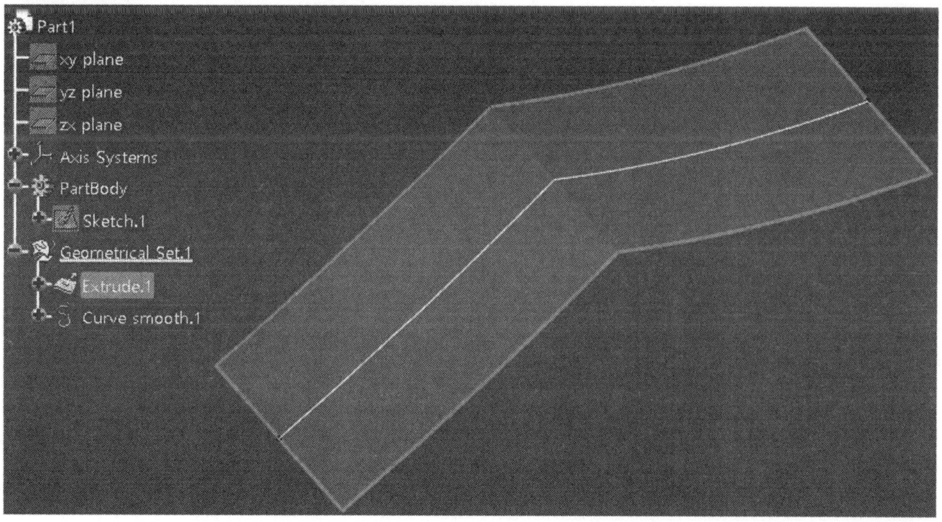

⊠ Untrim( ): 스플릿(Split,) 또는 트림(Trim,)명령에 의해 잘려진 와이어프레임(Wireframe)이나 서피스(Surface)를 원래대로 복구한다.

▶ Untrim( )명령을 실행하면 Untrim 대화창이 나타난다.

① 잘려진 서피스나 와이어프레임을 선택한다.

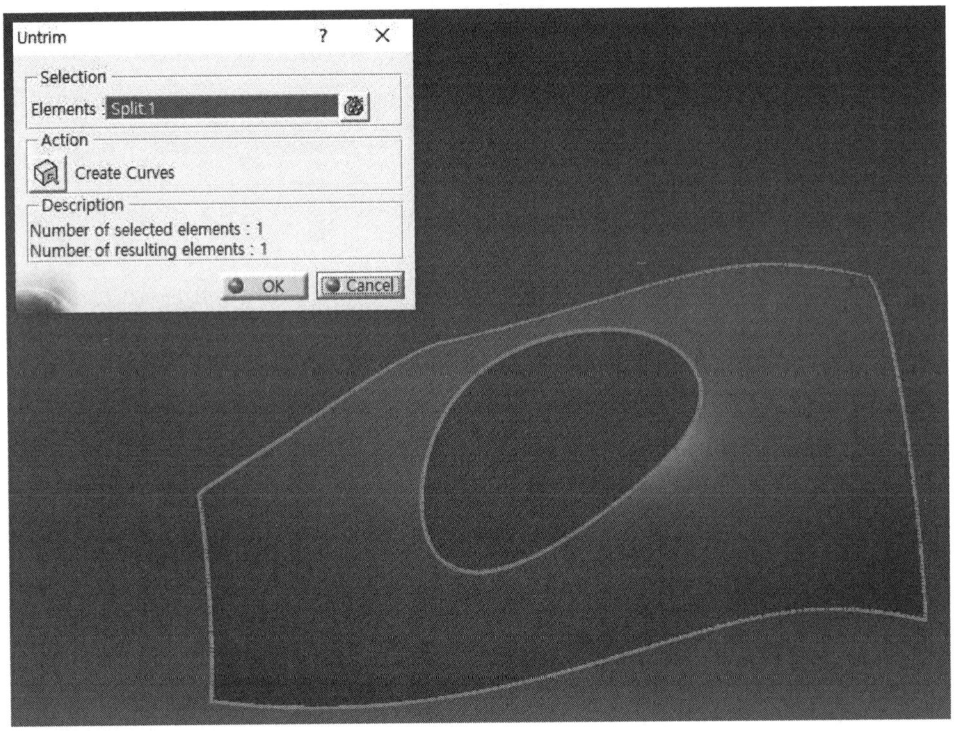

② OK 를 눌러 모델링작업을 완료한다.

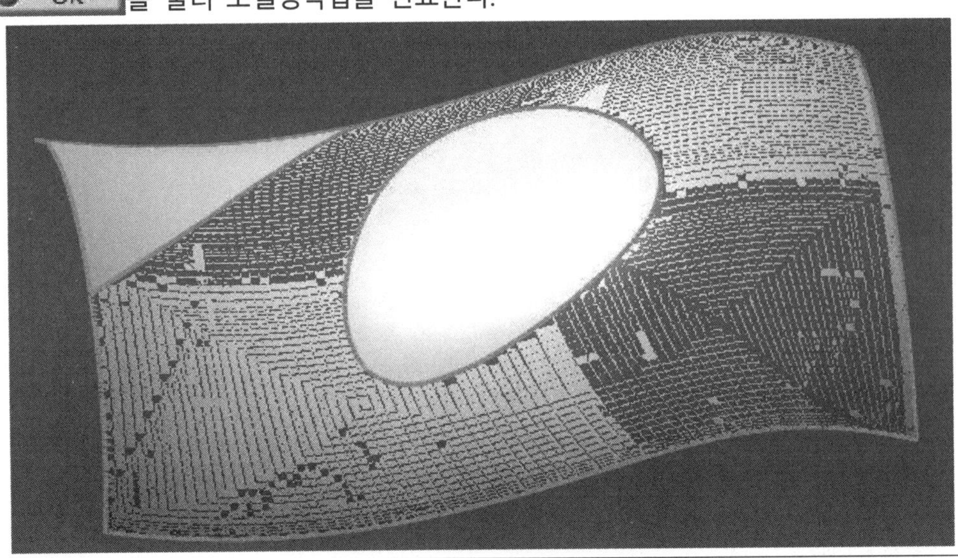

⊠ Disassemble( ): 하나의 서피스를 경계선을 기준으로 분리하여 새로운 서피스들의 집합으로 만든다.

▶ Disassemble( )명령을 실행하면 Disassemble 대화창이 나타난다.

① 분리 할 서피스나 와이어프레임을 선택한다.

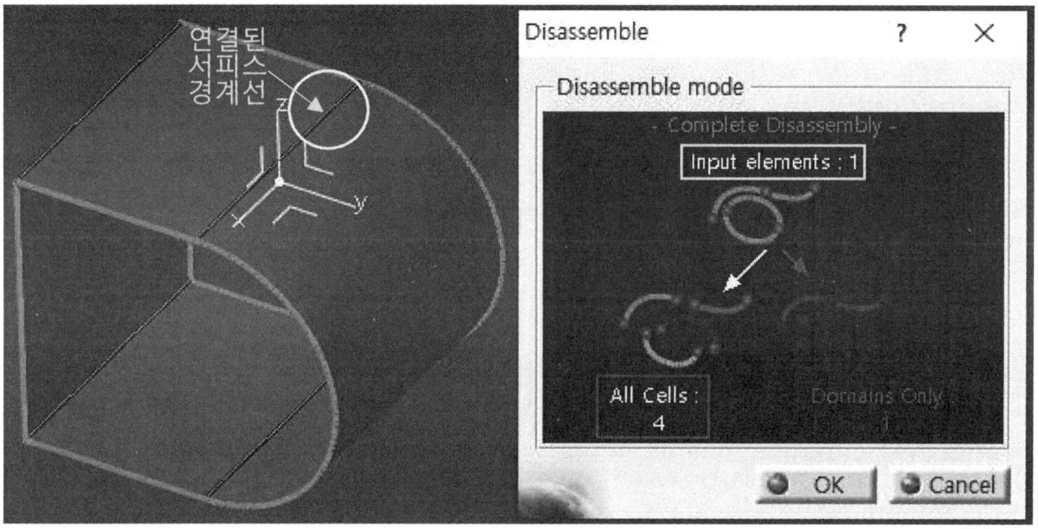

② OK 를 누르면, 선택한 서피스의 경계선을 기준으로 4개로 분리된 새로운 서피스로 Disassemble된다.

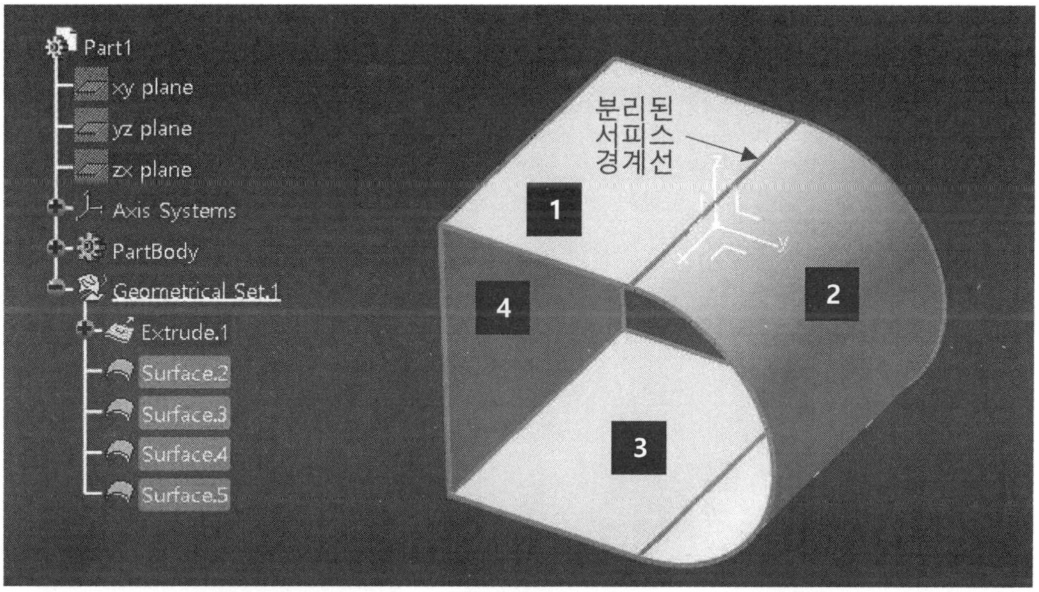

☞TIP: 하나의 서피스(Extrude.1)는 경계선을 기준으로 서로 분리되어 4개의 서피스들(Surface.2, Surface.3, Surface.4, Surface.5)이 새로 생성된다. 와이어프레임에도 적용된다.(커브의 경우 각 마디에서 분리되어 각 각 별도의 요소로 생성된다.)

❑ Trim-Split( )

Trim-Split 툴바는 선택한 서피스(Surface)나 와이어프레임(Wireframe)을 교차부분이나 지정한 위치에서 자르거나(Split,) 잘라 이어붙이는(Trim,) 기능을 가지고 있다.

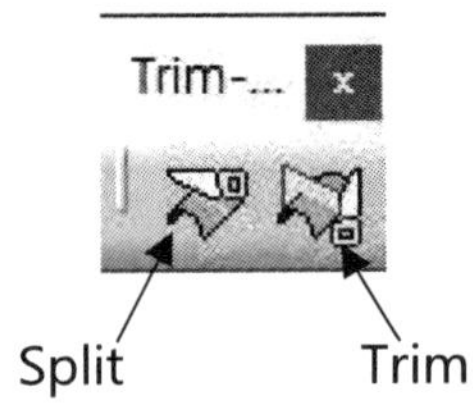

⊠ Split( ): 서피스(Surface) 또는 와이어프레임(Wireframe)을 교차부분이나 임의의 위치에서 자른다.

▶ Split( )명령을 실행하면 Split Definition 대화창이 나타난다.

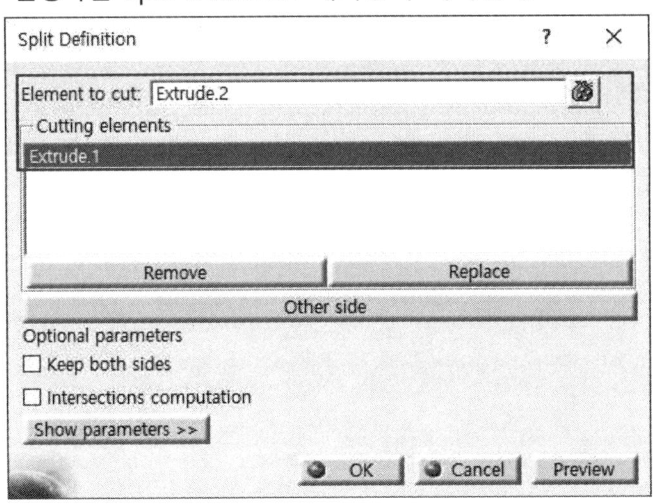

▷ Split명령 적용 예

구 분	Split명령 실행 전	실행결과
Surface-Surface	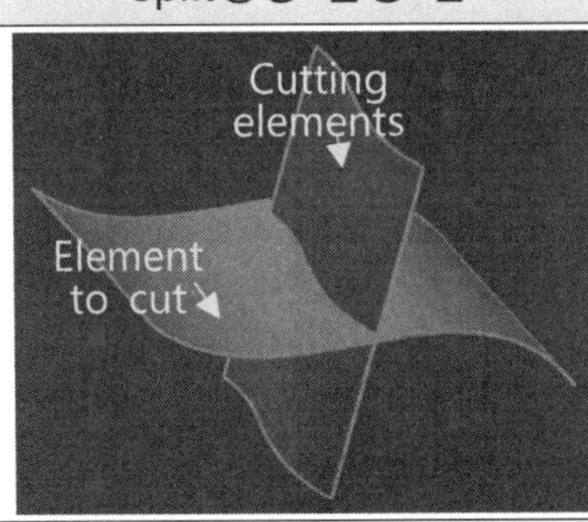	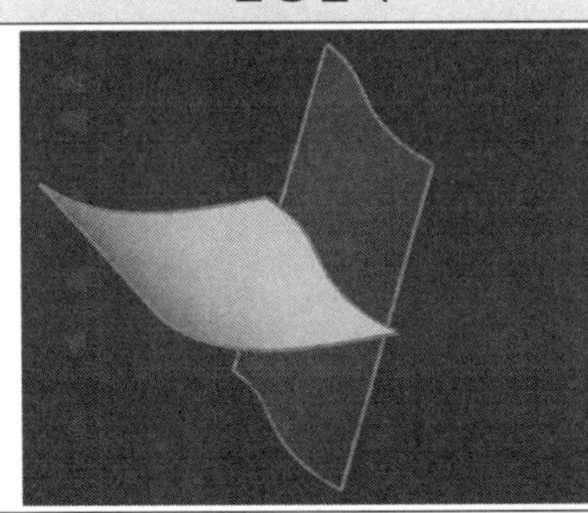

⊠ Split(): 서피스(Surface) 또는 와이어프레임(Wireframe)을 교차부분이나 임의의 위치에서 자른다.

▷ Split명령 적용 예

구 분	Split명령 실행 전	실행결과
Surface-Curve	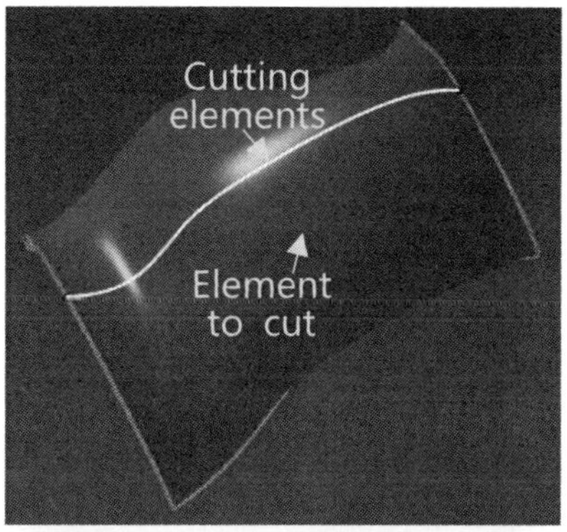	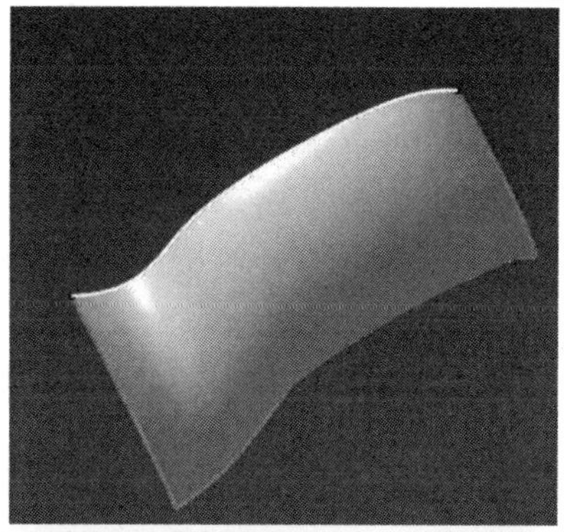
Surface-Plane	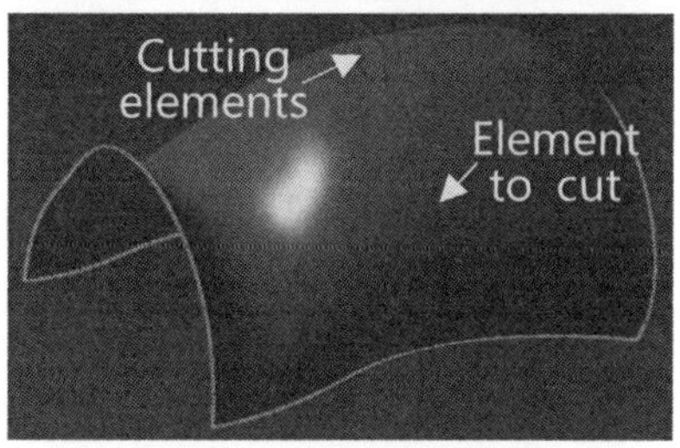	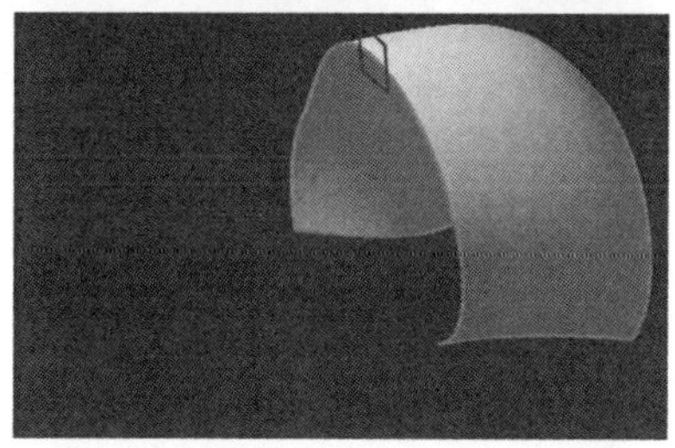
Curve-Curve	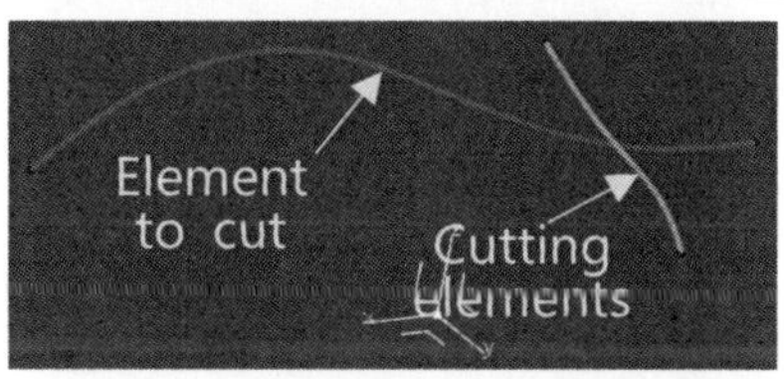	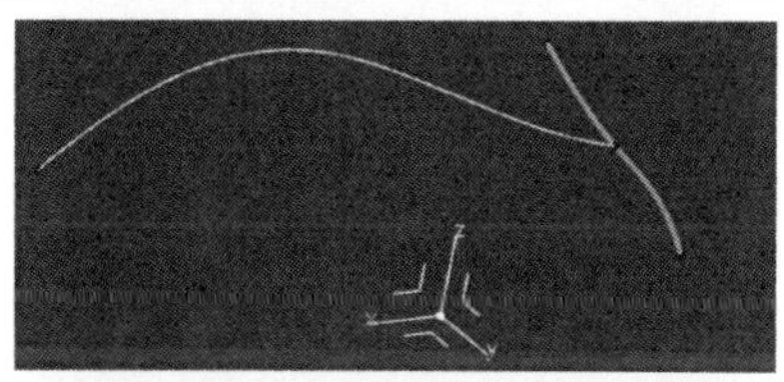
Curve-Point	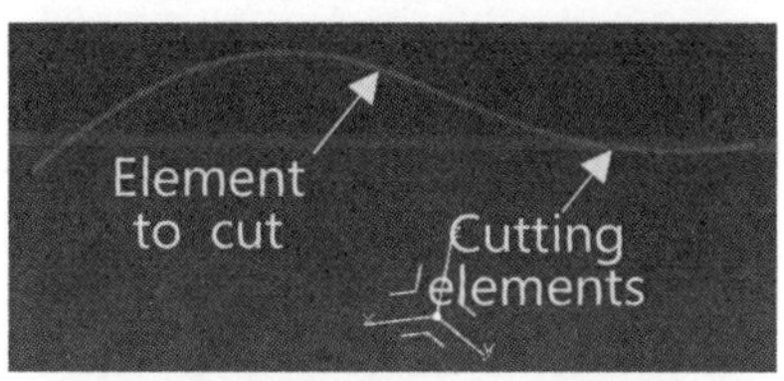	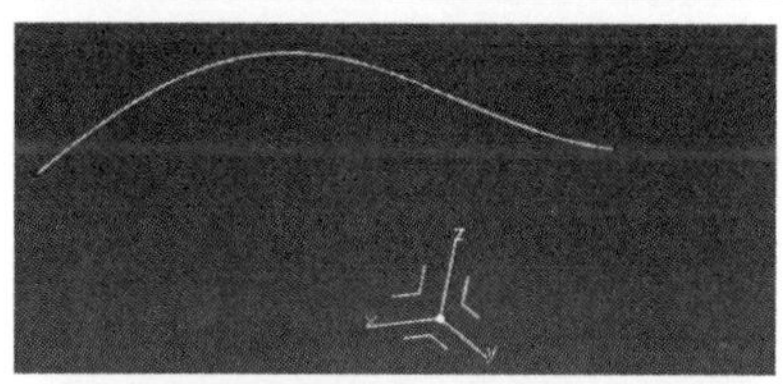
Curve-Plane	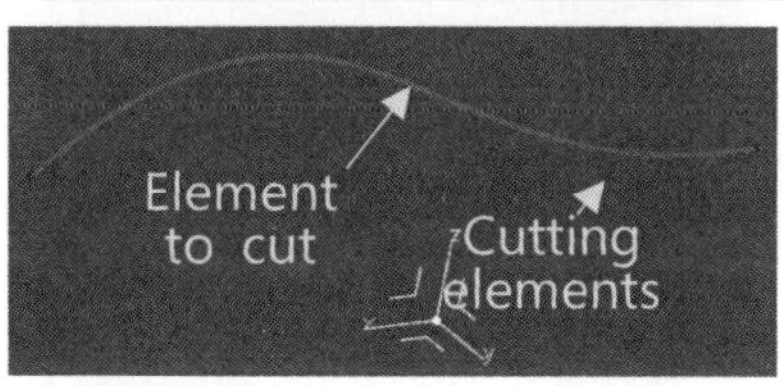	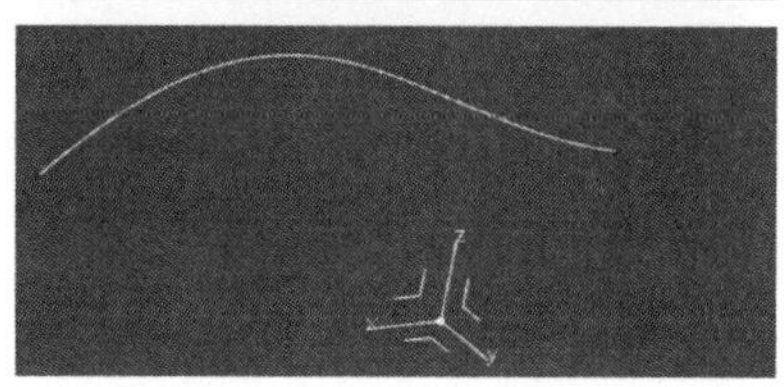

⊠ Trim( ): 서피스(Surface) 또는 와이어프레임(Wireframe)을 교차부분이나 임의의 위치에서 잘라 붙인다.

▶ Trim( )명령은 Split( )명령과 유사하지만 차이점이 있다. Split명령은 요소를 자르지만 Trim명령은 두 요소를 자른 후 이어 붙인다.(Split+Join)

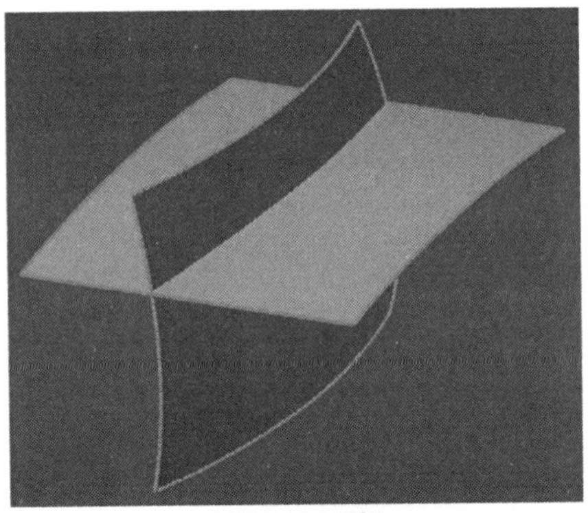

【원본모델】

■ Split( ): 하나의 요소로 다른 요소를 자른다.(경계가 분리됨)

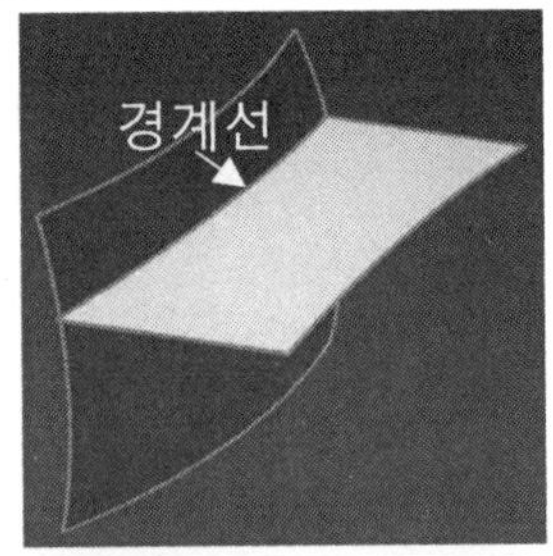

■ Trim( ): 선택한 두 요소를 자르고 이어붙인다.(경계가 이어짐)

▶ Trim( )명령을 실행하면 Trim Definition 대화창이 나타난다.

① Mode: Standard를 선택한다.(Curve의 경우 Mode:Pieces를 선택할 수 있다.)
② 서로 교차된 서피스를 선택한다.(여러 개의 서피스를 선택할 수 있다.)
③ Preview 를 눌러 작업결과를 확인한다. 원하는 결과가 아닌 경우 다른 요소의 조합을 선택하여 원하는 결과를 선택할 수 있다.
④ OK 를 눌러 Trim명령어를 종료한다.

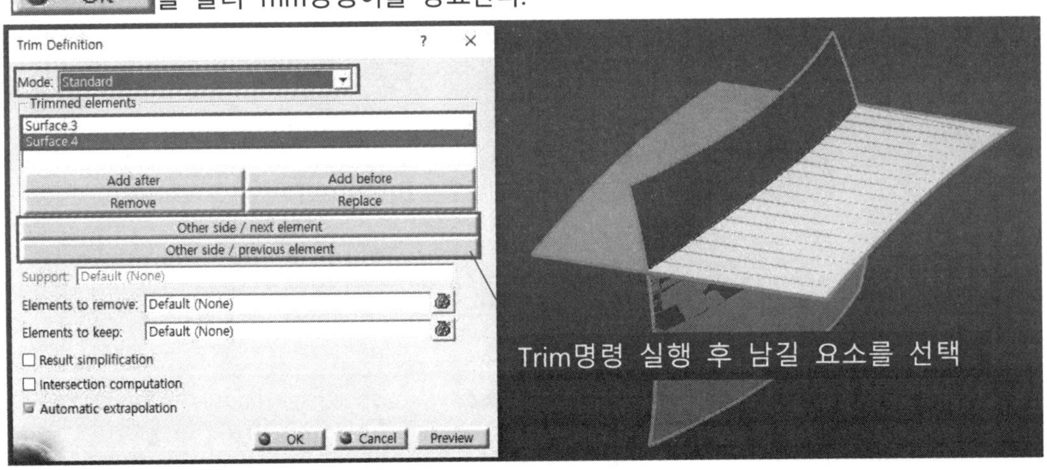

❑ Extracts( )

Extracts 툴바는 서피스모델(Surface model)이나 솔리드모델(Solid model)의 경계를 생성하는 바운더리(Boundary,), 서피스나 솔리드모델로부터 원하는 3차원요소를 추출하는 익스트랙트(Extract,), 여러 개의 3차원요소를 한 번에 추출하는 멀티플 익스트랙트(Multiple Extract,)명령어를 포함하고 있다.

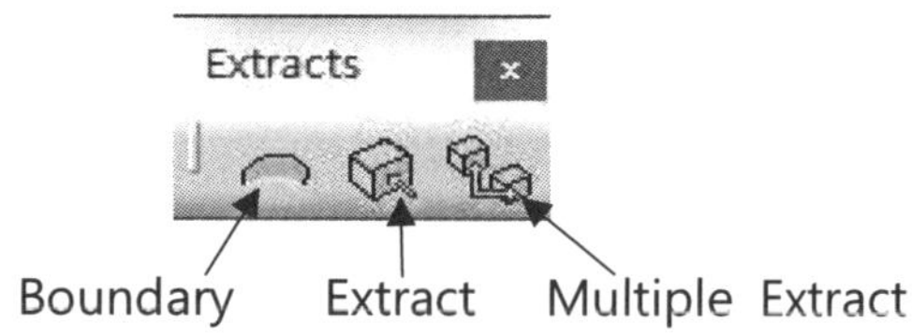

⊠ Boundary( ): 서피스(Surface)나 솔리드(Solid)의 경계선을 추출한다.

▶ Boundary( )명령을 실행하면 Split Definition 대화창이 나타난다.

‣ Propagation type을 선택한다.

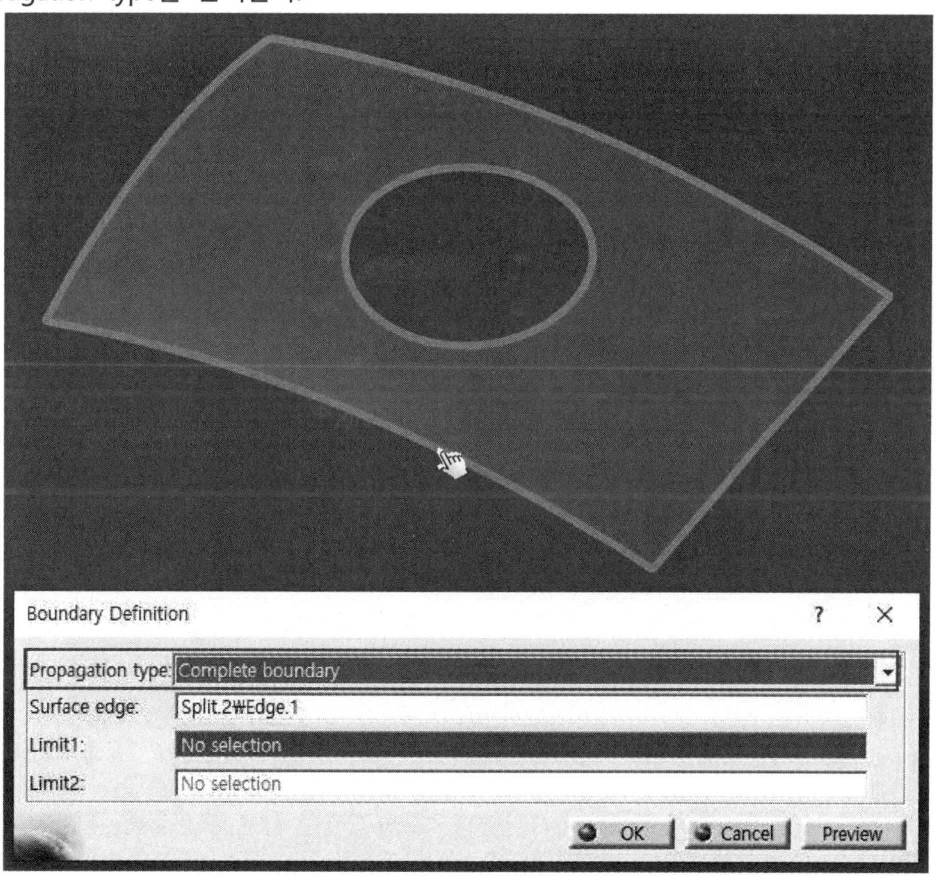

⊠ Boundary( ): 서피스(Surface)나 솔리드(Solid)의 경계선을 추출한다.

▸ Propagation type:

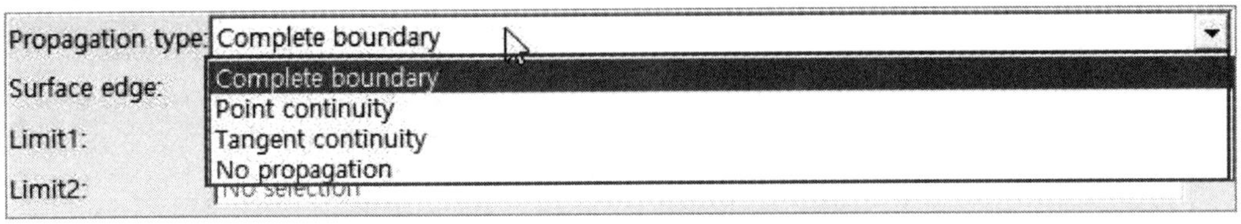

① Complete boundary: 선택한 요소의 모든 모서리가 추출된다.
▹ Multi-Result Management 대화창에서 원하는 경계를 선택한다.

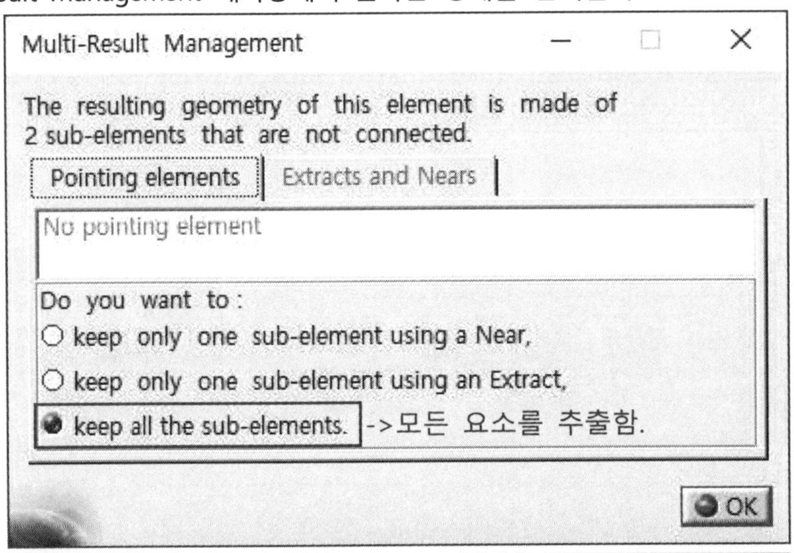

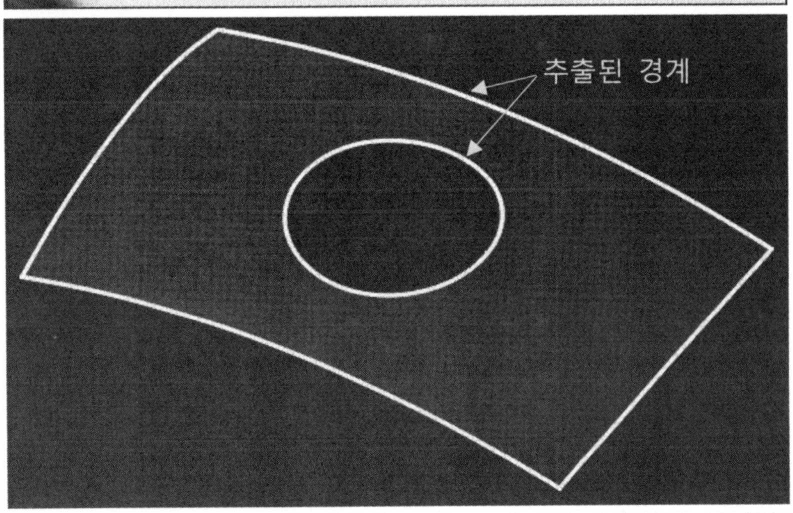

② Point continuity: 선택한 모서리와 연결된 모든 모서리를 추출한다.(연결되지 않은 모서리는 추출되지 않는다.)
③ Tangent continuity: 선택한 요소와 접선방향 구속조건을 갖는 모서리를 추출한다.
④ No propagation: 선택한 모서리만 추출한다.

⊠ Extract( ): 서피스(Surface)나 솔리드(Solid)모델로부터 원하는 3차원 요소를 추출한다.(여러 개의 요소를 동시에 추출할 수 있다.)

▶ Extract( )명령을 실행하면 Extract Definition 대화창이 나타난다.
Extract명령은 Boundary명령에서 모서리만 추출할 수 있는 것과 달리 서피스나 솔리드의 표면(surface), 모서리 또는 경계(curve), 꼭지점(Point) 등 모든 요소를 추출할 수 있다.

▸ Propagation type을 선택한다.

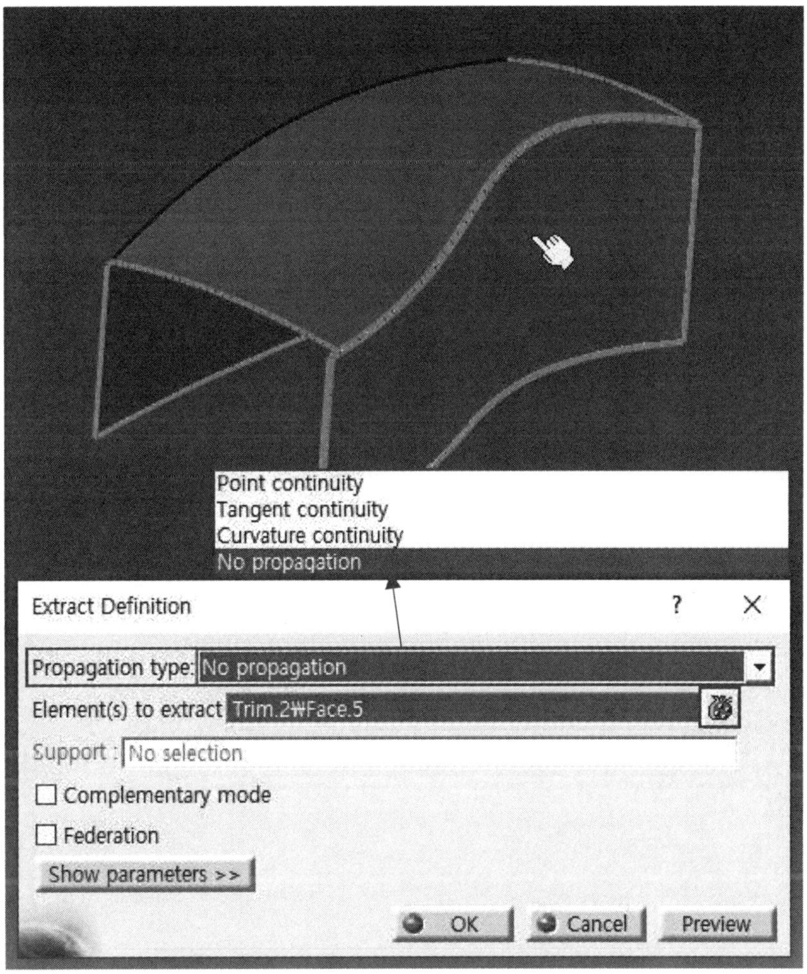

① Point continuity: 선택한 요소와 연결된 모든 요소를 추출한다.
② Tangent continuity: 선택한 요소와 접선방향 연결속성을 가진 모든 요소를 한 번에 추출한다.
③ Curvature continuity: 선택한 요소에 곡률값을 적용하여 요소를 추출한다.
④ No propagation: 선택한 요소만 추출한다.

☞TIP: 를 클릭하면 여러 개의 요소를 동시에 추출하도록 선택할 수 있다.

▷ Extract( )명령으로 생성되는 모든 요소는 서로 분리된 상태로 추출된다.

⊠ Multiple Extract( ): 서피스(Surface)나 솔리드(Solid)모델로부터 원하는 3차원 요소를 추출한다.(여러 개의 요소를 동시에 추출할 수 있다.)

▶ Multiple Extract( )명령을 실행하면 Multiple Extract Definition 대화창이 나타난다.

▸ Propagation type을 선택한다.

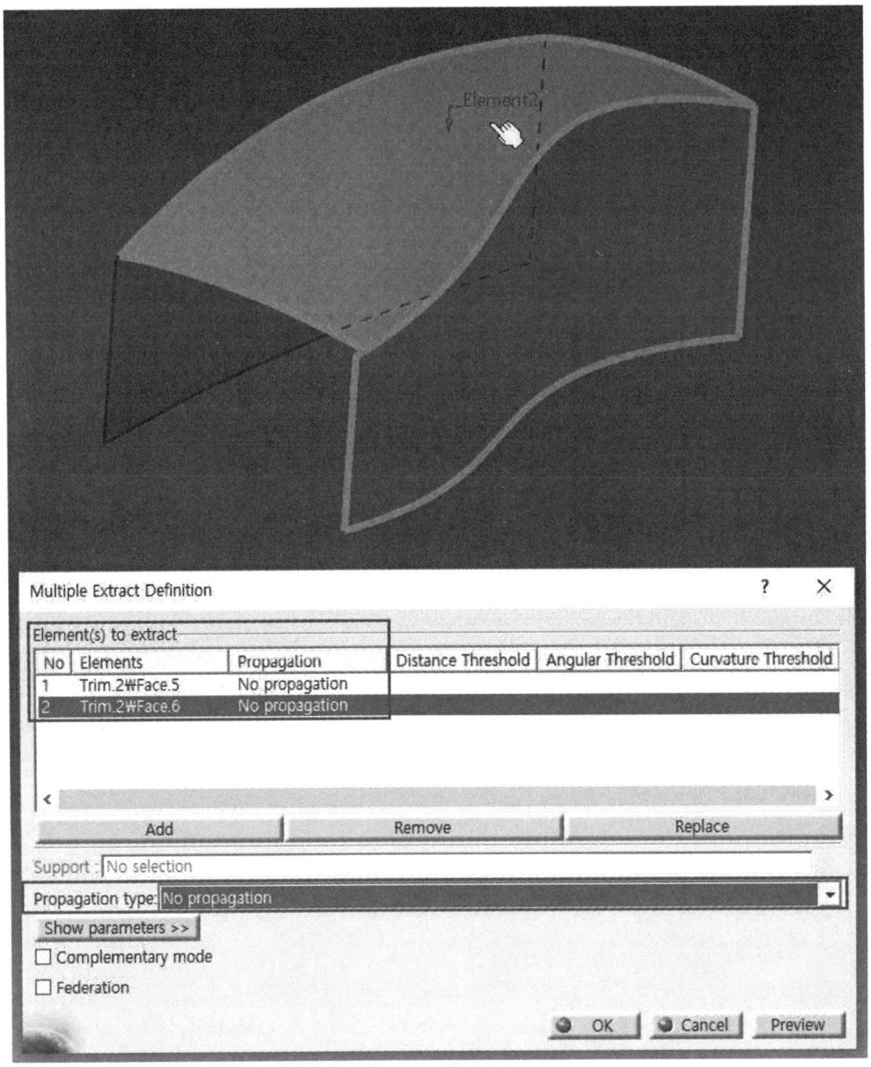

① Point continuity: 선택한 요소와 연결된 모든 요소를 추출한다.

② Tangent continuity: 선택한 요소와 접선방향 연결속성을 가진 모든 요소를 한 번에 추출한다.

③ Curvature continuity: 선택한 요소에 곡률값을 적용하여 요소를 추출한다.

④ No propagation: 선택한 요소만 추출한다.

▶ Multiple Extract( )명령으로 생성되는 모든 요소는 서로 연결된 상태로 추출된다.

⊠ Multiple Extract( ): 서피스(Surface)나 솔리드(Solid)모델로부터 원하는 3차원 요소를 추출한다.(여러 개의 요소를 동시에 추출할 수 있다.)

▶ Extract( )명령과 Multiple Extract( )명령을 적용한 서피스의 모서리 추출 비교

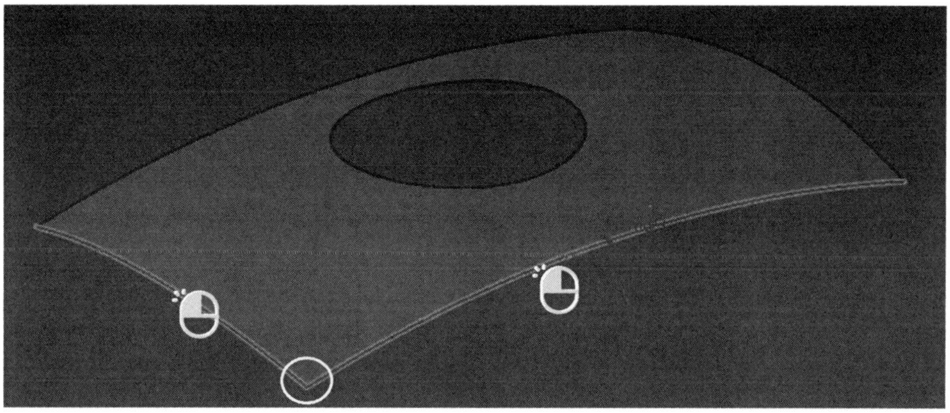

① Extract( )명령의 실행결과: 3차원 요소는 서로 분리된 상태로 추출됨

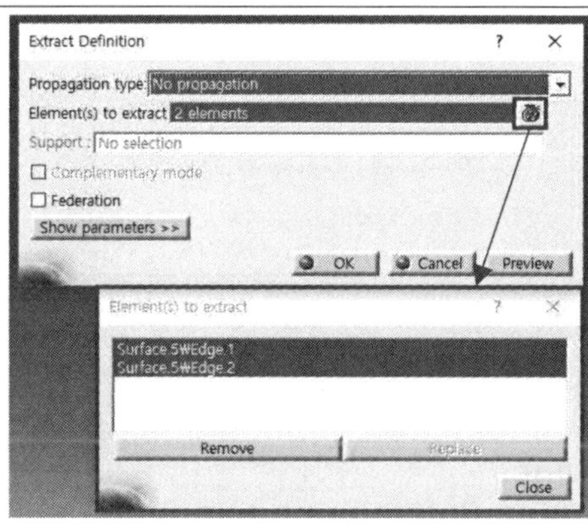

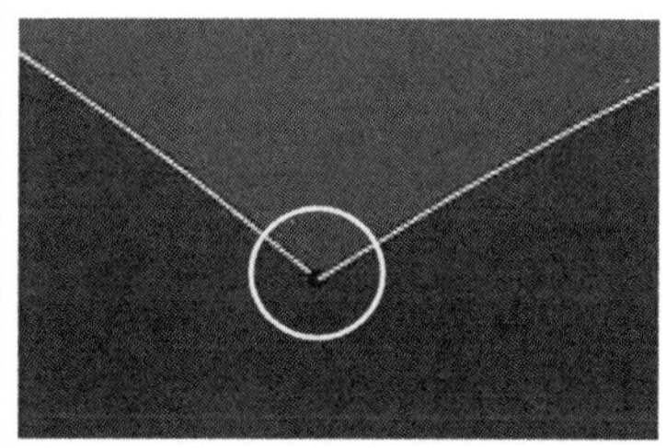

② Multiple Extract( )명령의 실행결과: 3차원 요소는 서로 연결된 상태로 추출됨

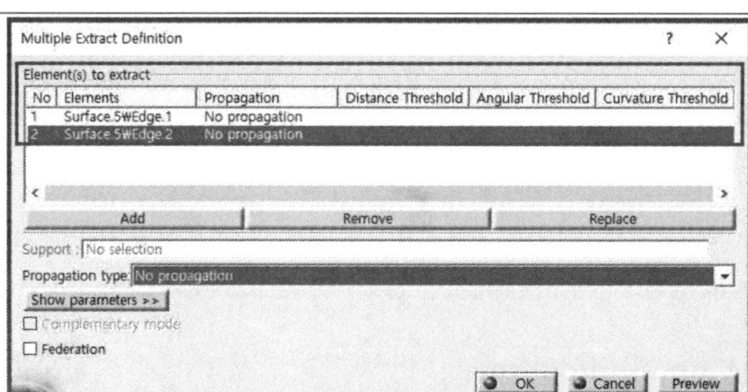

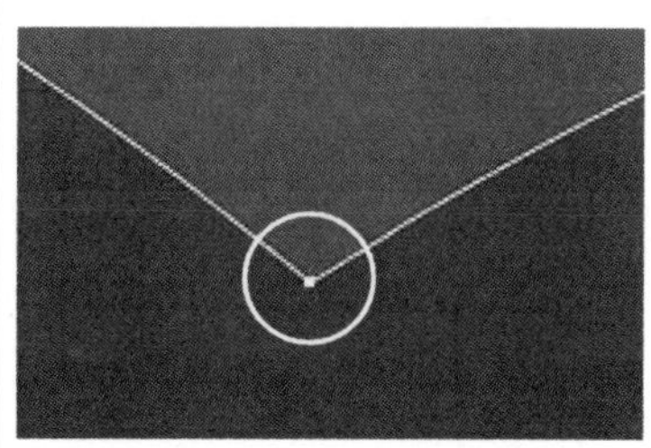

❑ Fillets( )

Fillets 툴바는 파트디자인워크벤치(Part Design Workbench)의 Fillets 툴바와 그 기능이 유사하다. Fillets 툴바는 서피스 모델의 선택된 모서리를 둥글게 처리한다.

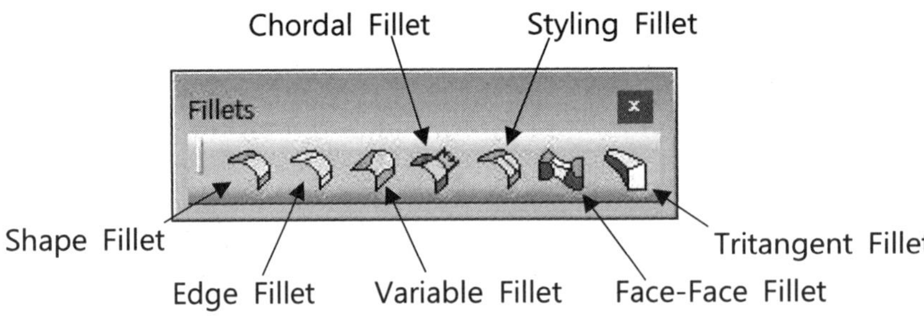

▩ Shape Fillet( ): 서로 교차하고 있는 두 서피스(Surface)의 교차부에 반경을 부여하여 둥근 모서리를 생성한다.

▶ Shape Fillet( )명령어를 실행하기 위해서 선택하는 서피스는 서로 분리되어 있어야 한다.

▶ Shape Fillet( )명령을 실행하면 Fillet Definition 대화창이 나타난다.

① 교차된 두 서피스를 선택한다.

☞TIP: 화살표를 클릭하면 필렛 생성방향을 바꿀 수 있다.

② 필렛 반경(Radius)을 입력한 후 Preview 를 눌러 실행결과를 확인한다.

③ 원하는 위치에 필렛이 생성되면 OK 를 눌러 Fillet명령을 종료한다.

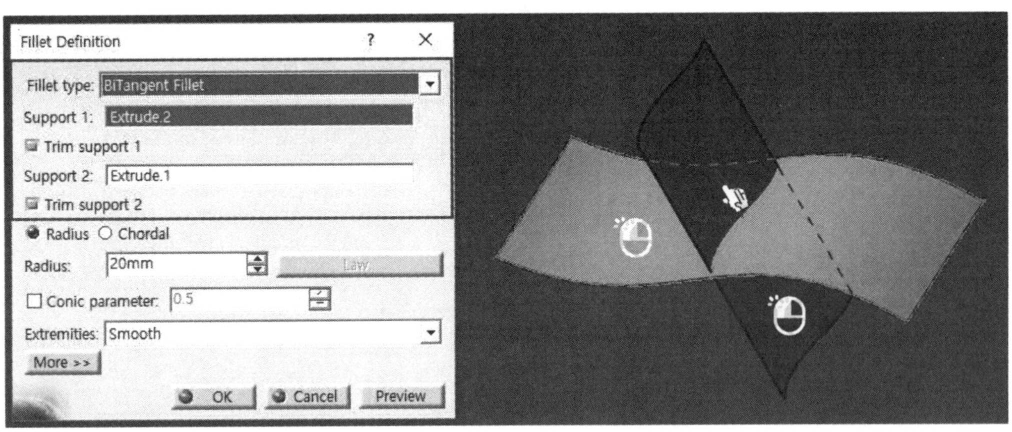

■ Fillet type: 옵션

▸ BiTangent Fillet

두 개의 서피스가 서로 교차할 때 교차부에 주어진 반경으로 필렛을 만든다.

▸ TriTangent Fillet

두 개의 서피스에 필렛이 만들어질 때 그 필렛은 세 번째 선택하는 서피스에 접선구속을 가진다.

⊠ Shape Fillet( ): 서로 교차하고 있는 두 서피스(Surface)의 교차부에 반경을 부여하여 둥근 모서리를 생성한다.

▷ Fillet type: BiTangent Fillet

【화살표의 방향에 따른 필렛의 생성결과】

CASE	화살표의 방향	**실행결과**
1	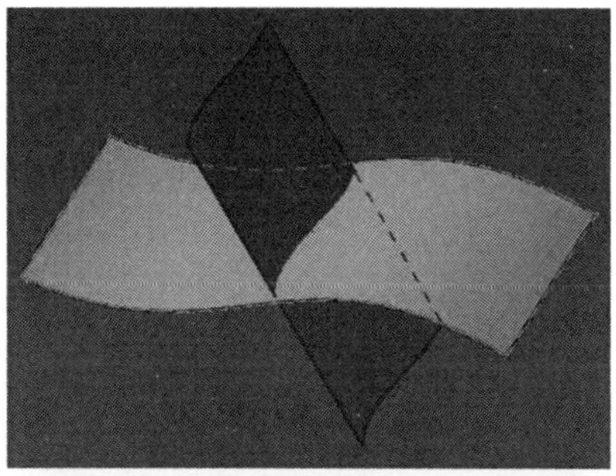	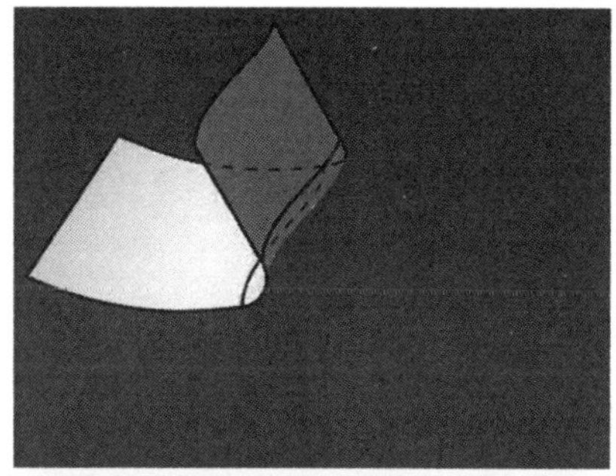
2	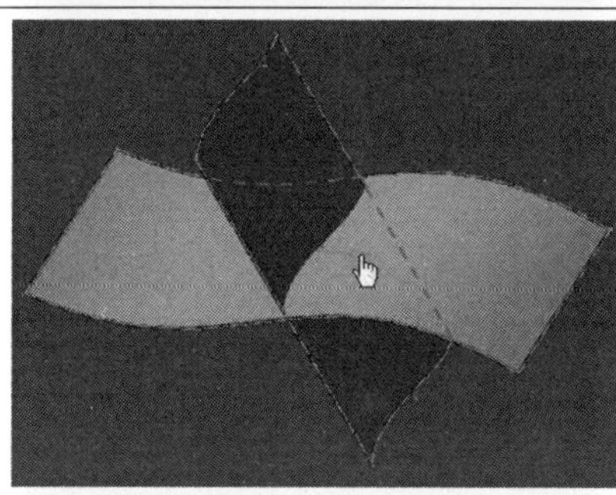	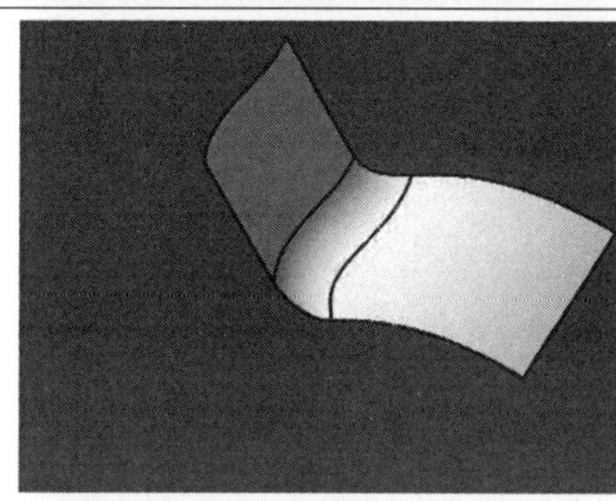
3	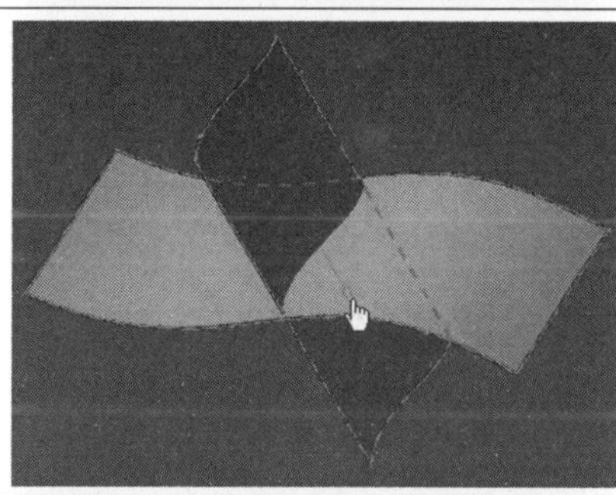	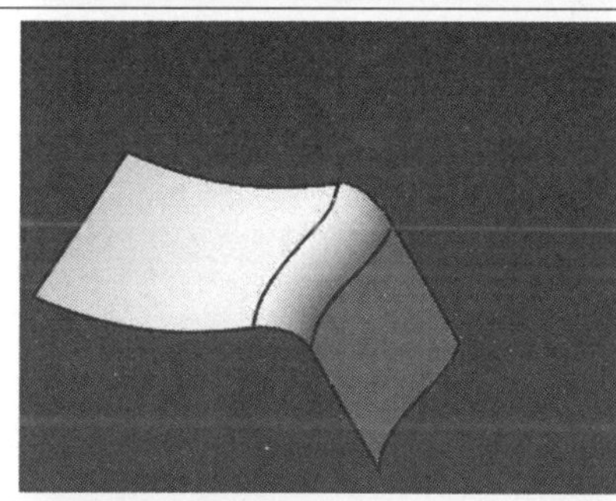
4	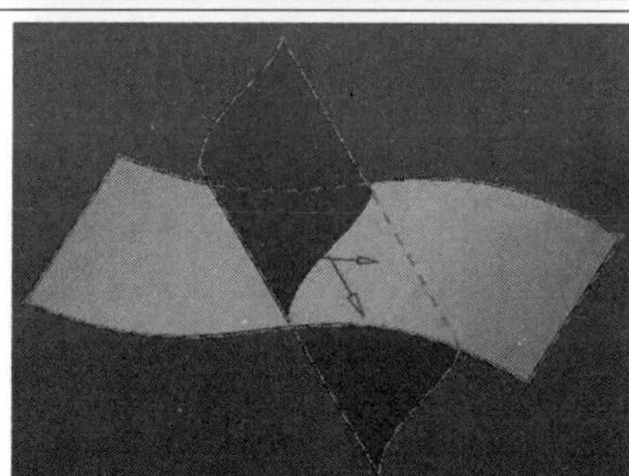	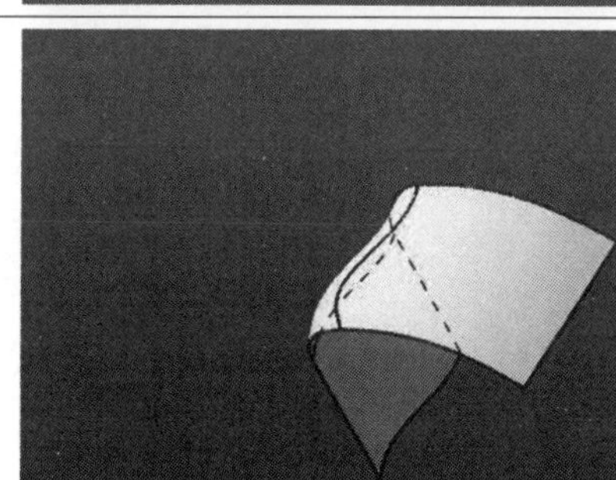

⊠ Shape Fillet(): 서로 교차하고 있는 두 서피스(Surface)의 교차부에 반경을 부여하여 둥근 모서리를 생성한다.

▷Fillet type: TriTangent Fillet

두 개의 서피스(Surface.3, Surface.4)가 필렛으로 연결될 때 필렛 형상은 반경에 의해 정의되는 것이 아닌 세 번째 서피스(Sweep.1)에 접하는 구속을 유지하여 정의된다. 즉 TriTangent Fillet 옵션을 적용하는 경우 BiTangent Fillet 옵션에서 요구하는 필렛 반경이 불필요하다.

- 화살표의 방향으로 필렛이 생성되며 방향을 잘 못 지정하면 필렛을 생성할 수 없으므로 주의해야 한다.
- 방향을 지정하고 모델링을 종료하기 전 Preview 를 눌러 실행결과를 미리 확인해야 한다.

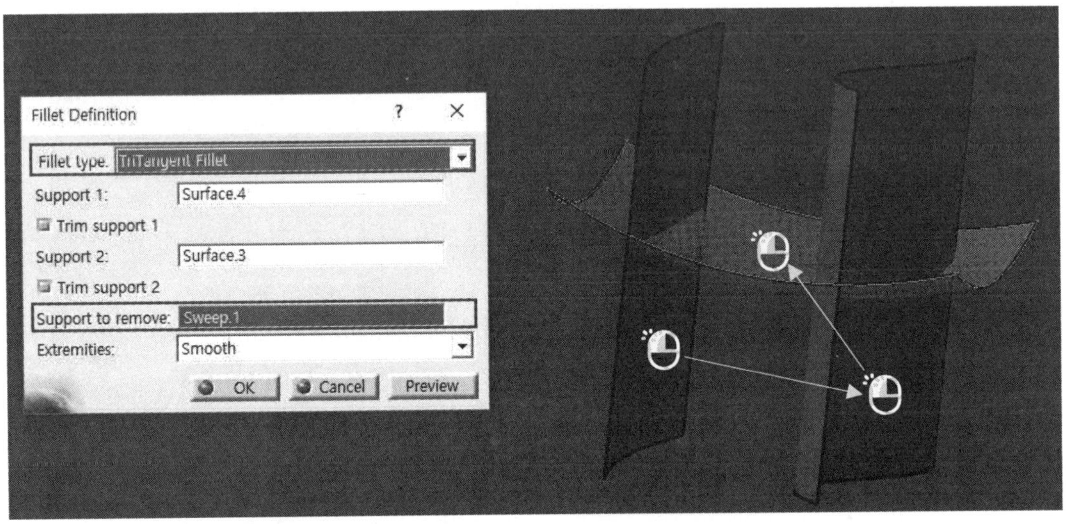

【화살표의 방향에 따른 필렛의 생성결과】

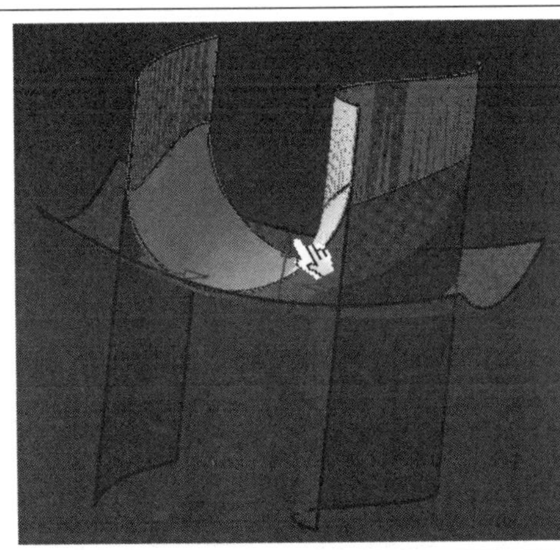

⊠ Edge Fillet(): 경계가 서로 연결된 서피스 면이 이루는 모서리에 필렛을 생성한다.

▶Edge Fillet()명령은 Shape Fillet()명령과 같이 교차한 두 서피스의 모서리에 필렛을 만든다. 단, Shape Fillet명령은 두 개의 서피스가 분리된 상태에서, Edge Filellt 명령은 경계가 서로 연결된 상태에 적용이 가능하므로 실제 적용에서는 차이가 있다.

【Edge Fillet()과 Shape Fillet() 적용 비교】

Edge Fillet()	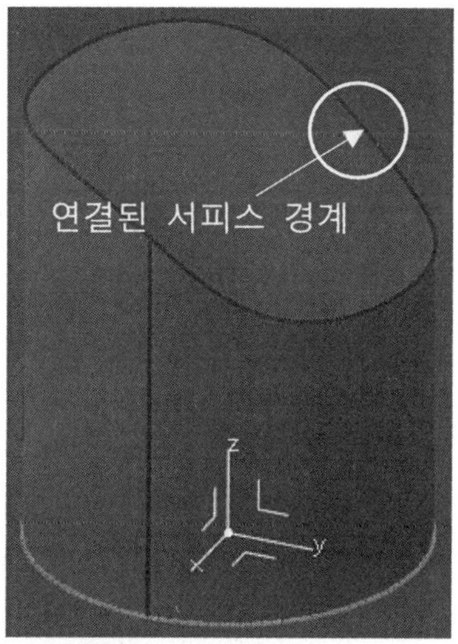	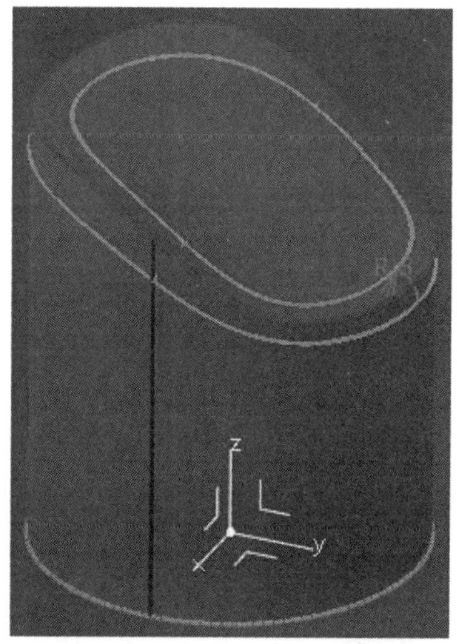
Shape Fillet()	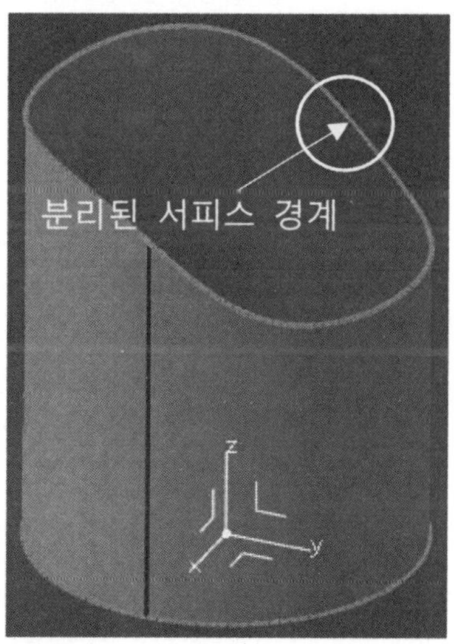	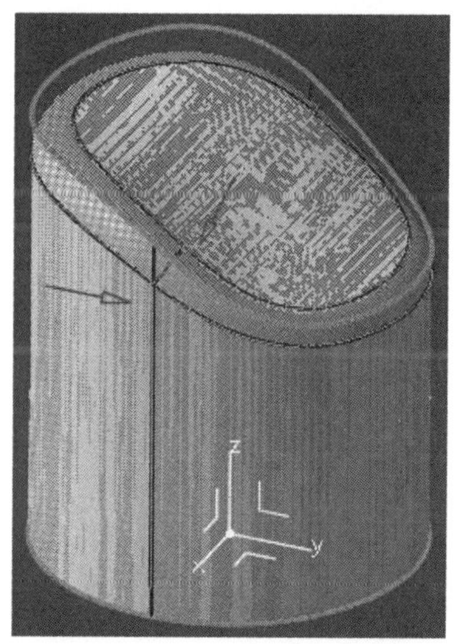

☞TIP: 서로 분리된 두 개의 서피스의 경계에 Edge Fillet을 적용하기 위해서는 Trim () 후 Join() 작업이 필요하다.

▧ Edge Fillet( ): 경계가 서로 연결된 서피스 면이 이루는 모서리에 필렛을 생성한다.

▶ Edge Fillet( )명령을 실행할 때 모서리를 선택하는 방법

▸ 각 각의 모서리를 직접 선택	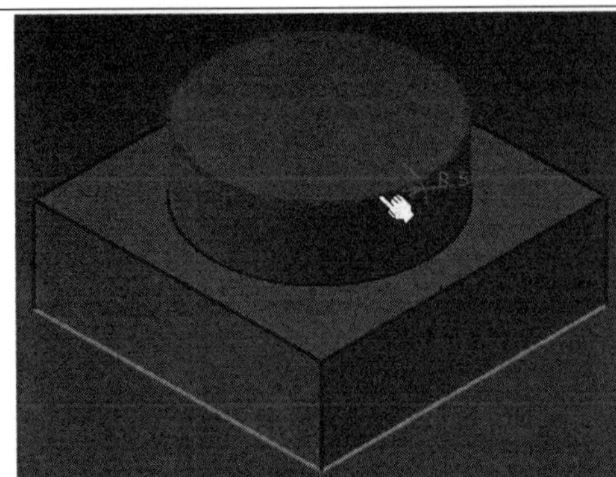
▸ 선택한 서피스에 속하는 모든 모서리를 한 번에 선택	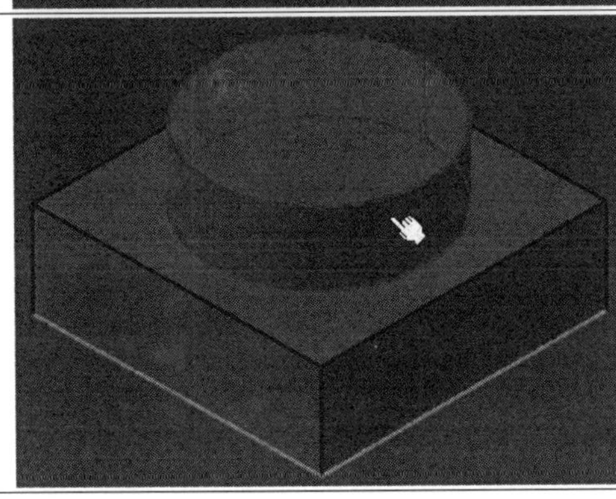

▶ Edge Fillet( )명령을 실행하면 Edge Fillet Definition 대화창이 나타난다.

① 필렛(Fillet)을 만들고자 하는 경계를 선택한다.

② 필렛의 반경을 입력한다.(Radius=5 mm)

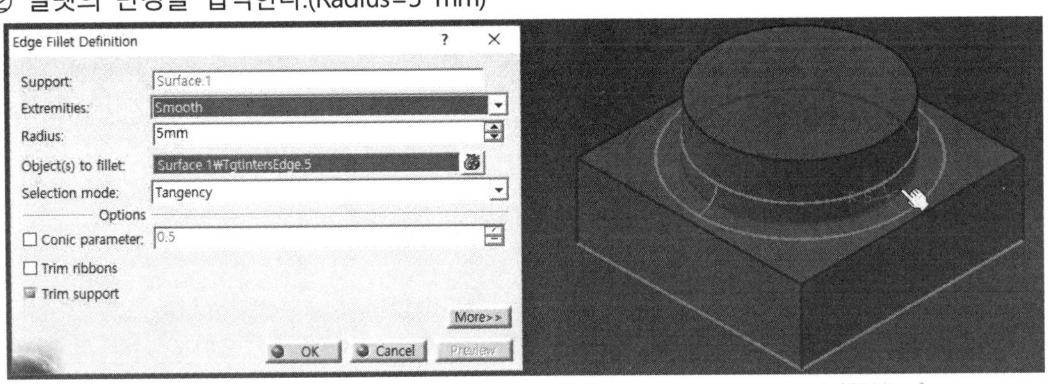

③ Preview 를 눌러 실행결과를 미리 확인하고 오류가 없으면 OK 를 눌러 Edge Fillet명령을 종료한다.

☞TIP: 여러 개의 모서리에 필렛을 만들 때 반경의 크기가 같은 모서리는 동시에 작업한다.

▩ Edge Fillet(): 대화창 옵션

▶ Edge Fillet()명령의 부가옵션

Edge Fillet Definition 대화창에서 More>> 를 클릭하면 대화창이 확대되며 부가옵션을 선택할 수 있다.

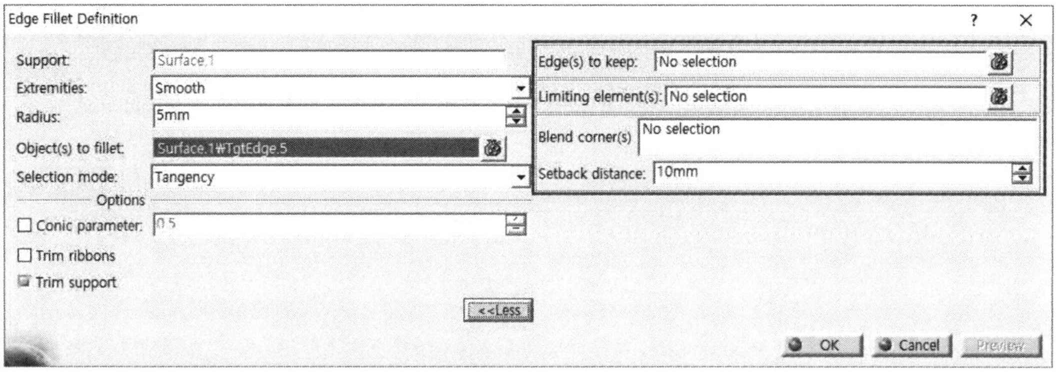

➲ Edge(s) to keep:

생성되는 Fillet이 기존 모델의 모서리부에 변형을 가져올 때 필요에 따라 기존의 모서리부 형상을 유지하도록 보호한다.

① 생성되는 Fillet이 인접한 모서리를 변형시키는 경우(필렛반경: 5 mm)

▹ Edge to Keep: 적용안함

대상 모델	완성된 필렛 형상
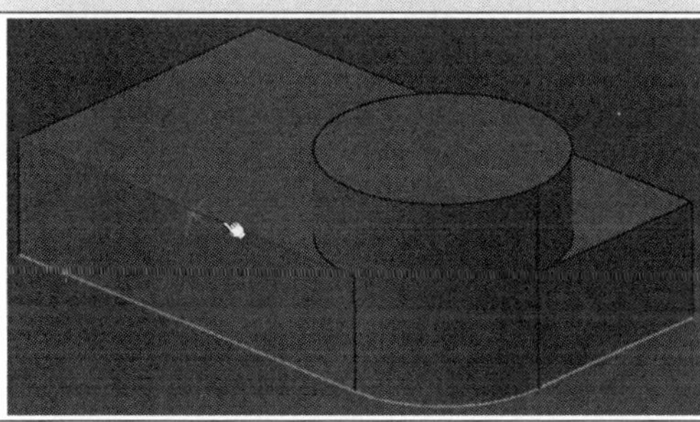	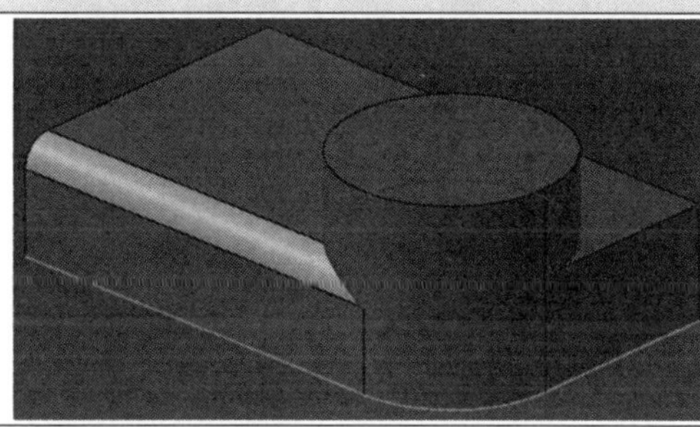

▹ Edge to Keep: 적용함

대상 모델	완성된 필렛 형상
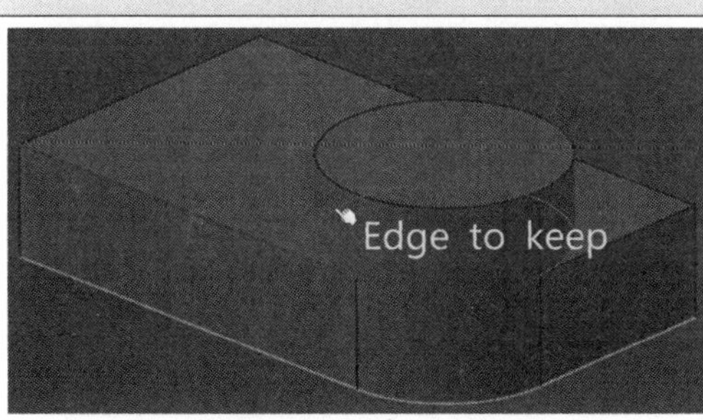	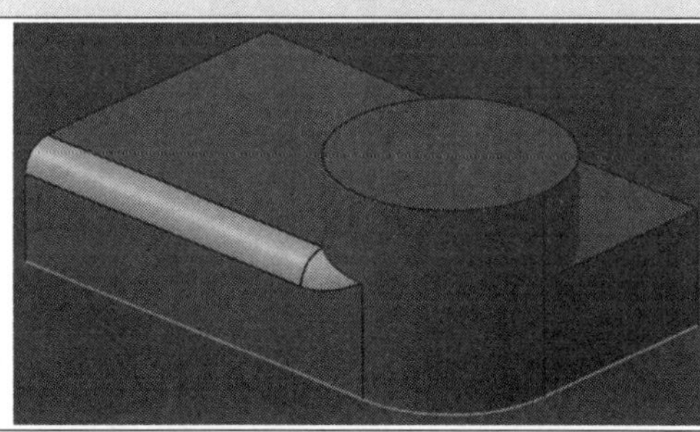

▧ Edge Fillet(): 대화창 옵션

② 생성하려는 Fillet의 크기(R=15 mm)가 남은 공간(폭: 7.5 mm)보다 큰 경우

▹ Edge to Keep: 적용안함

대상 모델	완성된 필렛 형상
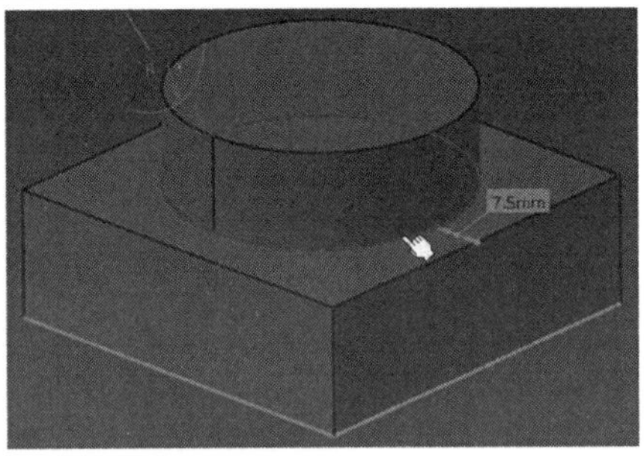	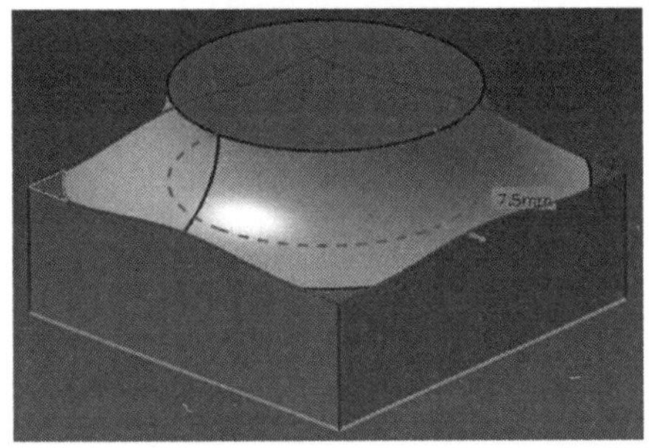

▹ Edge to Keep: 적용함

대상 모델	완성된 필렛 형상
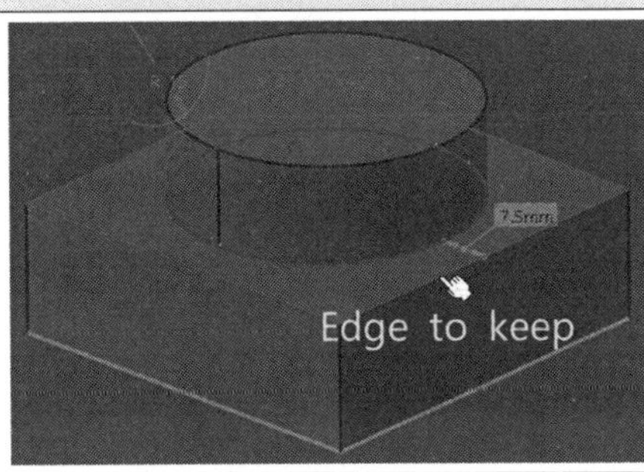	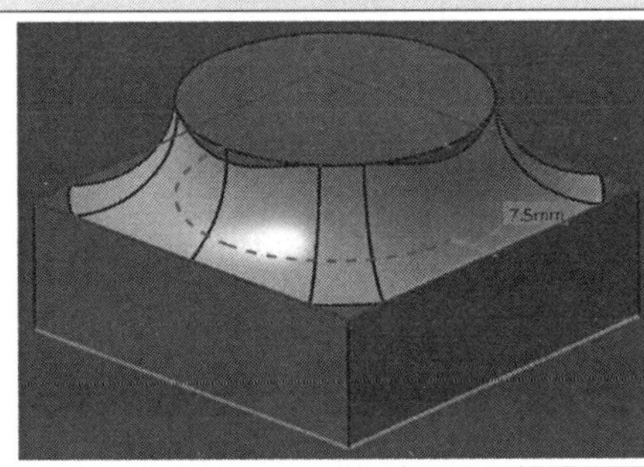

➲ Limiting element(s): 모서리의 일부구간에만 Fillet을 생성한다.

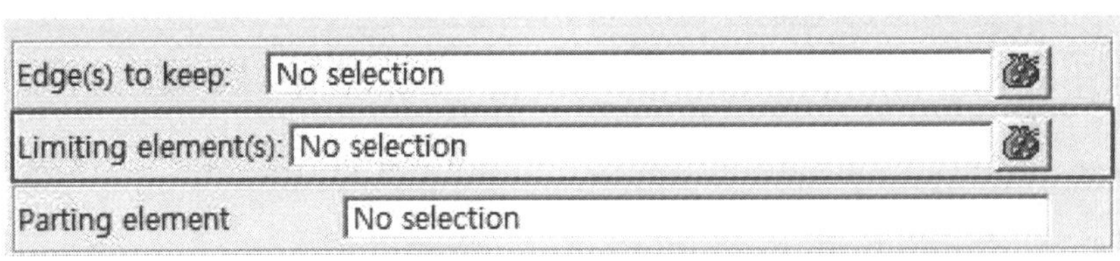

(1) 일반적인 Fillet의 생성예(R=5 mm)

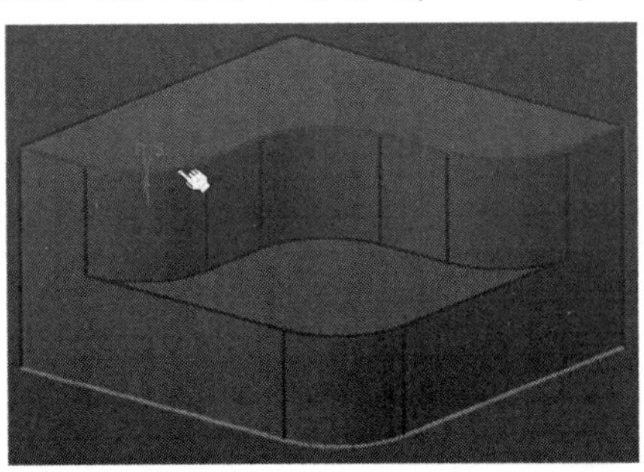

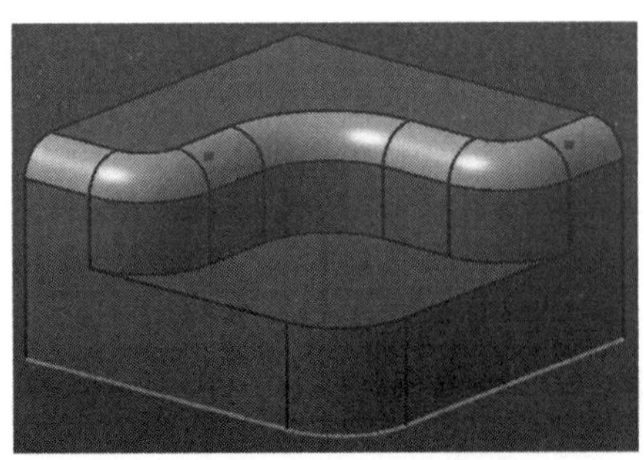

▨ Edge Fillet( ): 대화창 옵션

(2) 일부구간에만 Fillet을 생성하는 경우

▹ Fillet을 생성할 모서리를 선택한다.

▹ 구간을 선택한다. (화살표를 클릭하여 Fillet 생성방향을 변경할 수 있다.)

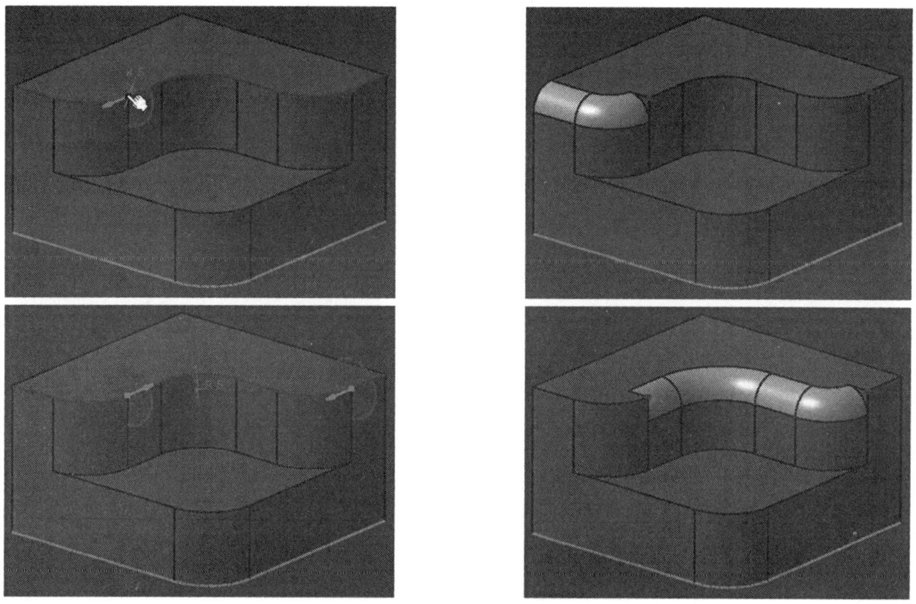

➲ Blend corner(s): 여러 개의 모서리가 만나는 위치에 Fillet을 생성할 때 다소 복잡한 형상의 Fillet을 부드럽게 연결하여 코너부 형상을 만든다.

(1) 복잡한 형상에서 일반적인 Fillet의 생성예(R=5 mm)

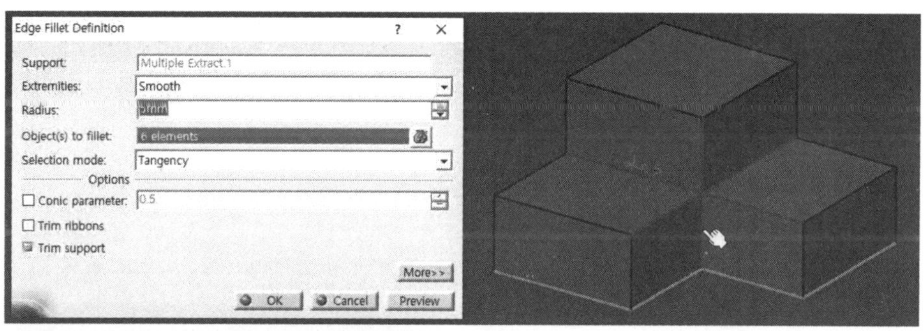

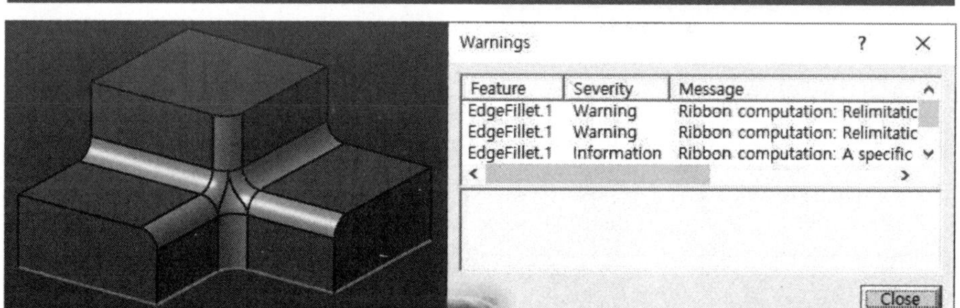

▨ Edge Fillet( ): 대화창 옵션

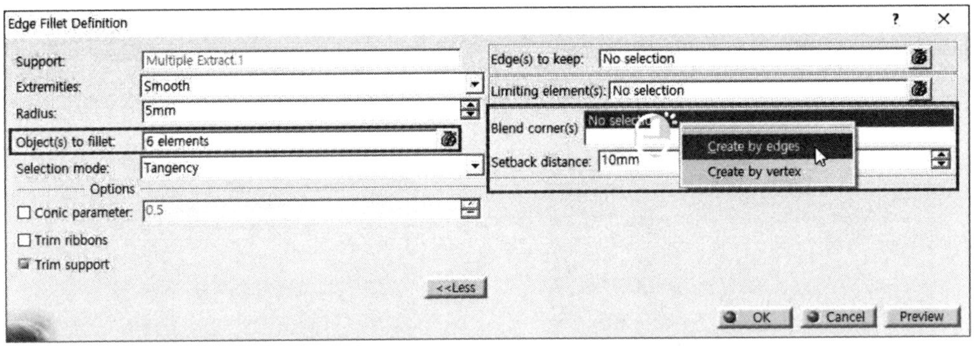

(2) Blend corner(s) 옵션을 적용한 Fillet의 생성

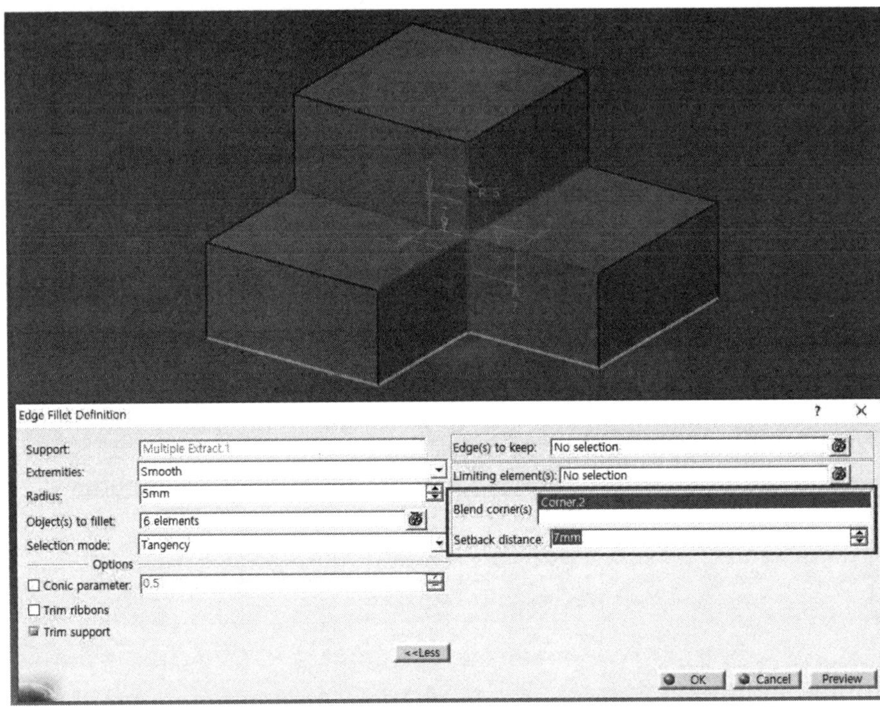

☞Setback distance는 Fillet 반경(R=5 mm)보다 항상 큰 값(예: 7 mm)을 부여한다.

⊠ Variable Fillet( ): 하나의 모서리에 여러 개의 반경을 가진 필렛을 생성한다.

▶ Variable Radius Fillet( )명령의 실행순서는 다음과 같다.

(1) Variable Radius Fillet( )명령을 실행한다.
(2) Variable Radius Fillet Definition 대화창이 나타난다.
(3) Fillet을 생성할 모서리를 선택한다.
(4) Variation Option에서 Points를 선택한다.
(5) Point를 기준으로 Fillet의 반경이 부여된다.(를 클릭하여 여러 개의 포인트를 지정하거나 수정할 수 있다.)

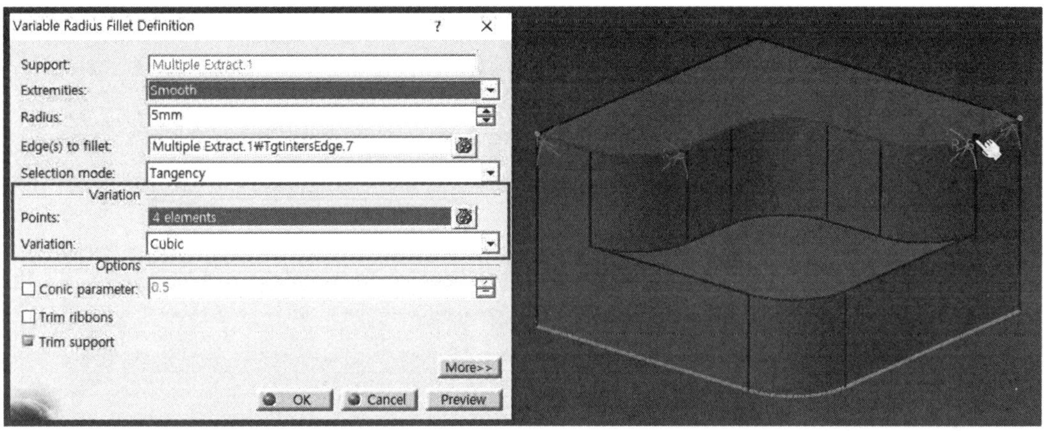

(6) Point를 선택하면 기본적으로 최초 부여한 Fillet반경(R=5 mm)이 부여된다. 이 때 변경하고자 하는 위치에서 마우스를 더블클릭하여 원하는 치수로 변경한다.
(7) R1=5 mm, R2=6 mm, R3=7 mm, R4=8 mm로 점진적으로 증가하는 값을 부여한 후 완성된 모델이다. 하나의 모서리에 여러개의 Fillet반경이 반영되어 Fillet이 생성되었다.

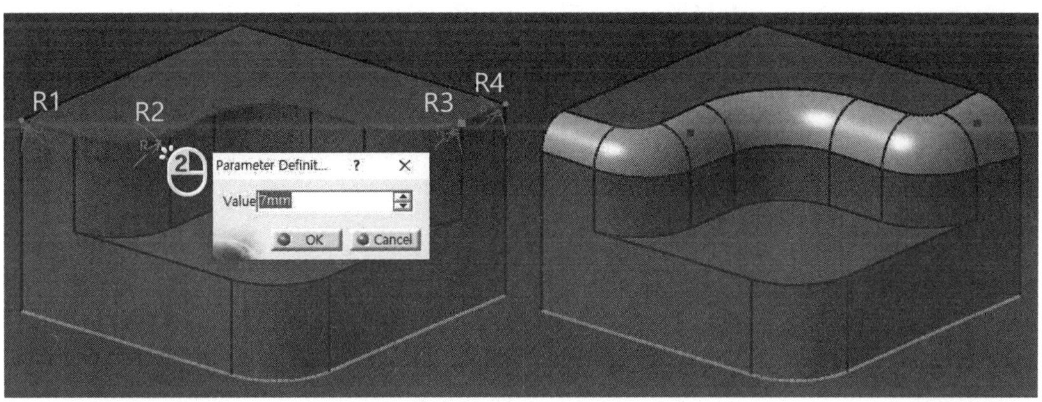

(8) Preview 를 눌러 생성되는 솔리드모델을 확인한 후 이상이 없으면 OK 를 눌러 모델링을 완성한다.

▩ Chordal Fillet( ): Variable Fillet( )과 같이 하나의 모서리에 곡률이 서로 다른 여러 개의 Fillet을 생성한다. 이 때 생성되는 Fillet은 반경이 아닌 양 끝단의 길이에 따른다.

▶ Chordal Fillet( )명령은 Variable Radius Fillet( )명령과 실행순서가 같으나 Fillet은 반경에 의해서가 아닌 양끝단의 직선길이에 의해 생성된다.

(1) Chordal Fillet( )명령을 실행한다.
(2) Chordal Fillet Definition 대화창이 나타난다.
(3) Fillet을 생성할 모서리를 선택한다.
(4) Variation Option에서 Points를 선택한다.
(5) Point를 기준으로 Fillet의 Chordal length가 부여된다.(를 클릭하여 여러 개의 포인트를 지정하거나 수정할 수 있다.)

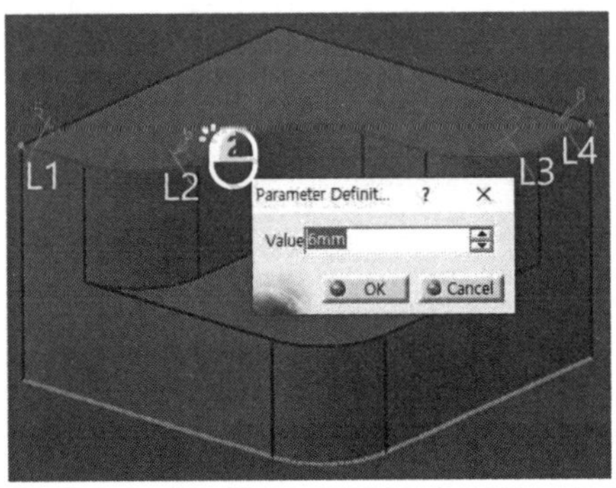

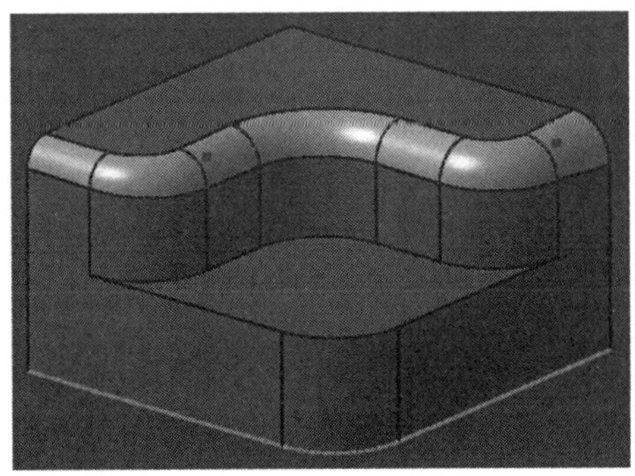

▩ Face-Face Fillet( )

▶ 서로 떨어져 있는 두 개의 면을 연결하는 Fillet을 생성한다.

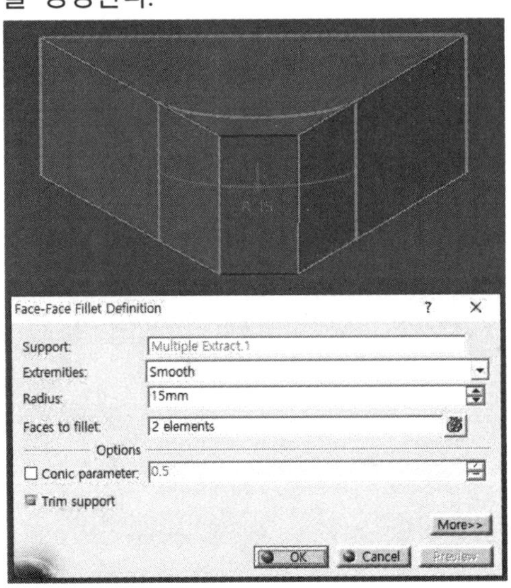

▩ TriTangent Fillet( )

▶ 세개의 면에 접하는 Fillet을 생성한다. (세번째 선택되는 면은 제거된다.)

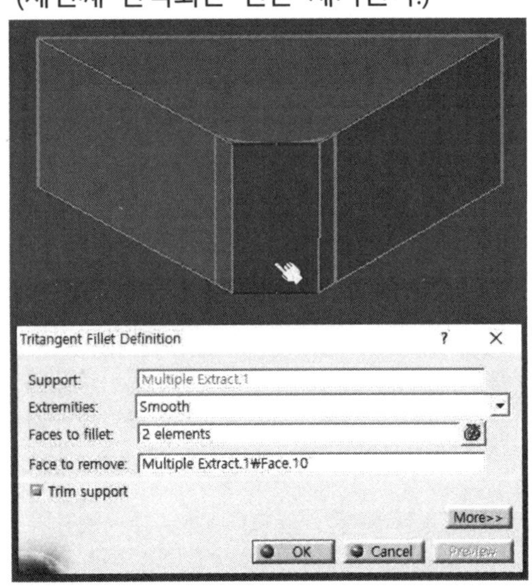

⊠ Styling Fillet( ): 선택한 두 서피스 사이에 Fllet을 생성한다. 다양한 부가옵션을 통하여 다른 Fillet명령에 비해 설계자유도가 높다.

▶ Styling Fillet( )명령은 FreeStyle 워크벤치의 Surface Creation 툴바에 속하는 명령어이며 FreeStyle 워크벤치가 설치되어 있어야 실행가능하다.

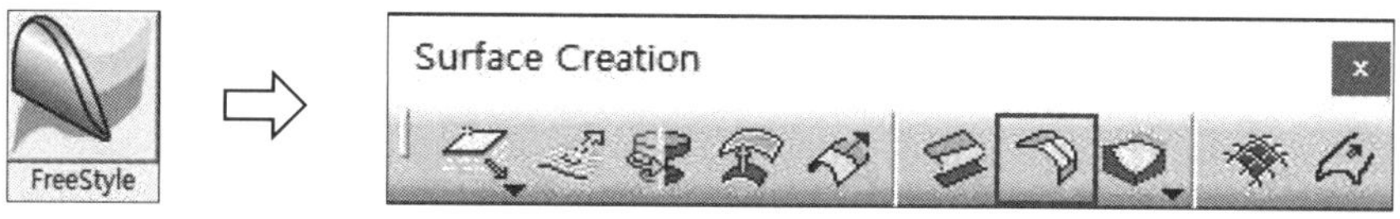

▶ Styling Fillet( )명령을 실행하면 Styling Fillet 대화창이 나타난다.

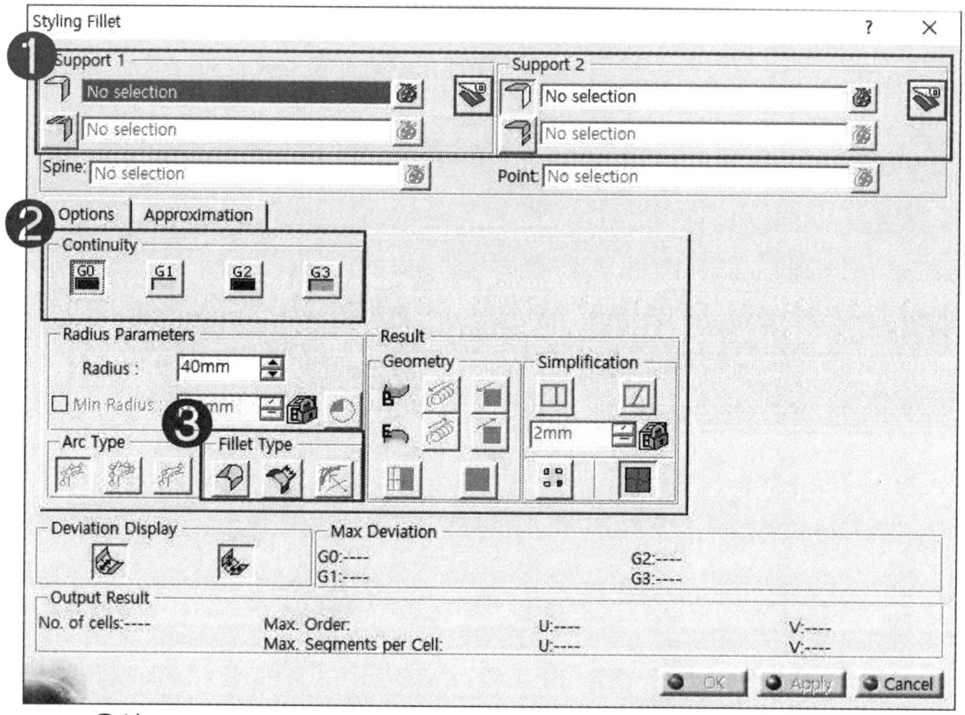

① Support 옵션:

▹ Fillet을 생성할 두 개의 서피스(Support.1, Support.2)를 선택한다.

▹ 선택한 서피스를 Trim할 것인지 여부를 결정한다.(버튼을 활성화하면 선택된 서피스는 Trim되며 연결된 상태로 Fillet을 만든다. 비활성화시 선택된 서피스는 Trim되지 않으며 Fillet은 분리된 상태로 생성된다.)

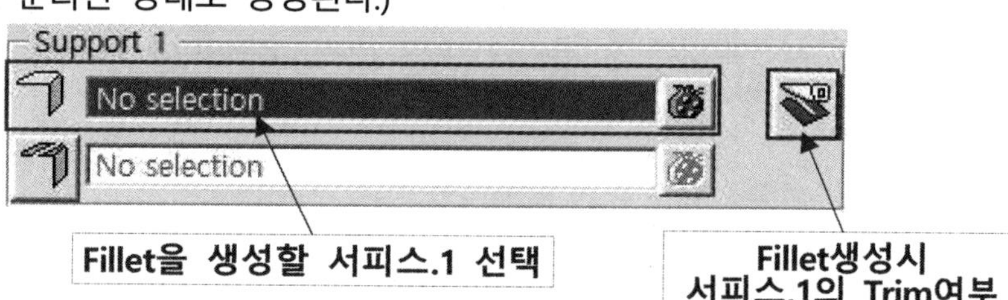

▩ Styling Fillet( ): 선택한 두 서피스 사이에 Fllet을 생성한다. 다양한 부가옵션을 통하여 다른 Fillet명령에 비해 설계자유도가 높다.

② Continuity 옵션:

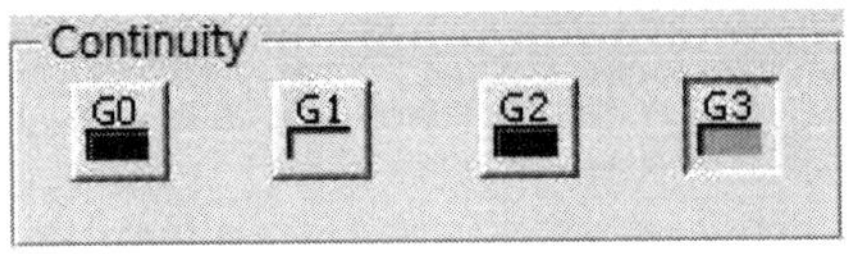

▸ G0( ): 끝단의 최단 직선거리를 이용하여 Fillet을 만든다.

▸ G1( ): 두 서피스에 접하는 동시에 주어진 반경(Radius=40mm)을 갖는 Fillet을 만든다.(Arc Type을 선택할 수 있다.)

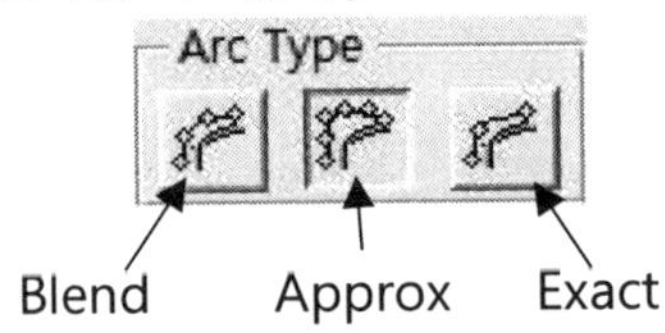

▸ G2( ): 두 서피스에 접하는 속성을 가진 Curve로 Fillet을 만든다. (Circle속성이 아니며 곡률을 부여할 수 있다.)

▸ G3( ): G2옵션과 동일한 속성으로 Fillet을 만든다(G2옵션 대비 곡률이 크다.)

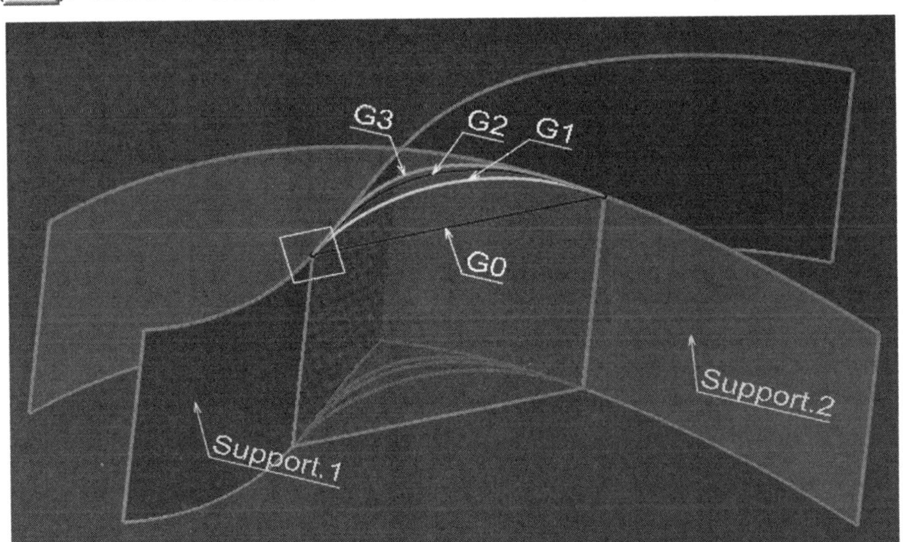

③ Fillet type 옵션: 생성되는 Fillet에 서로 다른 반경 또는 길이를 부여할 수 있다.

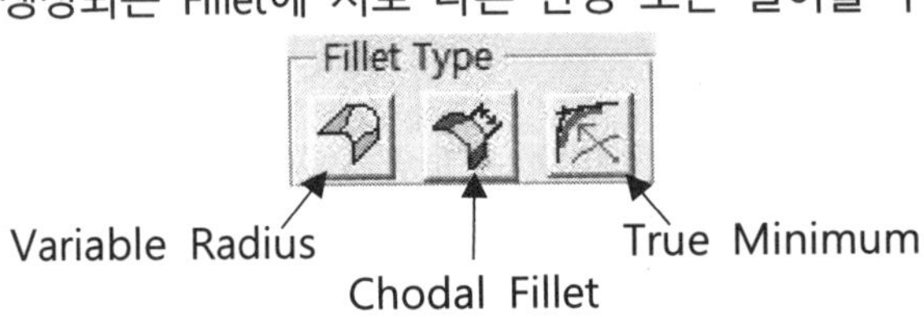

❑ Transformations( )

완성된 서피스모델을 이동/복사, 확대/축소할 수 있다.

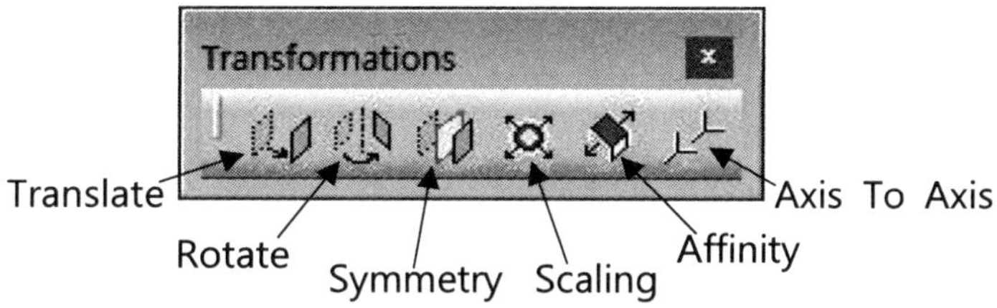

⊠ Translate( ): 서피스(Surface)모델을 지정한 방향으로 평행이동 시킨다.

▶ Translate( )명령의 실행순서는 다음과 같다.

(1) Translate( )명령을 실행하면 Translate Definition 대화창이 나타난다.

▸ 먼저 Vector Definition 옵션을 선택한다.

① Vector Definition: Direction, distance
방향(Direction: Z방향)과 거리(Distance: 100 mm)를 지정하여 서피스(Surface)를 평행이동 시킨다.

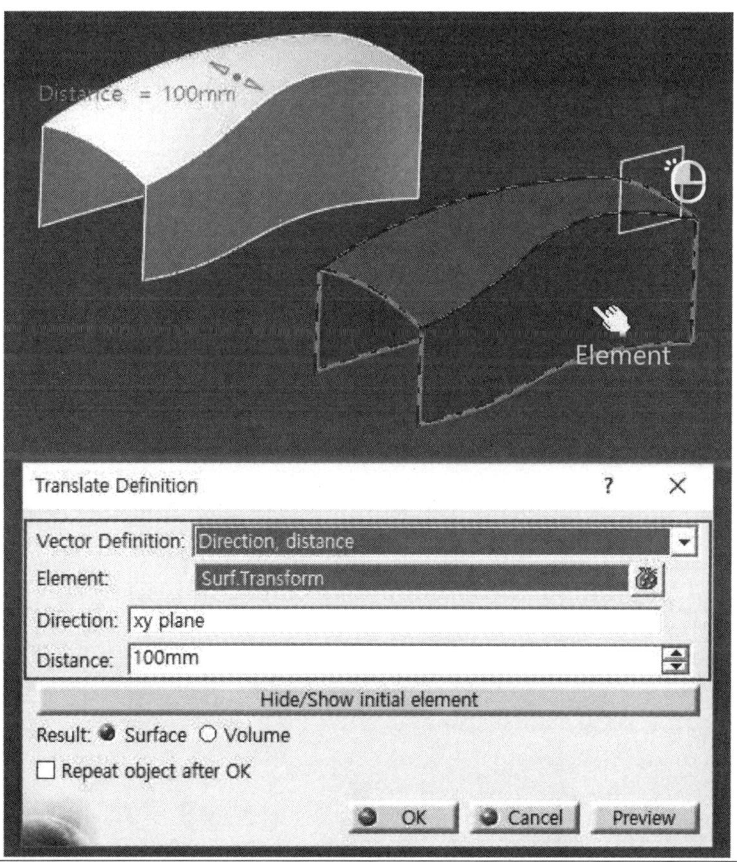

⊠ Translate( ): 서피스(Surface)모델을 지정한 방향으로 평행이동 시킨다.

② Vector Definition: Point to point
시작점(Start point)으로부터 끝점(End point) 방향으로 서피스(Surface)를 평행이동 시킨다.

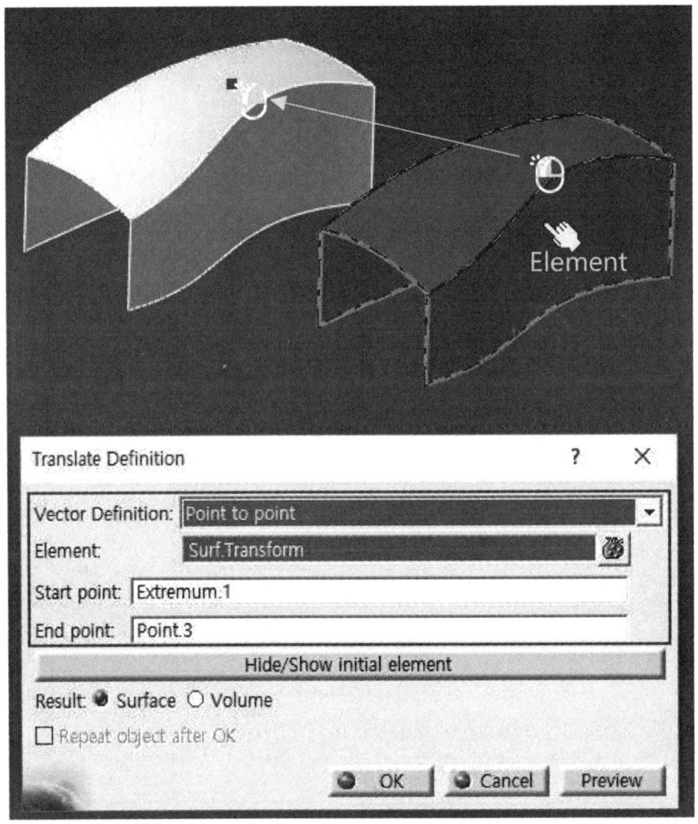

③ Vector Definition: Coordinates
원점(x=0,y=0,z=0)으로부터 좌표지점으로 서피스를 평행이동 시킨다.

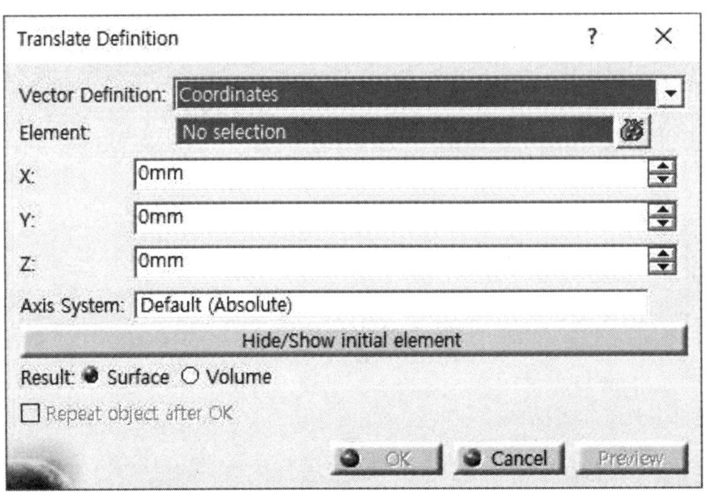

⊠ Rotate( ): 서피스모델을 선택한 중심축을 기준으로 지정하는 각도만큼 회전이동 시킨다.

▶ Rotate( )명령의 실행순서는 다음과 같다.

① Rotate( )명령을 실행하면 Rotate Definition 대화창이 나타난다.
② 회전이동 옵션을 선택한다.
 ▹ Definition Mode: Axis-Angle
 회전축과 회전각도로 서피스(Surface)모델을 회전이동 시킨다.
③ 회전시킬 서피스를 선택한다.(Element:)
④ 회전의 중심축(Axis)을 선택한다.
⑤ 회전시키고자 하는 각도(Angle:)을 입력한다.
⑥ Preview 를 눌러 명령어 실행결과를 미리 확인한 후 오류가 없으면 OK 를 눌러 명령어를 종료한다.

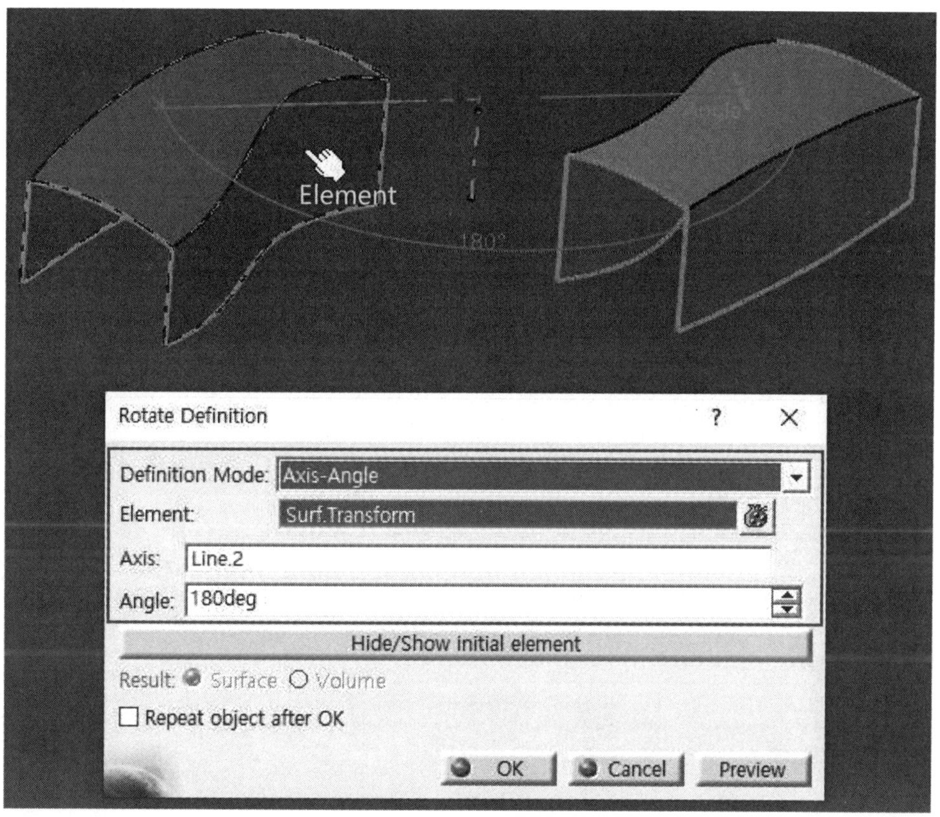

☞TIP: Hide/Show initial element 를 클릭하면 원본 서피스모델을 숨길 수 있다.(화면에는 회전 이동한 서피스만 남겨진다.)

☞TIP: Definition Mode:
 ▹ Axis-Two Elements: 지정한 중심축과 두 점을 기준으로 회전이동한다.
 ▹ Three Points: 세 점을 기준으로 회전이동한다.(중심축은 불필요하다.)

⊠ Symmetry( ): 서피스모델을 임의의 기준면에 대해 대칭이동시킨다.

▶ Symmetry( )명령의 실행순서는 다음과 같다.

① Symmetry( )명령을 실행하면 Symmetry Definition 대화창이 나타난다.
② 대칭이동시킬 서피스를 선택한다.(Element:)
③ 대칭기준면(Reference:)을 선택한다.
④ Preview 를 눌러 명령어 실행결과를 미리 확인한 후 오류가 없으면 OK 를 눌러 명령어를 종료한다.

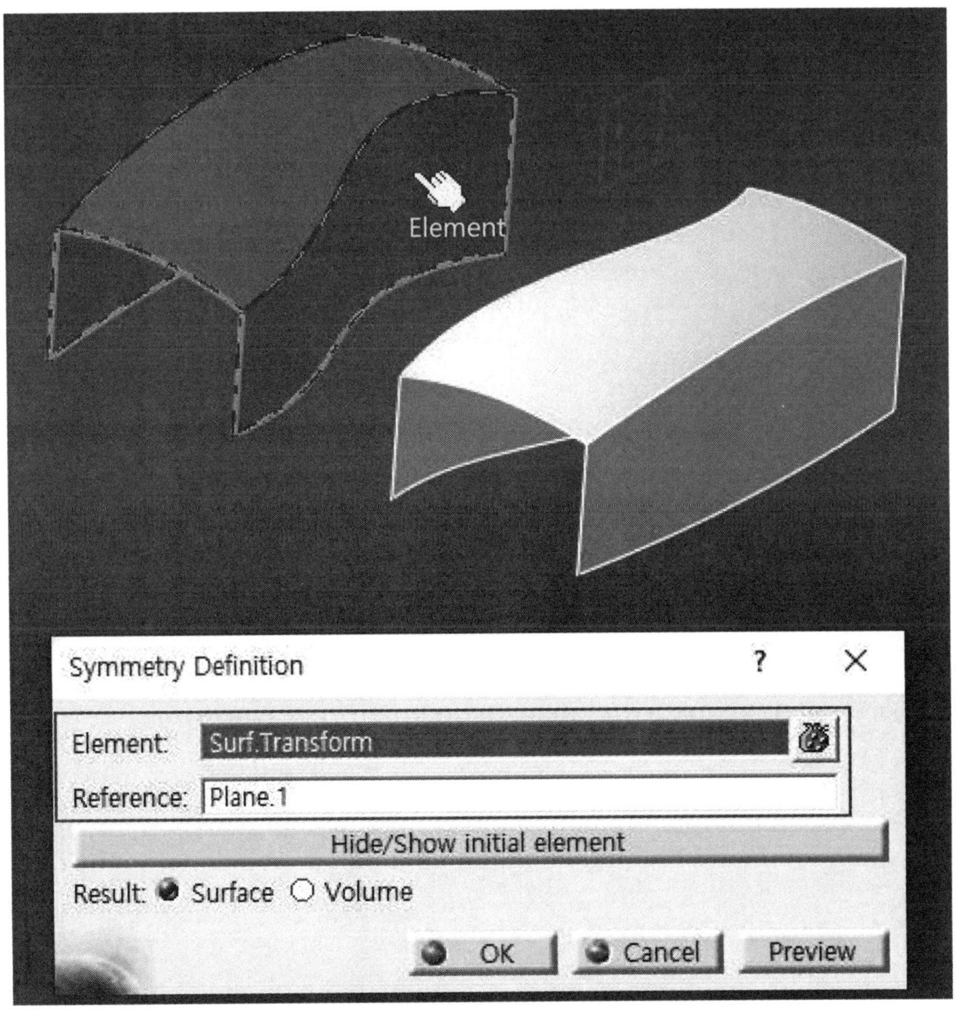

☞TIP: Hide/Show initial element 를 클릭하면 원본 서피스모델을 숨길 수 있다.(화면에는 회전 이동한 서피스만 남겨진다.)

⊠ Scale( ): 점 또는 면을 기준으로 선택한 서피스를 확대/축소한다.

▶ Scale( )명령의 실행순서는 다음과 같다.

① Scale( )명령을 실행하면 Scaling Definition 대화창이 나타난다.
② 확대/축소할 서피스를 선택한다.(Element:)
③ 확대/축소를 적용할 기준요소(Reference)을 선택한다.
기준요소는 점(Point) 또는 면(Plane) 중 하나를 선택할 수 있다.
④ 확대/축소 배율(Ratio=0.8 →1보다 작은 값이므로 축소임)을 입력한다.

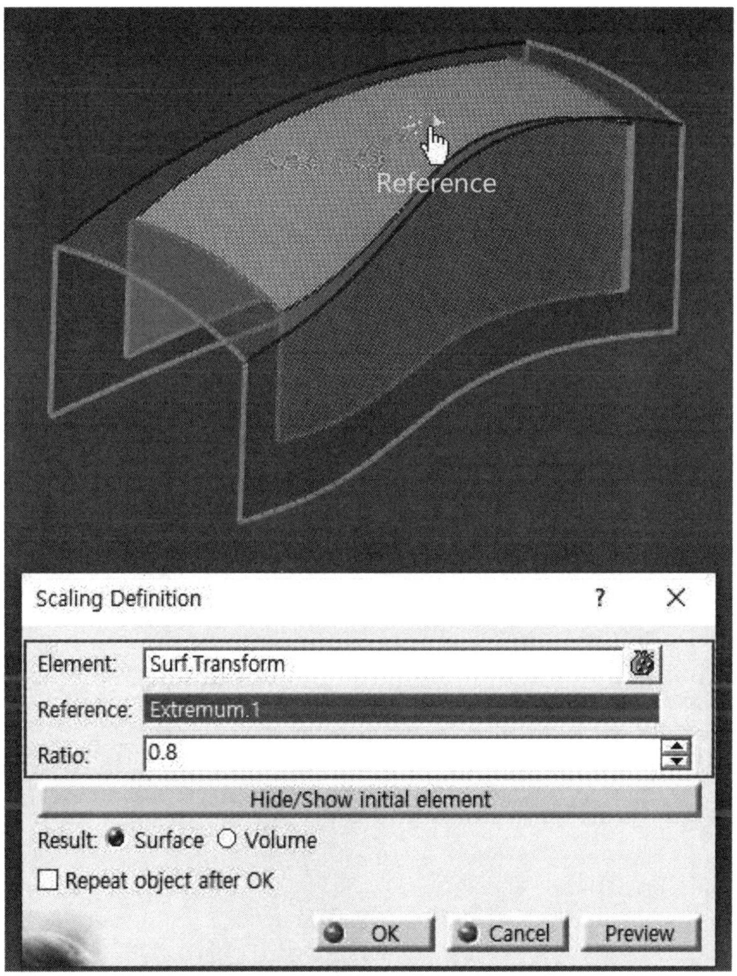

☞Tip: 확대/축소 배율(Ratio)은 1을 기준으로 1보다 크면 확대, 1보다 작으면 축소이다. (-)값을 부여하면 Scale명령 실행 후 모델의 방향이 반대방향으로 바뀐다.

- Ratio=1: 확대/축소하지 않는다.
- Ratio=2: 선택한 점 또는 면을 기준으로 2배 확대한다.
- Ratio=0.5: 0.5배 축소한다.
- Ratio=-1: 확대/축소하지 않고 방향이 반대방향으로 바뀐다.

⊠ Affinity(): x-y-z축을 기준으로 각 방향에 대해 서로 다른 배율로 확대/축소한다.

▶ Affinity()명령의 실행순서는 다음과 같다.

① Affinity()명령을 실행한다.

② Affinity Definition 대화창이 나타난다.

☞Compass의 방향을 기준으로 개체가 확대/축소된다.

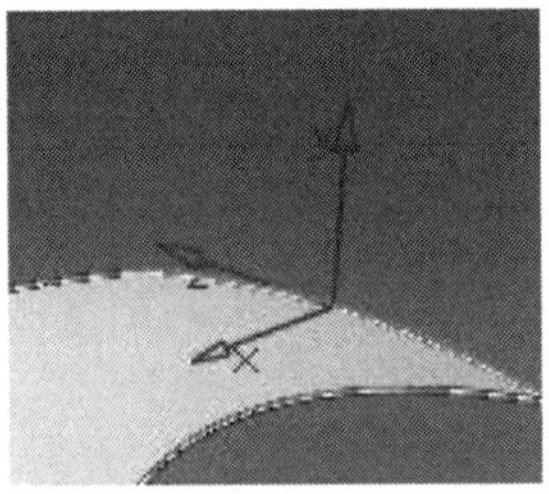

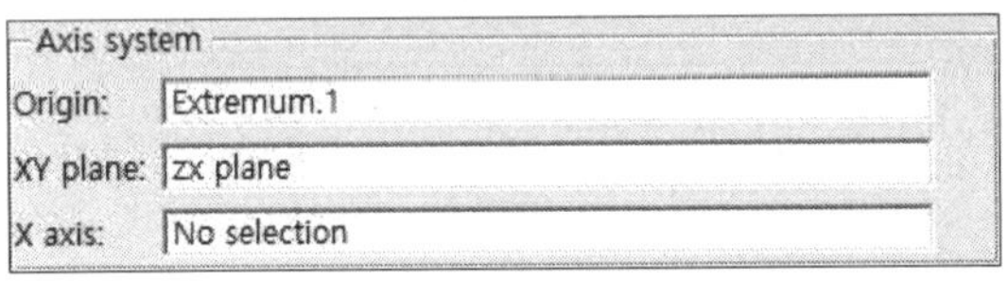

☞Axis system:

- Origin: 원점의 위치를 재설정한다.
- XY Plane: X-Y평면을 재설정한다.
- X axis: X축의 방향을 재설정한다.

Compass 재설정 전	Compass 재설정 후
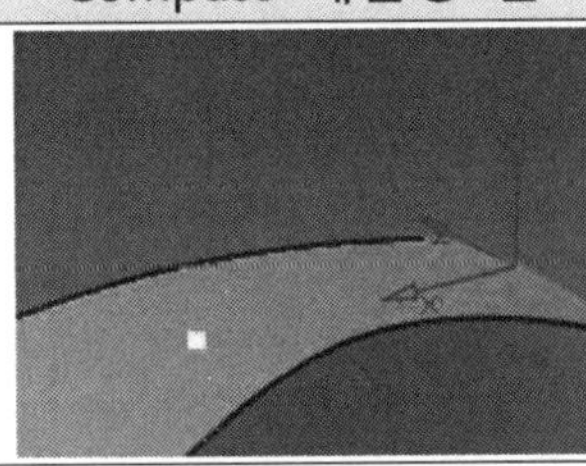	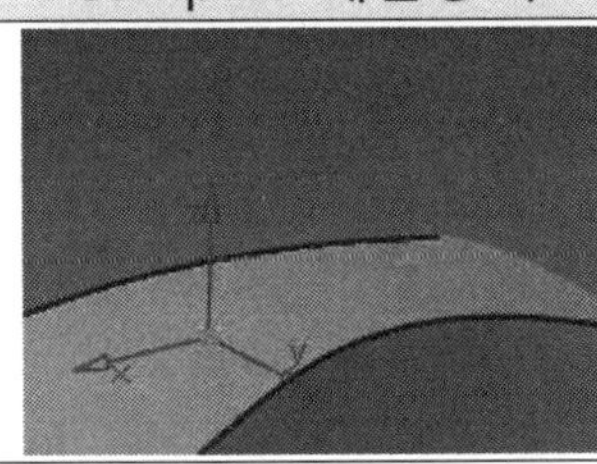

③ 축의 방향별로 각 각 확대/축소 배율(Ratio)을 부여한다.

☞Ratio: X=0.5(축소), Y=1(유지), Z=1.5(확대)

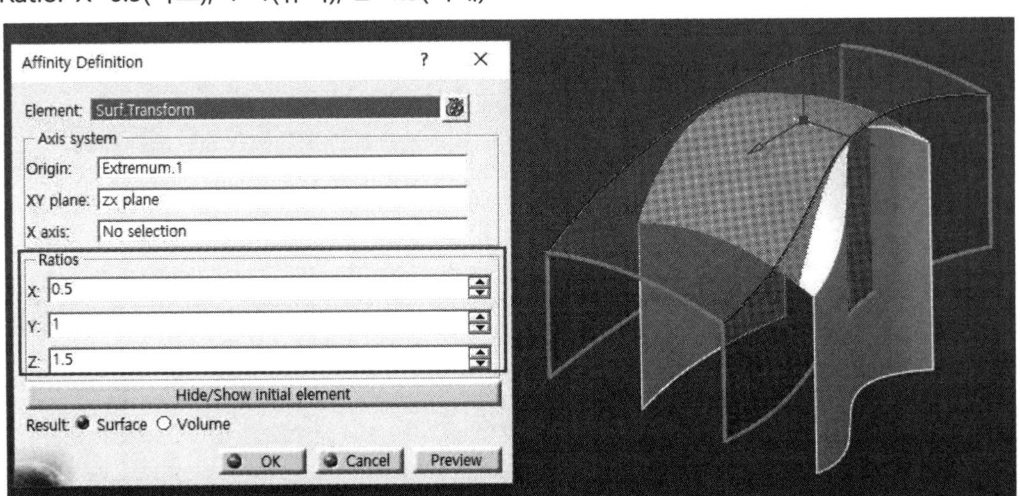

⊠ AxisToAxis( ): 서피스모델을 현재의 Axis system에서 새로이 만든 Axis system으로 이동시킨다. 이 때 축의 방향은 기존 Axis system의 방향을 기준으로 적용된다.

▶ AxisToAxis( )명령의 실행순서는 다음과 같다.

① AxisToAxis( )명령을 실행하면 Axis To Axis Definition 대화창이 나타난다.

② 이동시킬 서피스(Element)를 선택한다.

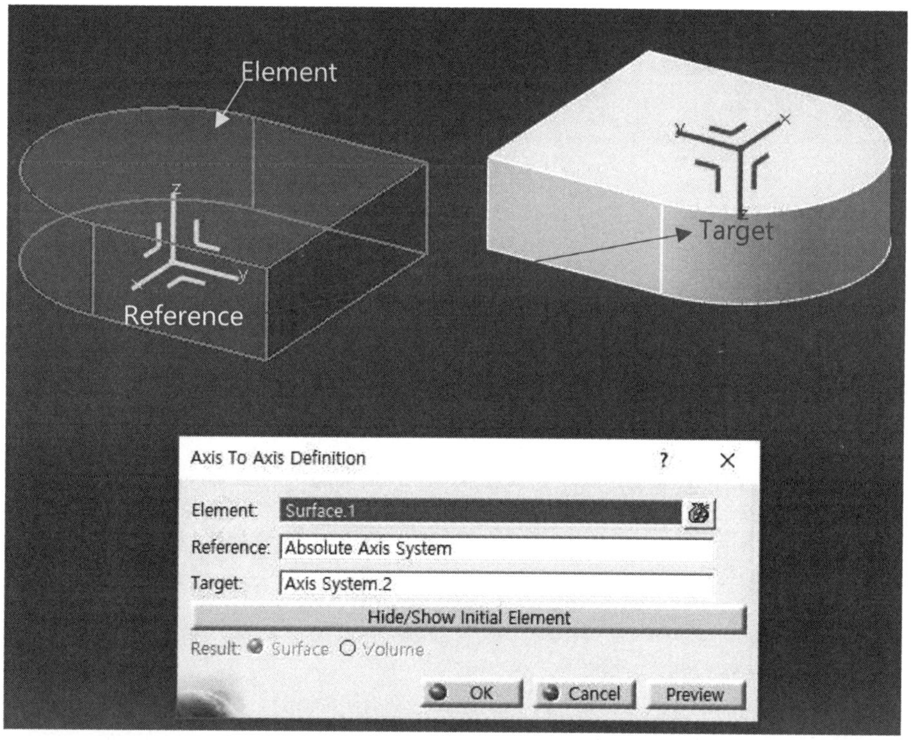

③ Reference Axis(이동전 기준축)와 Target Axis(이동후 기준축)를 지정한다. 이 때 축의 방향을 확인한다.(x, y, z축의 방향과 솔리드모델의 형상을 비교하면 이동 전·후 서피스의 형상이 축의 방향에 따라 변한 것을 확인할 수 있다.)

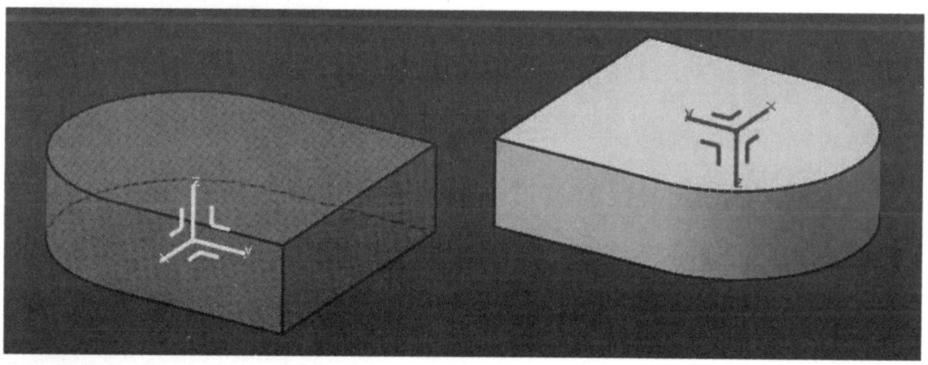

④ OK 를 눌러 작업을 완료한다.

❑ Extrapolate( )

선택한 서피스(Surface)나 커브(Curve)를 연장하여 새로운 서피스나 커브로 만든다.

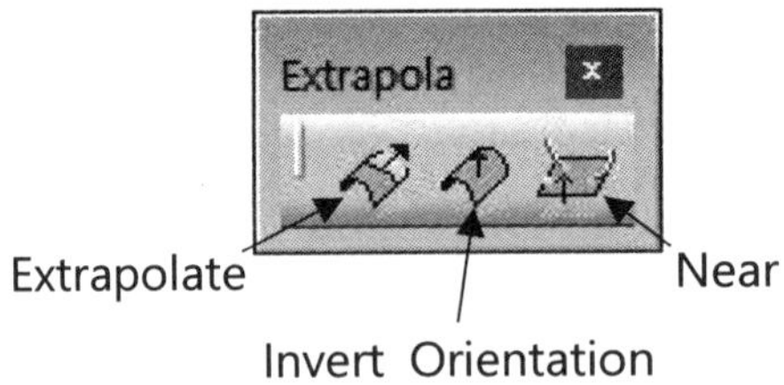

⊠ Extrapolate( ): 서피스(Surface) 또는 커브(Curve)를 연장하여 새로운 서피스나 커브로 만든다.

▶ Extrapolate( )명령의 실행순서는 다음과 같다.

① Extrapolate( )명령을 실행하면 Extrapolate Definition 대화창이 나타난다.
② 연장하려는 서피스 또는 커브의 경계(Boundary)나 끝점(Point, Vertex)를 선택한다.
③ 연장하려는 서피스 또는 커브를 선택한다.

▸ 서피스(Surface)를 연장하는 경우:

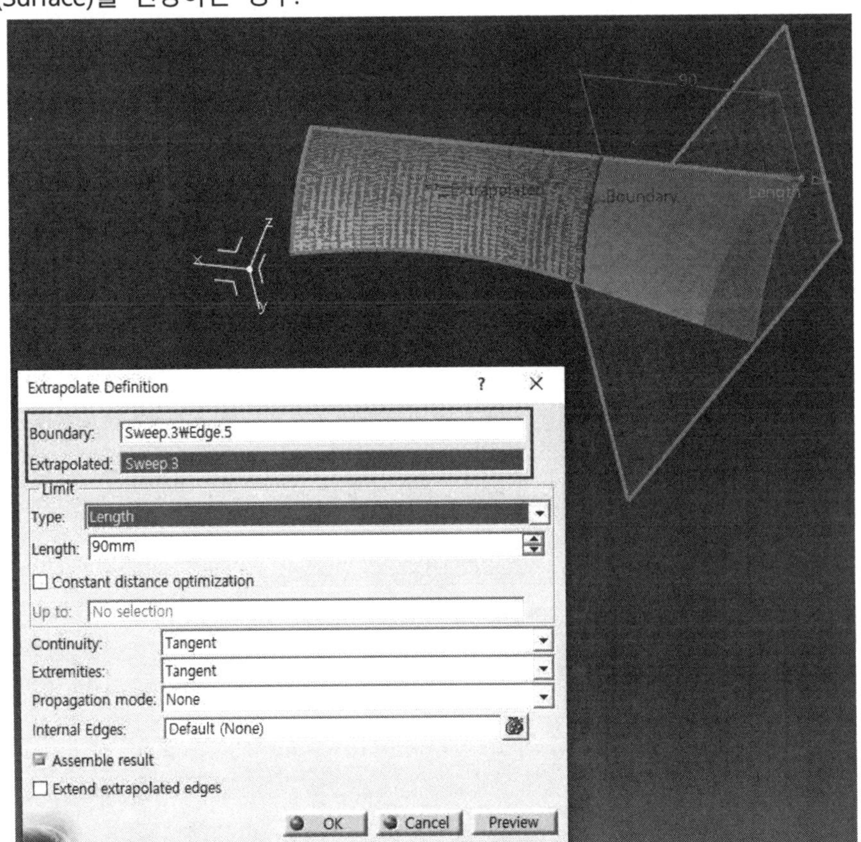

⊠ Extrapolate( ): 서피스(Surface) 또는 커브(Curve)를 연장하여 새로운 서피스나 커브로 만든다.

▸ 커브(Curve)를 연장하는 경우:

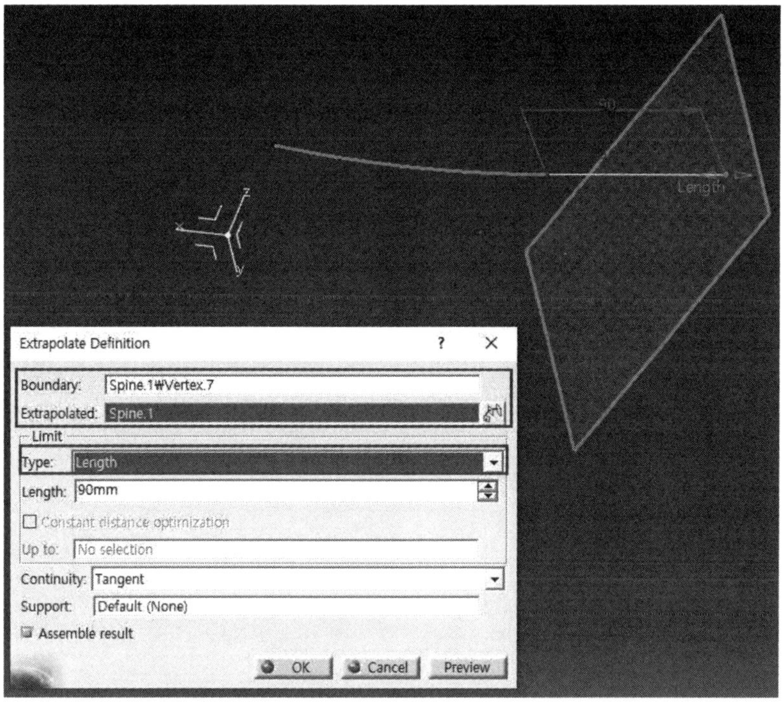

☞TIP: Limit옵션에서 서피스나 커브의 연장 방법을 선택할 수 있다. 서피스나 커브를 교차하는 요소까지 연장하고자 할 때에는 【Type: Up to Element】를 선택한다.

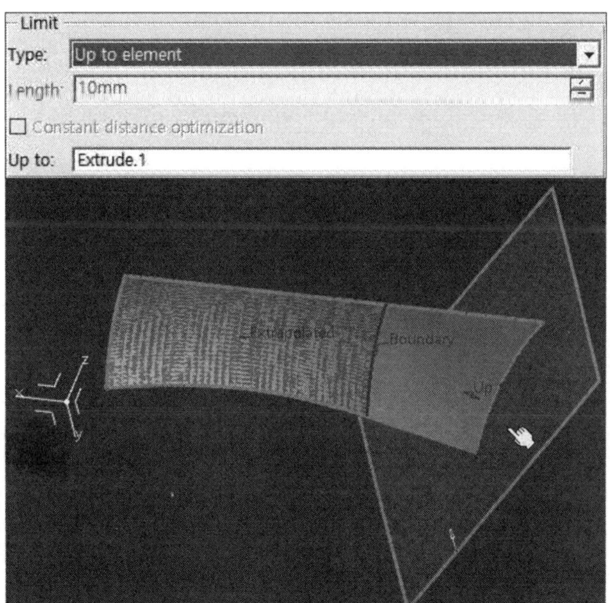

⊠ Invert Orientation( ): 선택한 서피스(Surface)의 법선방향(Normal Direction) 또는 커브(Curve)의 방향(Direction)을 반전시킨다.

▶ Invert Orientation( ) 명령을 사용하면 다음과 같은 반전 작업을 수행할 수 있다.

▹ 서피스의 표면 법선 반전
▹ 커브의 방향 반전

▶ Invert Orientation( )명령의 실행순서는 다음과 같다.

① Invert Orientation( )명령을 실행하면 Invert Definition 대화창이 나타난다.
② 법선방향을 반전시킬 서피스 또는 커브를 선택한다.

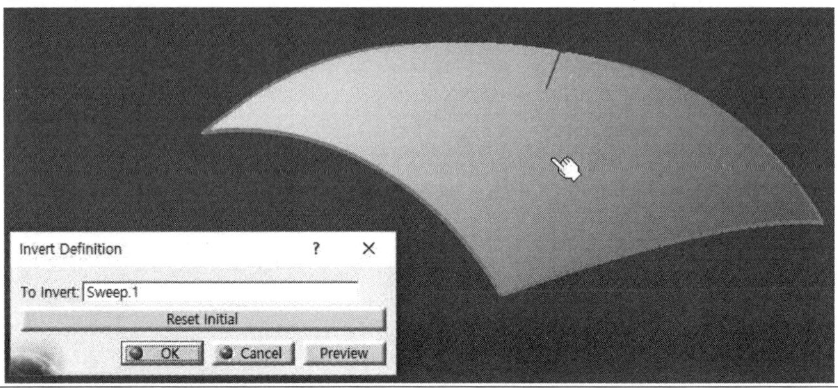

⊠ Near( ): 여러 하위요소로 구성된 요소 중 가장 가까운 요소를 찾는다.

▶ Near( )명령의 실행순서는 다음과 같다.

① Near( )명령을 실행하면 Near Definition 대화창이 나타난다.
② 여러 하위 요소로 구성된 요소(Multiple Element: Surface)를 선택한다.
③ 하위 요소에 가까운 참조 요소(Reference Element: Curve)를 선택한다.

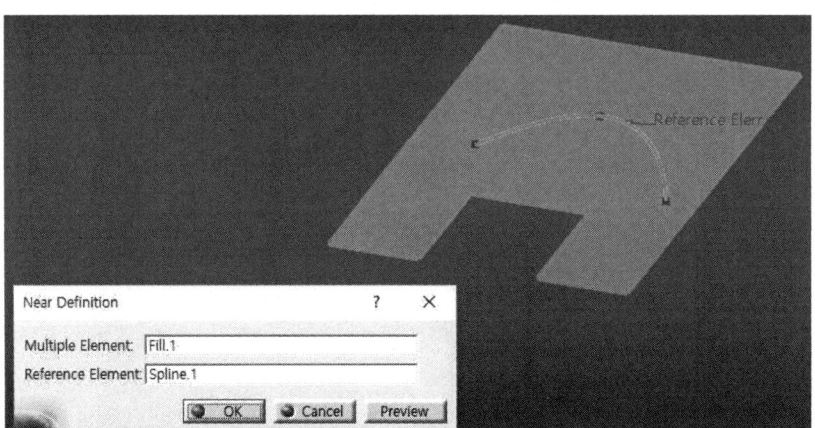

3-3 GSD 연습(GSD Exercise)

(1) 투상도

CATIA는 3차원 좌표계를 기본으로 모델링한다. 3차원 모델이라 함은 3개의 축(x축, y축, z축)이 있는 공간 좌표상에서 물체의 형상이 입체적으로 표현된 것을 의미한다. 점(Point)과 점을 이으면 선(Line)이되고 선을 이어 폐곡선을 만들면 면(Plane)이 되며 다시 면이 이동하여 입체(Solid)를 만든다. 즉, 입체라 함은 평면이나 곡면으로 구성된 3차원의 물체를 의미하며 삼각주, 사각주 등과 같은 다면체와 원주, 원뿔 등 곡면체를 포함하는 것이다.

CATIA에서 3차원 모델을 완성하기 위해서는 단일평면(2차원) 위에 입체형상을 나타낸 도면이 필요하며 이 도면을 투상도(Projection Drawing)라 한다. 여기서 투상(Projection)이라 함은 입체형상이 존재하는 공간에서 각각의 좌표축(x축, y축, z축)에 대해 수직방향의 평면을 두고 이 평면에 입체의 허상을 투영하는 것을 말하며, 이 허상을 단일평면 위에 도면으로 나타낸 것을 투상도라 하는 것이다.

(2) 투상도의 배치법

기계설계에서 사용되는 투상도 배치법으로 제1각법(1st Angle Projection)과 제3각법(3rd Angle Projection)이 있다.

아래 3차원 모델에 대해 제1각법과 제3각법을 적용한 전개도를 그려보자. 여기서 화살표를 투사선(Projection Line)의 방향, 투상을 이루는 면을 투상면(Plane of Projection), 바라보는 눈의 위치를 시점(Eye Point) 또는 투상의 중심(Center of Projection)이라 한다.(아래 예시는 3각법을 적용한 것으로 실제 3차원 모델링에서는 주로 3각법을 사용한다.)

투상도를 이용하여 3차원 솔리드모델의 형상을 판단하기 위한 투상법칙은 다음과 같다.

1)직선의 경우

① 투상면에 대하여 평행한 직선은 길이를 나타낸다.

② 투상면에 대하여 수직한 직선은 점이 된다.

③ 투상면에 대하여 경사진 직선은 실제 길이보다 짧게 나타난다.

2)평면의 경우

① 투상면에 평행한 평면은 외곽선이 표현된다.

② 투상면에 수직한 평면은 실선으로 표현된다.

③ 투상면에 경사진 평면은 실제보다 좁게 나타난다.

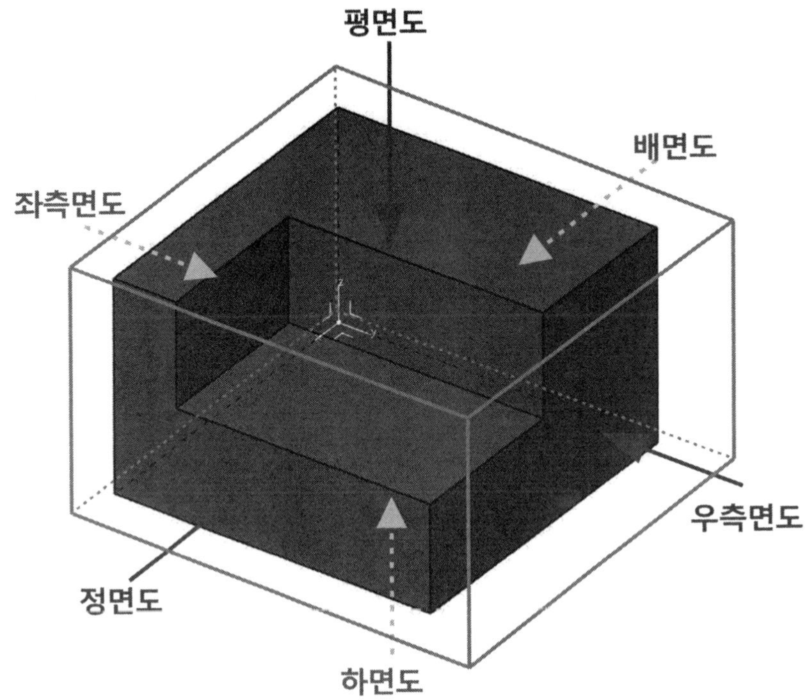

【3각투상법에 의한 시선의 방향】

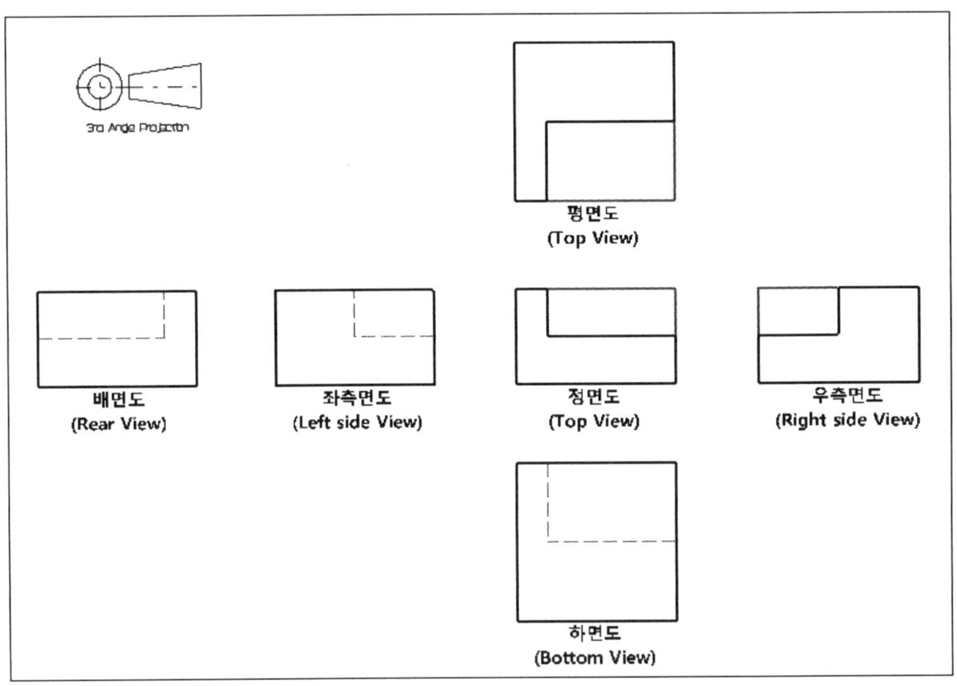

【3각 투상법으로 그린 전개도】

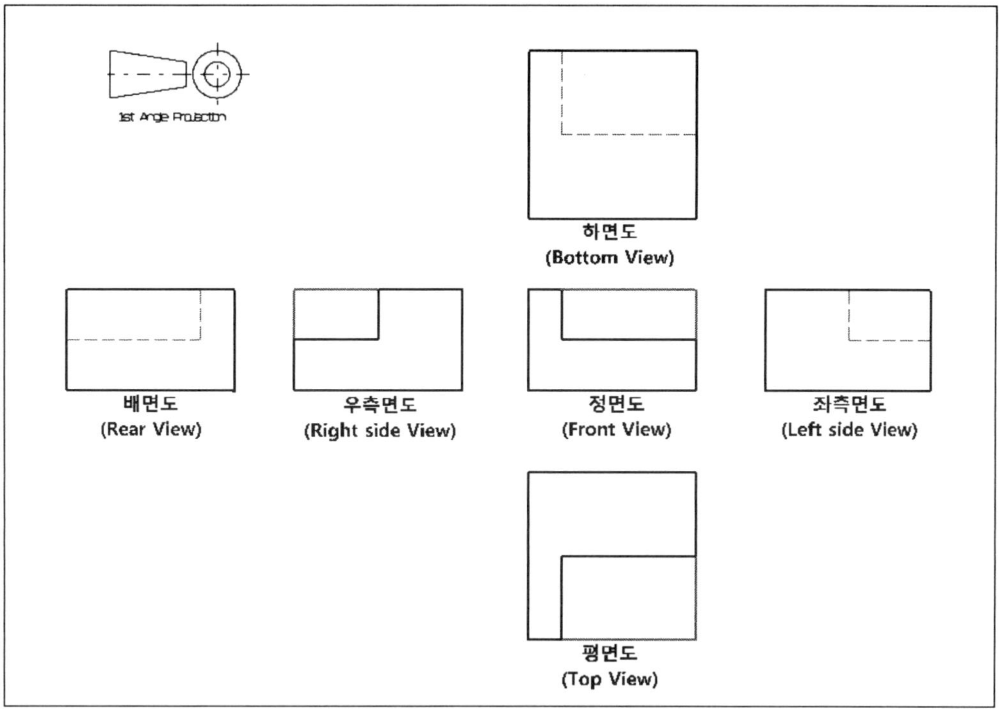

【1각 투상법으로 그린 전개도】

(3) GSD 워크벤치(GSD Workbench)에서 3차원 모델링 작업하기

3차원 솔리드모델을 완성하기 위하여 먼저 프로파일(Profile)을 만든다. 프로파일이란 스케치(Sketch) 또는 와이어프레임(Wireframe)툴바로 완성한 2차원 형상을 말하며 제공되는 투상도(주로 3각투상법에 의한 투상도를 사용한다.) 중 적절한 투상도를 이용하여 완성한다.

프로파일이 완성되면 서피스(Surfaces)툴바의 다양한 명령어를 이용하여 2차원 형상의 프로파일을 3차원형상으로 만든다.

3차원형상의 서피스모델이 완성되면 필요에 따라 오퍼레이션(Operation)툴바, 트랜스포메이션(Transformation) 툴바 등을 이용하여 세부적인 부분을 다듬어 최종 서피스모델을 완성한다.

STEP1	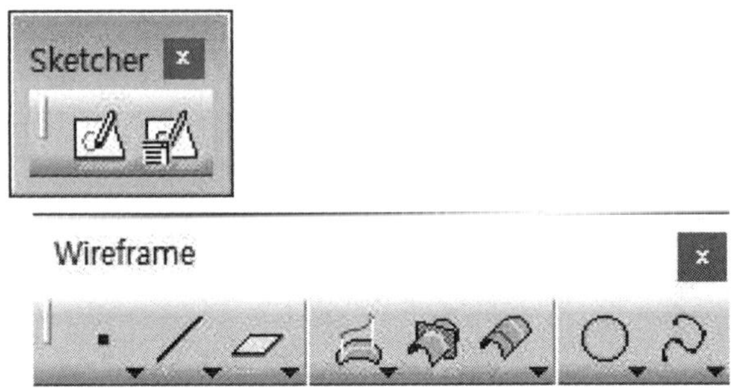
	스케쳐(Sketcher) 또는 와이어프레임(Wireframe)툴바에서 투상법에 의한 전개도 중 적절한 투상도를 선택하여 프로파일(Profile)을 먼저 생성한다.
STEP2	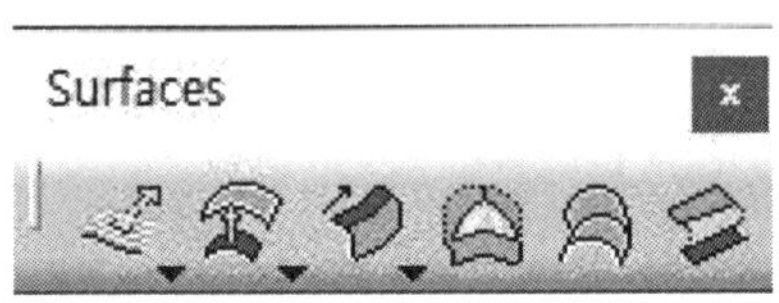
	2차원 프로파일을 3차원 서피스모델의 형상으로 만든다.
STEP3	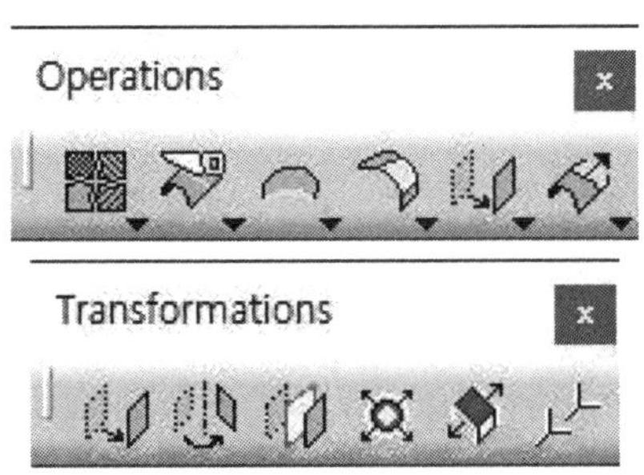
	STEP2에서 완성한 3차원 서피스모델을 다듬거나 복사/이동/배치하여 최종적으로 완성된 서피스모델로 만든다. 필요시 위 단계를 반복한다.

4

GSD 예제 따라하기

예제 1

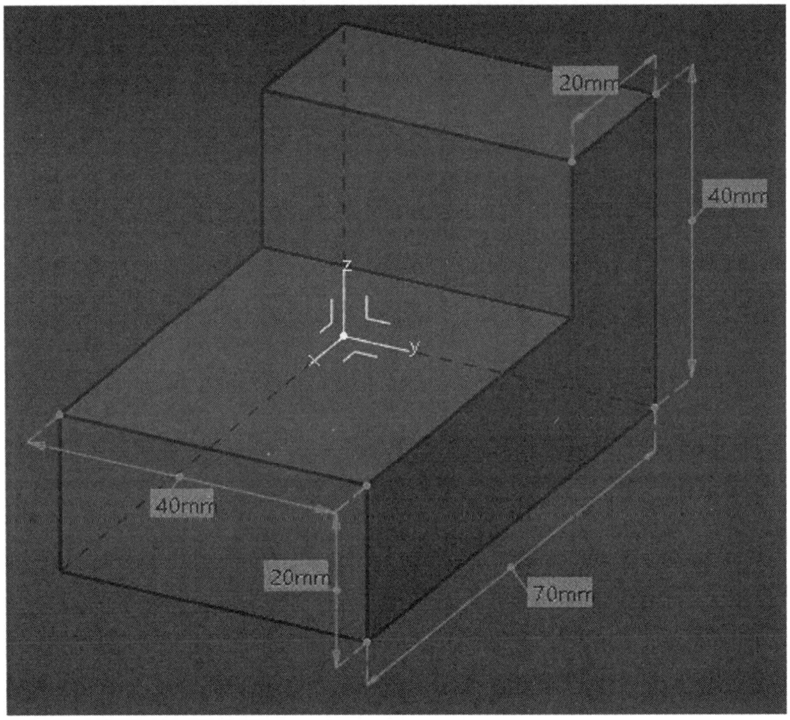

▣ 3각법에 의한 투상도를 사용하여 이 모델을 완성해 보도록 하자.

1. 정면도(Front View)를 이용하여 작업

 1) 정면도는 좌표축을 기준으로 y-z평면이 된다.

  ① 포지션드 스케치(Positioned Sketch,) 명령을 실행하고 y-z평면을 선택한다.

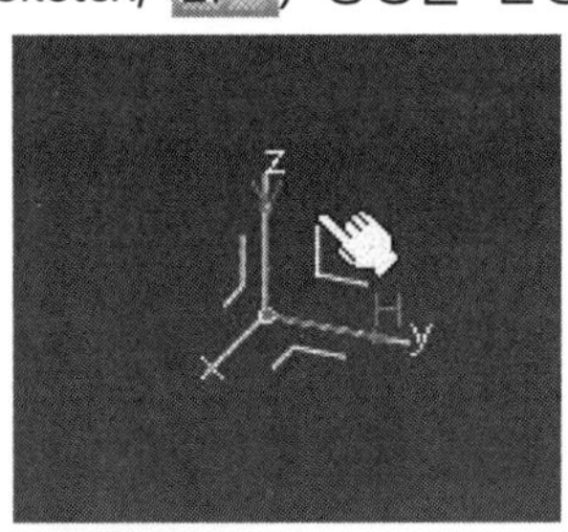

▸ 축의 방향(H, V)을 확인하고 OK 버튼을 눌러 스케치(Sketch)로 진입한다.

② 수평(H)방향으로 40 mm, 수직(V)방향으로 40 mm인 사각형을 그린다.

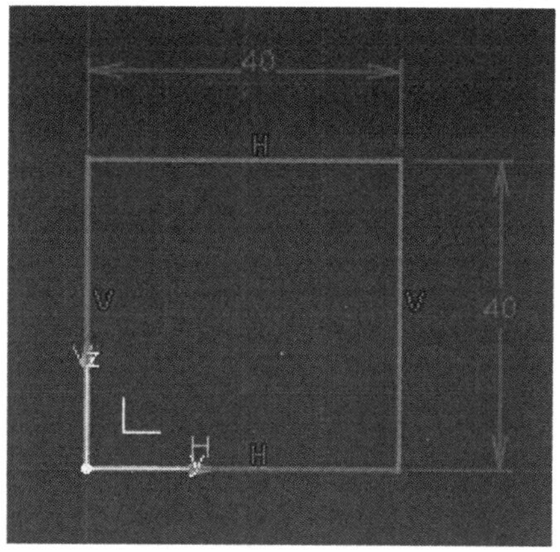

③ Exit Workbench( )명령을 클릭하여 스케치(Sketch)를 종료하고 GSD워크벤치(GSD Workbench)로 이동한다.

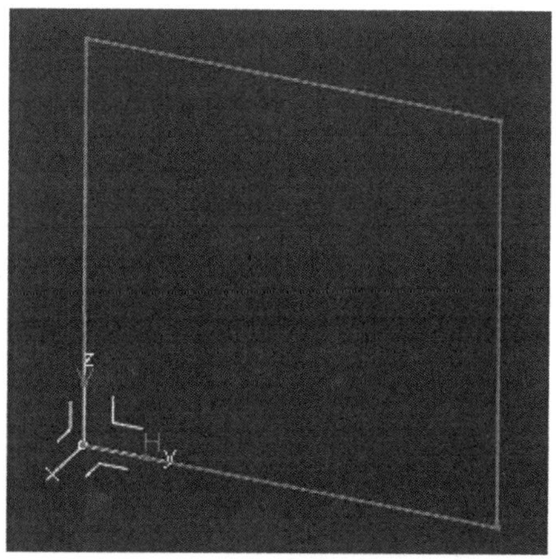

2) Extrude( )명령을 실행하고 First Limit의 길이(Length)를 부여한다. 여기서는 x축 방향의 길이가 "First Limit Length"가 된다.(L=70 mm)

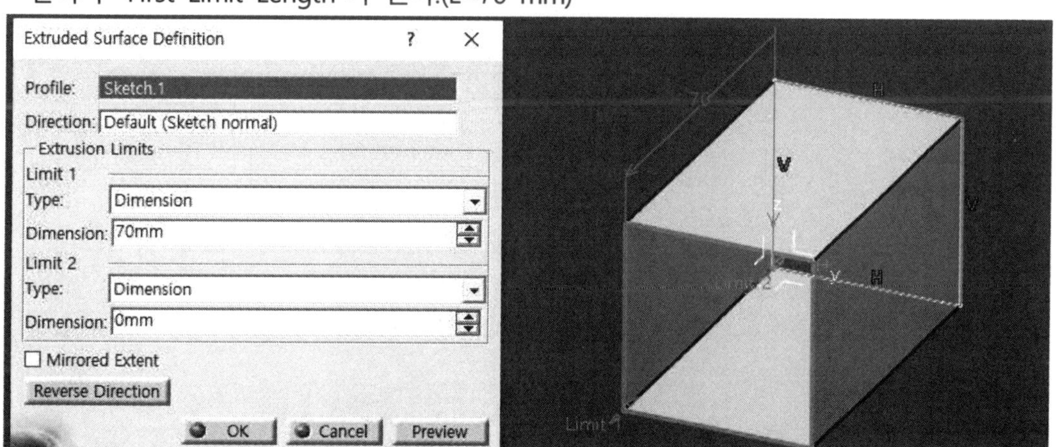

3) 우측면도의 형상을 그린다.

① 포지션드 스케치(Positioned Sketch,) 명령을 실행하고 서피스모델의 우측면을 선택한다.

▸ 축의 방향(H, V)을 확인하고 OK 를 눌러 스케치(Sketch)로 진입한다.

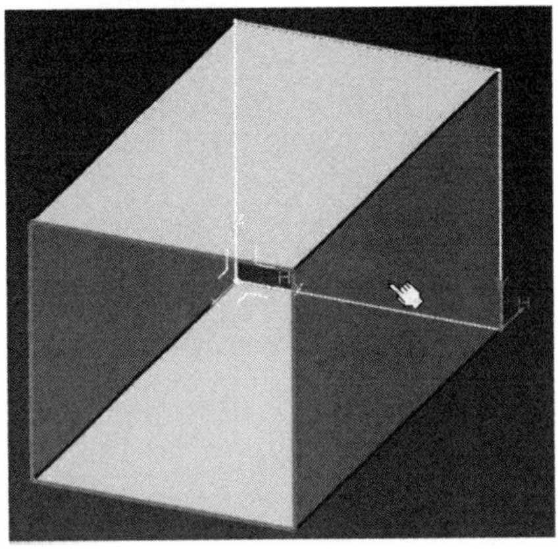

② 우측면 형상의 치수( )를 입력하고 구속한다.

③ Exit Workbench( )명령을 클릭하여 스케치(Sketch)를 종료하고 GSD워크벤치(GSD Workbench)로 이동한다.

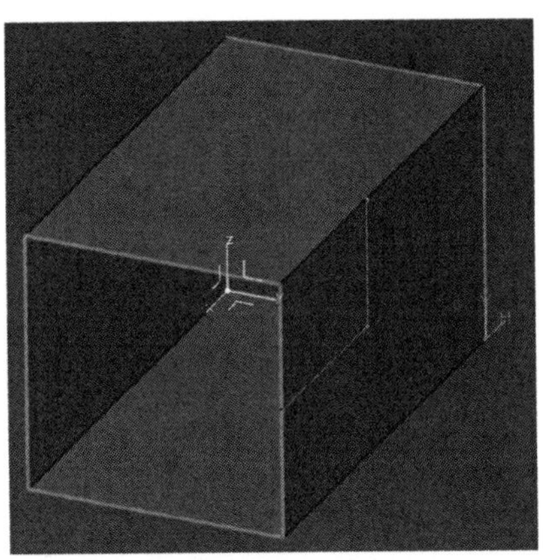

4) Extrude( )명령을 실행하고 First Limit의 길이(Length)를 부여한다. 여기서는 y축방향의 길이가 "First Limit Length"가 된다.(L=40 mm)

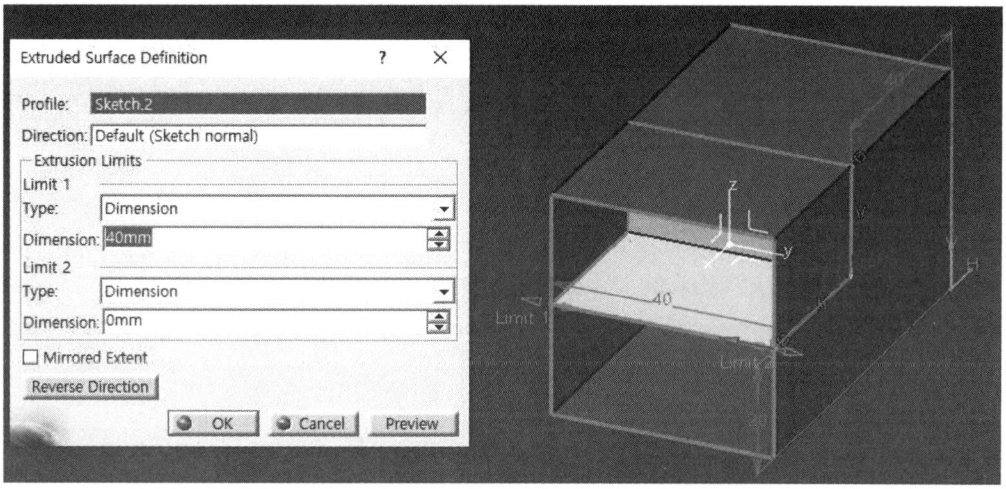

5) Trim( )명령을 실행하고 두 서피스를 선택한다.

▸ [Preview]를 눌러 Trim명령 실행결과를 미리 확인하고 원하는 결과가 나오도록 Trimmed elements 옵션에서 서피스의 선택순서를 변경한 후 [OK]를 눌러 Trim명령을 종료한다.

▹ [Other side / next element]: 두 번째 선택한 서피스에서 Trim명령에 의해 남겨지는 요소를 원하는 다른 요소(Other side)로 바꾼다.

▹ [Other side / previous element]: 첫 번째 선택한 서피스에서 Trim명령에 의해 남겨지는 요소를 원하는 다른 요소(Other side)로 바꾼다.

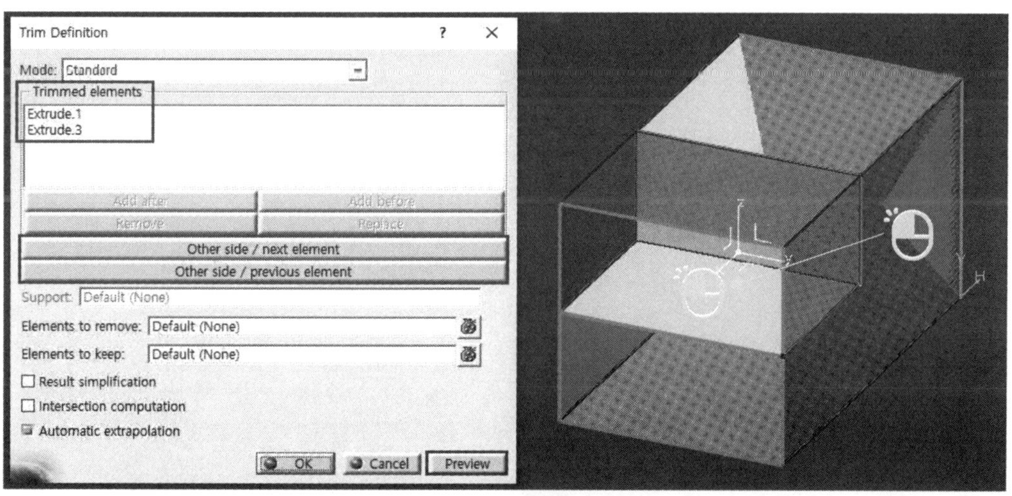

☞TIP: Trim명령어를 실행하여 여러 서피스의 교차부분을 잘라 이어붙일 때 원하는 결과를 얻기 위해서는 최종적으로 남겨야 하는 부분(위치)을 기준으로 서피스를 선택하도록 한다.

6) Fill( )명령을 실행하고 Trim명령으로 완성한 서피스의 전면과 후면의 빈 공간을 서피스로 막는다.

- Trim명령으로 완성된 서피스는 각 경계가 서로 연결되어 있다.
  - 검정색실선: 연결된 서피스의 경계
  - 초록색실선: 연결되지 않은 서피스의 경계
- 서피스 모델의 모든 면은 닫혀 있어야 하며 각 서피스의 경계는 최종적으로 모두 연결된 상태가 되어야 한다.
- 서피스의 경계(Boundary)를 "Closed Contour"가 되도록 순서대로 선택한다.(연결되는 순서에 따라 경계를 선택해야 한다.)

① 전면을 Fill명령으로 막는다.

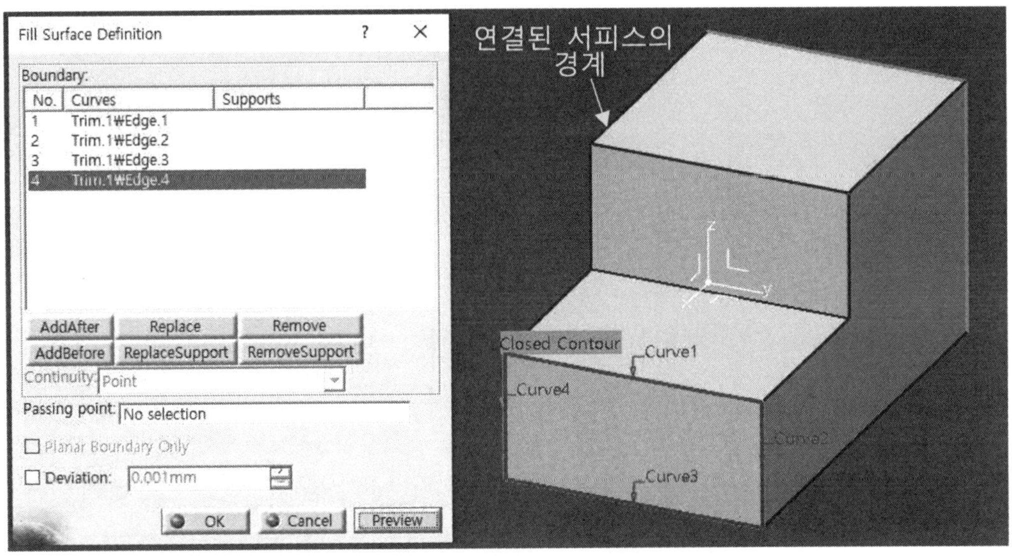

② 같은 순서로 후면을 Fill명령으로 막는다.

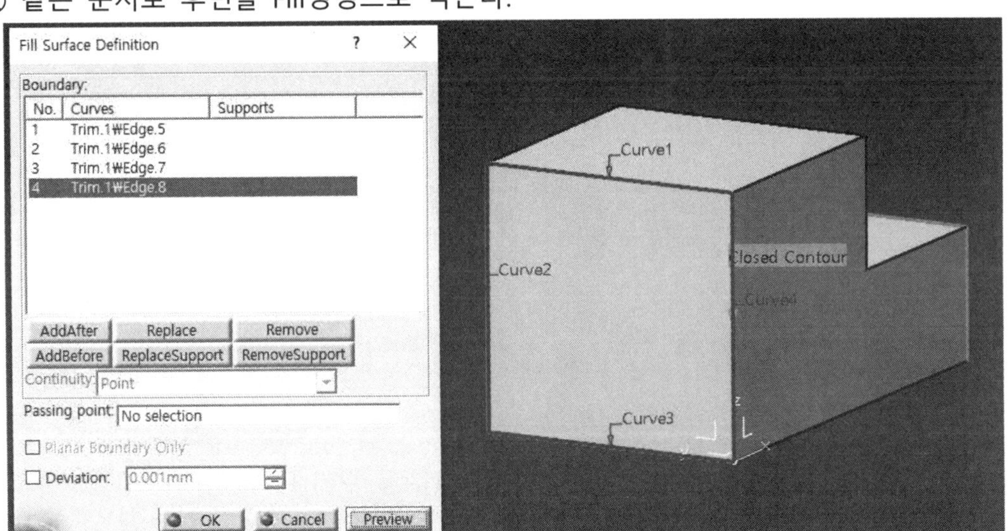

③ 전면과 후면이 Fill( )명령에 의해 서피스로 막힌 형태가 되었다.

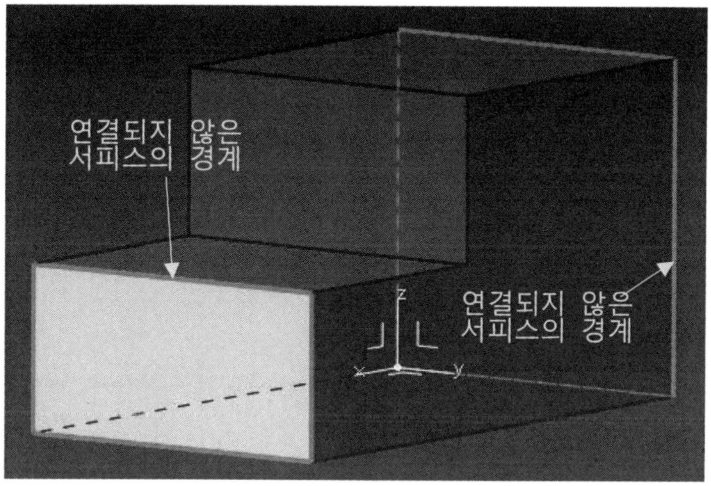

7) Join( )명령을 실행하여 모든 서피스의 면들을 서로 연결한다.

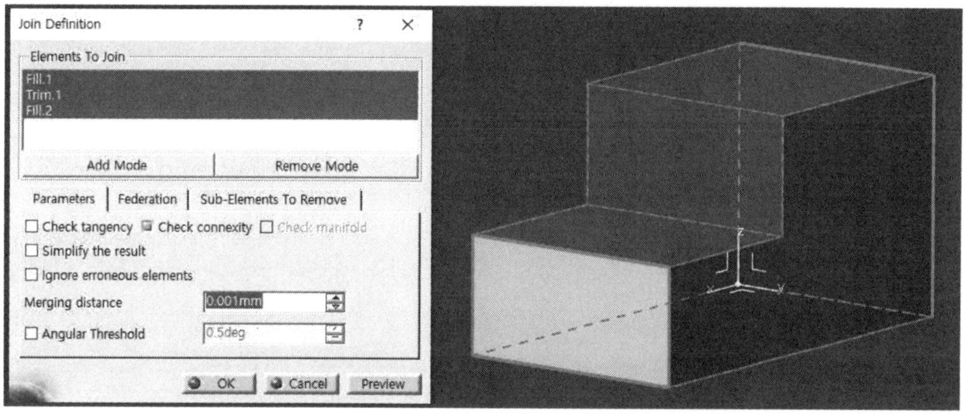

▸ 최종적으로 완성된 서피스모델(모든 경계는 연결되어 있다.)

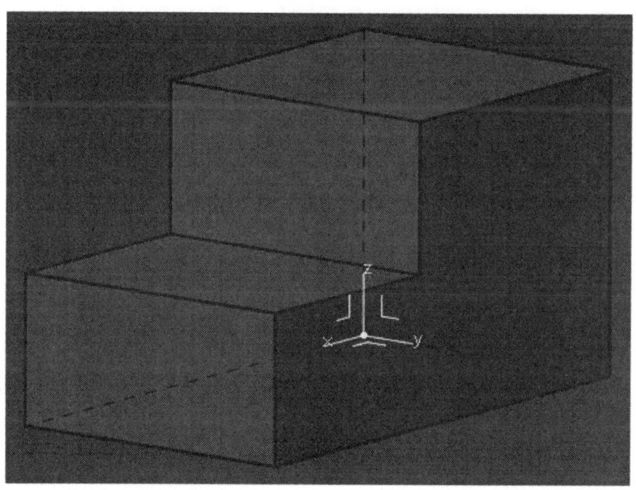

8) 최종 솔리드모델로 완성하기 위하여 파트디자인워크벤치(Part Design Workbench)로 이동한다.

① Close Surface()명령으로 앞서 완성한 서피스모델을 솔리드모델로 완성한다.

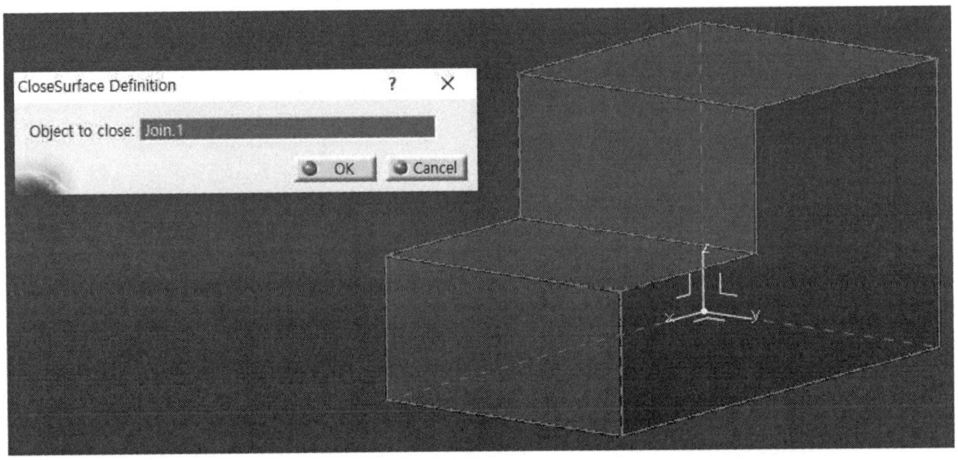

② 서피스모델로부터 솔리드모델이 완성되었다.(모델링 작업이 완료됨)

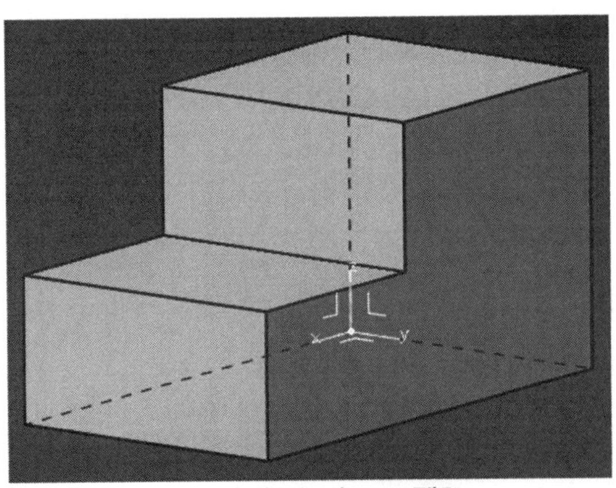

【완성된 솔리드모델】

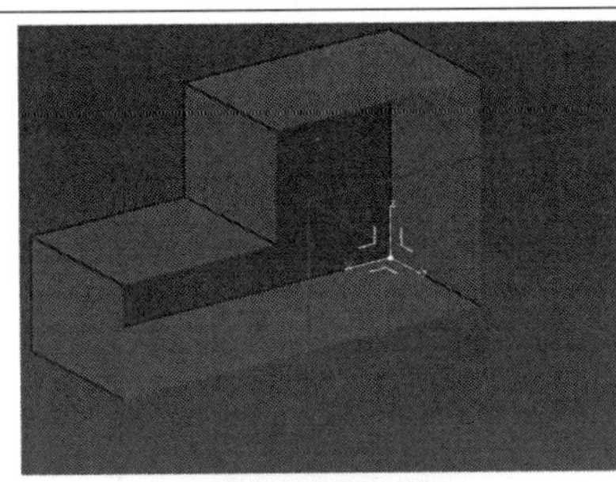

【서피스모델】
(내부가비어있음)

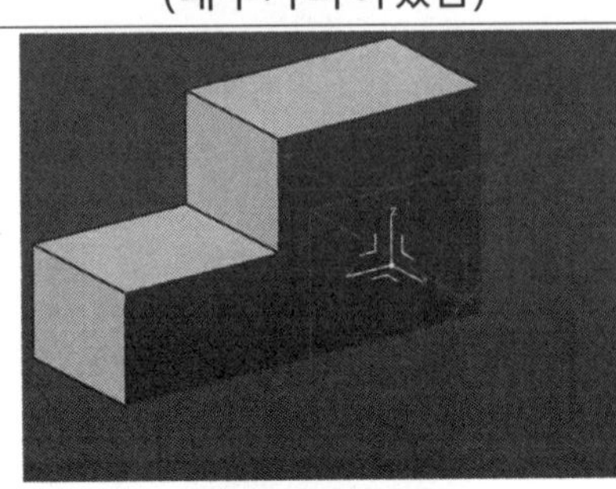

【솔리드모델】
(내부가 차있음)

2. 우측면도(Right side View)를 이용하여 작업

1) 우측면도는 좌표축을 기준으로 x-z평면이 된다.

① 포지션드스케치(Positioned Sketch,) 명령을 실행하고 x-z평면을 선택한다.

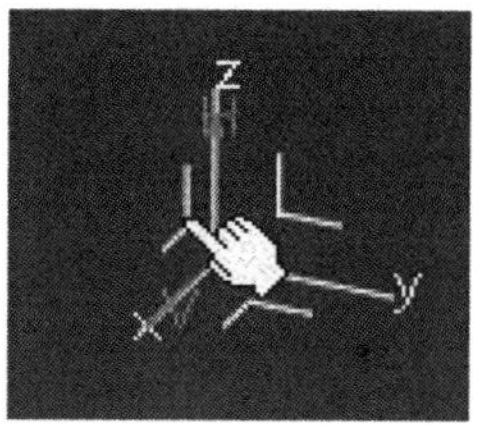

▸ 축의 방향(H, V)을 확인한다. 축의 방향을 변경해야 할 때에는 Sketch Positioning 대화창에서 Orientation 옵션을 조정하면 된다.

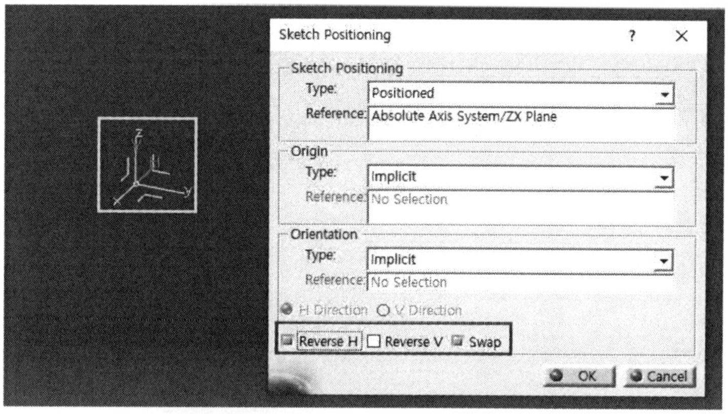

② 축의 방향을 조정한 후 OK 를 눌러 스케치(Sketch)로 진입한다.

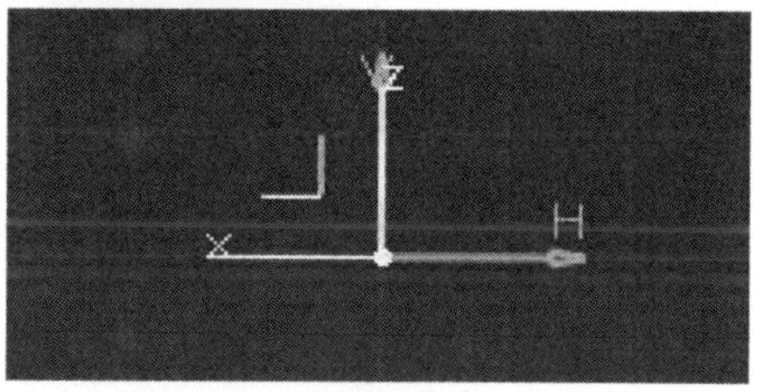

③ Profile()명령으로 우측면도의 형상을 완성하고 치수구속한다.

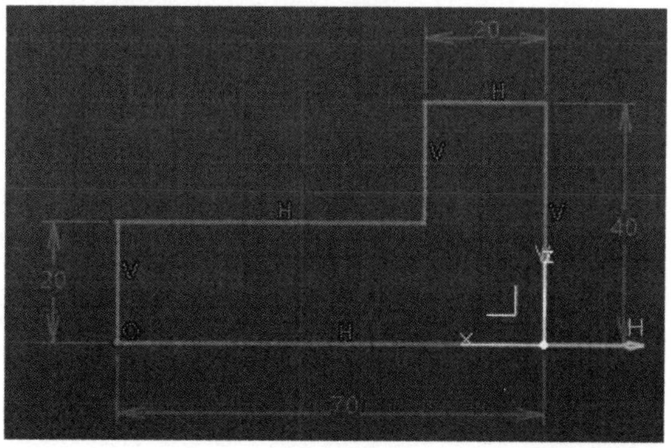

④ Exit Workbench( )명령을 클릭하여 스케치(Sketch)를 종료하고 GSD워크벤치(GSD Workbench)로 이동한다.

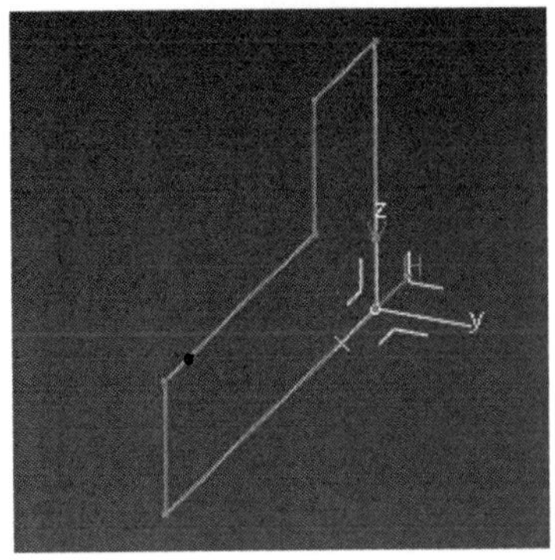

2) Extrude( )명령을 실행하고 First Limit의 길이(Length)를 부여한다. 여기서는 y축 방향의 길이가 "First Limit Length"가 된다.(L=40 mm)

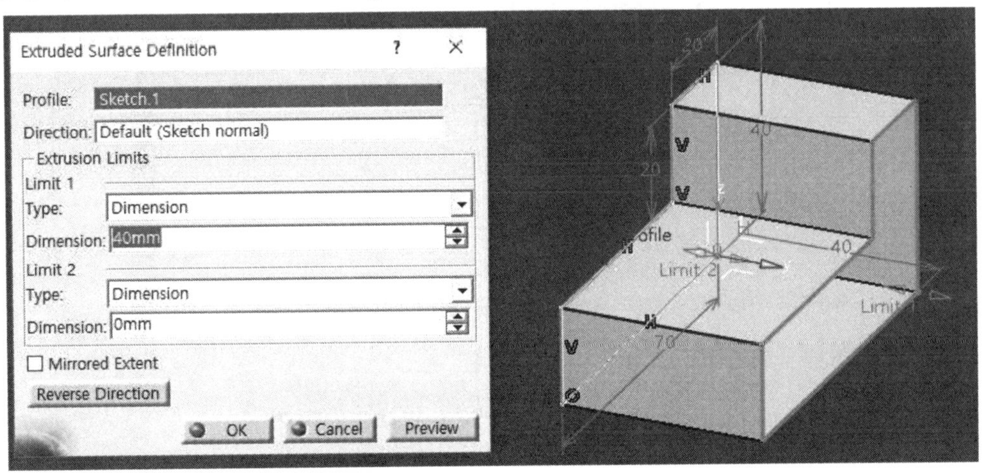

3) Fill( )명령을 실행하고 Trim명령으로 완성한 서피스 측면의 빈 공간을 막는다.

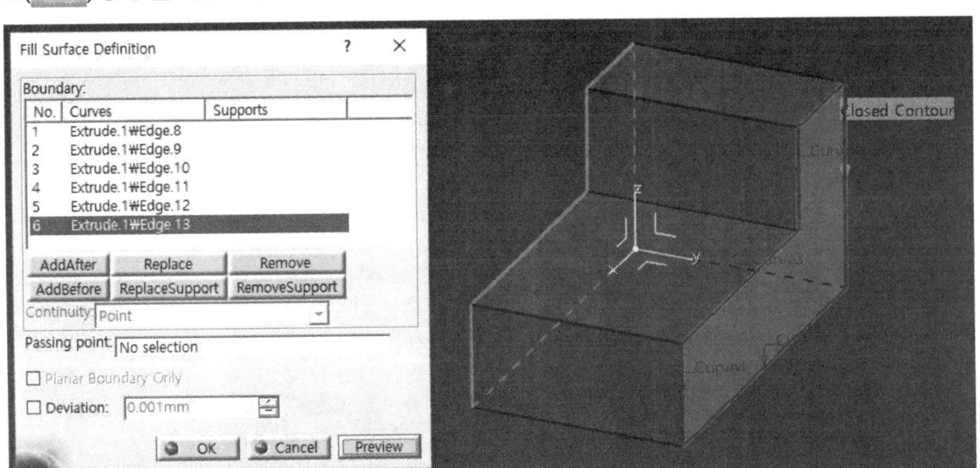

4) Join( )명령을 실행하여 모든 서피스의 면들을 서로 연결한다.

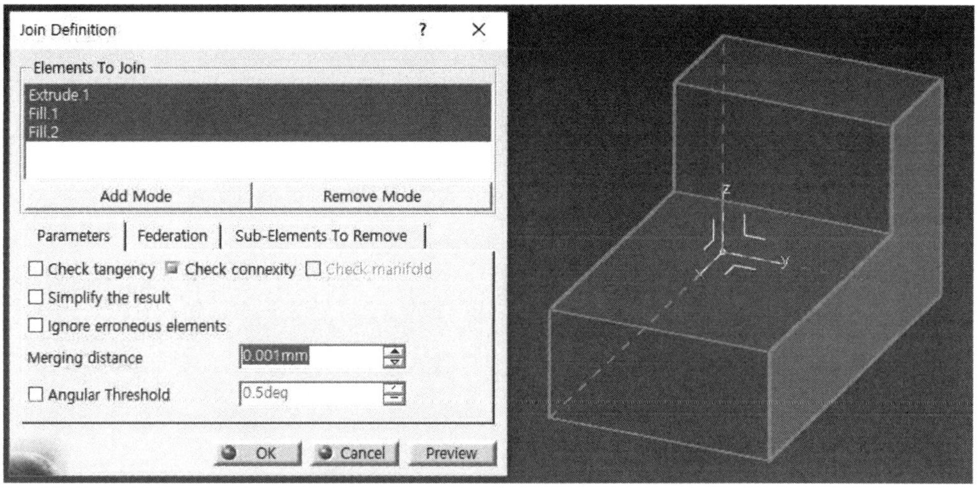

▸ 최종적으로 완성된 서피스모델(모든 경계는 연결되어 있다.)

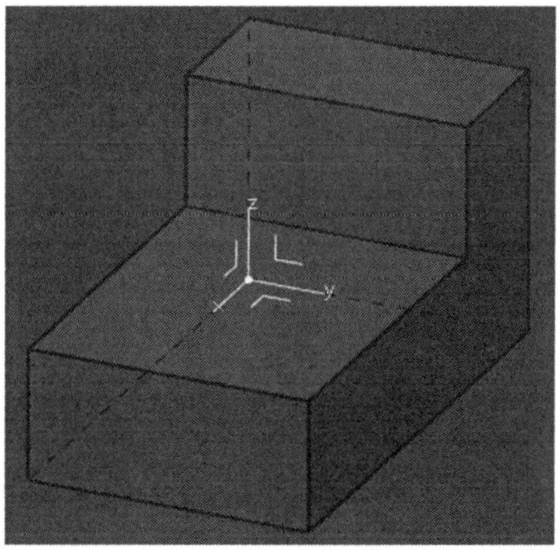

5) 최종 솔리드모델로 완성하기 위하여 파트디자인워크벤치(Part Design Workbench)로 이동한다. Close Surface( )명령으로 서피스모델을 솔리드모델로 완성한다.

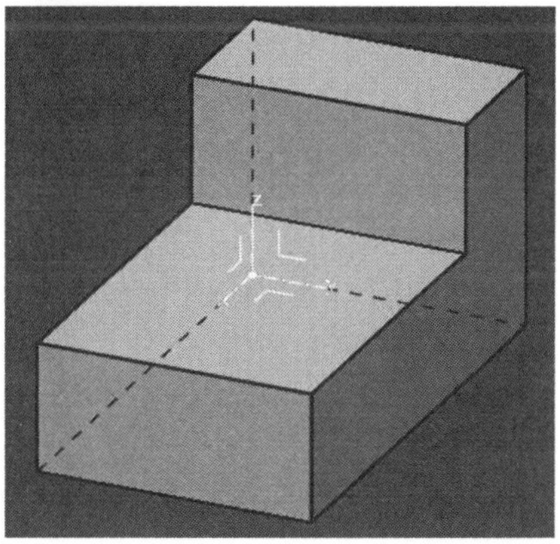

예제 2

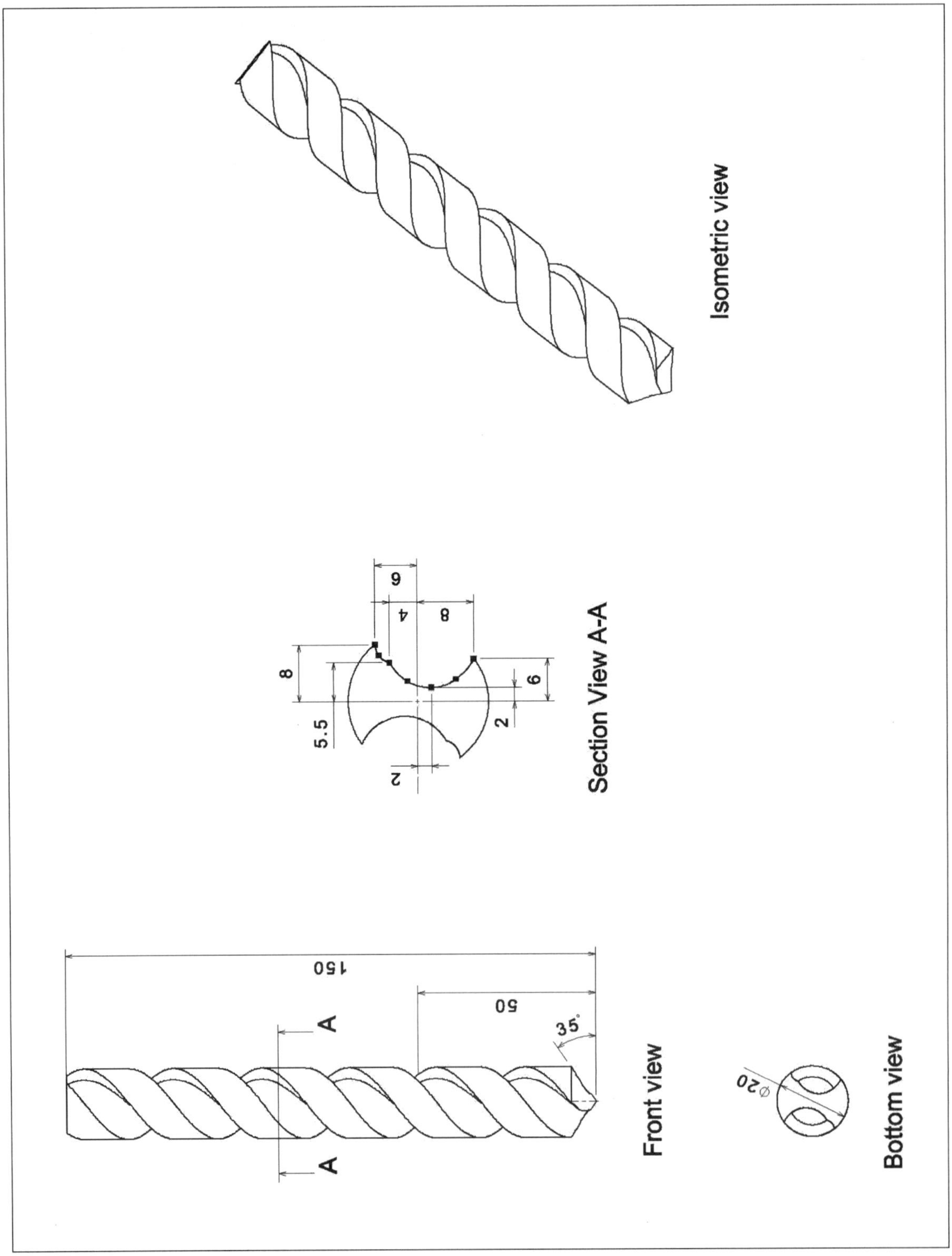
Isometric view
Section View A-A
9
4
8
8
5.5
6
2
2
Front view
150
50
35°
A
A
Bottom view
⌀20

1. 먼저 Section view A-A를 이용하여 드릴형상의 단면을 그린다.

 1) Positioned Sketch( )명령을 실행하고 x-y평면을 선택한다.

 2) 축의 방향(H축, V축)을 확인하고 OK 를 눌러 스케치로 진입한다.

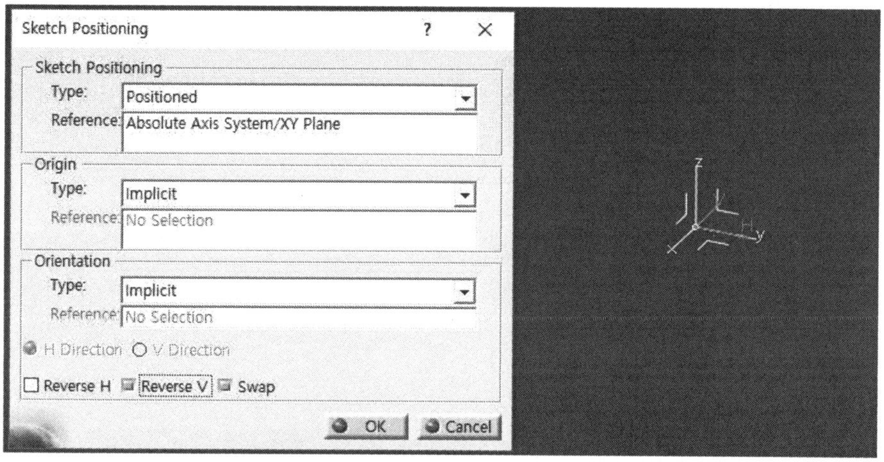

2. Circle( )명령과 Spline( )명령을 실행하고 단면 형상을 완성한다.

 1) 먼저 외곽원(D=20 mm)을 그린다.

 2) Spline( )명령으로 드릴단면 형상을 그린다.

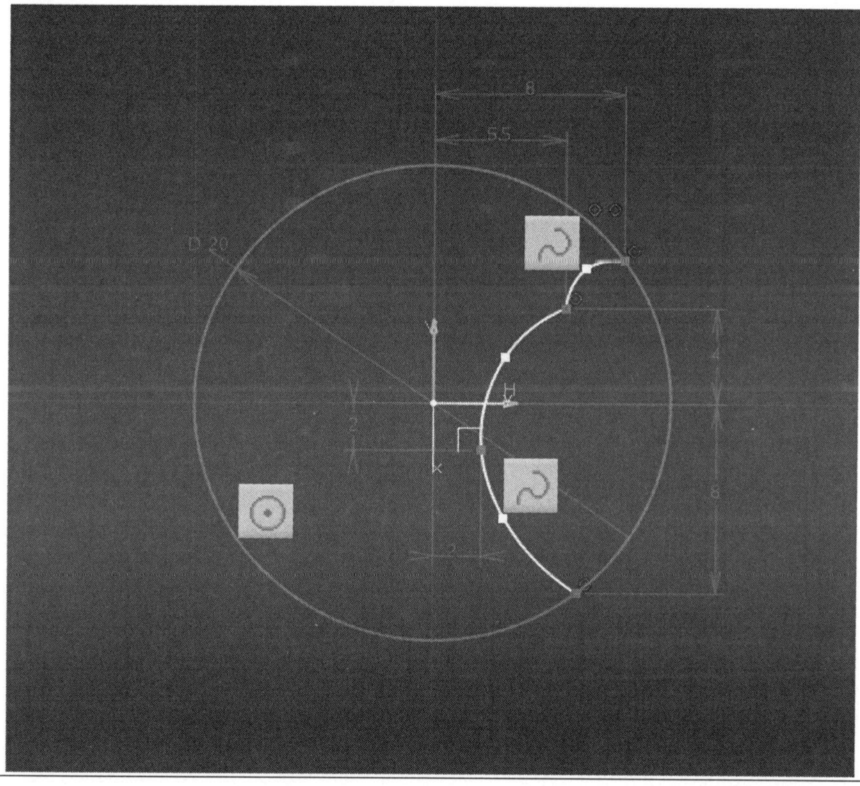

3) Rotate( )명령을 이용하여 우측단면 형상을 회전복사한다.

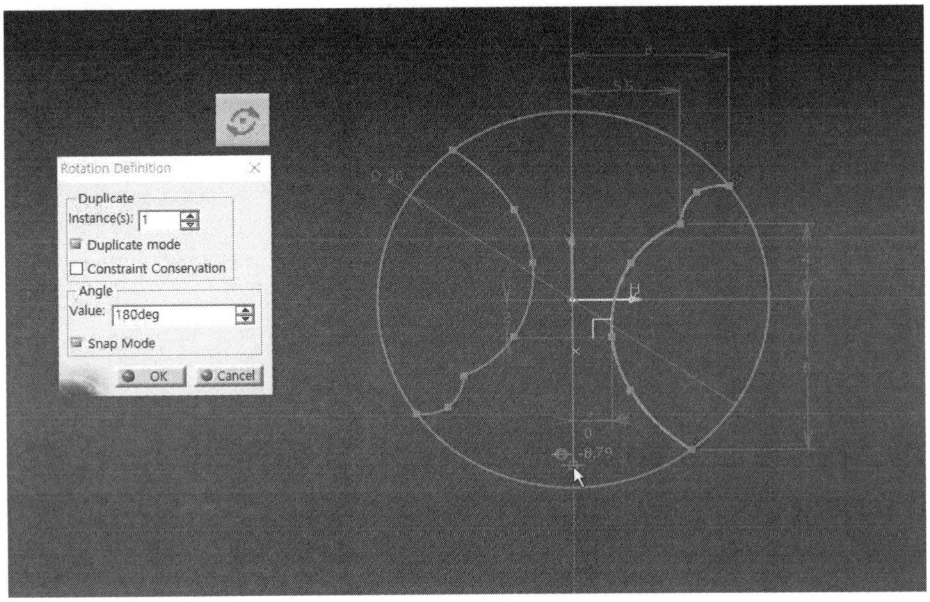

4) Quick Trim( )명령으로 단면형상을 완성한다.

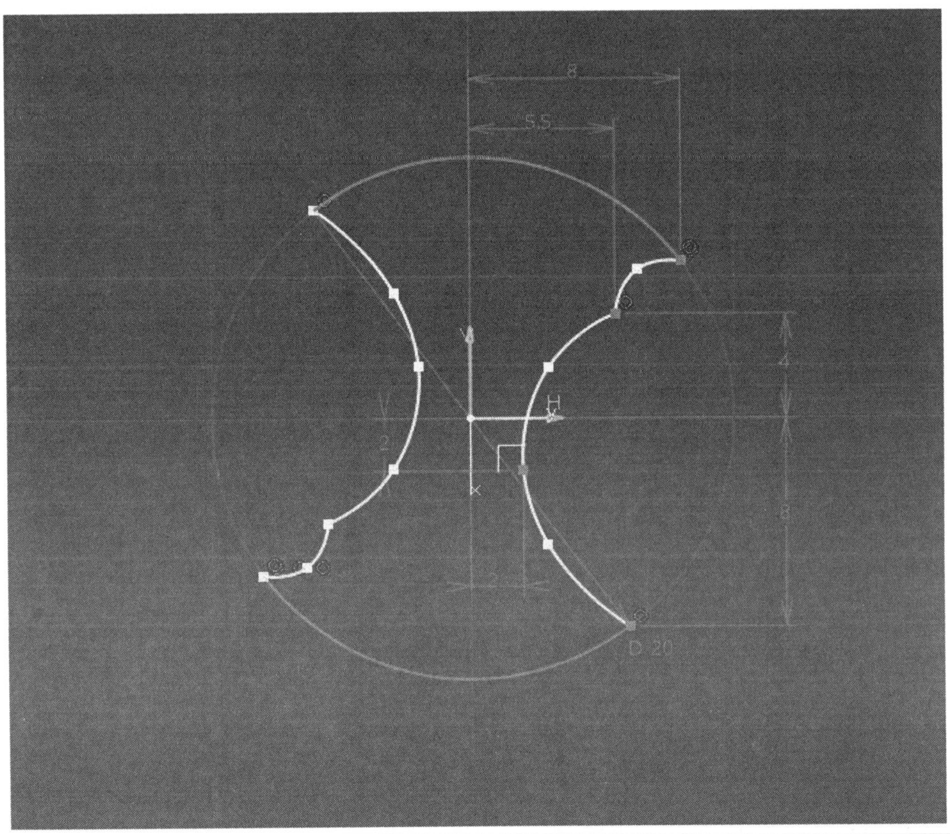

5) Exit Workbench( )명령을 클릭하여 스케치작업을 종료하고 GSD워크벤치(GSD Workbench)로 이동한다.

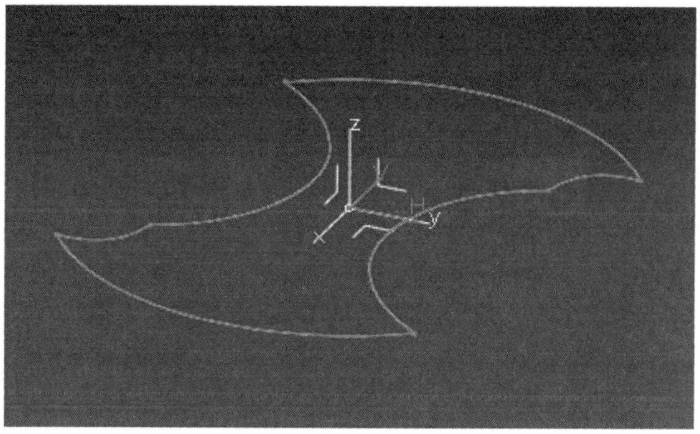

3. 기준면에 대해 150 mm Offset하여 가상의 평면(Plane)을 만들고 단면형상을 Offset한 평면에 투영한다.

1) Plane( )명령으로 Profile을 그릴 가상의 평면을 생성한다.

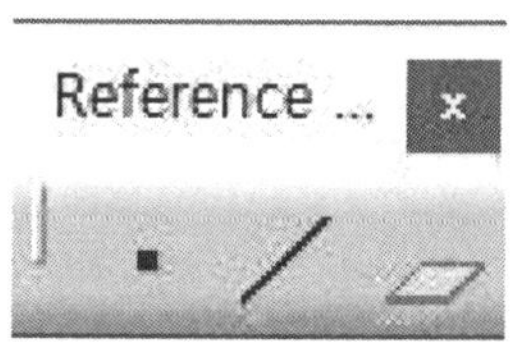

▸ x-y평면으로부터 150 mm Offset하여 가상의 평면을 만든다.

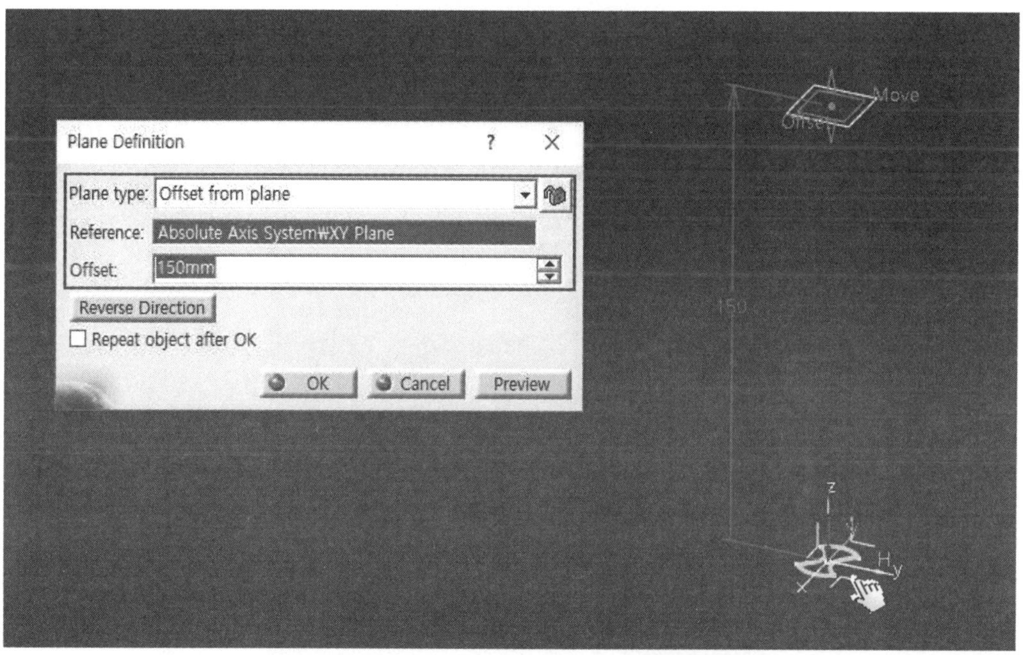

2) Positioned Sketch()명령을 실행하고 Offset한 평면을 선택한다.

▹ 축의 방향(H축, V축)을 확인하고 를 눌러 스케치로 진입한다.

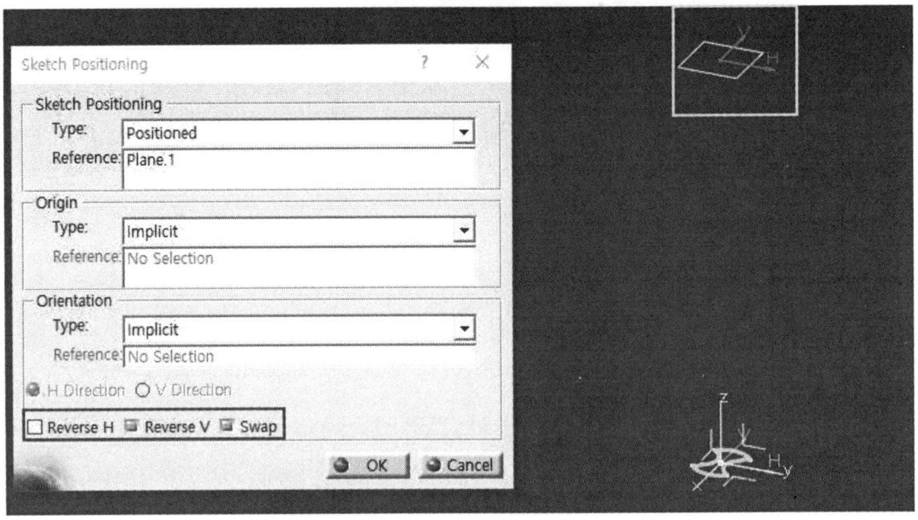

3) Project to 3D Elements()명령을 실행하고 기준면의 단면형상을 현재 스케치평명에 투영한다.

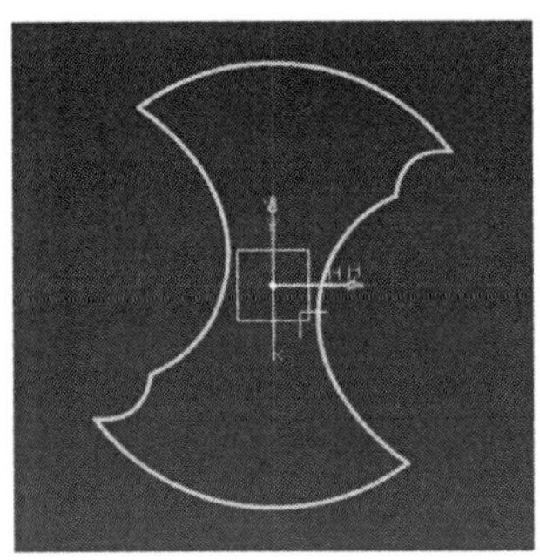

4) Exit Workbench()명령을 클릭하여 스케치작업을 종료하고 GSD워크벤치(GSD Workbench)로 이동한다.

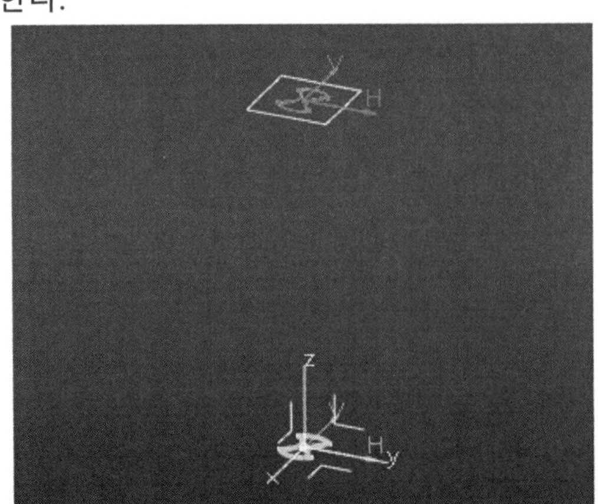

4. Helix( )명령으로 나선 형상을 만든다.
  ▹ Pitch: 50 mm
  ▹ Height: 150 mm
  ▹ Orientation: Counterclockwise(반시계방향)
  ▹ Starting Angle: 0°

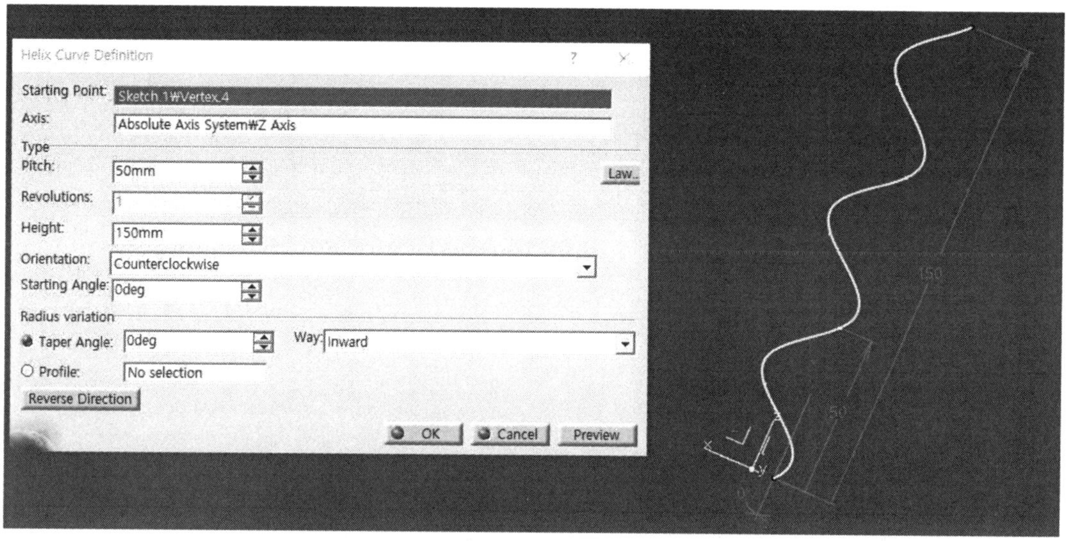

5. Multi-Sections Surface( )명령을 실행한다.
  ▸ 기준면의 단면형상과 Offset평면의 단면형상이 Helix curve를 Guide로 하여 서피스모델을 만든다.(Closing Point의 위치와 방향을 일치시킨다.)

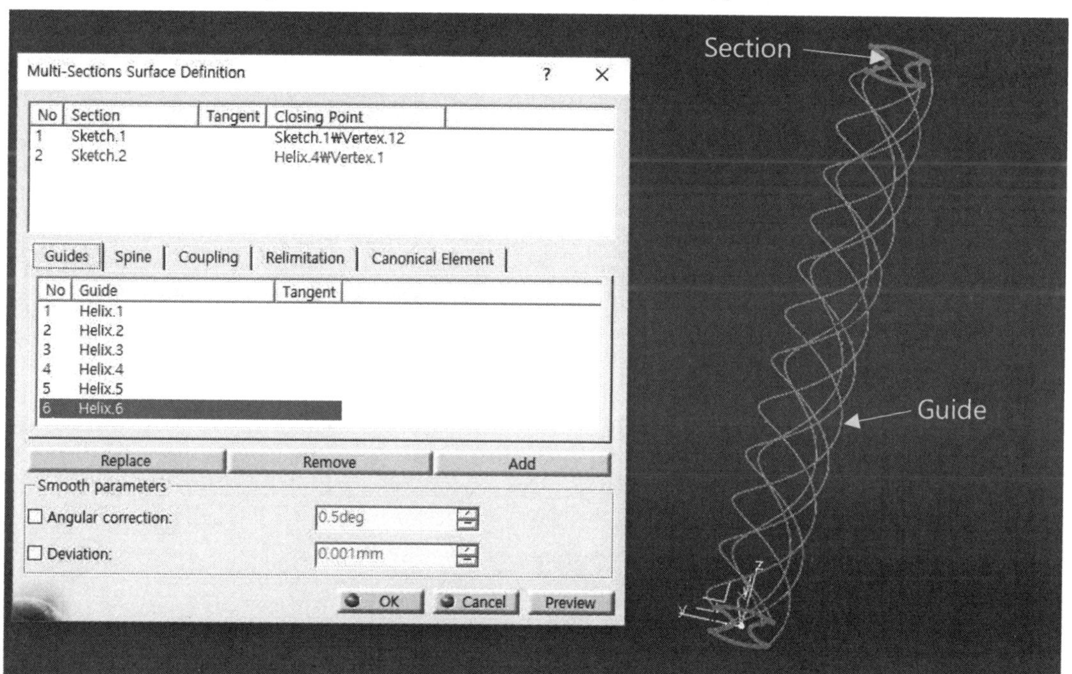

6. Preview 를 눌러 실행결과를 먼저 확인한 후 이상이 없으면 OK 를 클릭하여 모델링 작업을 완료한다.

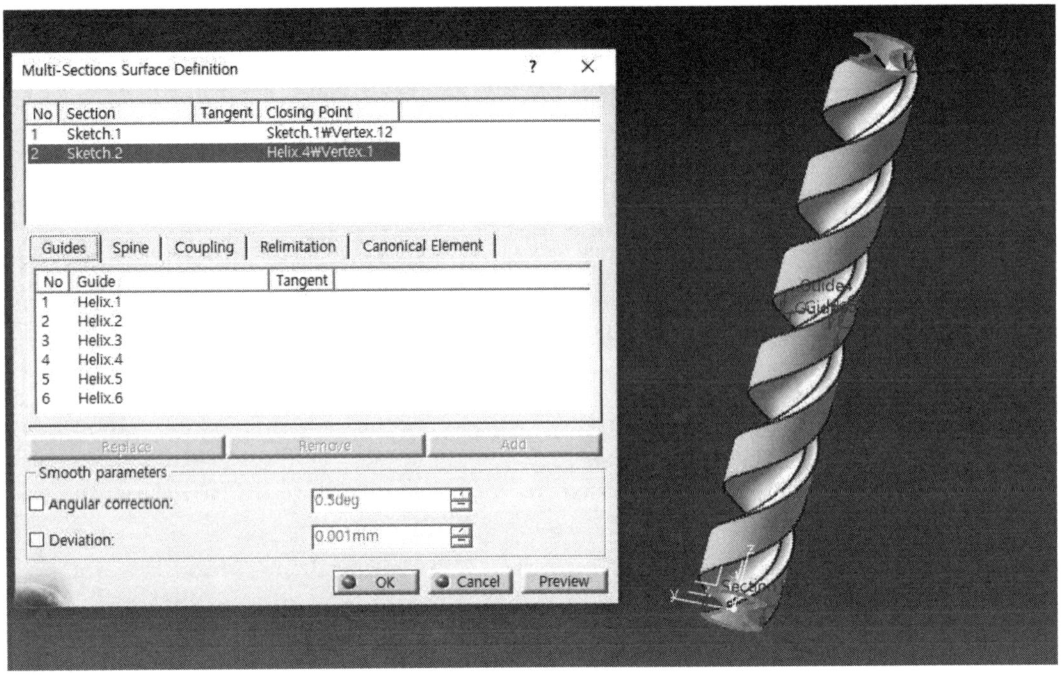

7. 드릴의 Tip부분 형상을 만든다.

▸ 정면도(Front view)를 참조하여 형상을 만든다.

1) Positioned Sketch()명령을 실행하고 y-z평면을 선택한다.

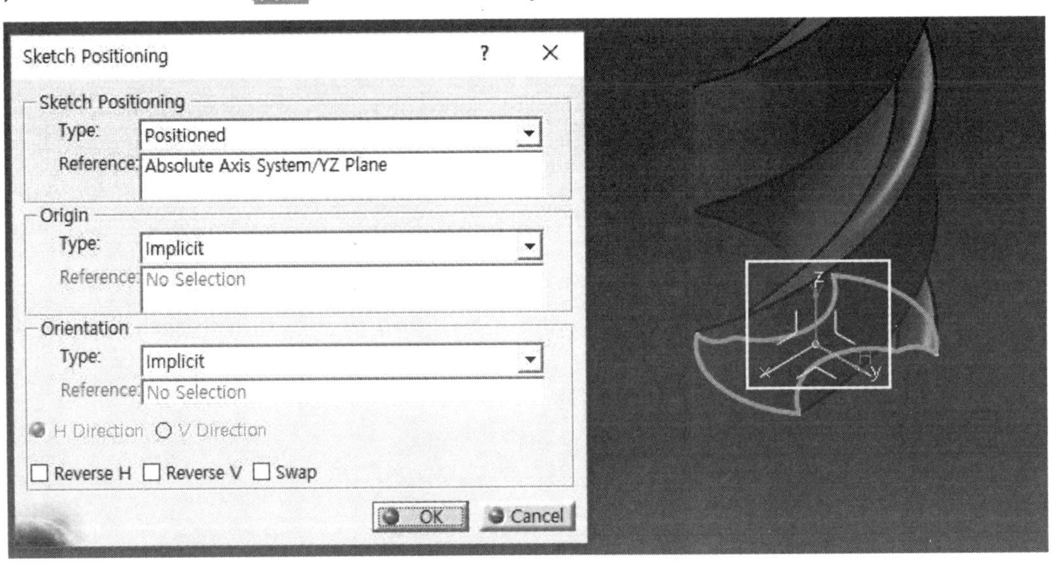

2)축의 방향(H축, V축)을 확인하고 OK 를 눌러 스케치로 진입한다.

3) Line( )명령으로 정면도의 Tip부분 형상을 그리고 완전구속한다.

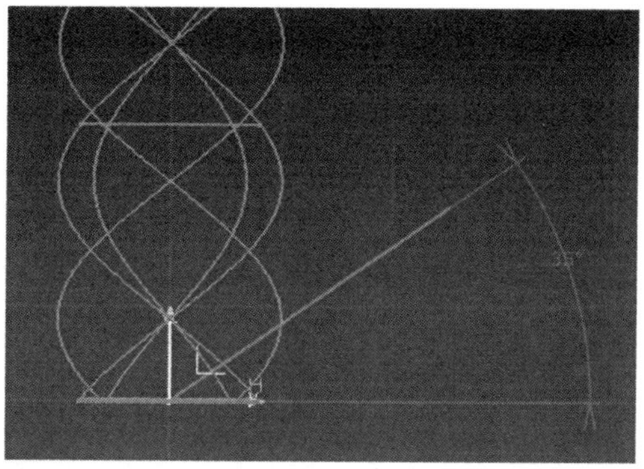

4) Exit Workbench( )명령을 클릭하여 스케치작업을 종료하고 GSD워크벤치(GSD Workbench)로 이동한다.

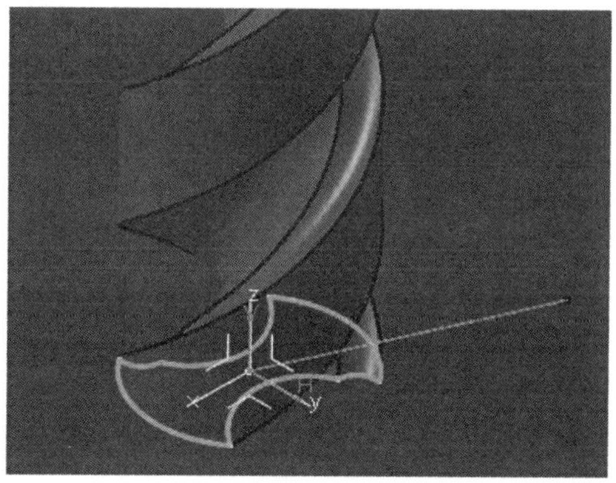

5) Revolve( )명령을 실행하고 Tip형상을 만든다.

▸ z축을 회전의 중심축으로 Profile을 360°회전시켜 서피스를 만든다.

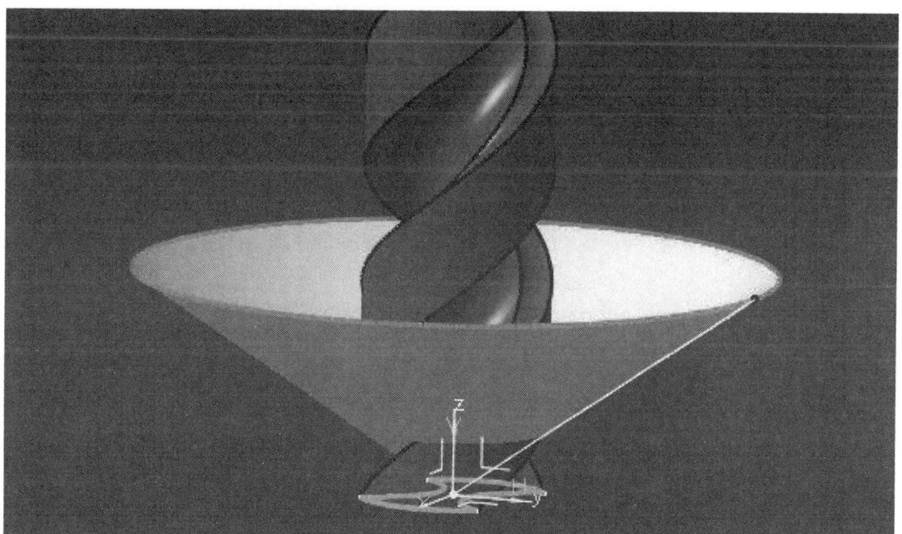

6) Trim( )명령을 실행하고 두 서피스를 선택한다.

- Preview 를 눌러 Trim명령 실행결과를 미리 확인하고 원하는 결과가 나오도록 Trimmed elements 옵션에서 서피스의 선택순서를 변경한 후 OK 를 눌러 Trim명령을 종료한다.
  - ▷ Other side / next element : 두 번째 선택한 서피스에서 Trim명령에 의해 남겨지는 요소를 원하는 다른 요소(Other side)로 바꾼다.
  - ▷ Other side / previous element : 첫 번째 선택한 서피스에서 Trim명령에 의해 남겨지는 요소를 원하는 다른 요소(Other side)로 바꾼다.

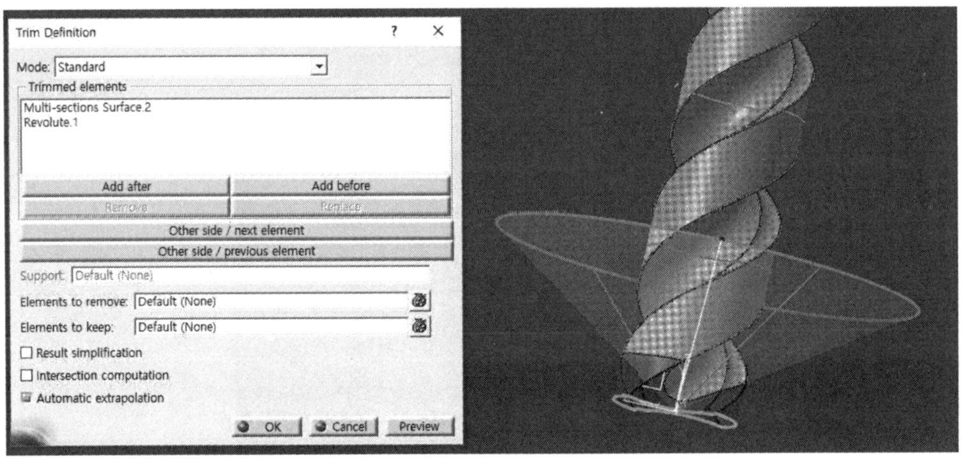

8. OK 를 눌러 모델링 작업을 완료한다.

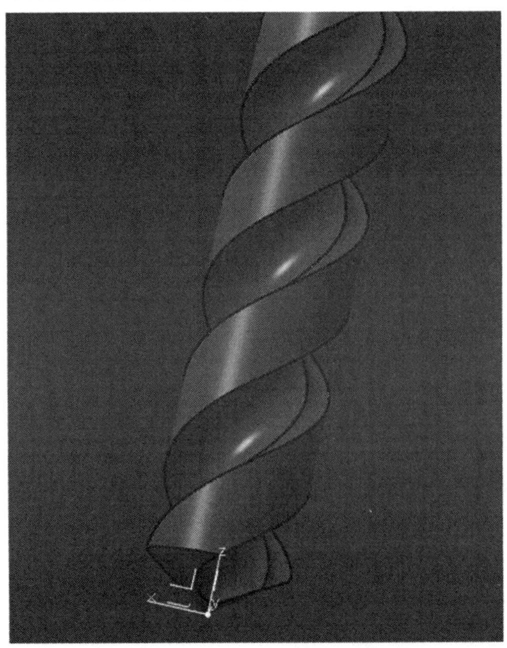

예제 3

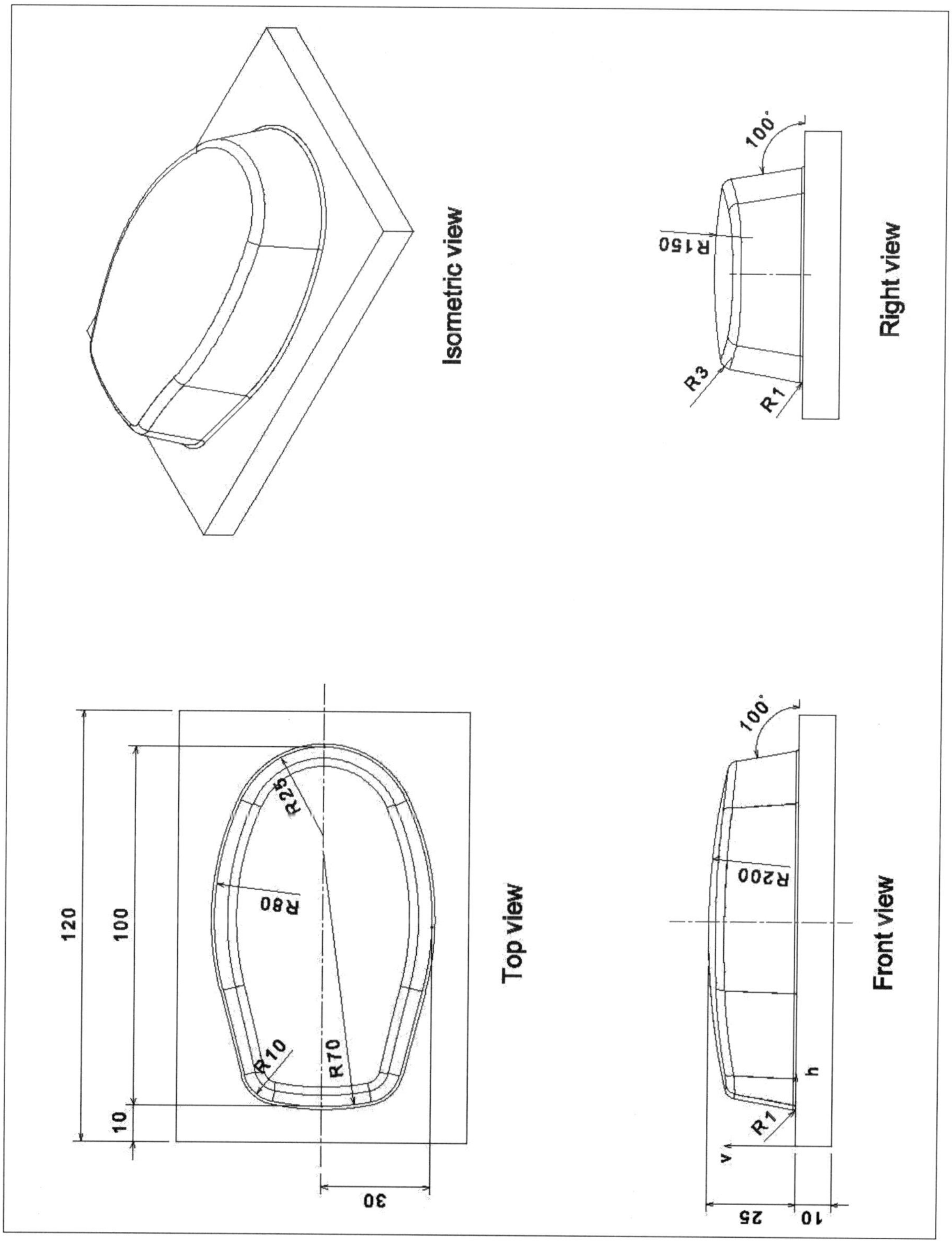
Isometric view
Right view
100°
R150
R3
R1
Top view
120
100
10
30
R25
R80
R10
R70
Front view
100°
R200
R1
h
25
10

1. 이 모델은 모델링 작업과정에 대한 설명의 편의성을 위하여 상부와 하부로 나누어 진행하도록 한다.

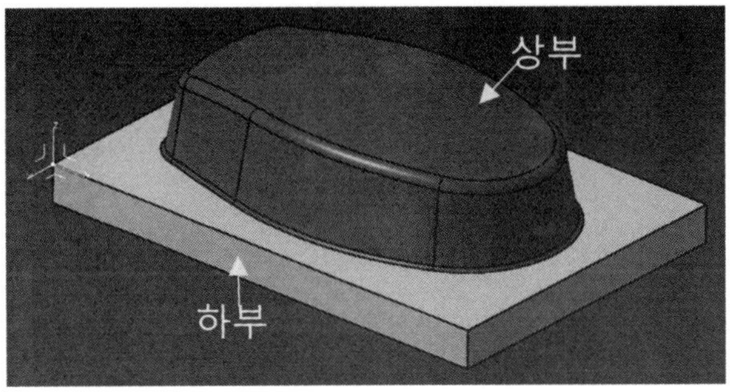

2. 먼저 하부형상의 외곽을 만든다. 평면도(Top view)를 기준으로 모델링을 시작한다.

1) Positioned Sketch( )명령을 실행하고 x-y평면을 선택한다.

▸ 축의 방향(H축, V축)을 확인하고 OK 를 눌러 스케치로 진입한다.

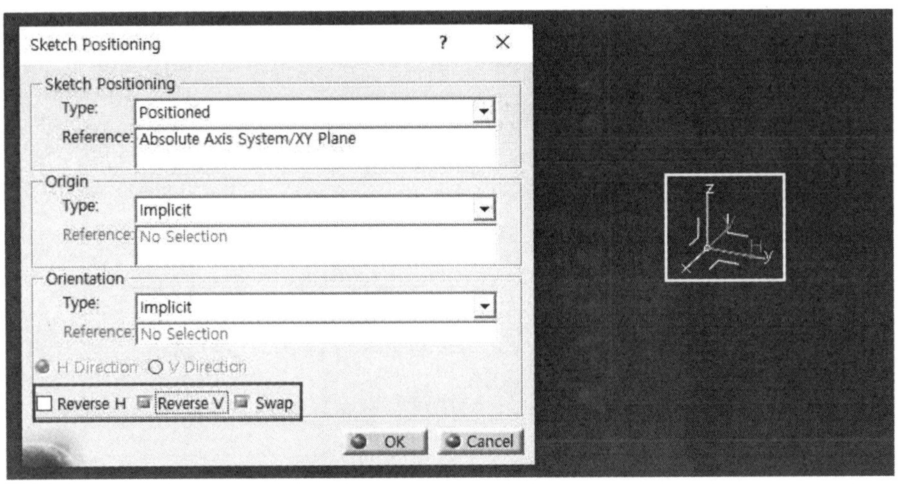

2) Rectangle( )명령을 실행하고 평면도에서 사각형의 형상을 완성한다.

▸ Profile에 치수를 부여하고 구속한다.

3) Exit Workbench( )명령을 클릭하여 스케치작업을 종료하고 GSD워크벤치(GSD Workbench)로 이동한 후 Fill( )명령을 실행하여 하부형상의 면을 채운다.

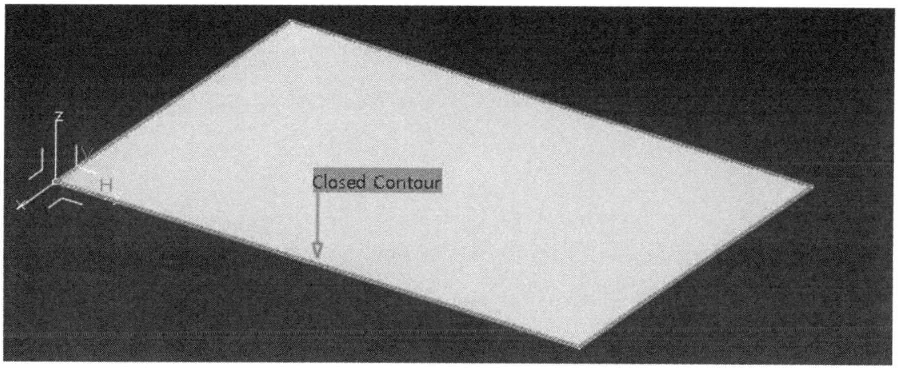

3. 상부형상을 만든다. 평면도(Top view)를 기준으로 모델링한다.

1) Positioned Sketch( )명령을 실행하고 x-y평면을 선택한다.

▸ 축의 방향(H축, V축)을 확인하고 OK 를 눌러 스케치로 진입한다.

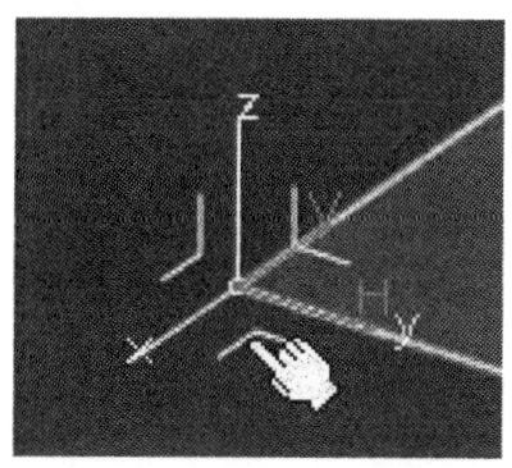

2) 평면도의 프로파일(Profile)을 완성한다. 구속조건을 부여하여 완전구속한다.

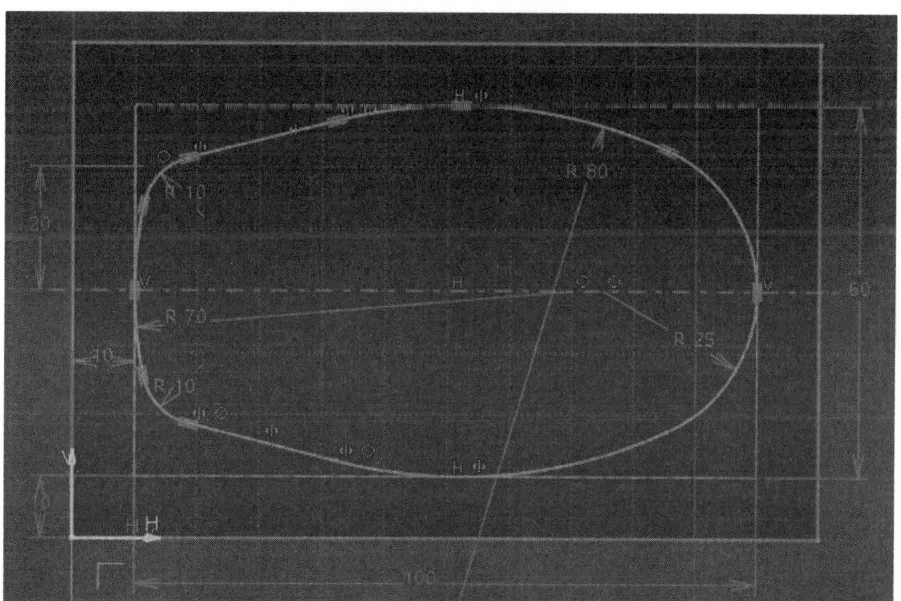

3) Exit Workbench( )명령을 클릭하여 스케치작업을 종료하고 GSD워크벤치(GSD Design Workbench)로 이동한다.

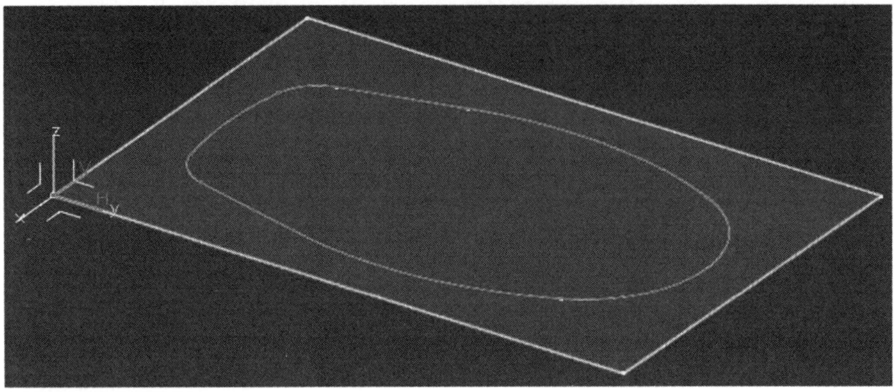

4) Sweep( )명령을 실행한다.(아래와 같이 설정한다.)

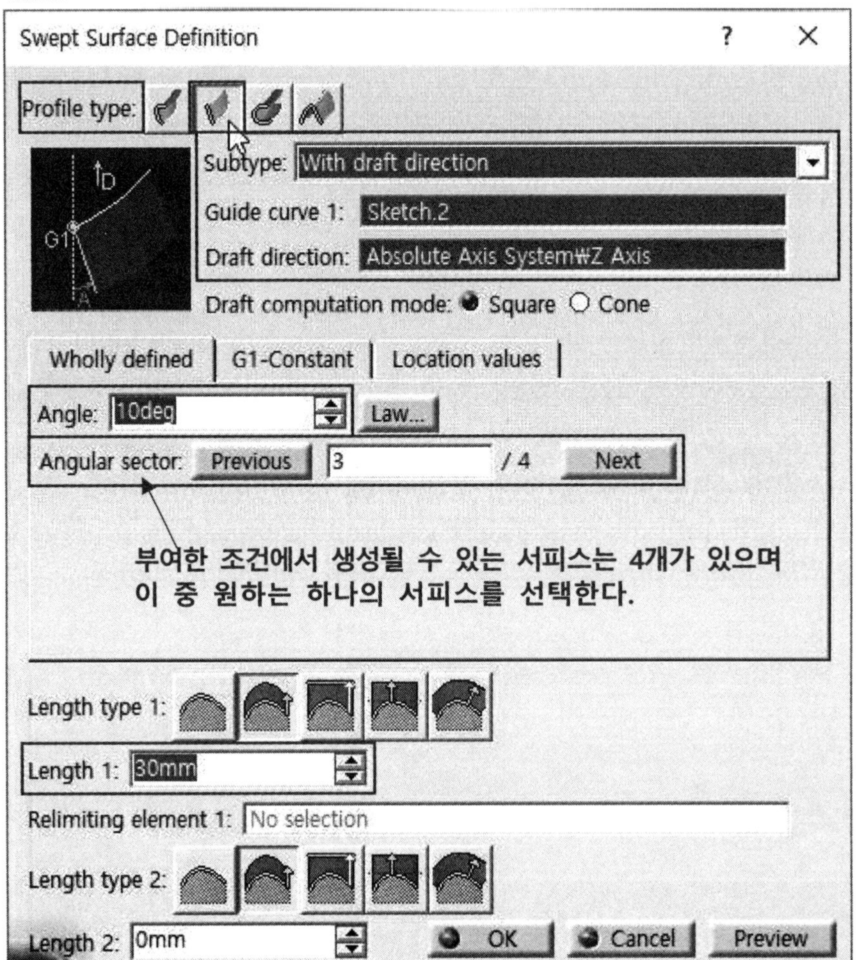

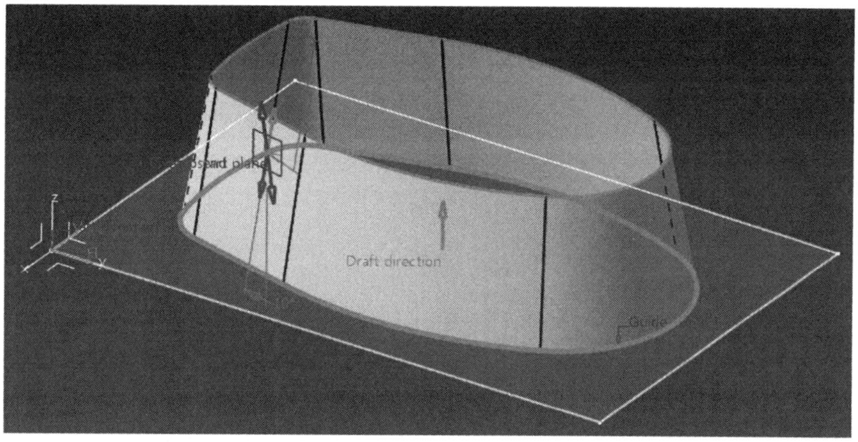

5) 지붕의 형상을 만든다.

▸ 먼저 y-z평면에서 40 mm, x-z평면에서 60 mm Offset하여 Plane( )을 생성한다.

① y-z평면에서 40 mm Offset(정면)

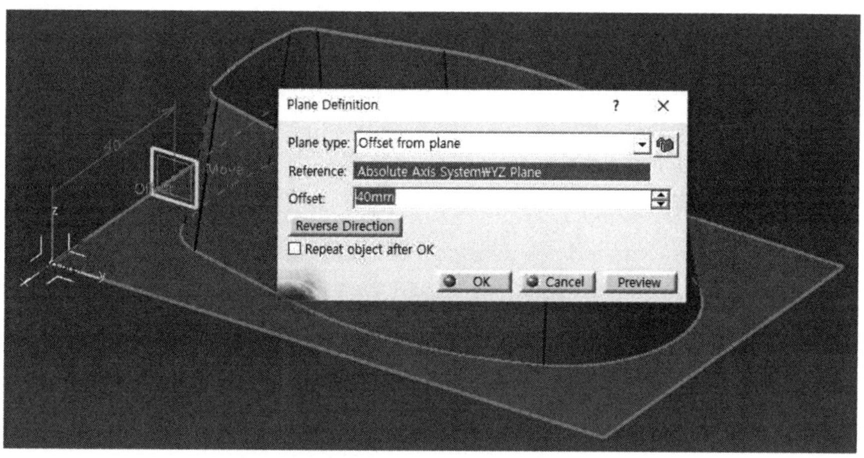

② x-z평면에서 60 mm Offset(측면)

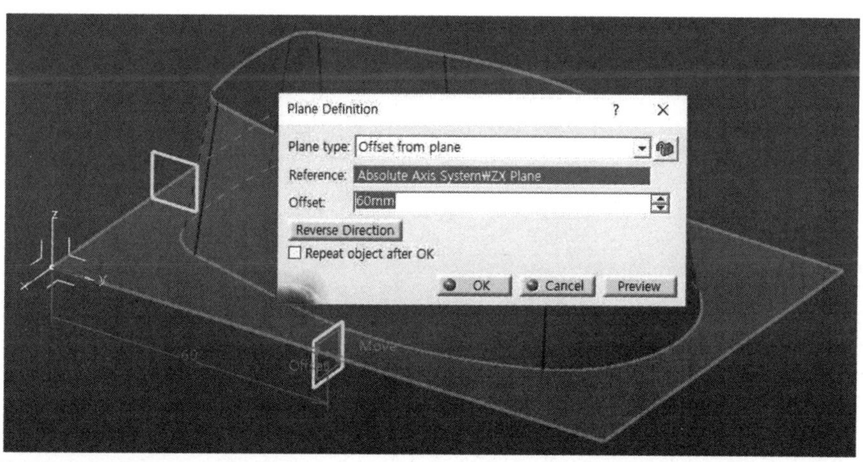

▸ 프로파일(Profile)과 가이드커브(Guide curve)를 만든다.

① 생성한 Plane위에 정면도(Front view)의 호(R=200 mm)를 생성한다.

▹ Positioned Sketch( )명령을 실행하고 스케치로 진입한다.

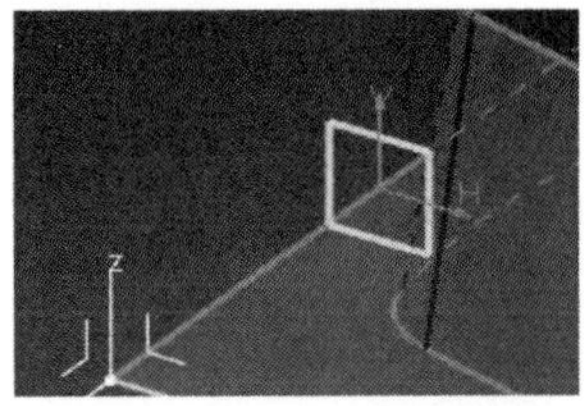

▹ R=200 mm 호를 생성하고 구속조건을 부여하여 완전구속한다.

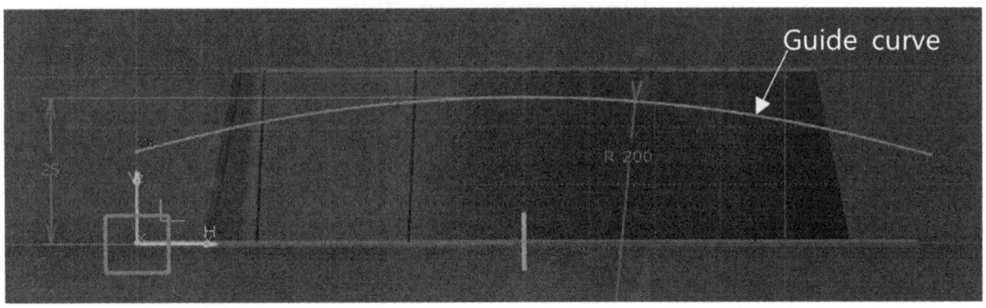

▹ Exit Workbench( )명령을 클릭하여 스케치작업을 종료하고 GSD워크벤치(GSD Workbench)로 이동한다.

② 생성한 Plane위에 우측면도(Right view)의 호(R=150 mm)를 생성한다.

▹ Positioned Sketch( )명령을 실행하고 스케치로 진입한다.

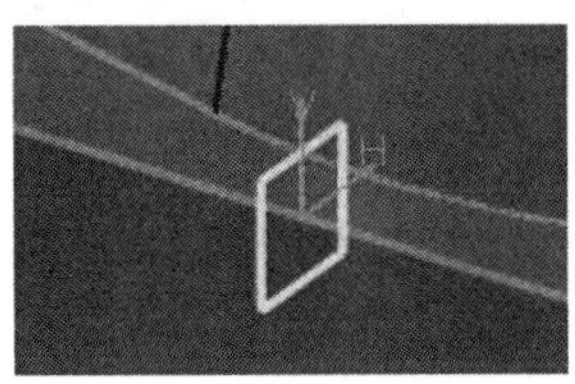

▹ R=150 mm 호를 생성하고 구속조건을 부여하여 완전구속한다.

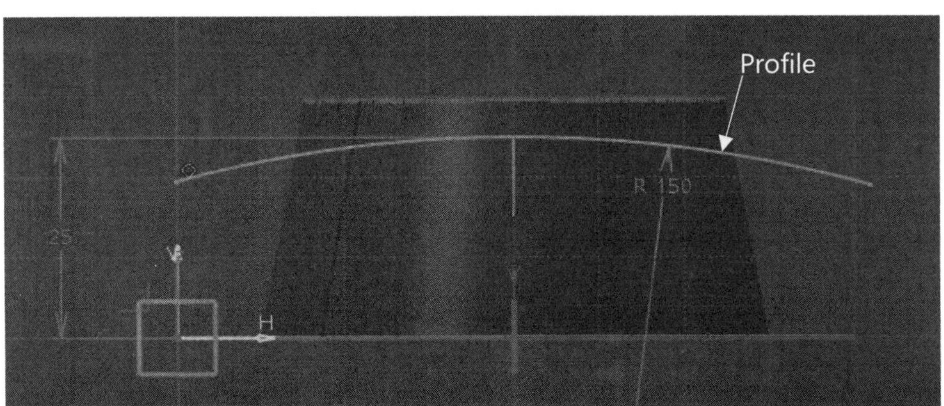

▹ Exit Workbench( )명령을 클릭하여 스케치작업을 종료하고 GSD워크벤치(GSD Workbench)로 이동한다.

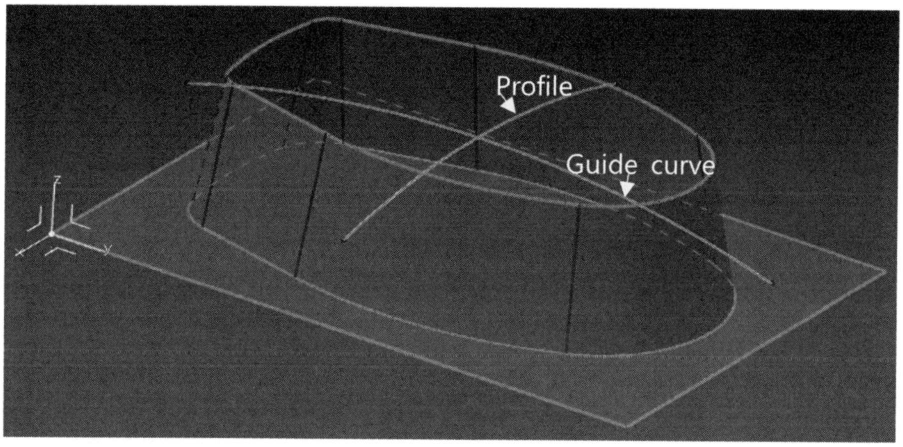

③ Sweep( )명령을 실행한다.(아래와 같이 설정한다.)

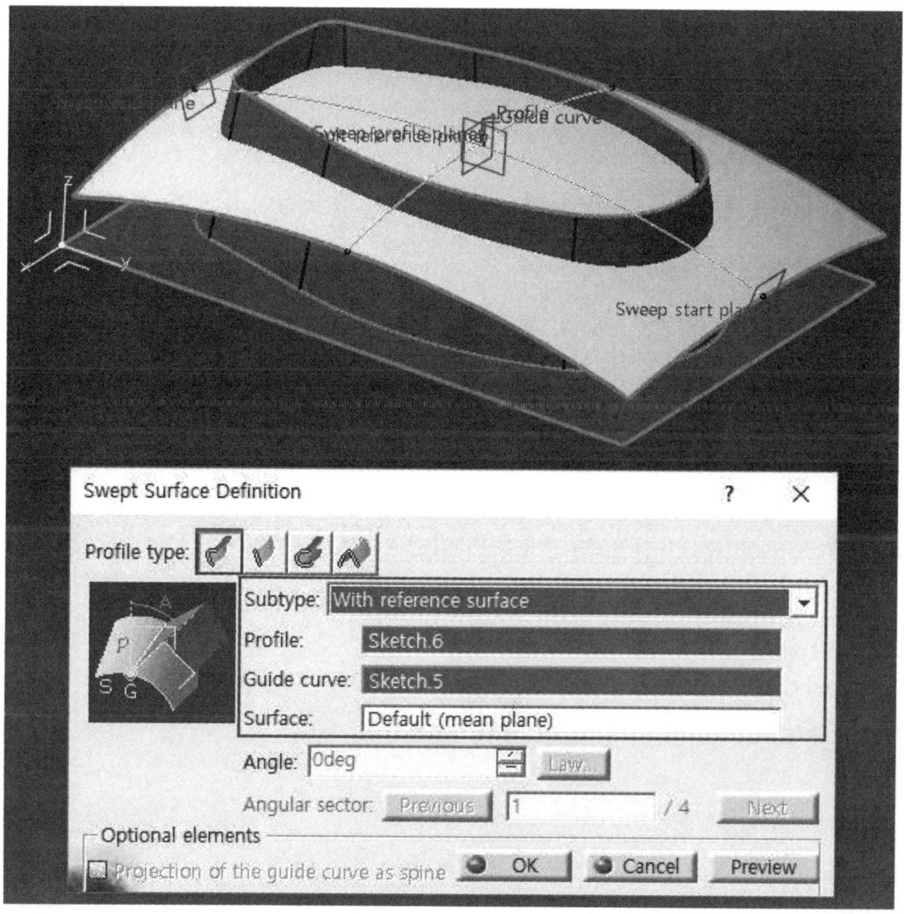

④ Shape Fillet( )명령을 실행한다.(R=3 mm)

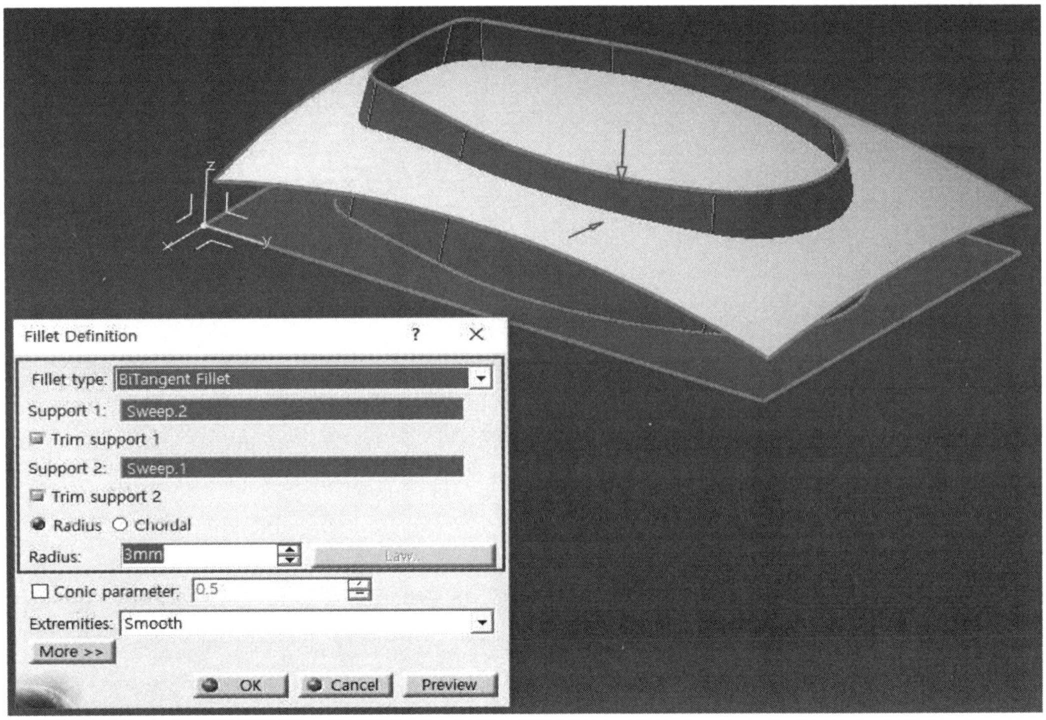

⑤ Preview 를 눌러 실행결과를 먼저 확인한다.

▹ Fillet이 원하는 방향과 맞지 않게 생성되면 화살표를 클릭하여 Fillet의 생성방향을 수정한다.

⑥ Fillet의 방향을 확인한 후 이상이 없으면 OK 를 눌러 서피스 형상을 완성한다.

▹ 상부의 형상이 완성되면 상부와 하부를 연결하고 최종적으로 솔리드모델을 완성하여 모델링 작업을 완료한다.

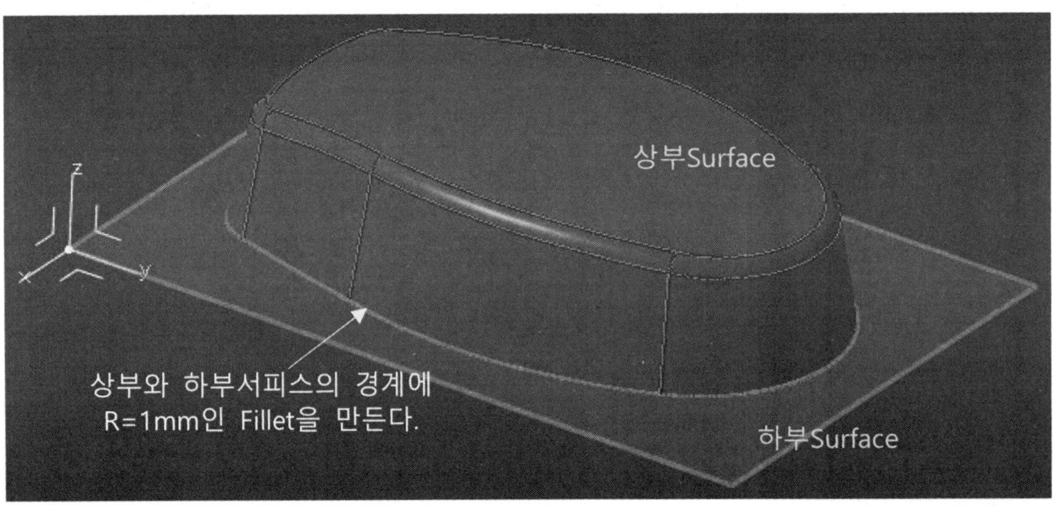

4. Shape Fillet( )명령을 실행하고 상부와 하부형상을 연결한다.(R=1 mm)

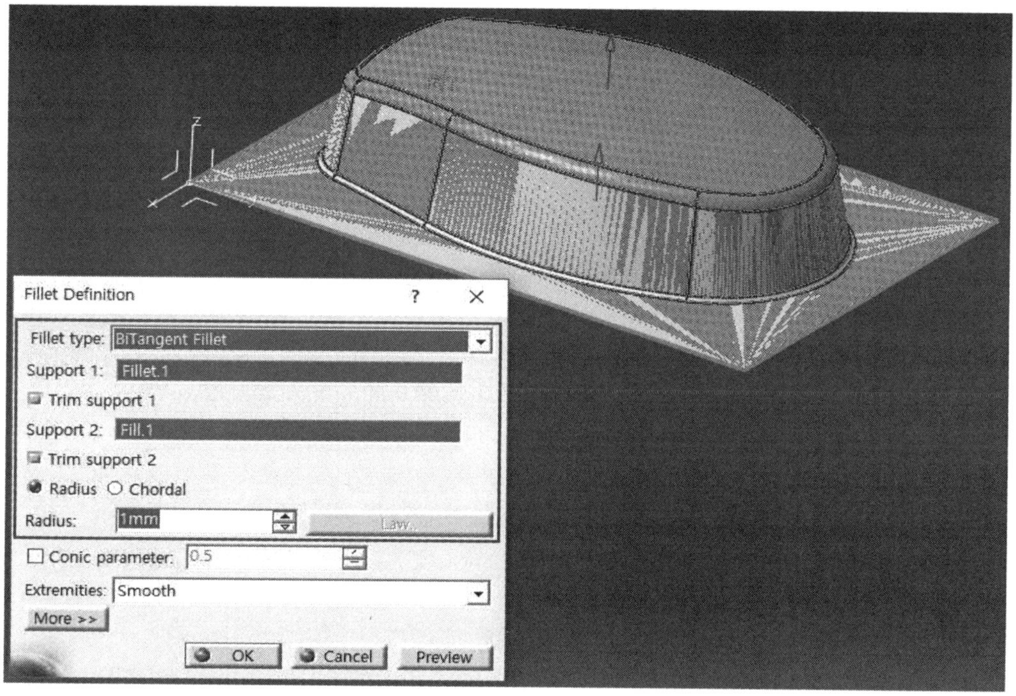

5. Extrude( )명령을 실행하고 하부형상을 만든다.

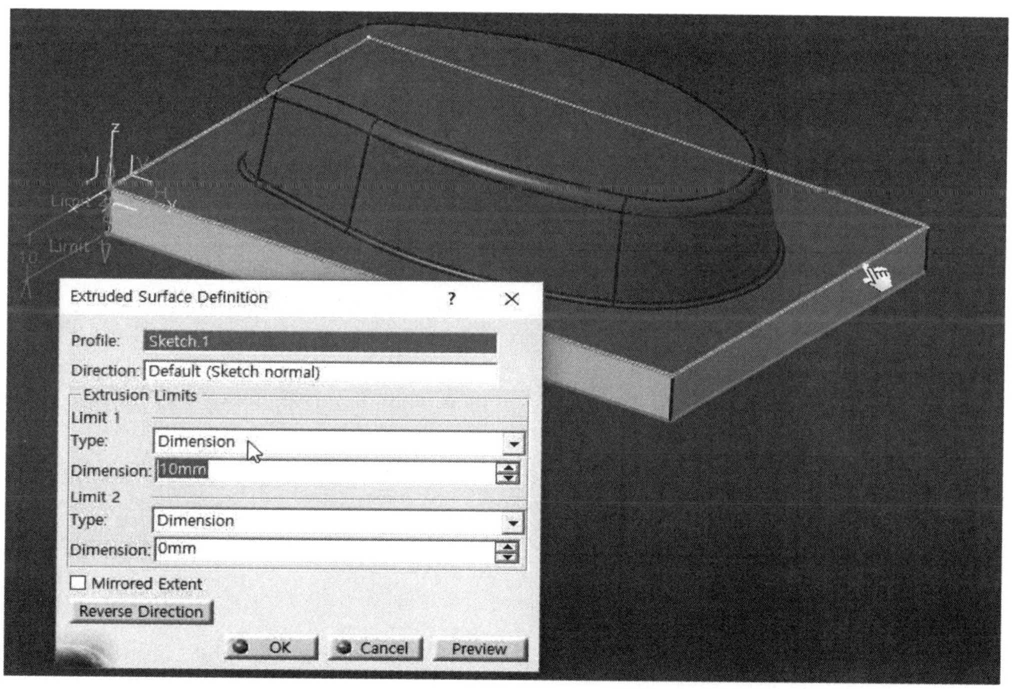

6. Fill()명령을 실행하고 하부공간을 채운다.

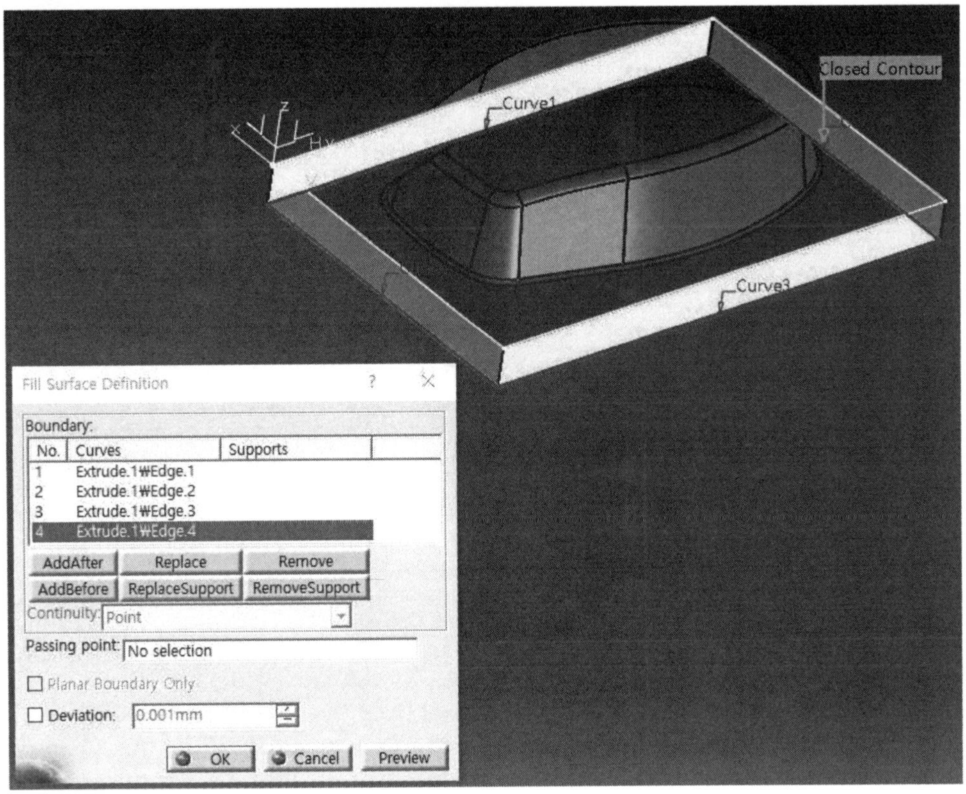

7. Join()명령을 실행하여 연결되지 않은 서피스 경계를 모두 연결한다.

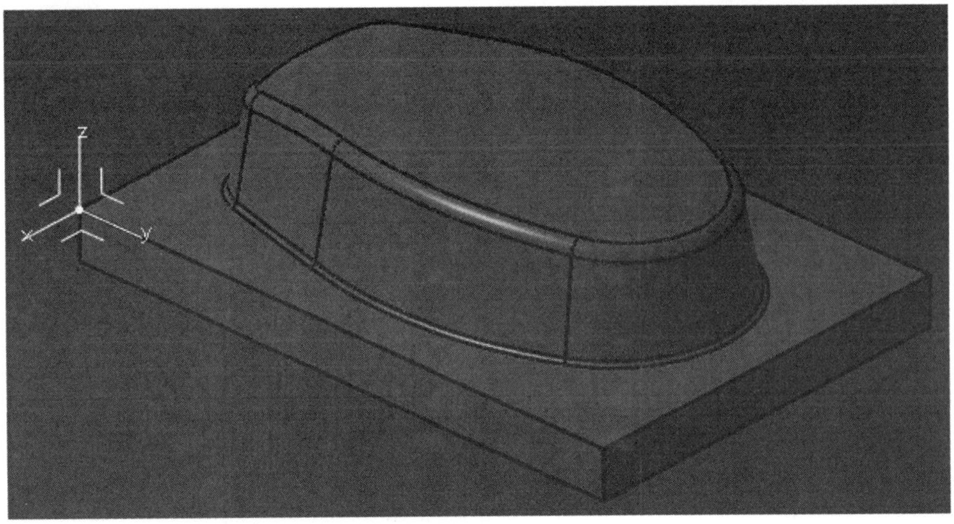

8. 최종 솔리드모델로 완성하기 위하여 파트디자인워크벤치(Part Design Workbench)로 이동한다. Close Surface()명령으로 서피스모델을 솔리드모델로 완성한다.

예제 4

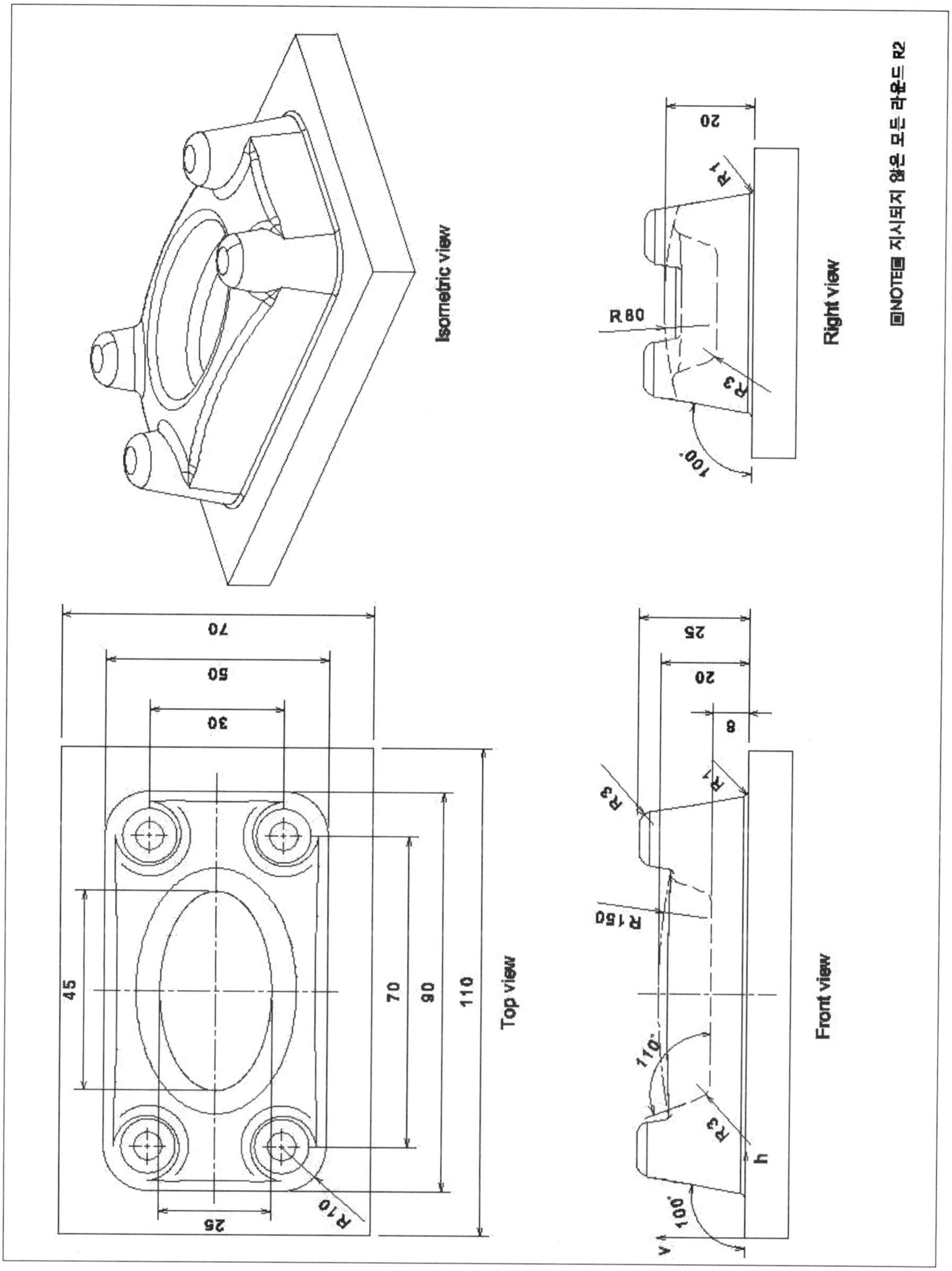

Isometric view
Top view
Front view
Right view
NOTE: 지시되지 않은 모든 라운드 R2
70
50
30
45
70
90
110
25
R10
25
20
8
R1
R3
R150
110°
R3
h
100°
V
20
R1
R80
R3
100°

1. 이 모델은 모델링 작업과정에 대한 설명의 편의성을 위하여 상부와 하부로 나누어 진행하도록 한다.

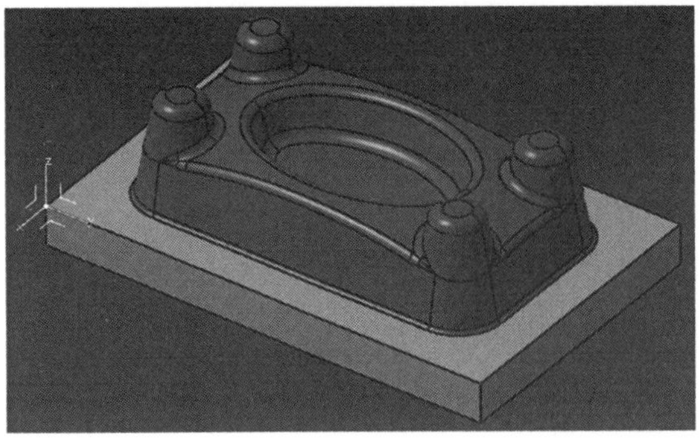

2. 먼저 하부형상의 외곽을 만든다. 평면도(Top view)를 기준으로 모델링을 시작한다.

1) Positioned Sketch()명령을 실행하고 x-y평면을 선택한다.

▸ 축의 방향(H축, V축)을 확인하고 를 눌러 스케치로 진입한다.

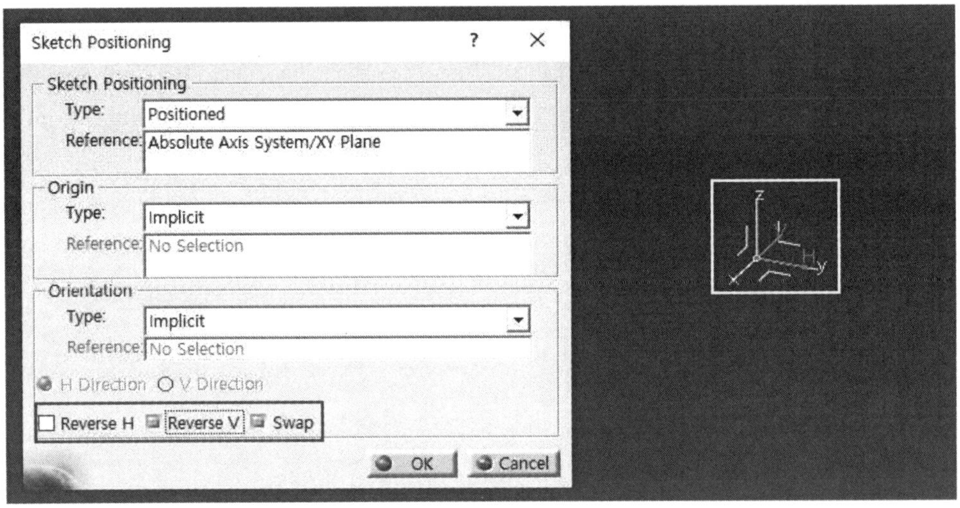

2) Rectangle(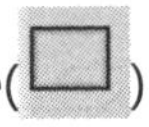)명령을 실행하고 평면도에서 사각형의 형상을 완성한다.

▸ Profile에 치수를 부여하고 구속한다.

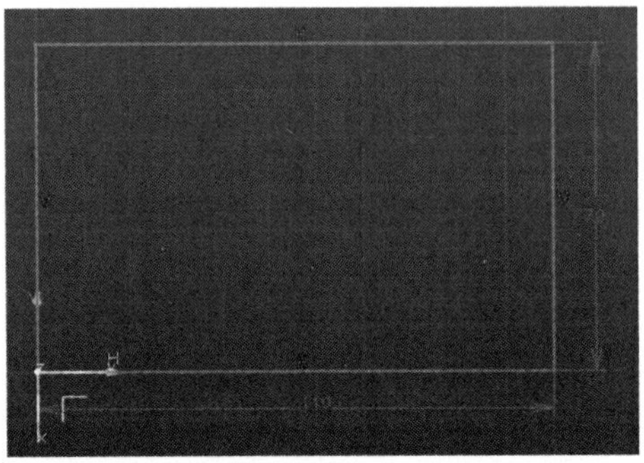

3) Exit Workbench( )명령을 클릭하여 스케치작업을 종료하고 GSD워크벤치(GSD Workbench)로 이동한다.

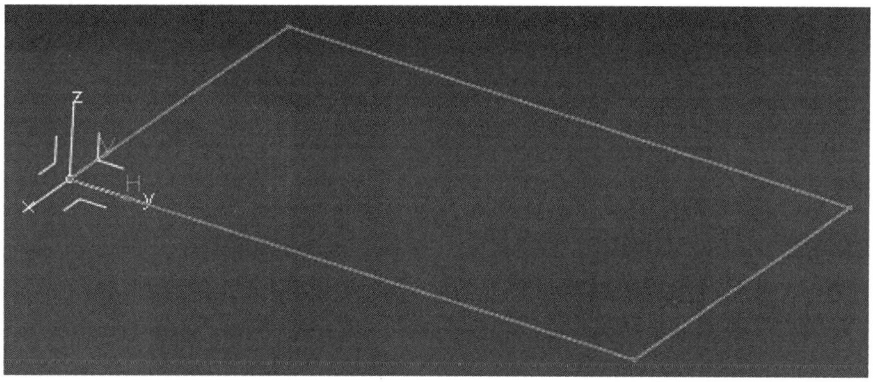

3. 상부형상을 만든다. 평면도(Top view)를 기준으로 모델링한다.

1) Positioned Sketch( )명령을 실행하고 x-y평면을 선택한다.

▸ 축의 방향(H축, V축)을 확인하고 OK 를 눌러 스케치로 진입한다.

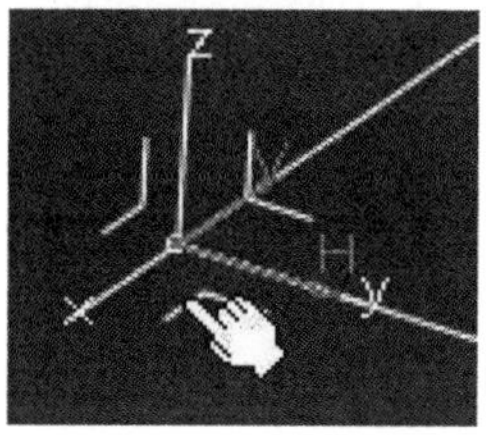

2) 평면도의 프로파일(Profile)을 완성한다. 구속조건을 부여하여 완전 구속한다.

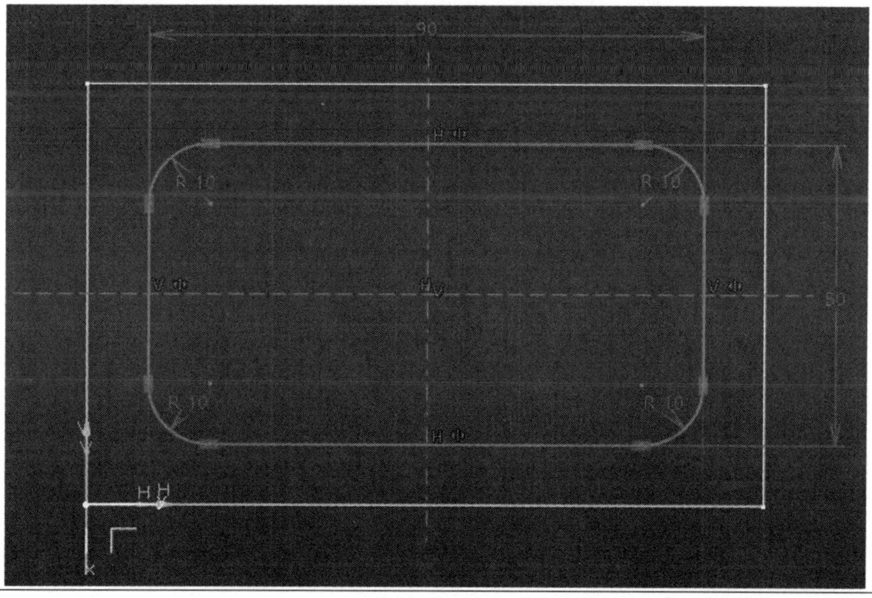

3) Exit Workbench( )명령을 클릭하여 스케치작업을 종료하고 GSD워크벤치(GSD Design Workbench)로 이동한다.

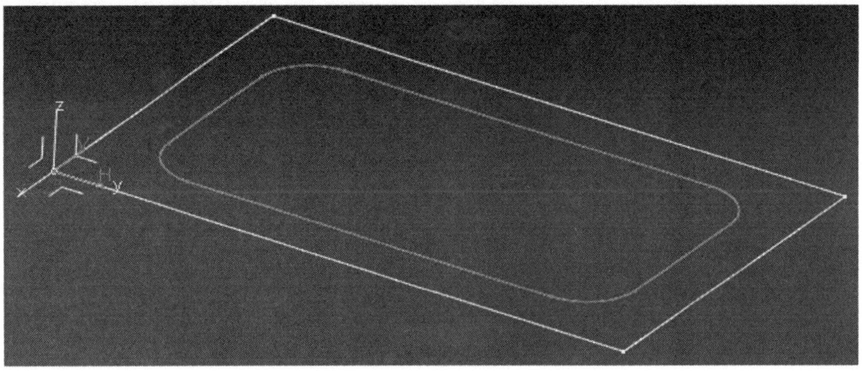

4. 기둥의 형상을 만든다. 평면도(Top view)를 기준으로 모델링한다.

1) Positioned Sketch( )명령을 실행하고 x-y평면을 선택한다.

▸ 축의 방향(H축, V축)을 확인하고 [OK]를 눌러 스케치로 진입한다.

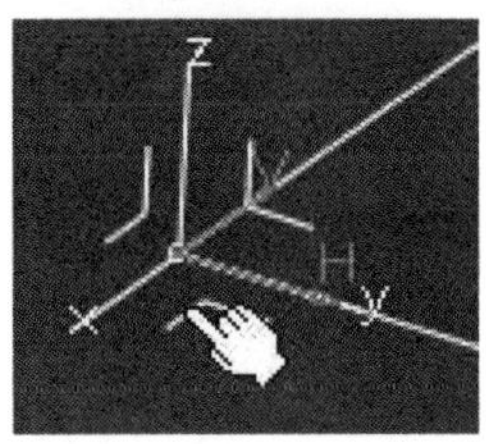

2) 평면도로부터 기둥의 프로파일(Profile)을 그리고 구속조건을 부여하여 완전구속한다.

▹ 4개의 기둥이 있지만 먼저 하나의 기둥만 완성하고 나머지는 패턴복사한다.

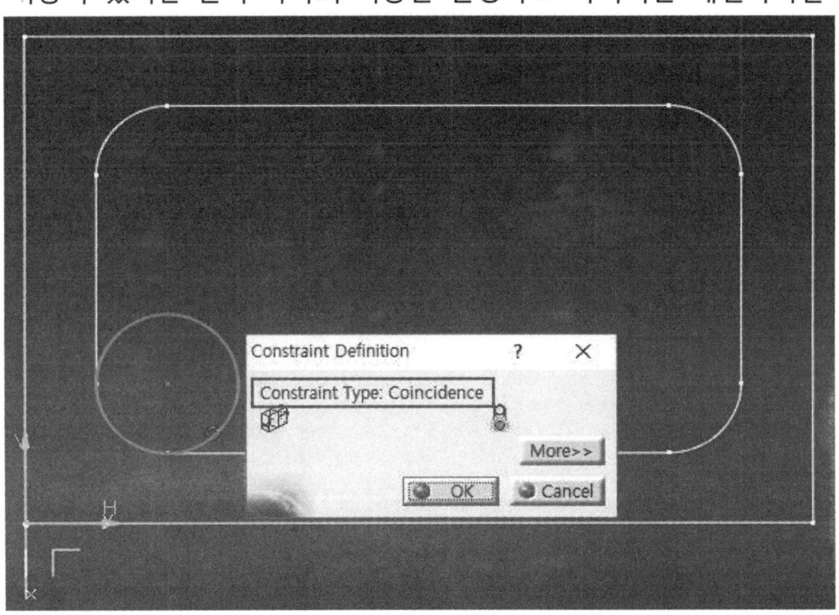

3) Exit Workbench( )명령을 클릭하여 스케치작업을 종료하고 GSD워크벤치(GSD Design Workbench)로 이동한다.

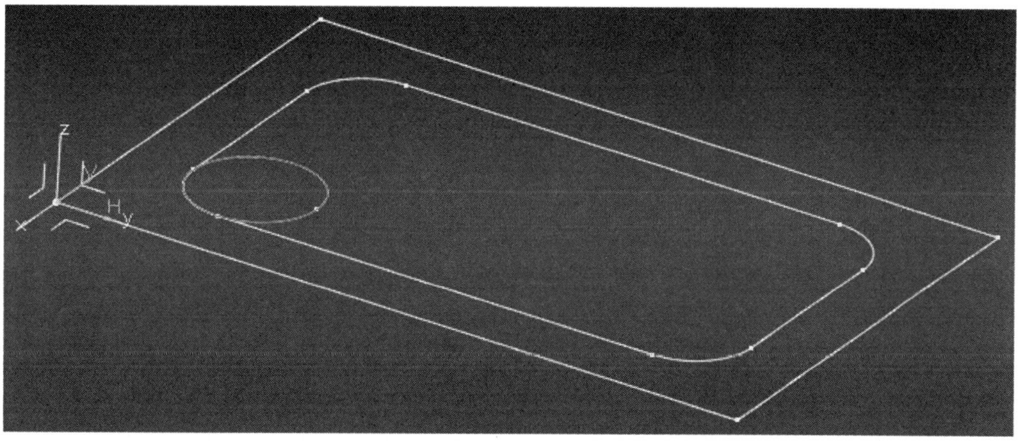

4) Sweep( )명령을 실행하고 아래와 같이 설정하여 기둥 하나를 먼저 완성한다.

▹ Profile type: Line
▹ Subtype: With draft direction
▹ Guide curve 1: Sketch.1
▹ Draft direction: Z축
▹ Draft 각도(Angle): 10°
▹ Length type: Standard
▹ Length: 25 mm

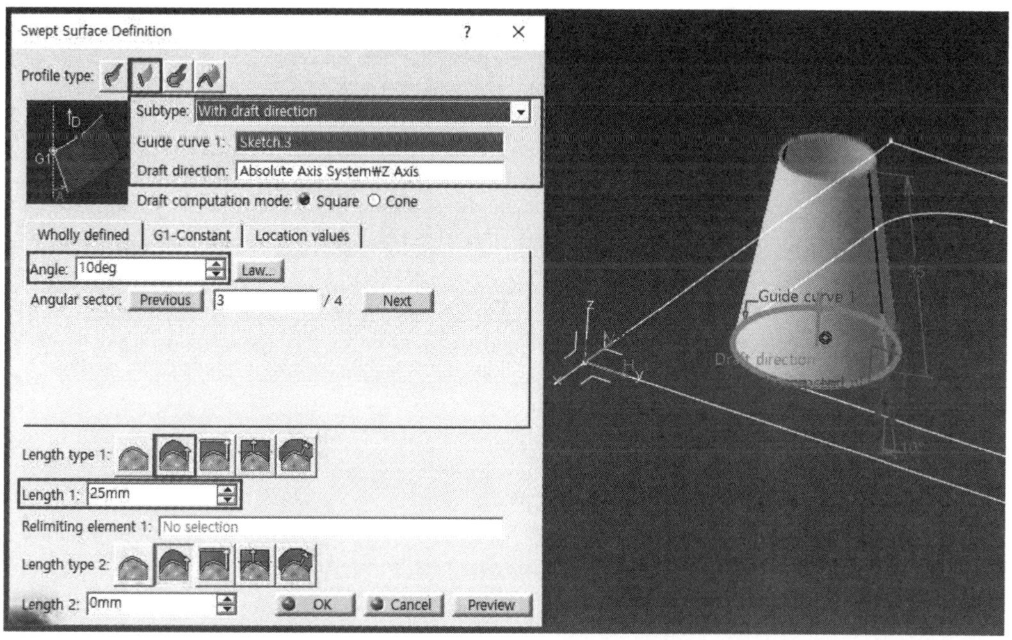

5) Pattern( )명령을 실행한다.

▹ First Direction(H축방향) 옵션과 Second Direction(V축방향) 옵션을 다음과 같이 설정하고 Pattern명령으로 기둥형상을 패턴 복사한다.

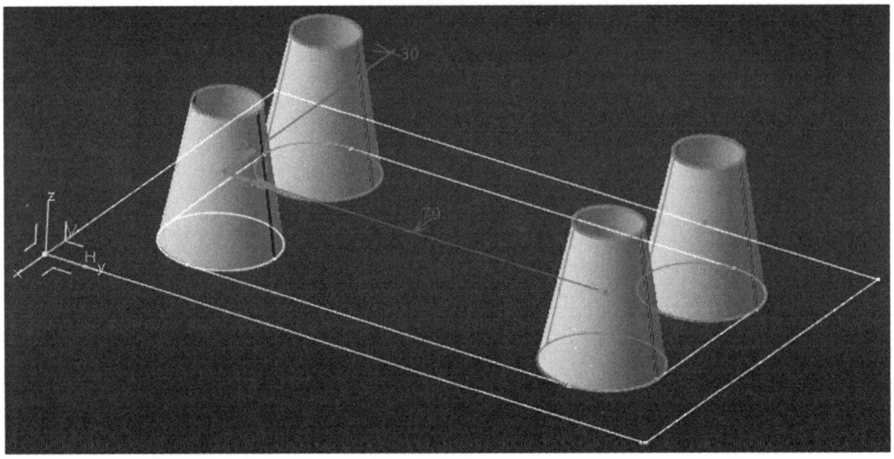

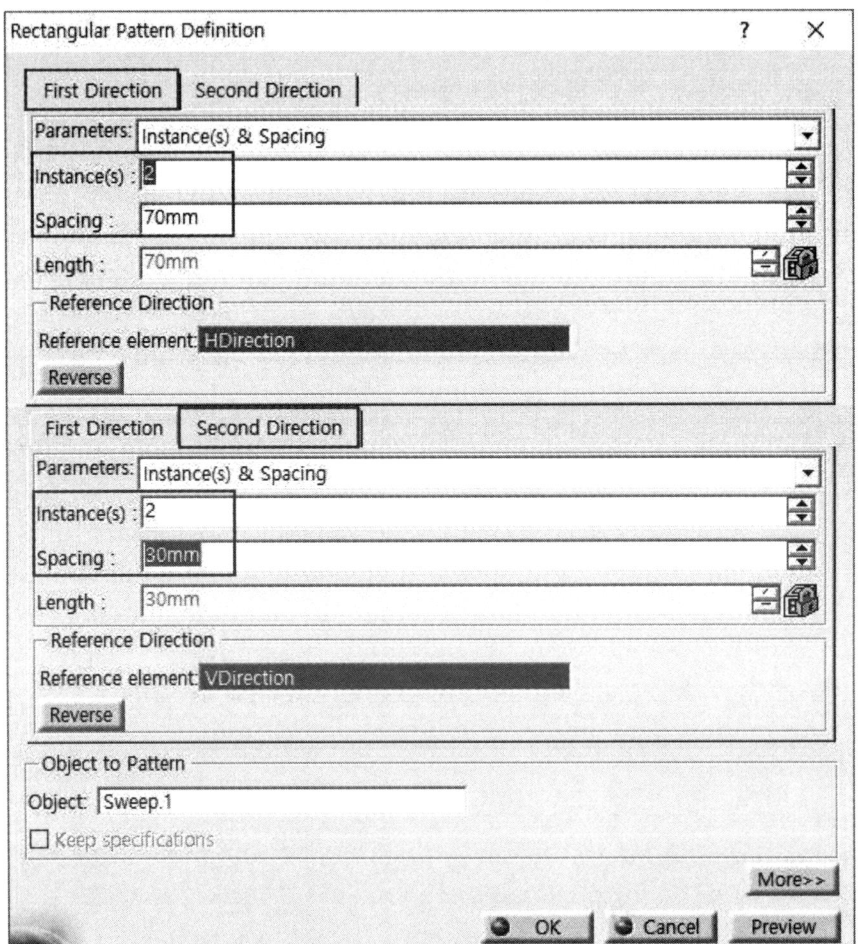

6) Join( )명령을 실행하여 먼저 만든 기둥(1개)과 패턴 복사한 기둥(3개)을 하나의 서피스로 연결한다. 4개의 기둥은 서로 떨어져 있으므로 ☐ Check connexity 옵션을 해제해야 한다.

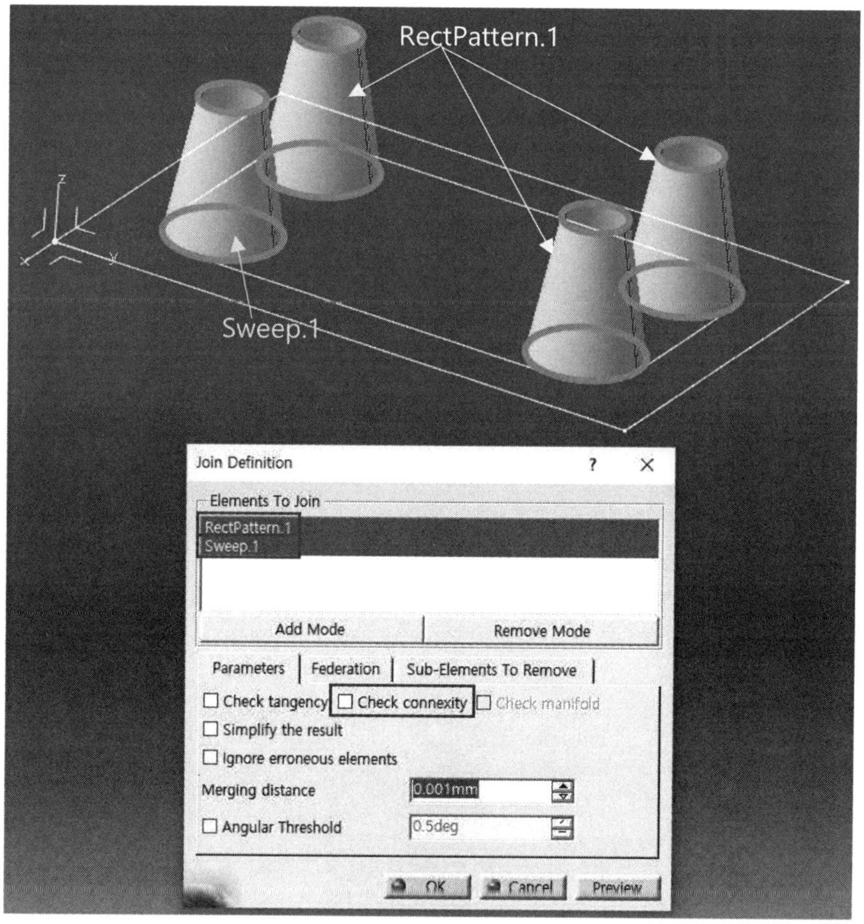

5. 지붕의 형상을 만든다.

1) y-z평면에서 35 mm, x-z평면에서 55 mm Offset하여 Plane( )을 생성한다.

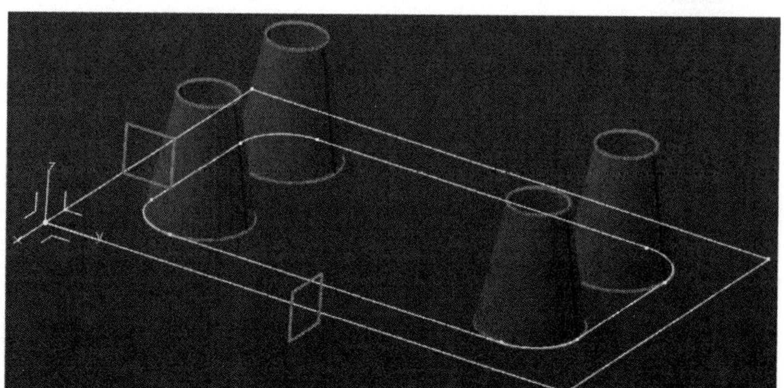

2) 프로파일(Profile)과 가이드커브(Guide curve)를 만든다.

① 생성한 Plane위에 정면도(Front view)의 호(R=200 mm)를 생성한다.

▹ Positioned Sketch()명령을 실행하고 스케치로 진입한다.

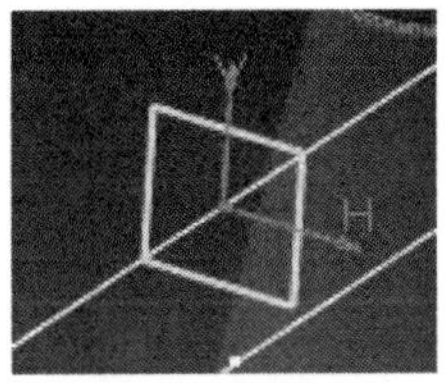

▹ R=150 mm 호를 생성하고 구속조건을 부여하여 완전구속한다.

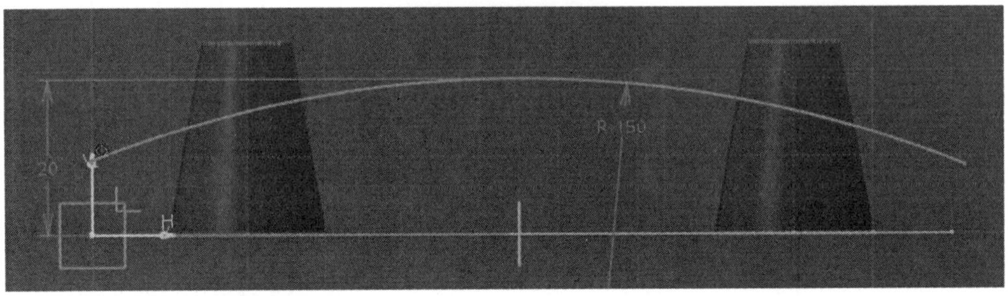

▹ Exit Workbench()명령을 클릭하여 스케치작업을 종료하고 GSD워크벤치(GSD Workbench)로 이동한다.

② 생성한 Plane위에 우측면도(Right view)의 호(R=150 mm)를 생성한다.

▹ Positioned Sketch()명령을 실행하고 스케치로 진입한다.

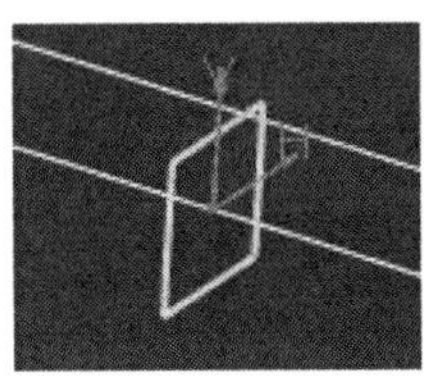

▹ R=80 mm 호를 생성하고 구속조건을 부여하여 완전구속한다.

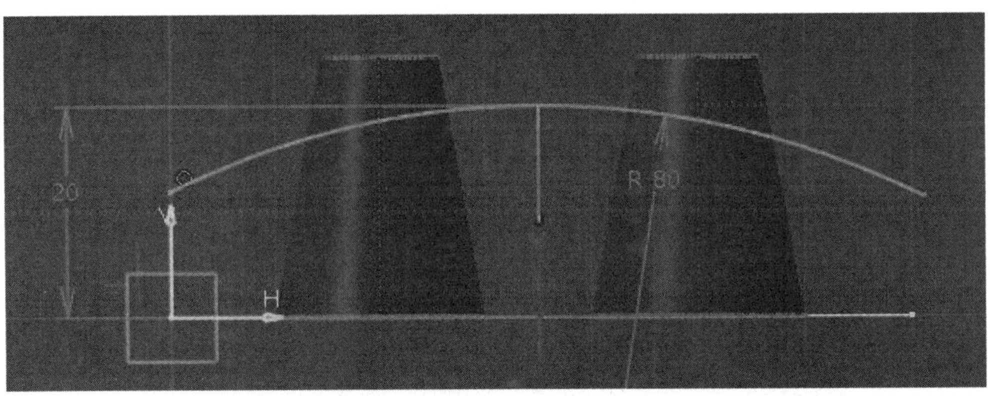

▹ Exit Workbench( )명령을 클릭하여 스케치작업을 종료하고 GSD워크벤치(GSD Workbench)로 이동한다.

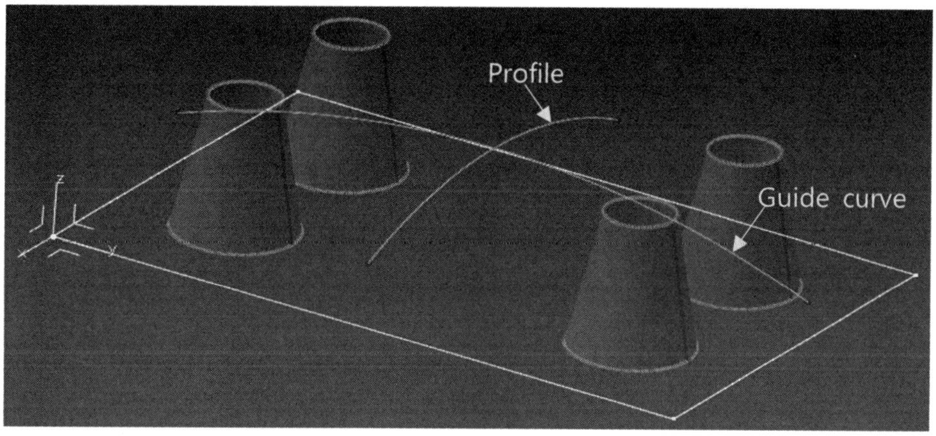

3) Sweep( )명령을 실행한다.(아래와 같이 설정한다.)

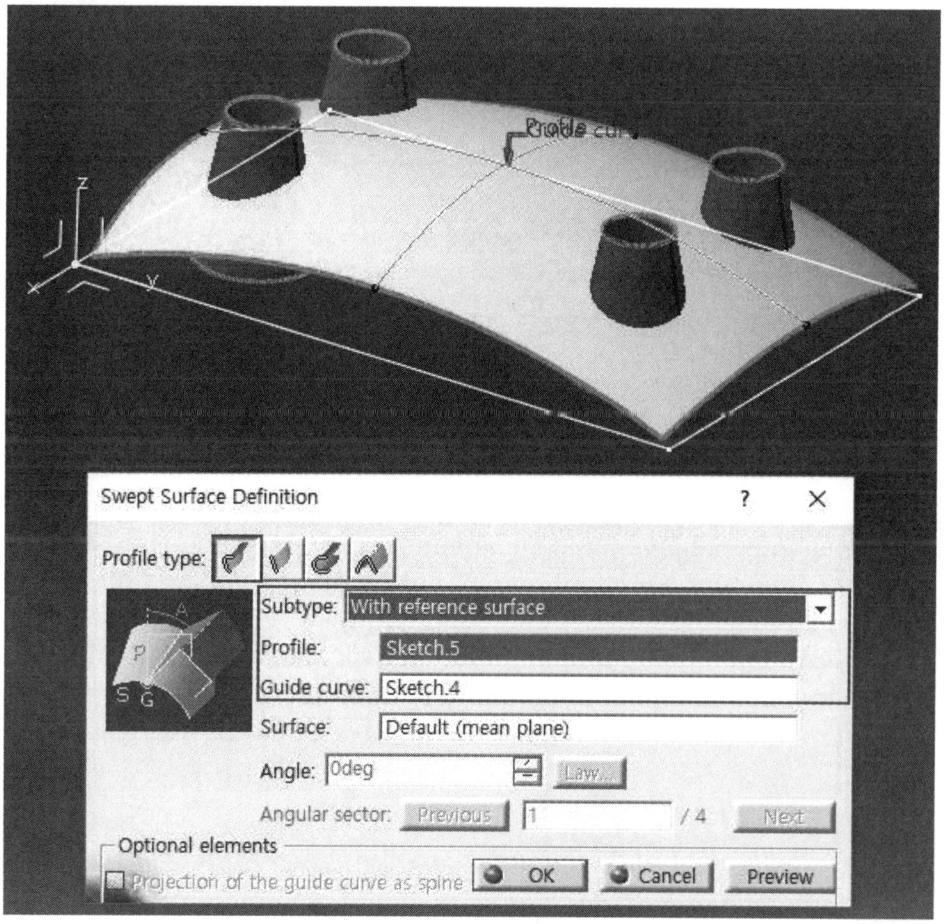

4) Split( )명령을 실행하고 지붕의 형상으로 기둥을 자른다.

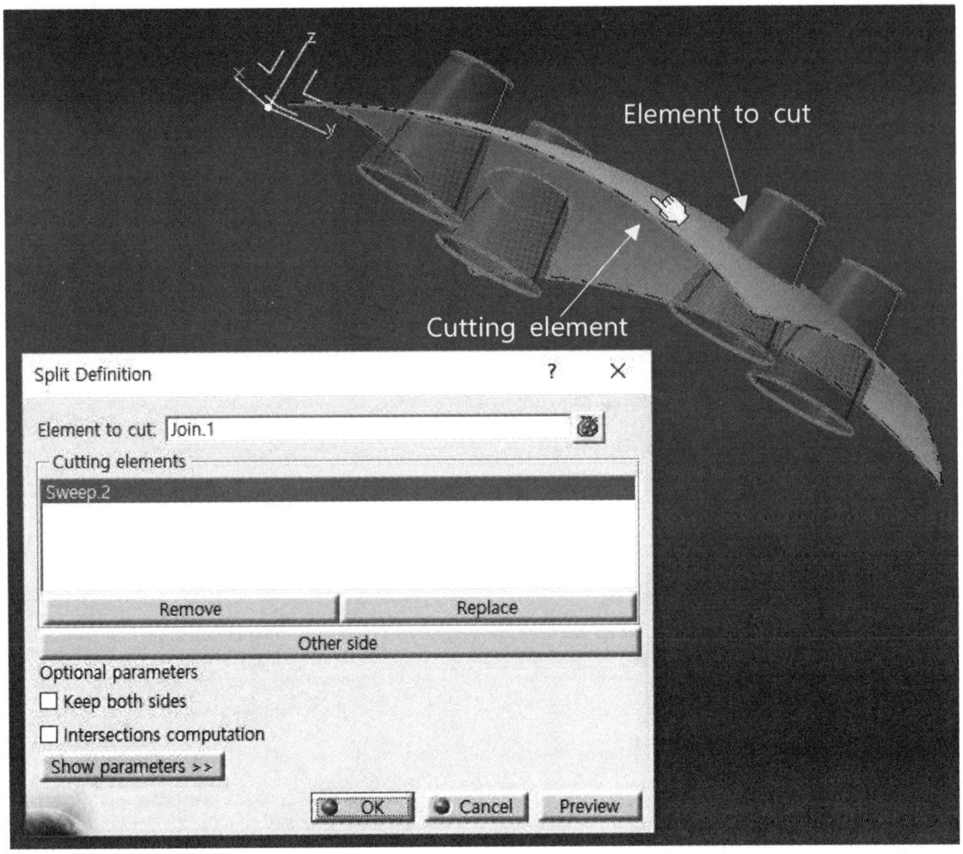

6. 옆면의 형상을 만들고 기둥 형상과 연결한다.

1) Sweep( )명령을 실행하고 다음과 같이 설정하여 옆면의 형상을 생성한다.

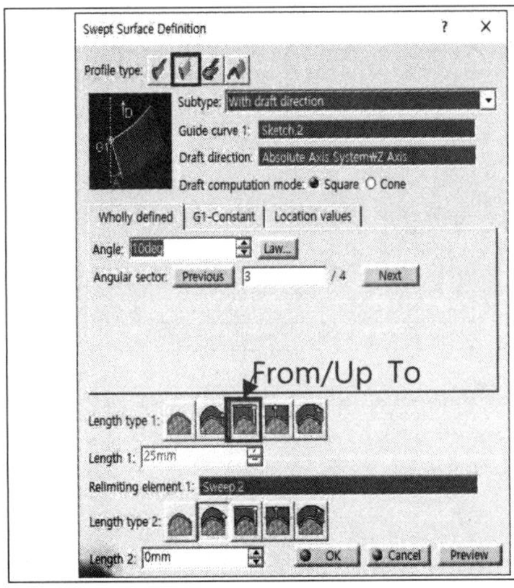

▹ Profile type: Line
▹ Subtype: With draft direction
▹ Guide curve 1: Sketch.2
▹ Draft direction: Z 축
▹ Draft Angle: 10°
▹ Length type 1: From/Up to

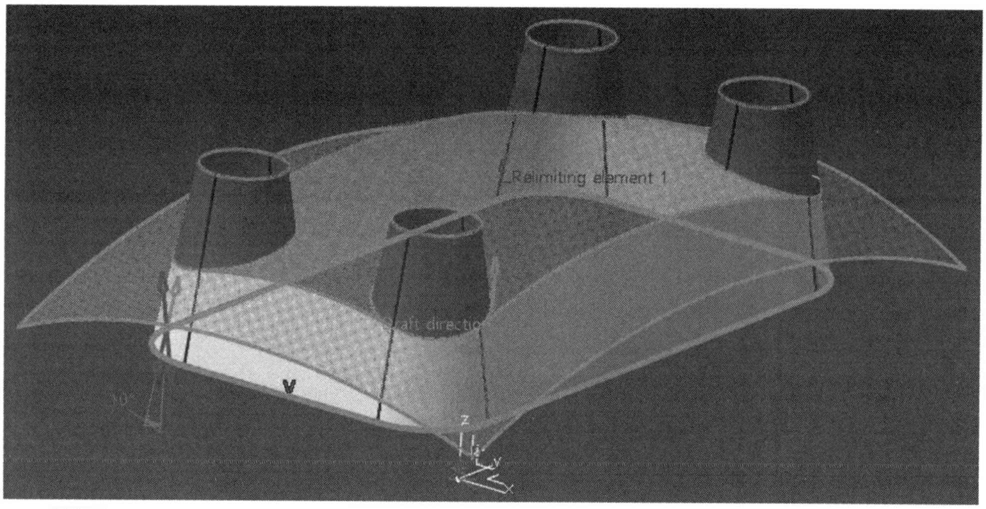

2) Join( )명령을 실행하여 기둥과 옆면형상을 연결한다.

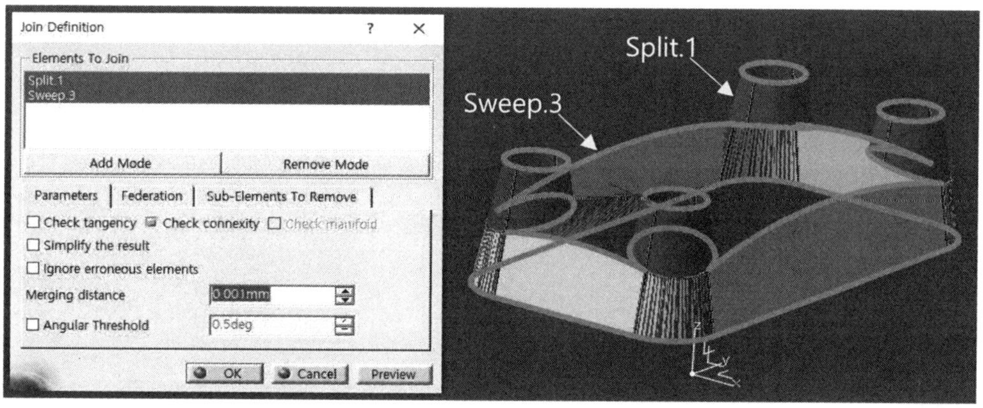

3) Fill( )명령을 실행하고 비어 있는 지붕의 공간을 채워 서피스를 만든다.

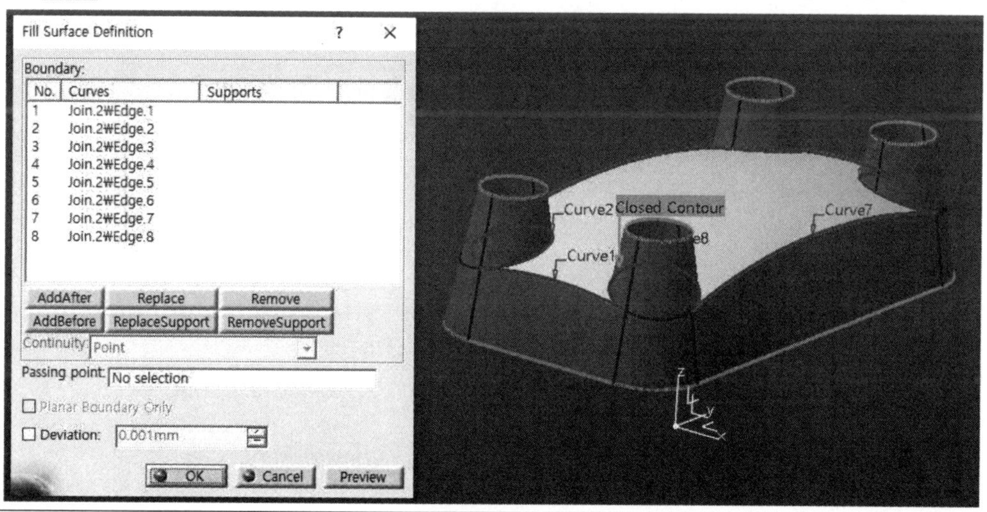

4) Join( )명령을 실행하여 모든 상부 서피스를 연결한다.

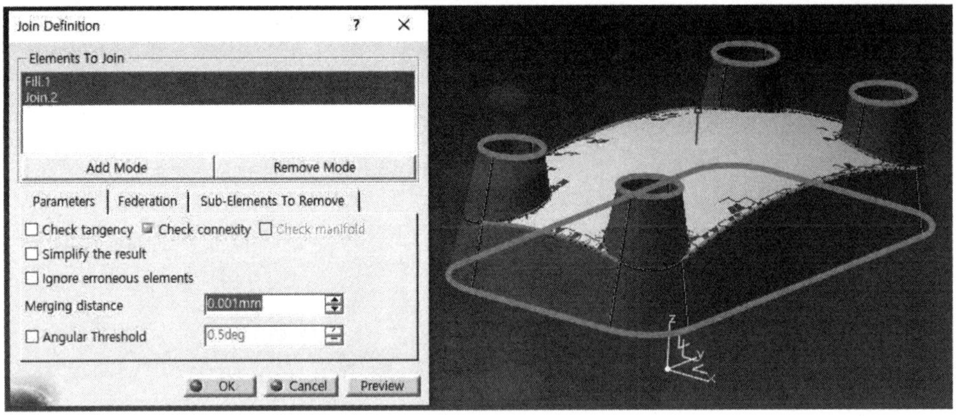

7. 서피스모델의 중앙부 홀(Hole)을 만든다.

1) 중앙부 홀(타원형)의 위치에 Plane을 생성한다.

▹ x-y평면에서 8 mm Offset하여 Plane( )을 생성한다.

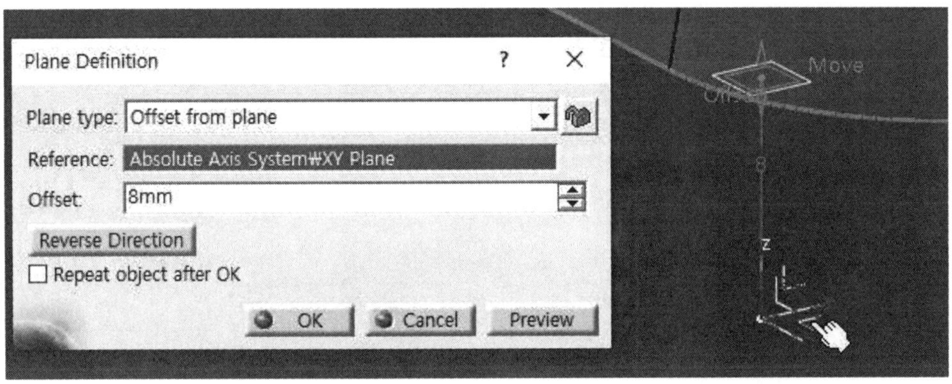

▹ 새로 만든 Plane위에 스케쳐평면을 지정하고 홀(Hole)의 형상을 그린다.

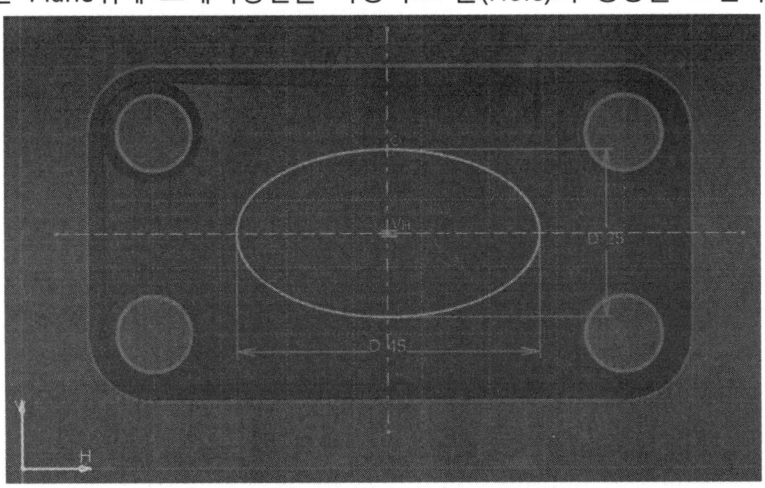

2) Sweep()명령을 실행하고 다음과 같이 설정하여 중앙부 홀의 형상을 만든다.

- ▹ Profile type: Line
- ▹ Subtype: With draft direction
- ▹ Guide curve 1: Sketch.6
- ▹ Draft direction: Plane.3
- ▹ Draft Angle: 20°
- ▹ Length type 1: Standard
  (Length.1=15 mm)

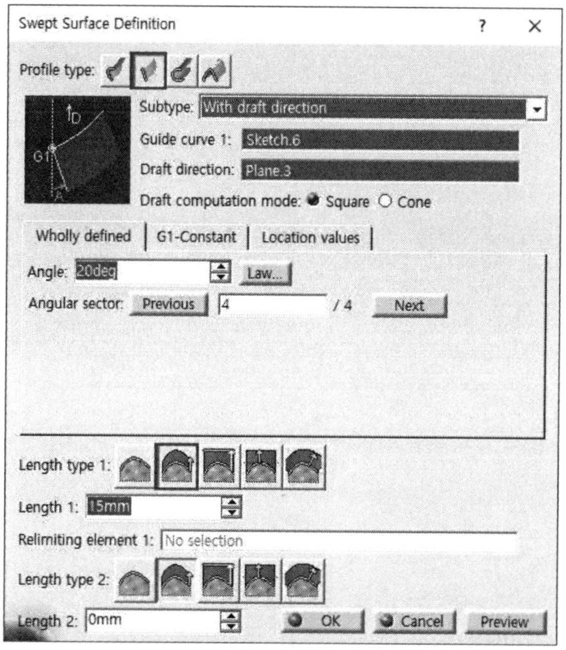

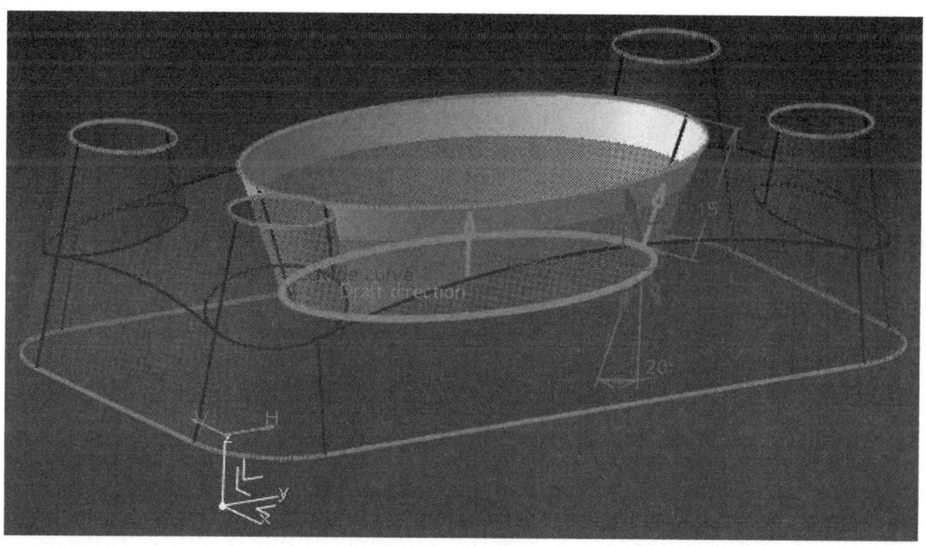

8. Shape Fillet( )명령을 실행하고 중앙부 홀의 형상과 상부모델의 교차부를 반경(R) 2 mm인 Fillet으로 연결한다.

☞TIP: 화살표를 클릭하면 필렛의 생성방향이 바뀐다. 원하는 결과를 얻을 때까지 화살표의 방향을 조정한다.(Preview 를 눌러 실행결과를 확인한다.)

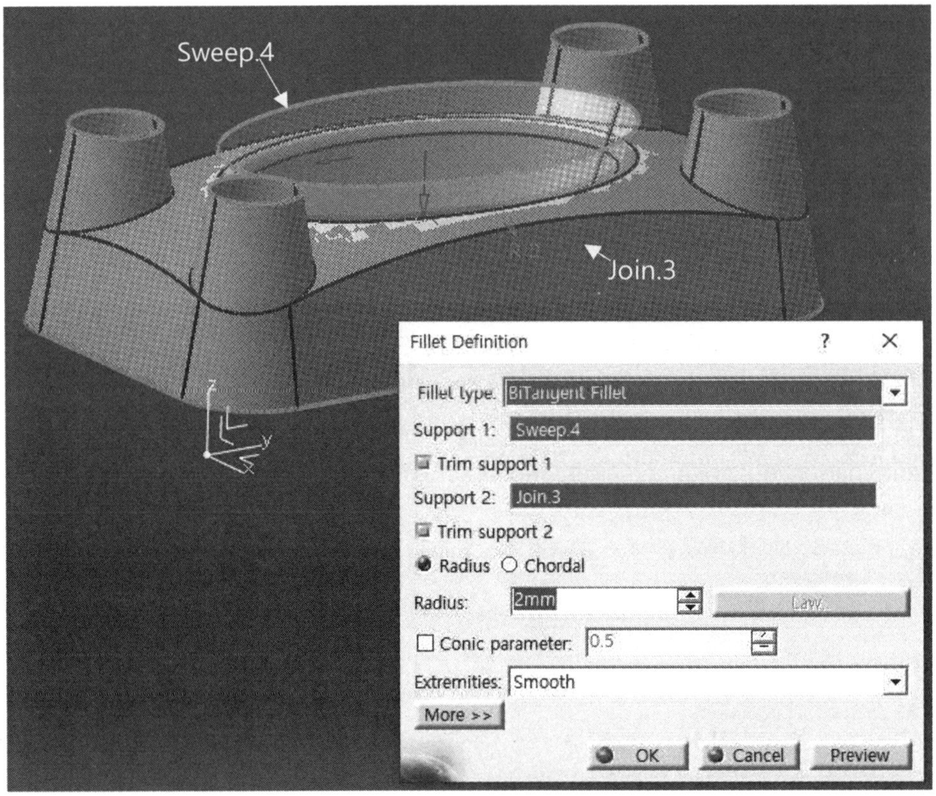

1) Fill( )명령을 실행하고 비어 있는 중앙부 홀의 하부공간을 서피스로 채운다.

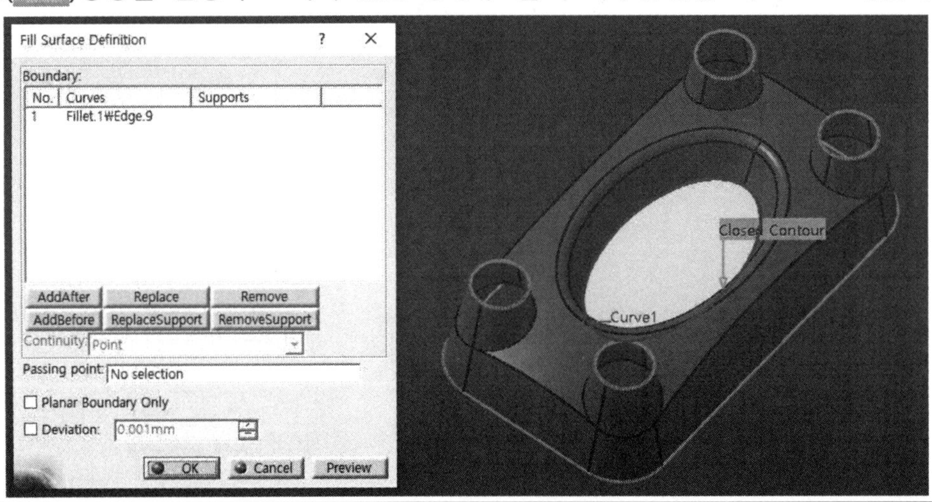

2) Shape Fillet( )명령을 실행하고 중앙부 홀의 하부와 상부모델의 교차부를 반경(R) 3 mm인 Fillet으로 연결한다.(화살표의 방향에 주의한다.)

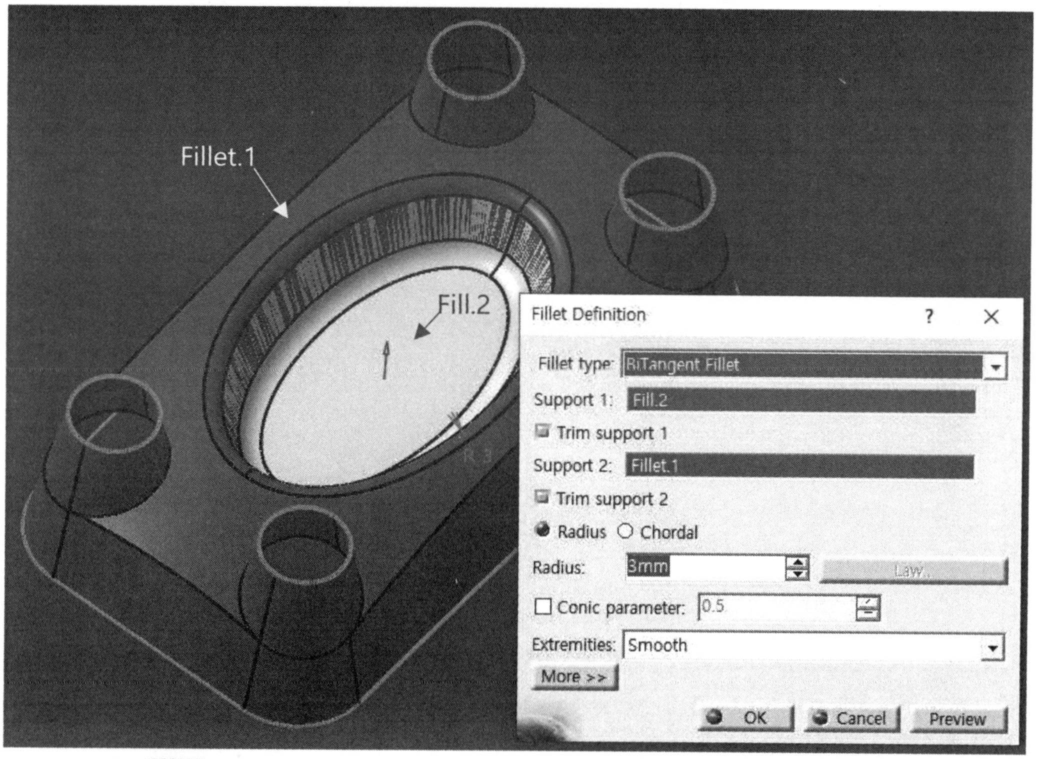

9. Edge Fillet( ) 명령을 실행하고 상단부 모서리에 반경 2 mm인 Fillet을 만든다.

1) 기둥과 지붕의 교차되는 모서리 부에 Fillet을 만든다.

▹ Edge Fillet Definition 대화창 우측하단의 More>>를 클릭하여 추가옵션을 선택할 수 있다.

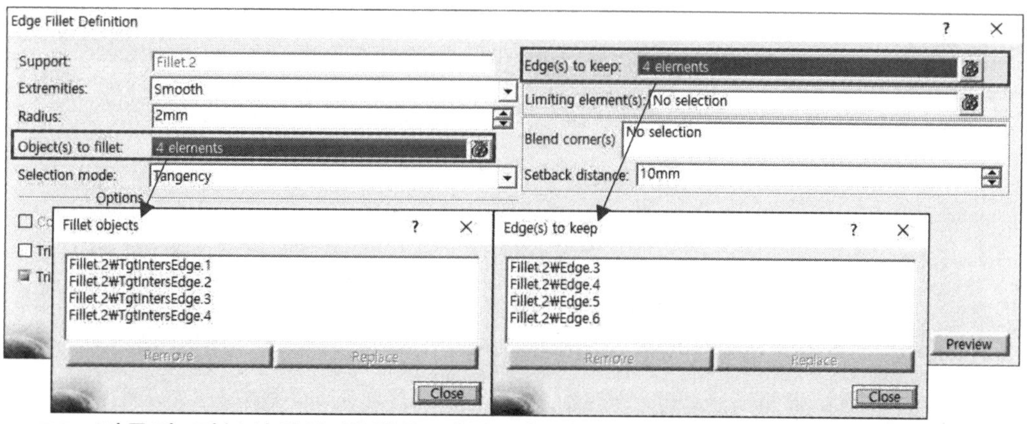

☞TIP: 기둥과 지붕사이에 필렛을 만들 때 지붕 측면의 모서리형상이 왜곡되는 문제가 발생하므로 "Edge to Keep" 옵션을 사용하여 지붕 측면모서리의 변형을 방지하도록 해야 한다.

▹ Preview 를 눌러 실행결과를 확인한다.

☞TIP: 모서리부가 필렛을 생성하기 어려운 형상으로 되어 있으므로 오류(Warning)가 발생할 수 있다. 이전 단계 서피스의 생성과정에서 각 요소가 서로 연관성을 가지는 경우에 오류발생 확률이 높으므로 이전단계 작업을 확인하여 필요시 재작업한다.

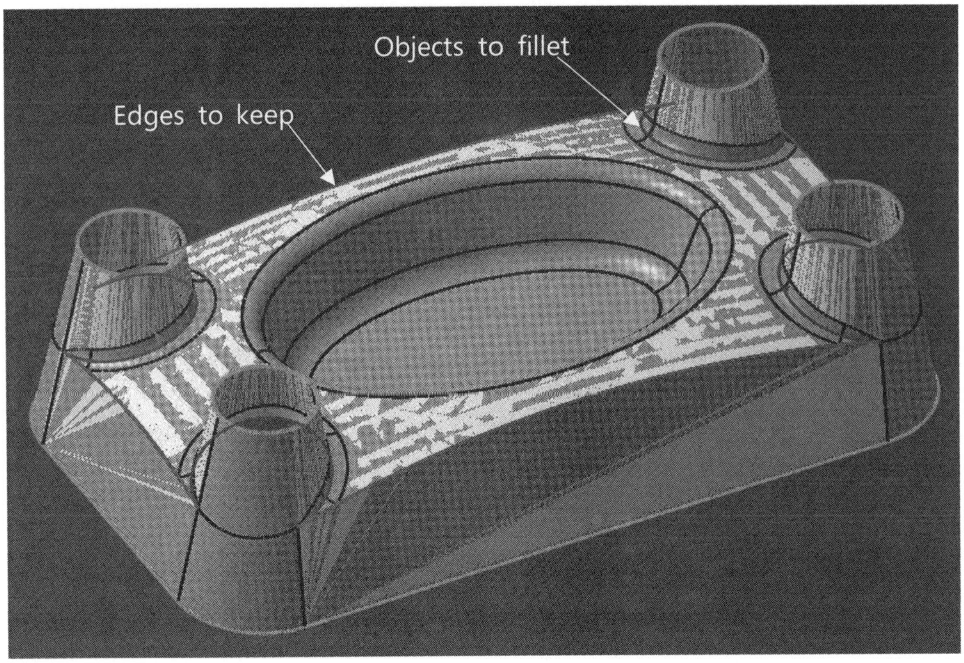

2) 지붕의 나머지 모서리 부에 Fillet을 만든다.(R=2 mm)

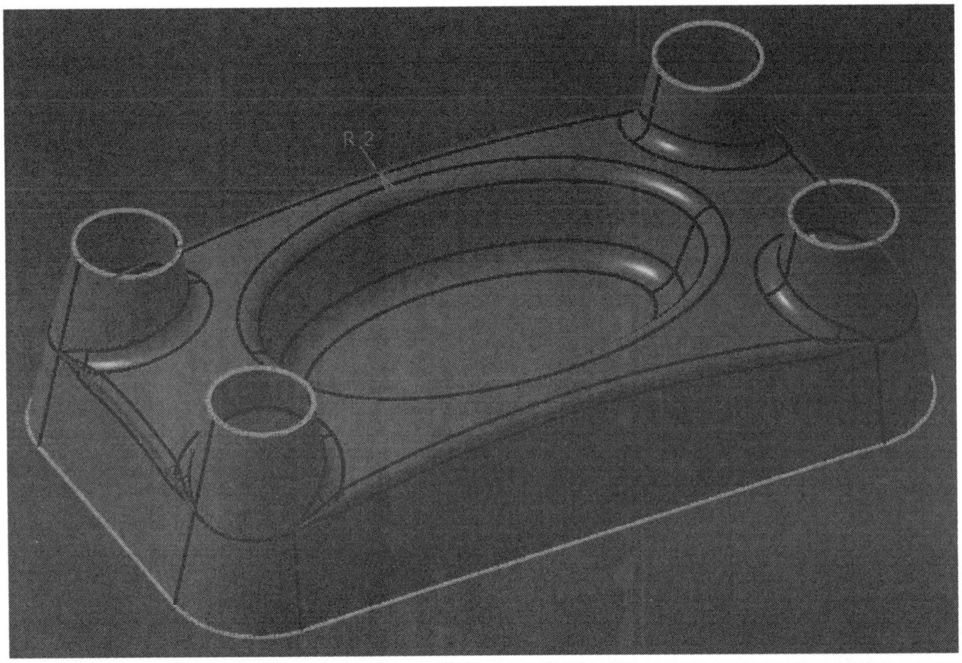

10. 각각의 기둥상단부 빈 공간을 Fill( )명령으로 채우고 Shape Fillet( )명령으로 반경(R) 3 mm Fillet을 생성하여 기둥형상을 완성한다.(화살표의 방향에 주의한다.)

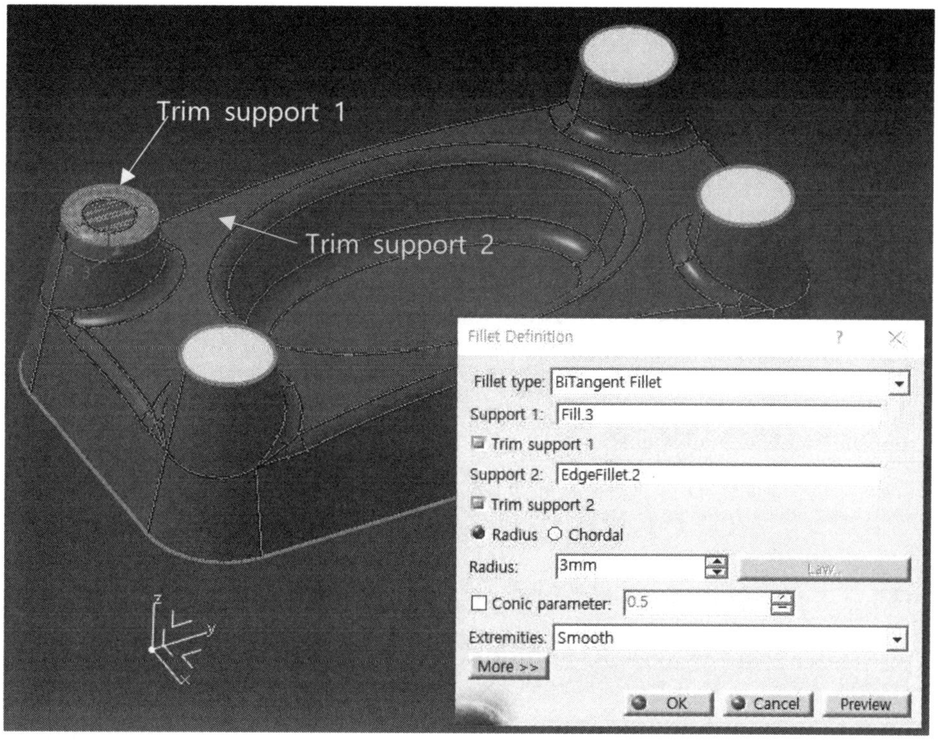

11. 하부형상을 완성한다.

1) Fill( )명령을 실행하여 하부모델의 상단부를 채운다.

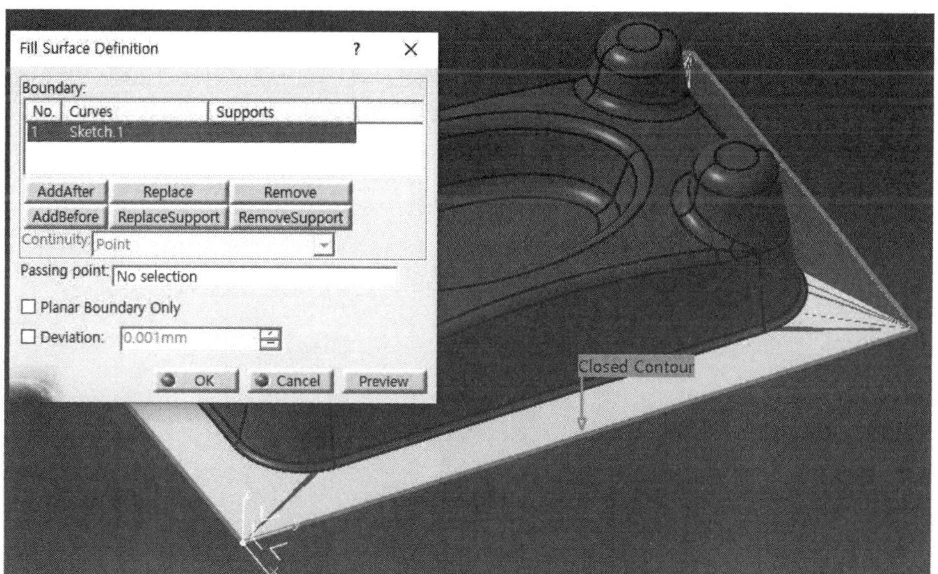

2) Shape Fillet( )명령을 실행하여 상단부와 하단부 상단의 교차부에 반경(R) 1 mm의 Fillet을 만든다.(화살표의 방향에 주의한다.)

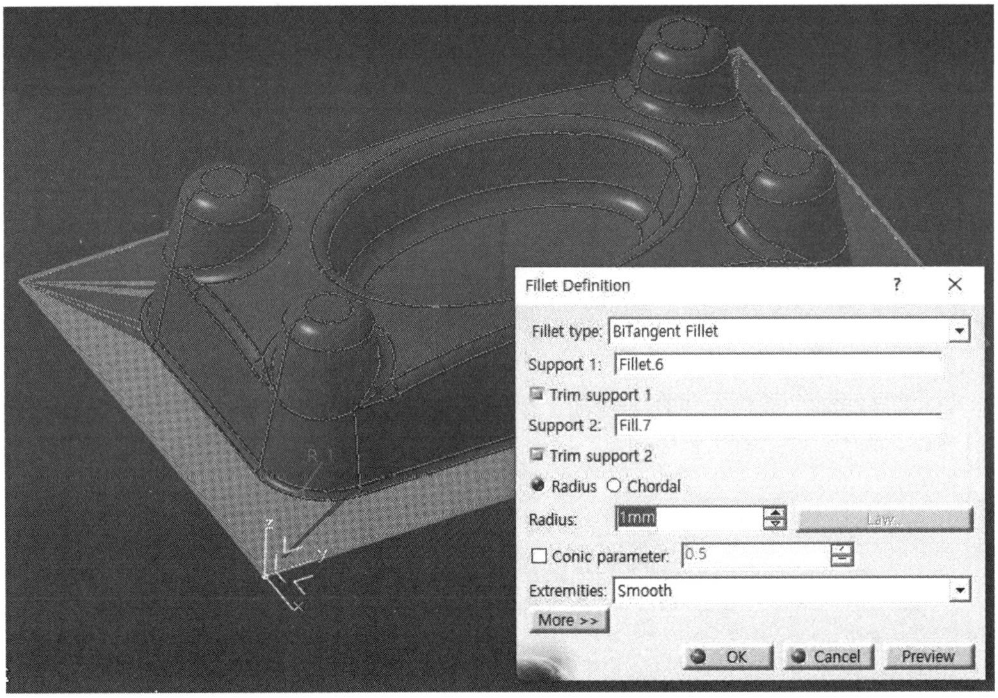

3) Extrude( )명령을 실행하고 하부형상을 만든다.

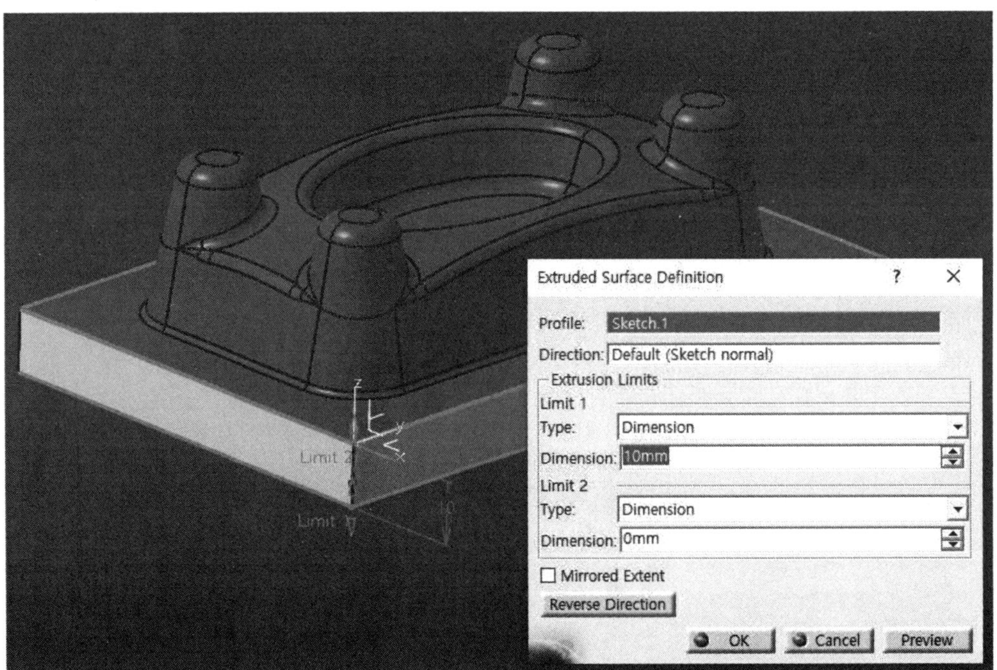

4) Fill( )명령을 실행하고 하부공간을 채운다.

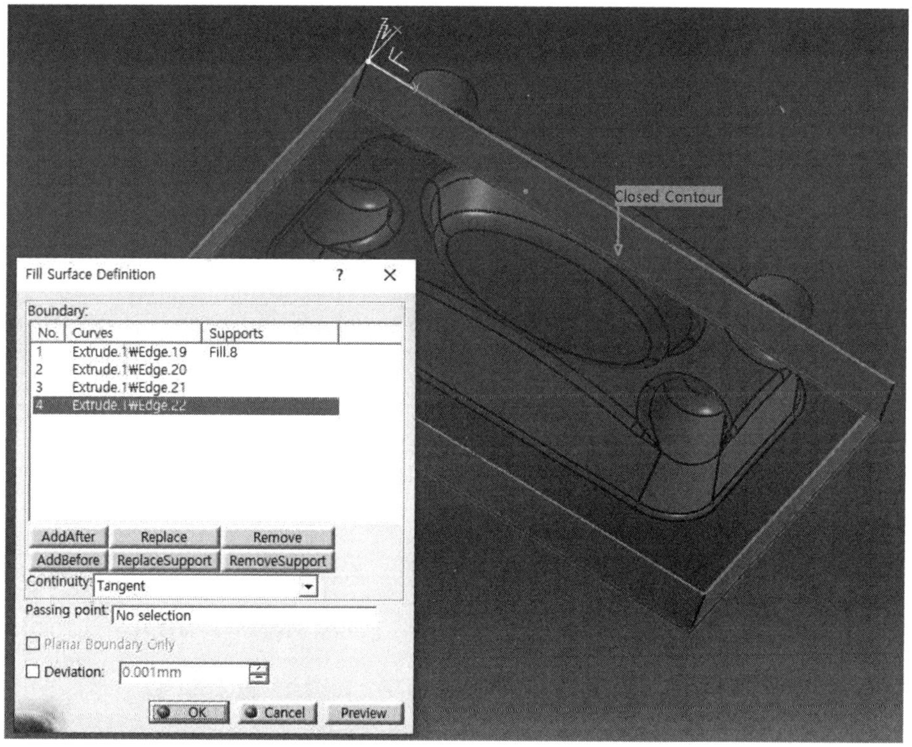

5). Join( )명령을 실행하여 연결되지 않은 서피스 경계를 모두 연결한다.

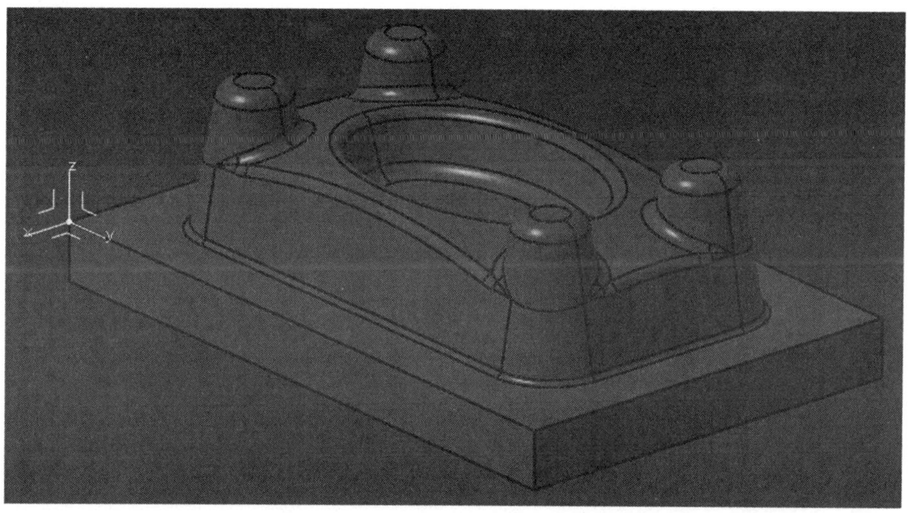

12. 최종 솔리드모델로 완성하기 위하여 파트디자인워크벤치(Part Design Workbench)로 이동한다. Close Surface( )명령으로 서피스모델을 솔리드모델로 완성한다.

예제 5

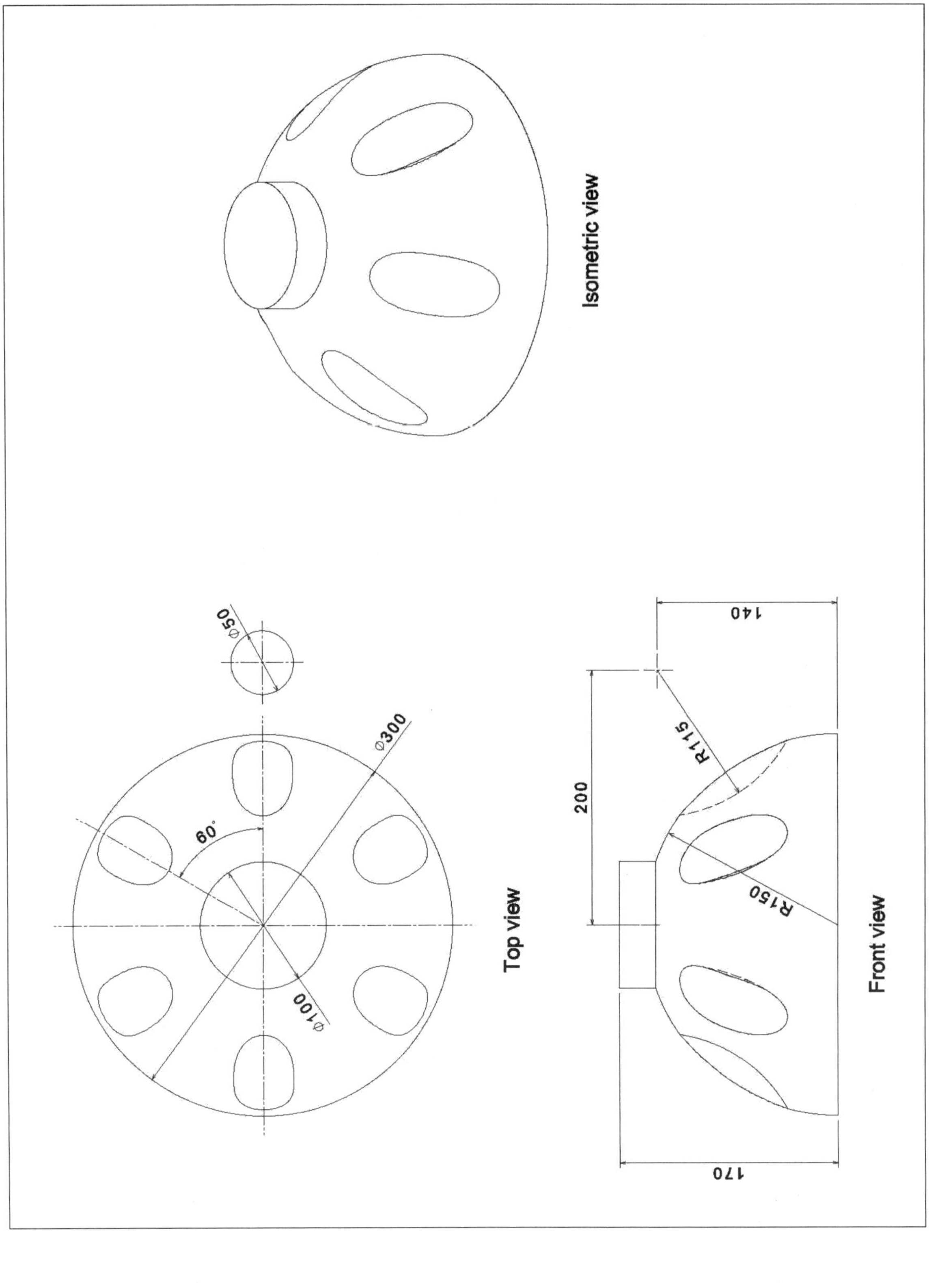
Isometric view
⌀50
⌀300
60°
⌀100
Top view
140
200
R115
R150
170
Front view

1. 먼저 정면도(Front view)를 이용하여 예제 서피스의 단면을 그린다.

1) Positioned Sketch()명령을 실행하고 y-z평면을 선택한다.

2) 축의 방향(H축, V축)을 확인하고 를 눌러 스케치로 진입한다.

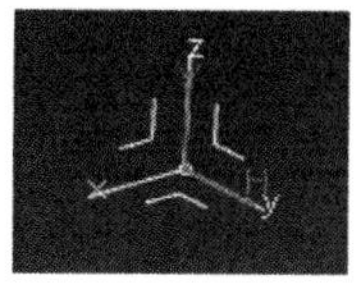

3) Profile() 명령으로 단면 형상을 그린다.

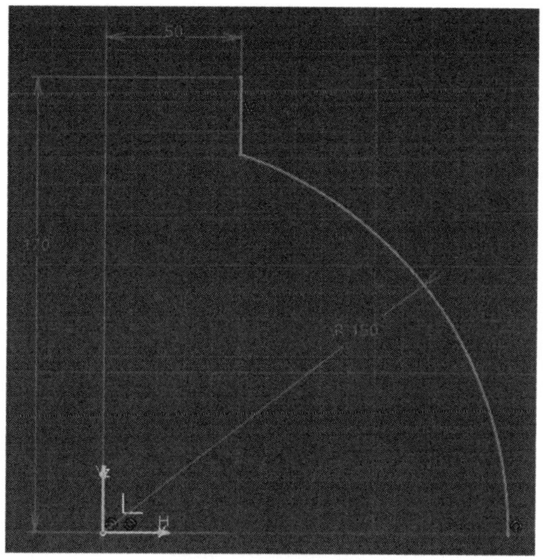

4) Exit Workbench()명령을 클릭하여 스케치작업을 종료하고 GSD워크벤치(GSD Design Workbench)로 이동한다.

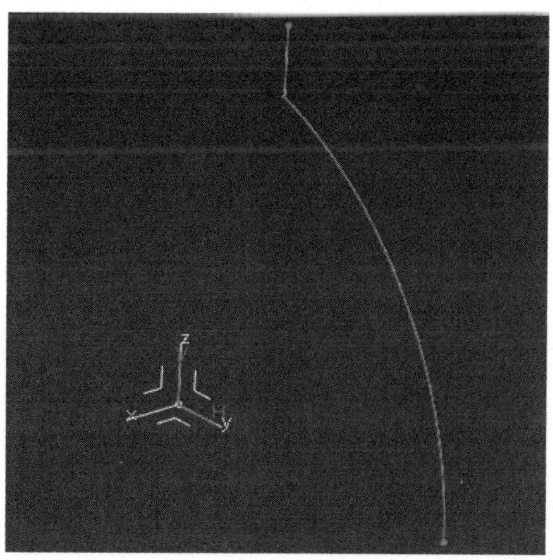

2. Revolve( )명령을 실행하고 Profile을 360° 회전시켜 서피스를 생성한다.

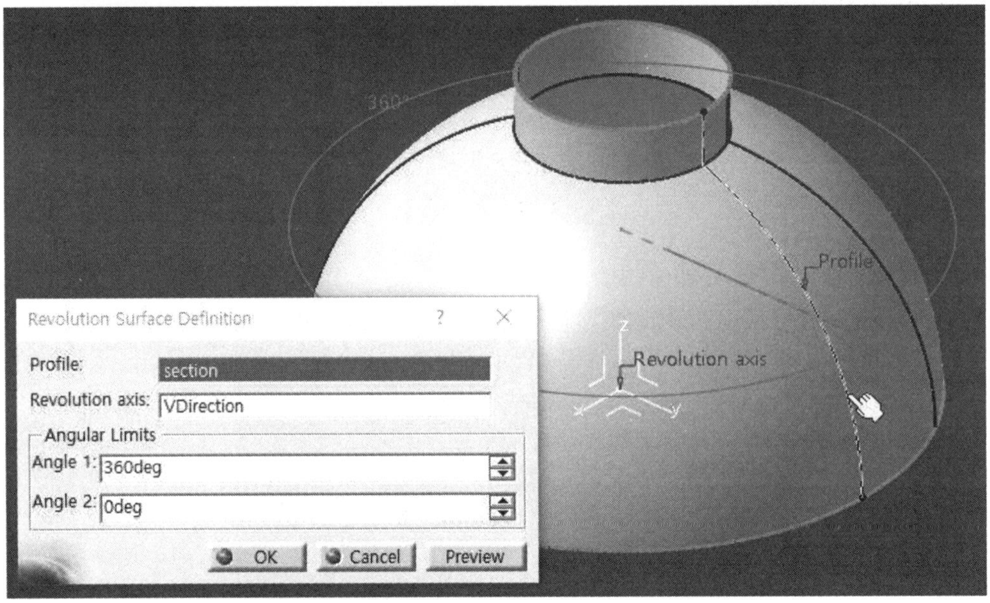

3. 정면도(Front view)를 이용하여 Guide curve(R=115 mm)를 그린다.

1) Positioned Sketch( )명령을 실행하고 y-z평면을 선택한다.

2) 축의 방향(H축, V축)을 확인하고 [OK]를 눌러 스케치로 진입한다.

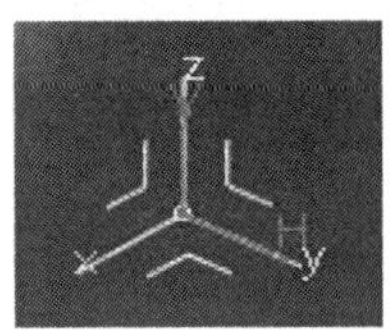

3) Guide를 그리고 완전구속한다.

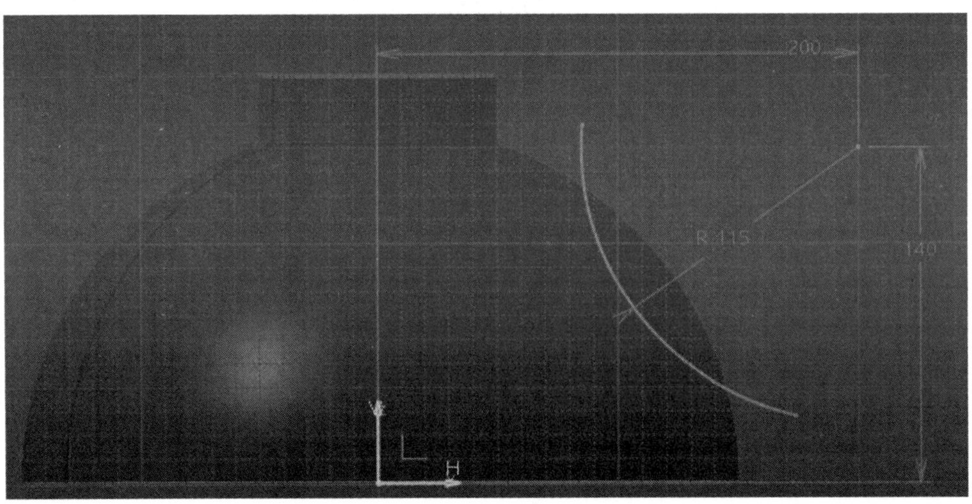

4) Exit Workbench( )명령을 클릭하여 스케치작업을 종료하고 GSD워크벤치(GSD Design Workbench)로 이동한다.

4. Guide curve를 따라 파여진 형상을 만들기 위하여 Profile을 생성한다.

1) Guide의 끝점에 Guide에 대해 직각방향(Normal) 속성을 가진 Plane( )을 만든다.

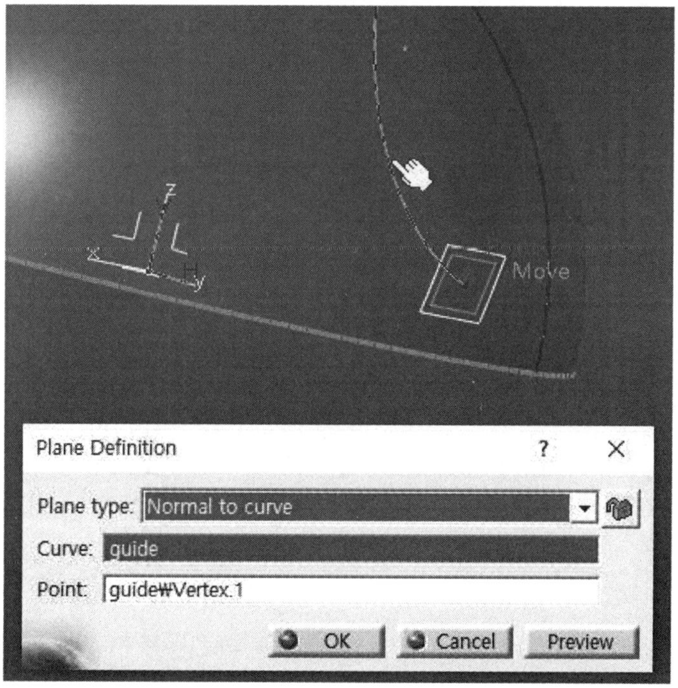

2) Positioned Sketch( )명령을 실행하고 생성한 Plane을 스케치평면으로 선택한다.

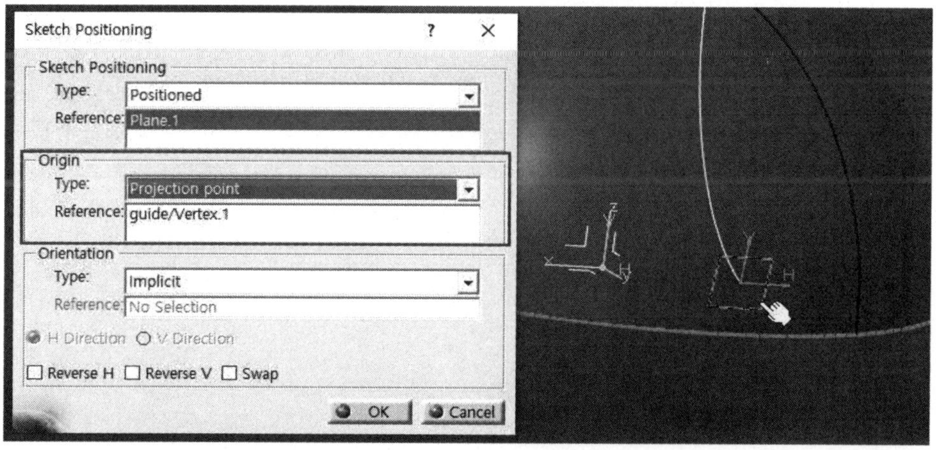

☞TIP: 효율적인 모델링 작업을 위하여 가이드커브의 끝점에 스케치의 원점을 위치시킨다.(Sketch Positioning 대화창 옵션)

▹ Origin Type: Projection point →Guide curve의 끝점 선택

3) Profile를 그리고 완전구속한다.

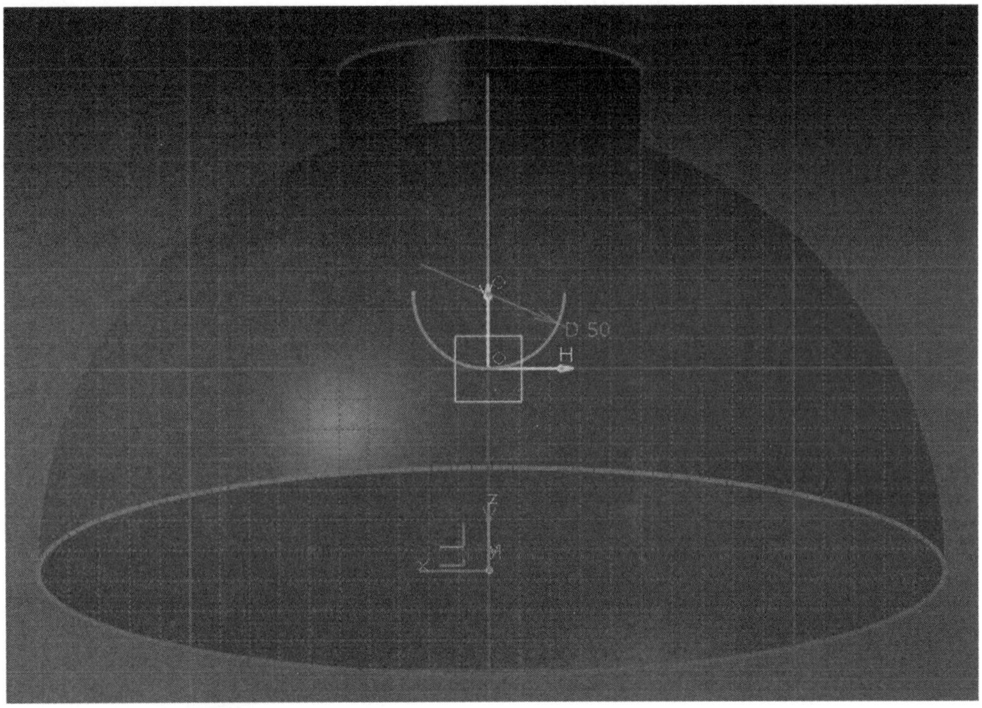

4) Exit Workbench( )명령을 클릭하여 스케치작업을 종료하고 GSD워크벤치(GSD Design Workbench)로 이동한다.

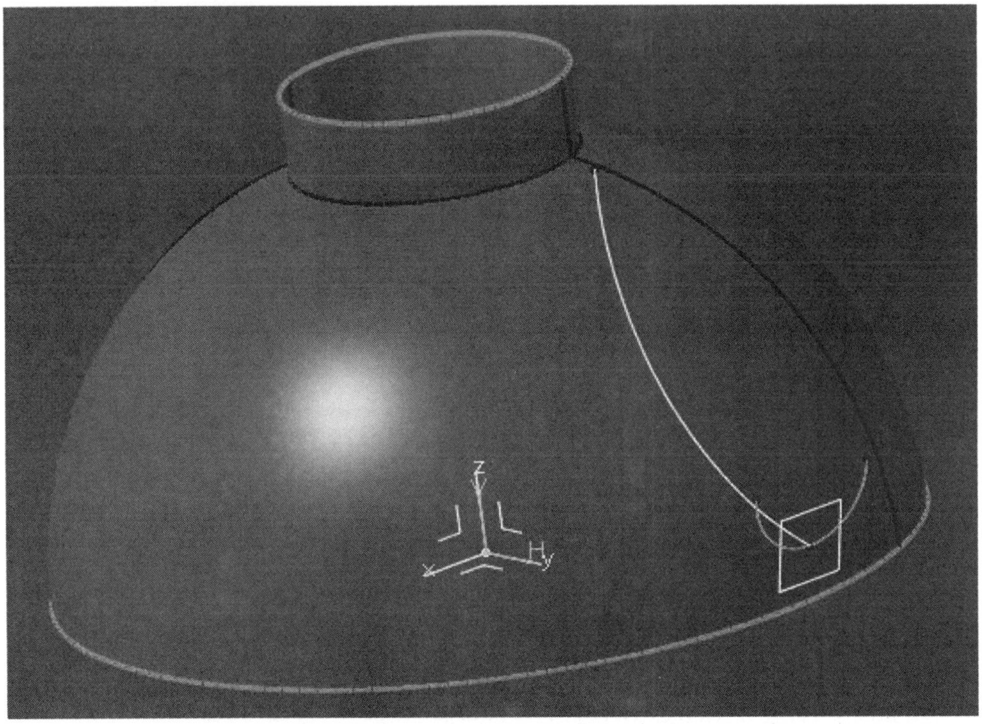

5. Sweep( )명령을 실행하여 홈의 형상을 완성한다.

- ▹ Profile type: Explicit
- ▹ Subtype: With reference surface
- ▹ Profile: profile
- ▹ Guide curve: guide

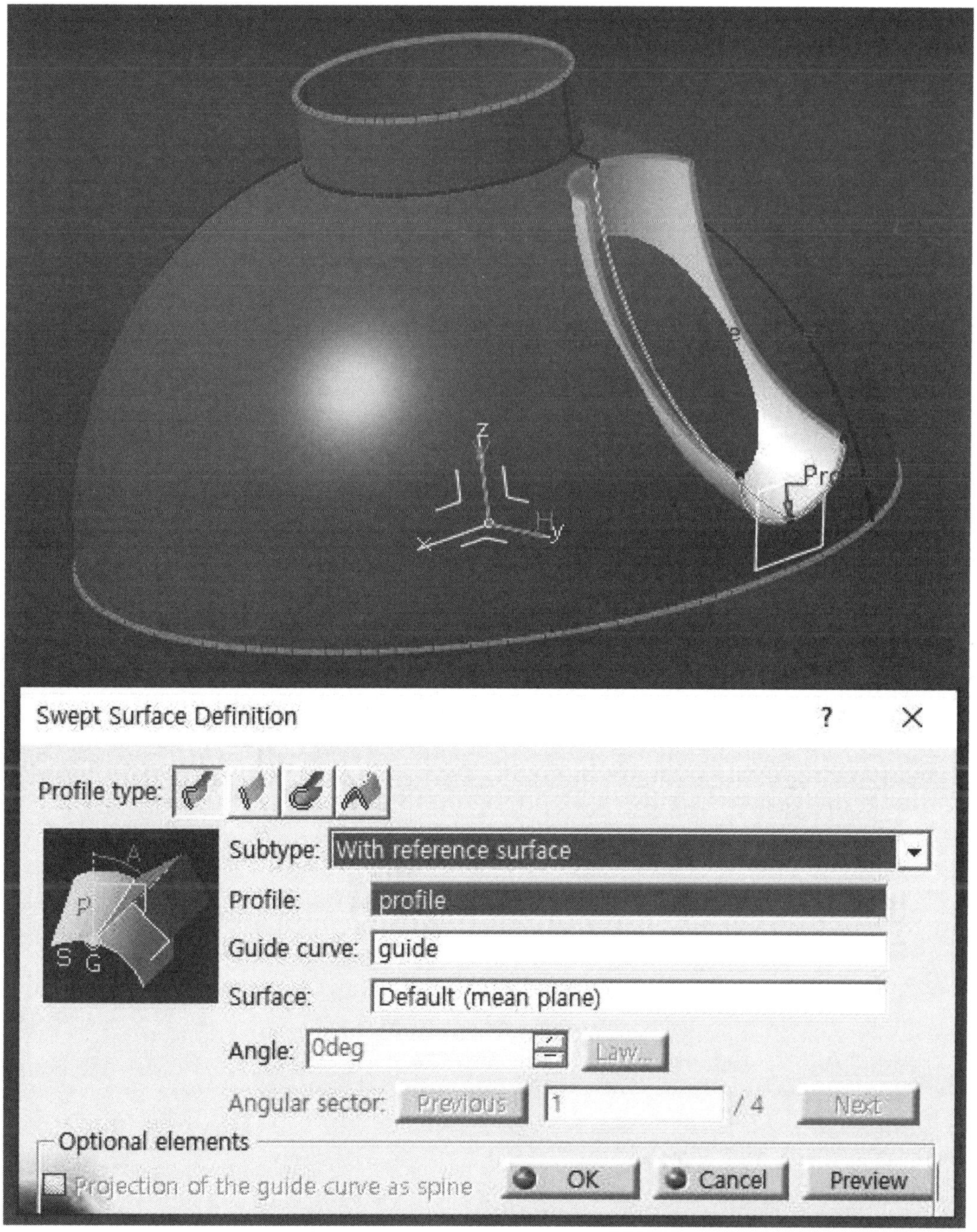

6. Circular Pattern( )명령을 실행하여 홈의 형상을 패턴복사한다.

- ▹ Instances: 6
- ▹ Angular spacing: 60°
- ▹ Reference Direction: Z축

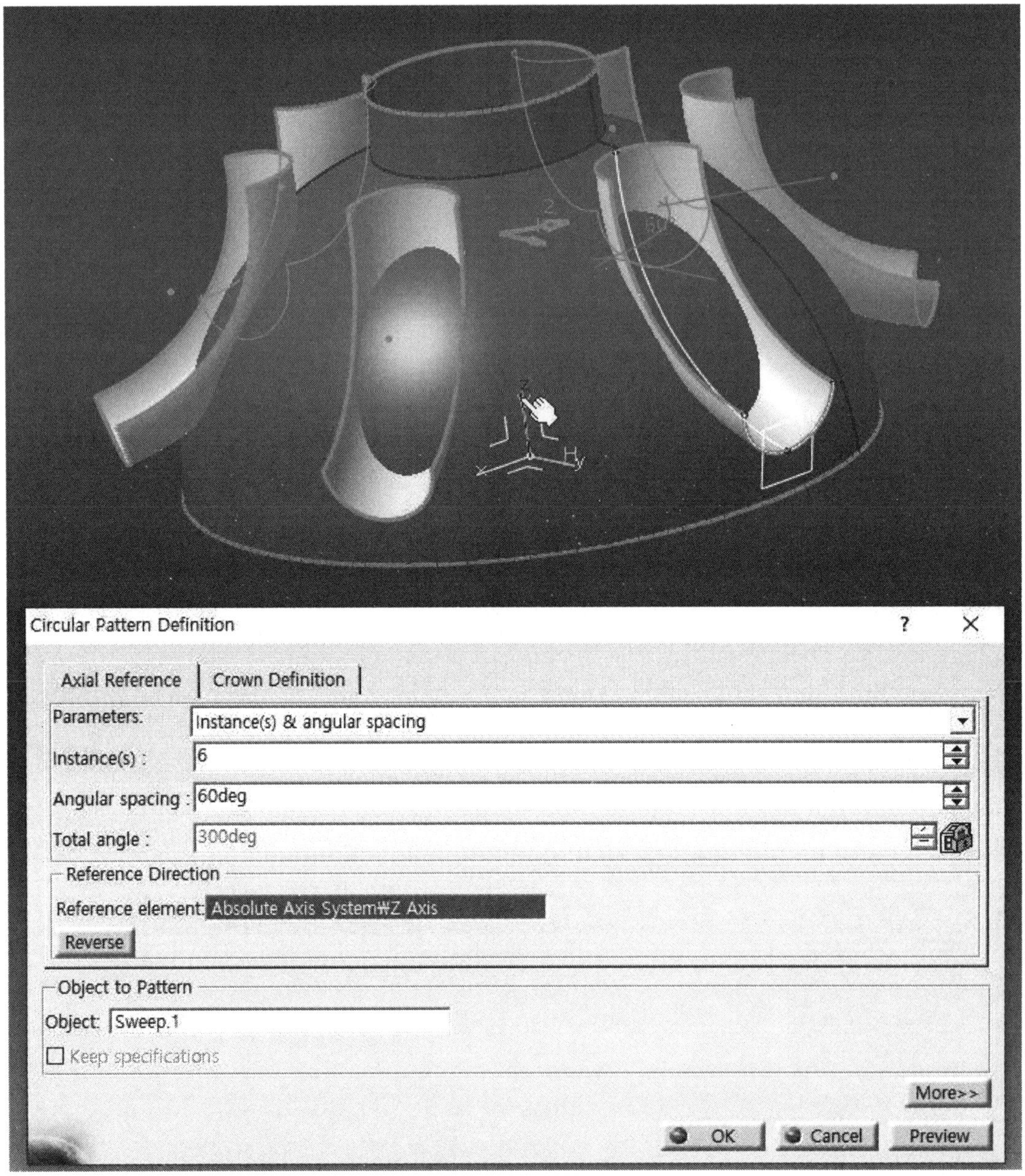

7. Join( )명령을 실행하고 패턴복사 결과와 기준 홈 형상의 서피스를 연결한다.

▹ Join대상: CircPattern.1과 Sweep.1

☞TIP: Join할 대상이 연결되어 있지 않고 서로 떨어져 있으므로 Join Definition 대화창에서 ☐ Check connexity 옵션을 끈다.

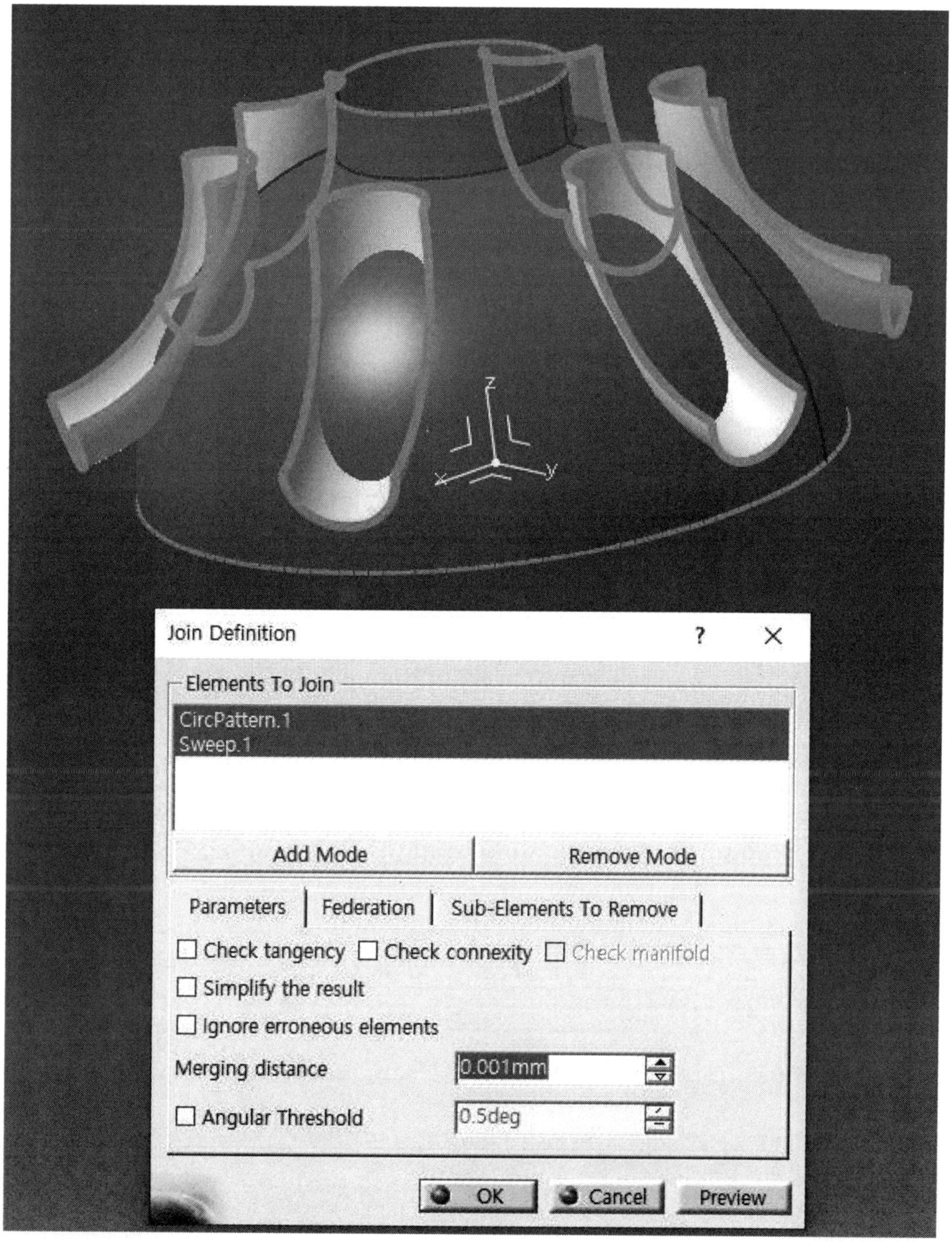

8. Trim( )명령을 실행하고 Join한 서피스로 회전체에 홈 형상을 만든다.

☞TIP: Other side / next element 또는 Other side / previous element를 클릭하여 원하는 결과가 나오도록 한다.

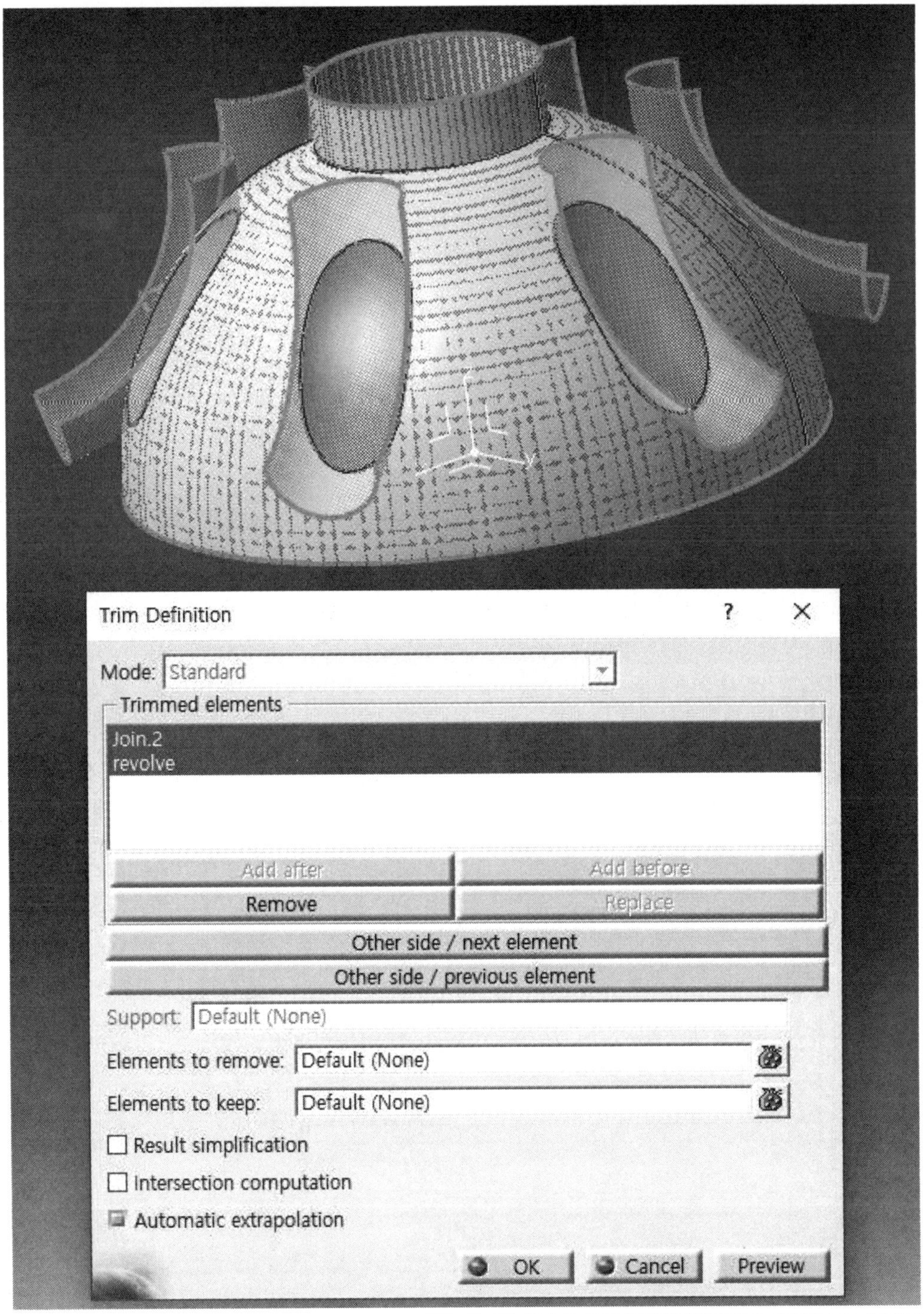

9. Fill( )명령으로 윗 부분과 아랫부분의 빈 공간을 서피스로 채우고 Join( )명령으로 모든 서피스를 연결한다.

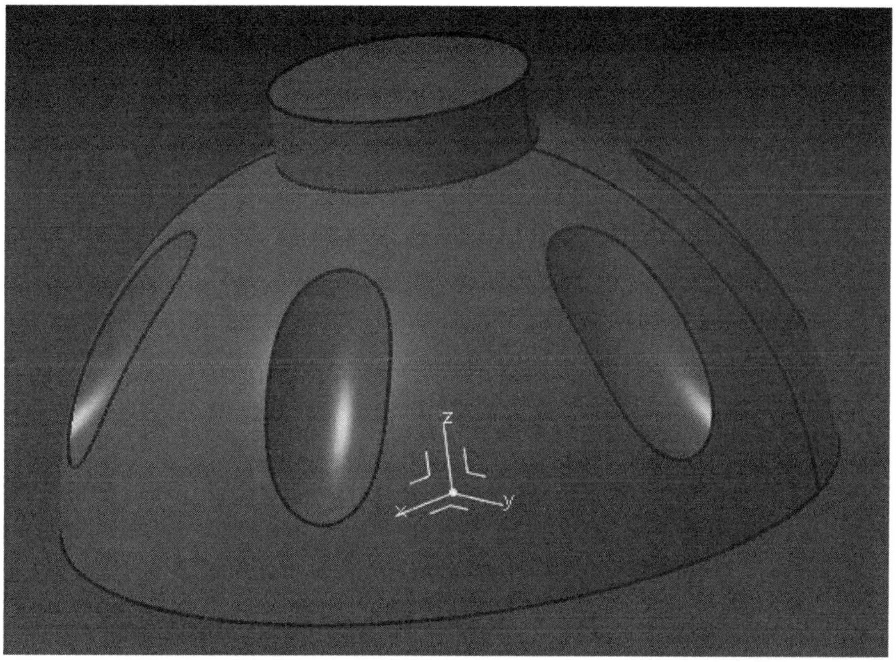

10. 최종 솔리드모델로 완성하기 위하여 파트디자인워크벤치(Part Design Workbench)로 이동한다. Close Surface( )명령으로 서피스모델을 솔리드모델로 완성한다.

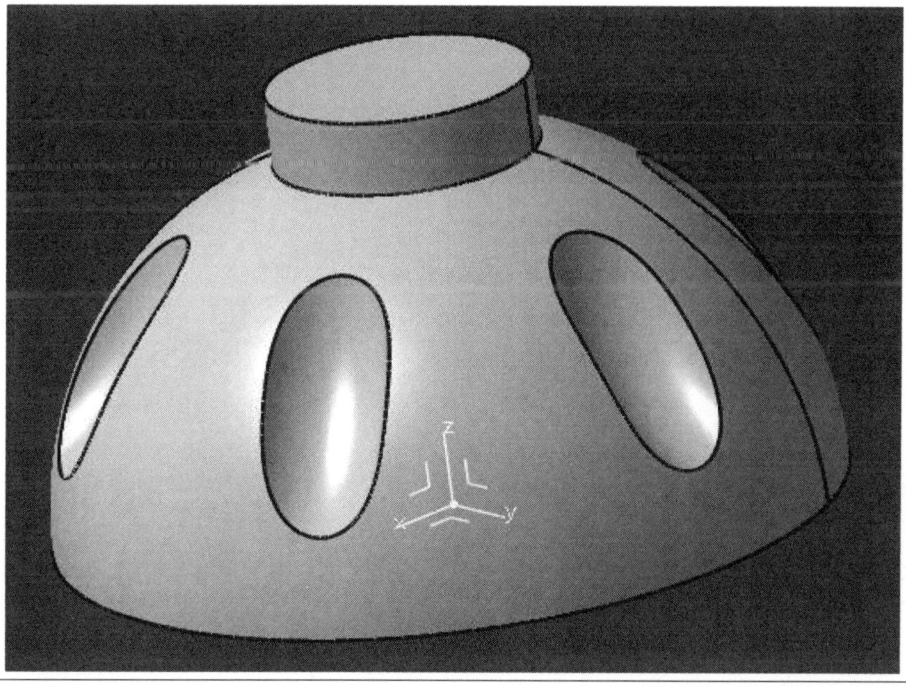

예제 6

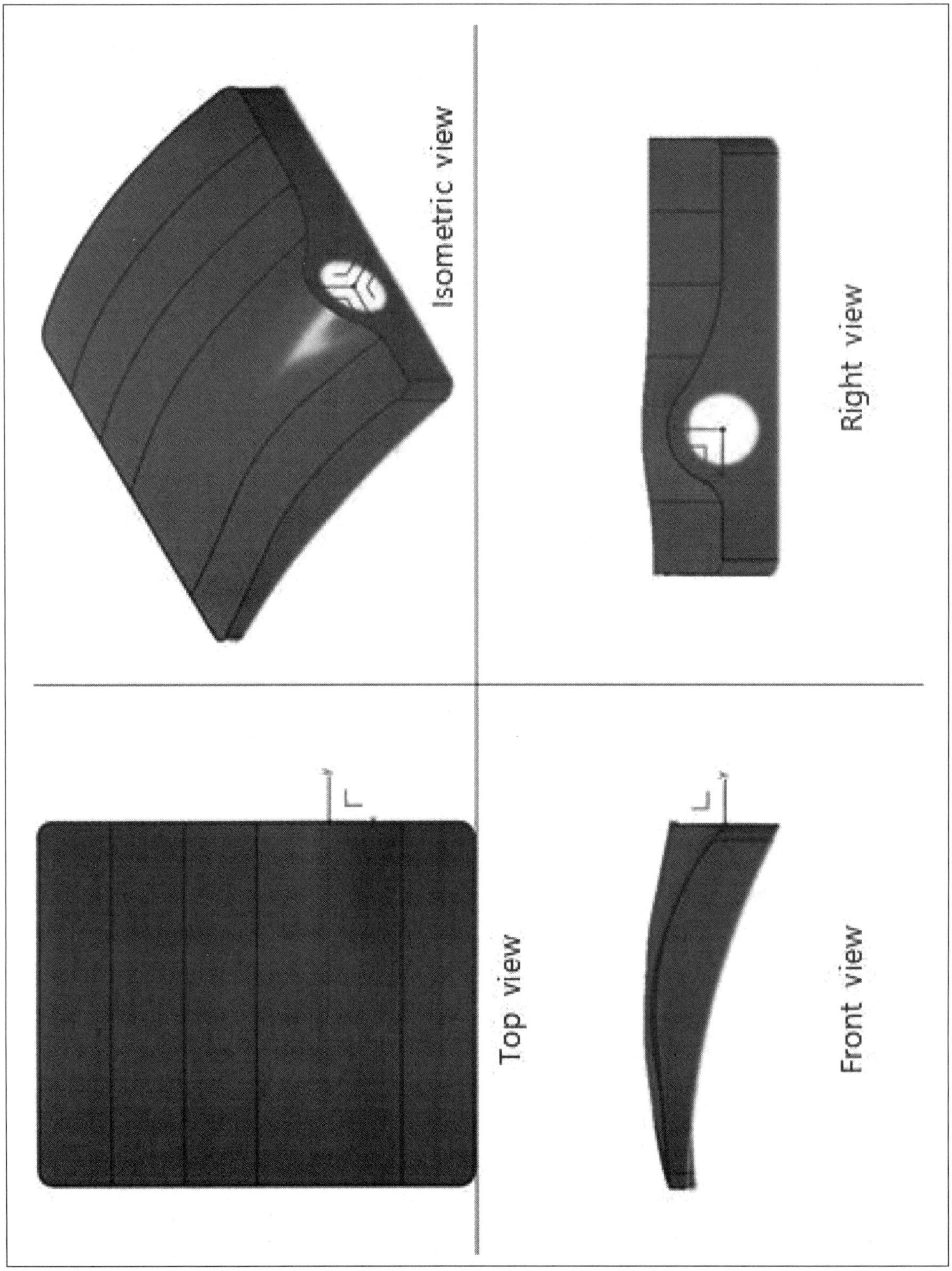

1. Plane( )명령을 실행하고 원점을 기준으로 서피스모델의 좌/우 폭에 해당하는 위치에 기준이 되는 Plane을 만든다.

1) y-z평면에서 x축 방향으로 40 mm Offset된 평면을 생성한다.

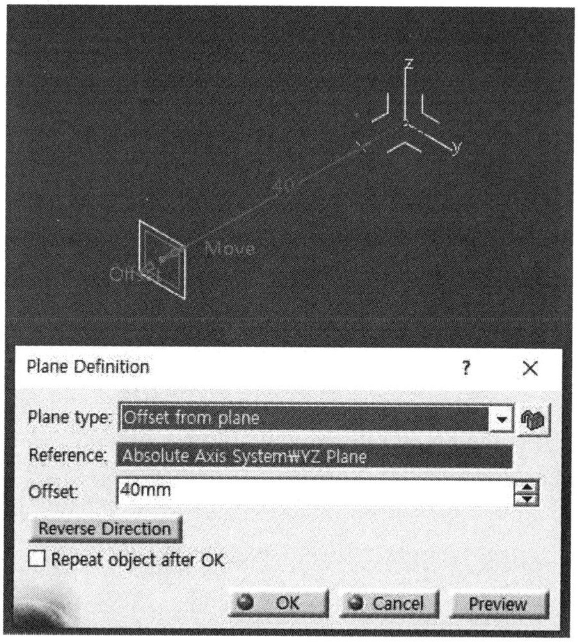

2) y-z평면에서 x축의 반대방향으로 80 mm Offset된 평면을 생성한다.(화살표를 클릭하면 방향을 바꿀 수 있다.)

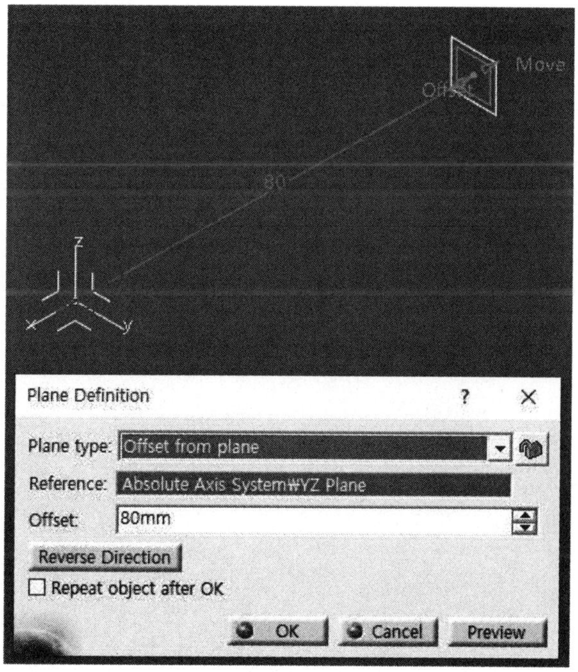

2. 우측면도의 형상을 만든다.

1) Positioned Sketch()명령을 실행하고 x-z평면을 선택한다.

2) 축의 방향(H축, V축)을 확인하고 

를 눌러 스케치로 진입한다.

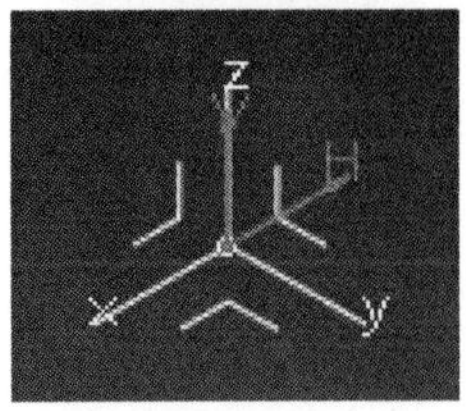

3) 우측면도의 형상을 완성한다.

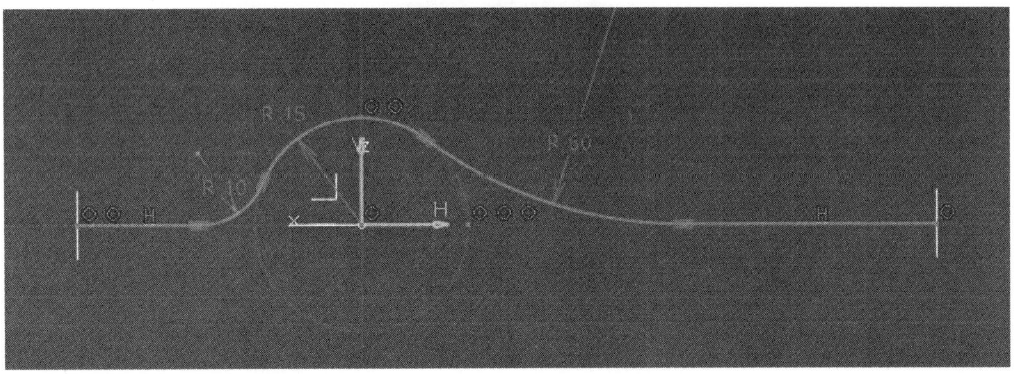

4) Exit Workbench()명령을 클릭하여 스케치작업을 종료하고 GSD워크벤치(GSD Workbench)로 이동한다.

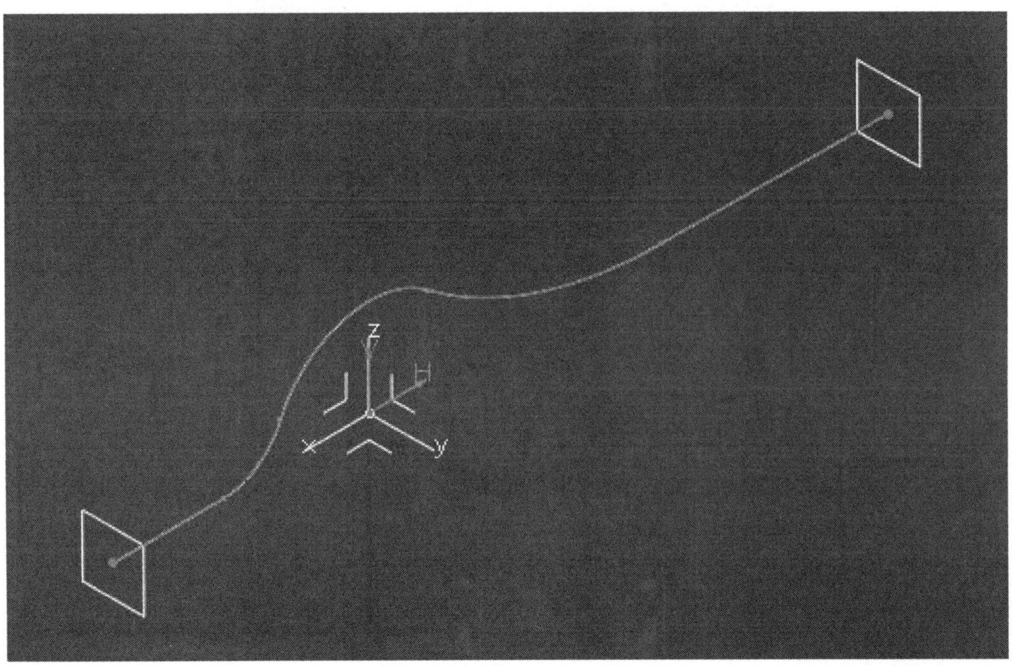

3. 서피스를 생성하기 위하여 기준이 될 평면들(Planes)을 생성한다.

1) Plane( )명령을 실행하고 x-z평면과 y-z평면에 기준 Plane을 만든다.(Offset=0 mm)

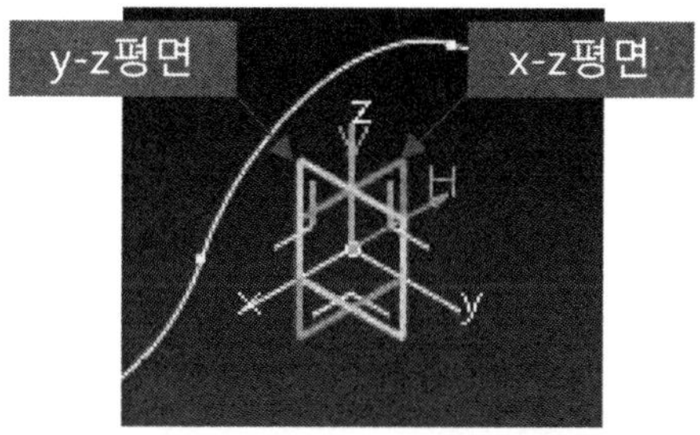

2) x-z평면으로부터 100 mm Offset하여 Plane을 생성한다.

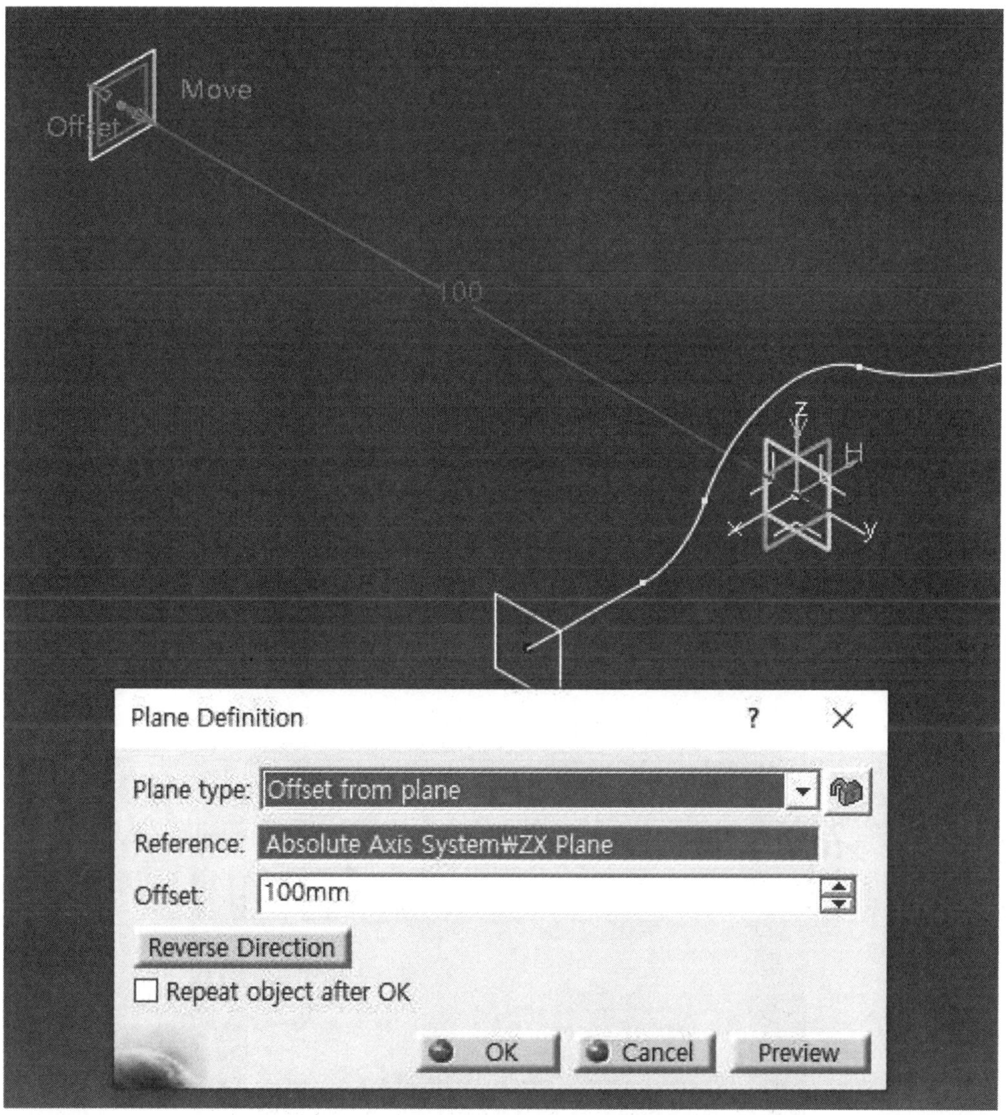

3) Planes Between( )명령을 실행하고 1), 2)에서 생성한 Plane사이에 등간격으로 3개의 Plane을 만든다.(Instance: 3)

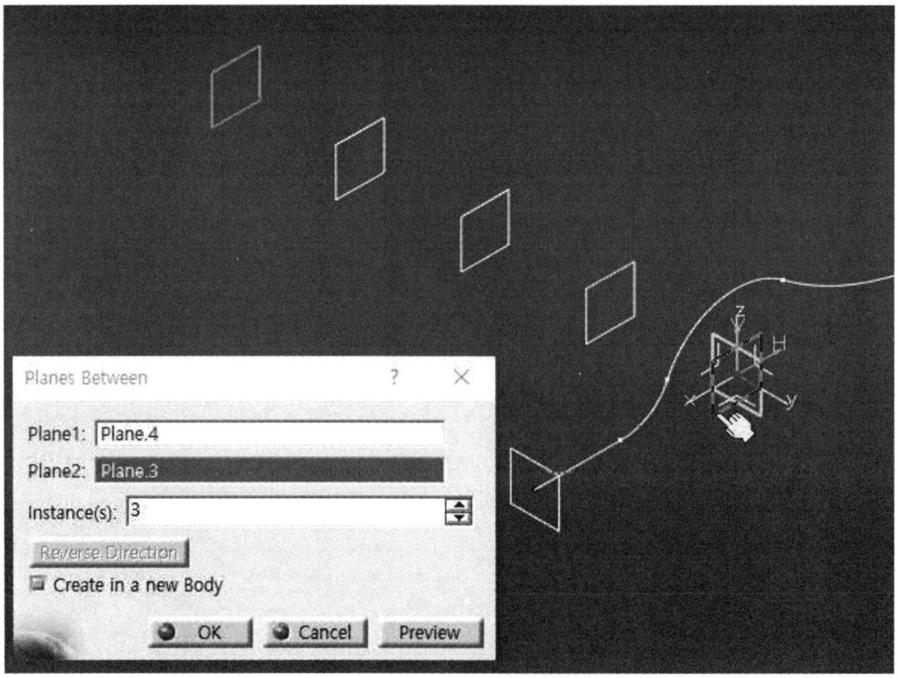

4) Planes Between( )명령을 실행하고 y-z평면위에 생성한 Plane과 좌측 기준평면의 가운데 위치에 새로운 Plane을 만든다.(Instance: 1)

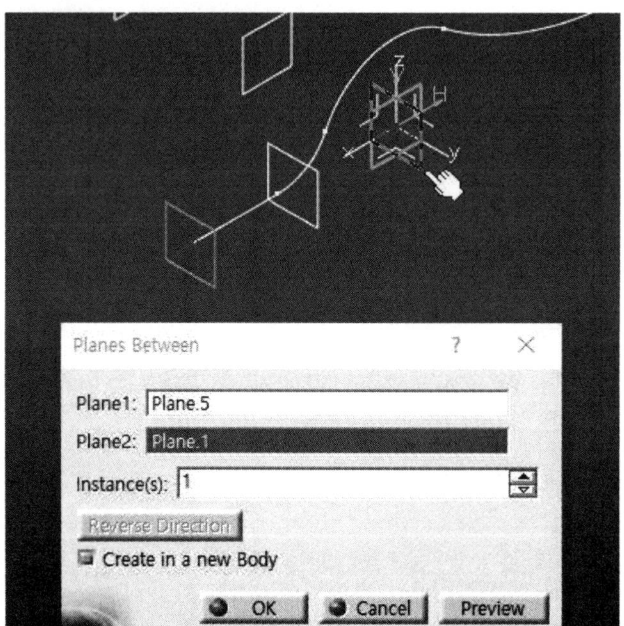

5) Planes Between( )명령을 실행하고 y-z평면위에 생성한 Plane과 우측 기준평면 사이에 등간격으로 3개의 Plane을 만든다.(Instance: 3)

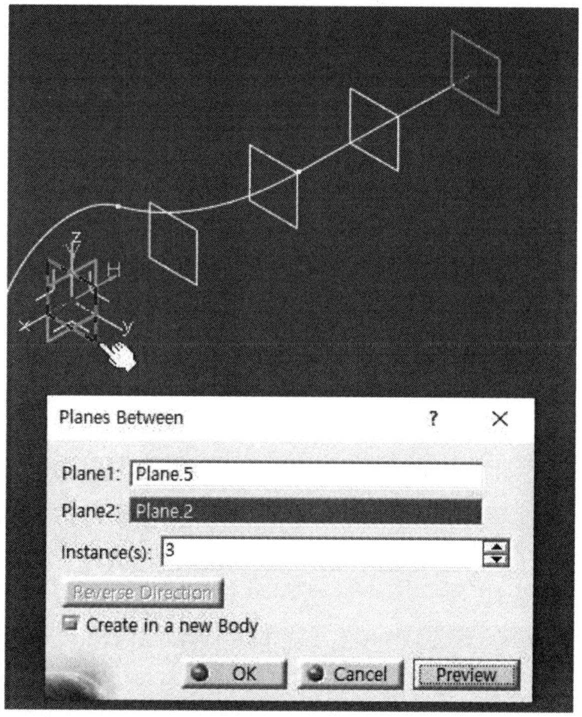

4. 서피스모델의 길이방향 끝부분 형상을 만든다.

1) Positioned Sketch( )명령을 실행하고 길이방향 끝 쪽 평면을 선택한다.

2) 축의 방향(H축, V축)을 확인하고 OK 를 눌러 스케치로 진입한다.

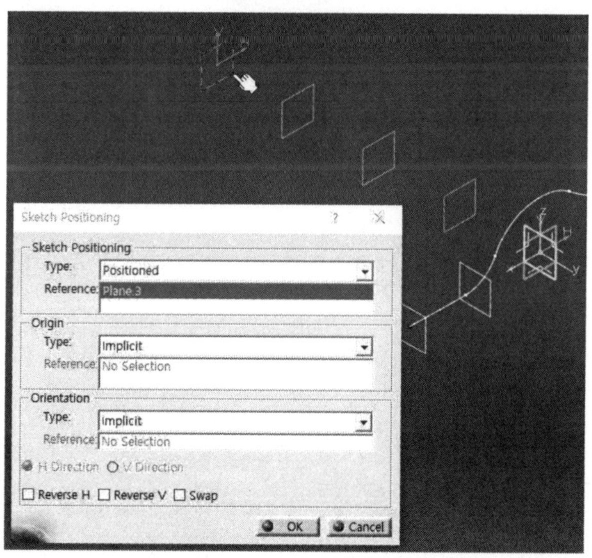

3) 와이어프레임(Wireframe) 형상을 완성한다.

▹ 양 끝점은 앞에서 생성한 좌/우 기준평면(plane)과 일치구속조건(Coincidence)을 부여하여 완성한다.

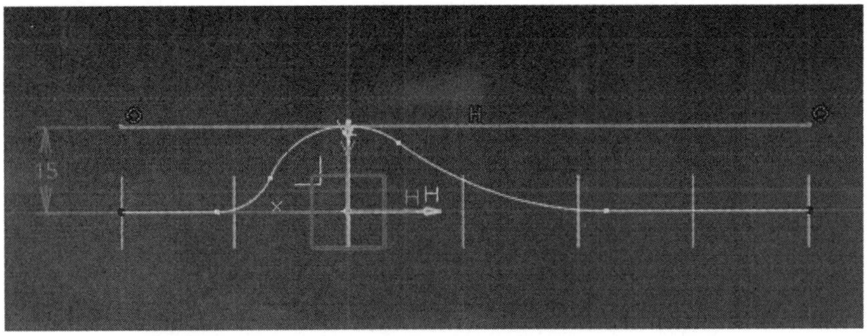

4) Exit Workbench( )명령을 클릭하여 스케치작업을 종료하고 GSD워크벤치(GSD Workbench)로 이동한다.

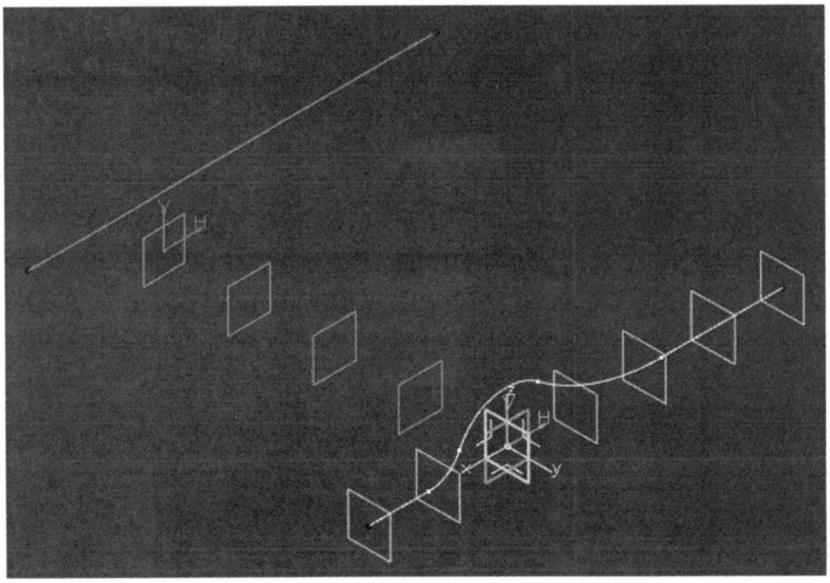

5. 서피스모델의 좌측 단면 형상을 만든다.

1) Positioned Sketch( )명령을 실행하고 좌측 끝 쪽 기준 평면을 선택한다.

2) 축의 방향(H축, V축)을 확인하고 [OK]를 눌러 스케치로 진입한다.

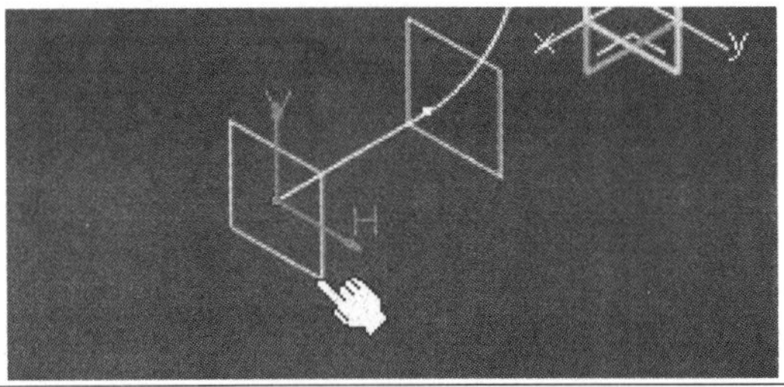

3) 좌측 단면 형상을 완성한다.

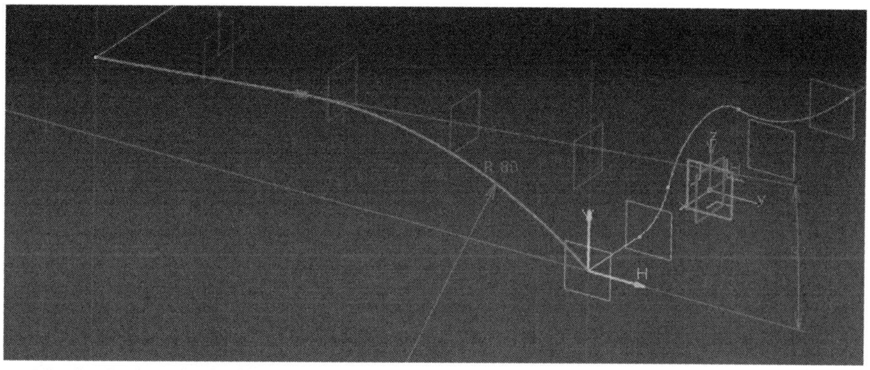

6. 서피스모델의 우측 단면 형상을 만든다.

1) Positioned Sketch()명령을 실행하고 우측 끝 쪽 기준 평면을 선택한다.

2) 축의 방향(H축, V축)을 확인하고 를 눌러 스케치로 진입한다.

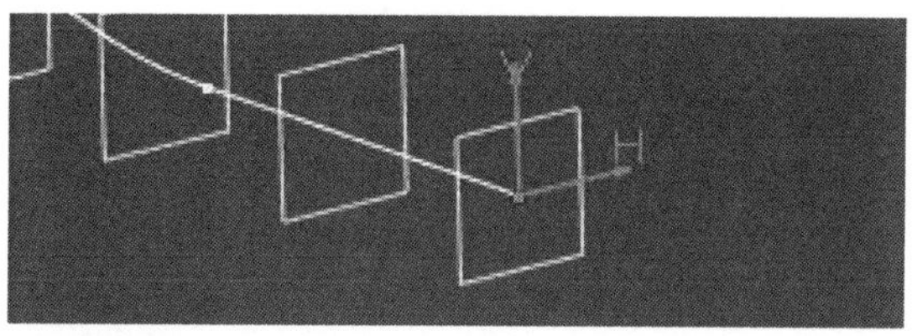

3) 우측 단면 형상을 완성한다.

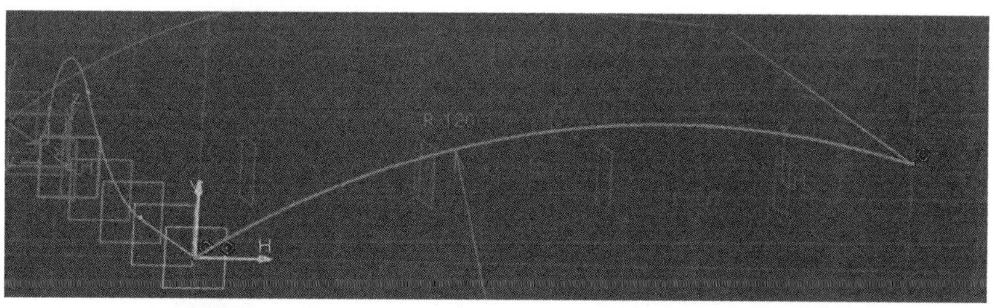

4) Exit Workbench()명령을 클릭하여 스케치작업을 종료하고 GSD워크벤치(GSD Workbench)로 이동한다.

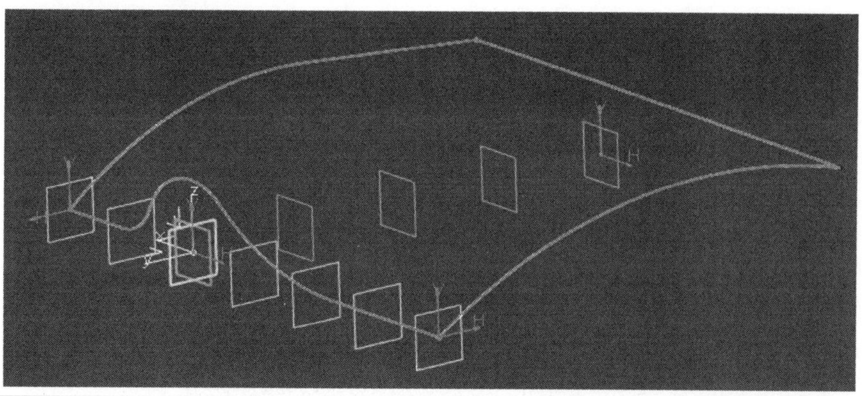

7. 예제 서피스의 전면으로부터 후면까지 각 단면의 형상(Wireframe)을 생성한다.

1) 먼저 Intersection( ) 명령을 실행하고 중앙부에 생성한 Plane들과 좌/우 단면형상 Profile의 교차점(Intersection point)을 생성한다.

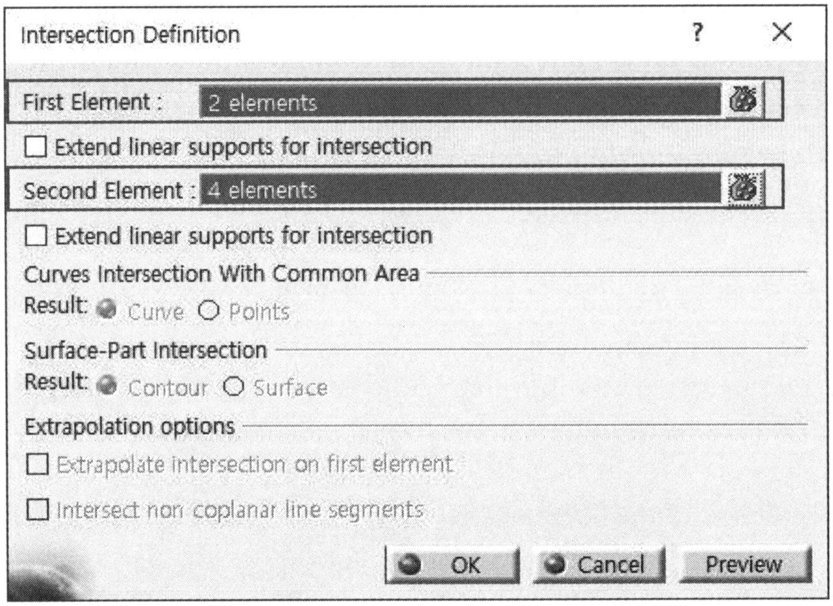

☞각 Plane을 스케치평면으로 지정하여 단면의 형상을 완성한다. 이 단계에서 생성하는 교차점이 각 Plane에서 생성할 단면 형상의 좌/우 끝점 위치가 된다.

☞TIP: First Element와 Second Element는 다중선택이 필요하므로 다음과 같이 작업한다.(를 누른 다음 요소를 선택한다.)

▸첫 번째 요소를 선택한다.

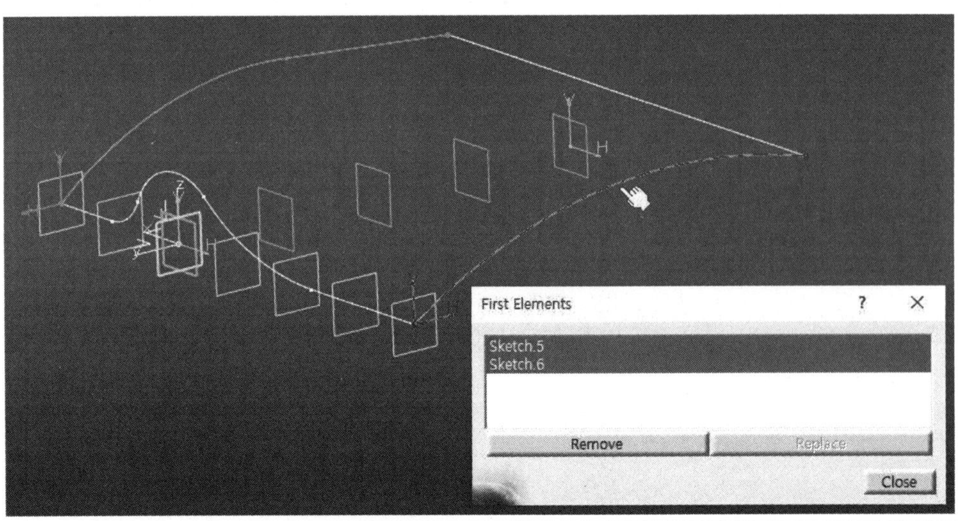

▸ 두 번째 요소를 선택한다.

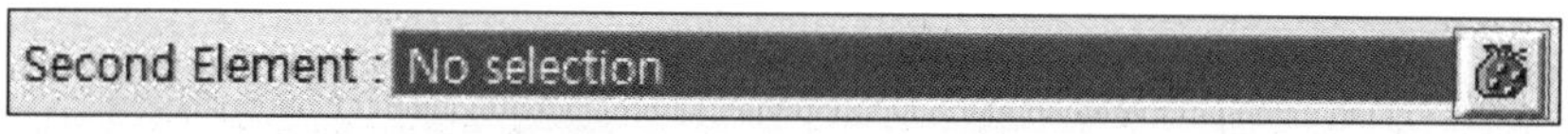

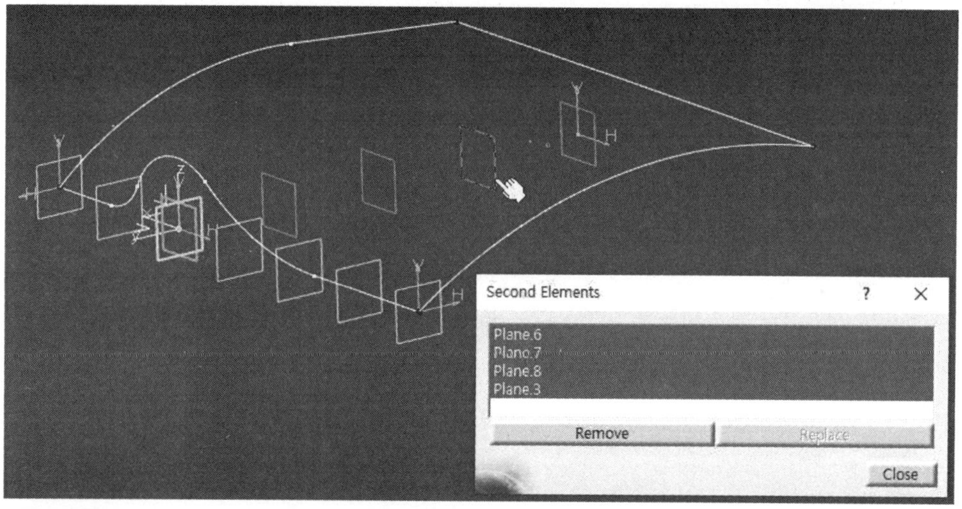

▸ OK 를 눌러 좌/우 단면형상 Profile위에 교차점을 생성한다.

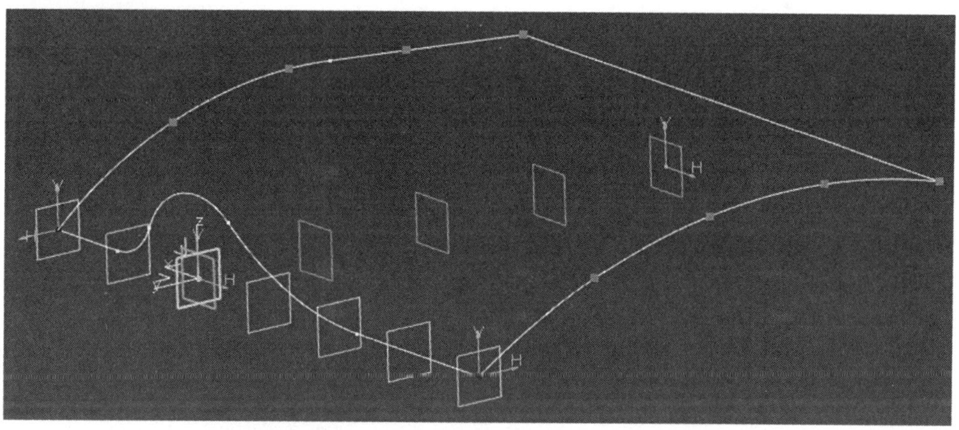

2) 각 각의 단면 형상을 생성한다.

① Positioned Sketch( )명령을 실행하고 길이방향 첫 번째 평면을 선택한다.

② 축의 방향(H축, V축)을 확인하고 OK 를 눌러 스케치로 진입한다.

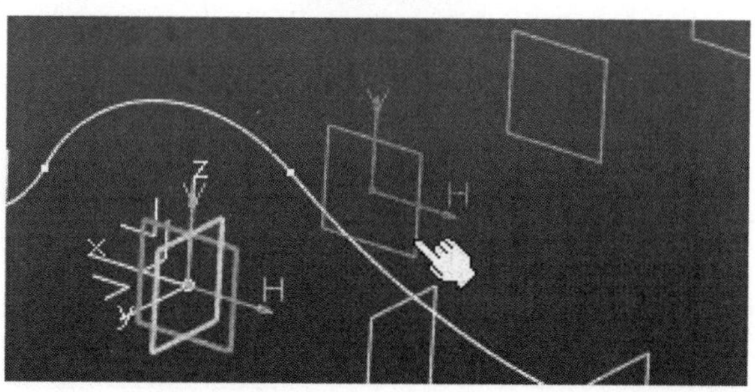

③ 첫 번째 Plane을 스케치 평면으로 하여 첫 번째 단면형상을 완성한다.

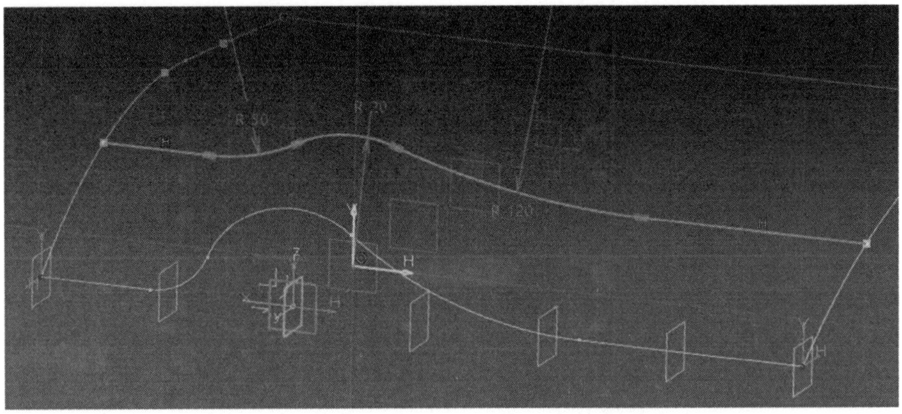

④ 두 번째 Plane을 스케치 평면으로 하여 두 번째 단면형상을 완성한다.

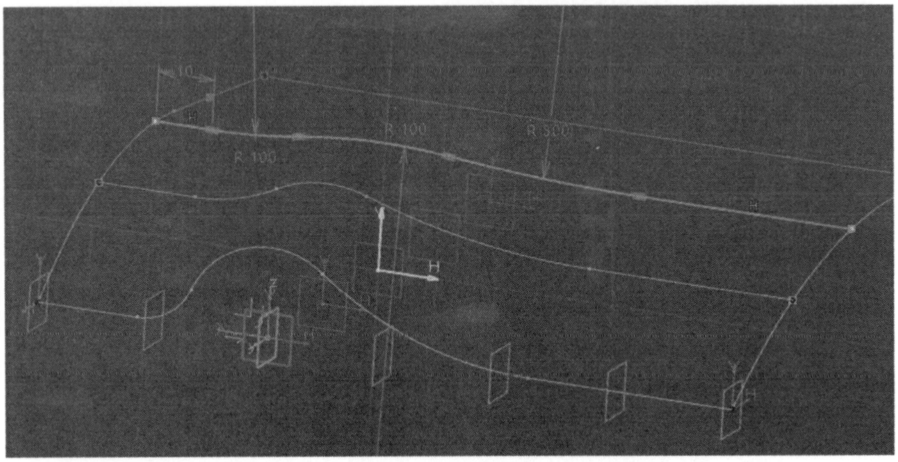

⑤ 세 번째 Plane을 스케치 평면으로 하여 서 번째 단면형상을 완성한다.

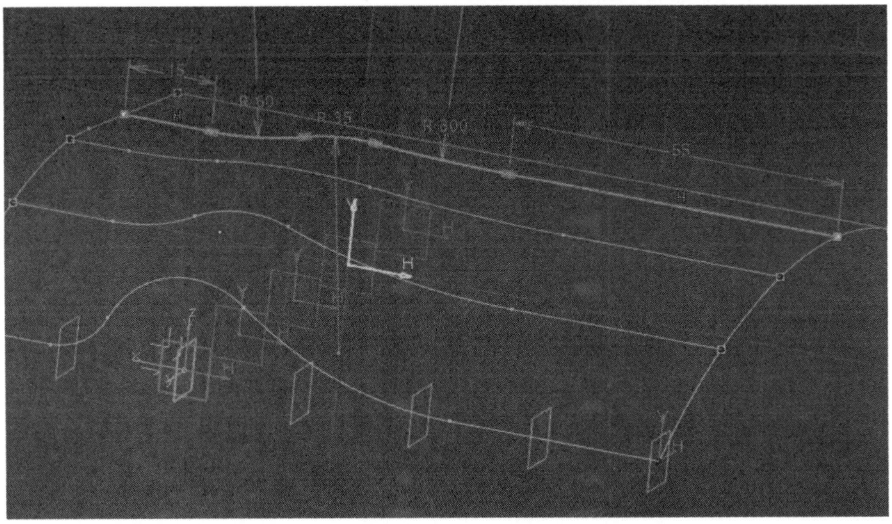

⑥ Exit Workbench( )명령을 클릭하여 스케치작업을 종료하고 GSD워크벤치(GSD Workbench)로 이동한다.

☞이 단계는 각 각의 단면형상이 완성될 때 마다 반복한다.

☞다음 그림은 앞 단계에서 완성한 각 각의 단면형상이다.

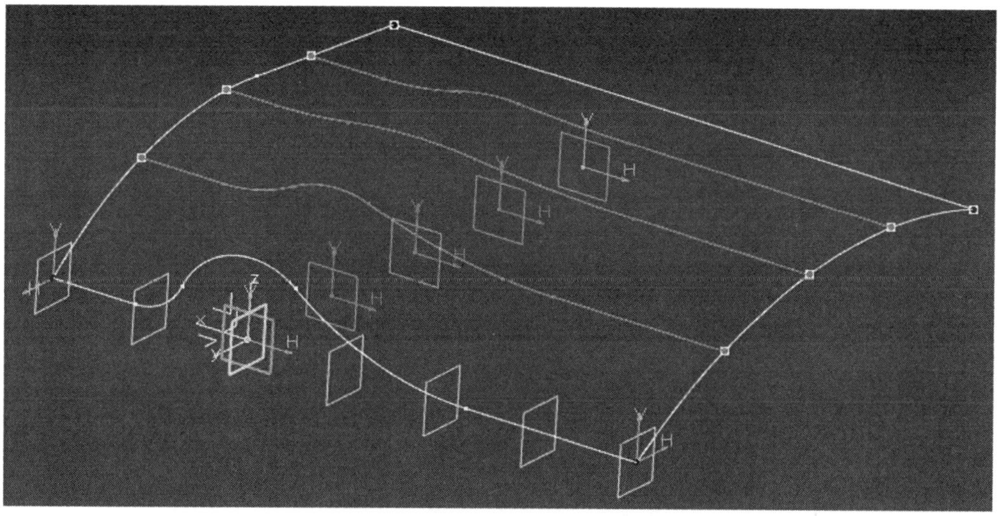

8. 전면으로부터 후면까지 프로파일이 지나갈 가이드커브(Guide curve)를 생성한다.

1) Intersection( ) 명령을 실행하고 전면에 생성한 Plane들과 앞 단계에서 생성한 각 단면형상 Profile의 교차점(Intersection point)을 생성한다.

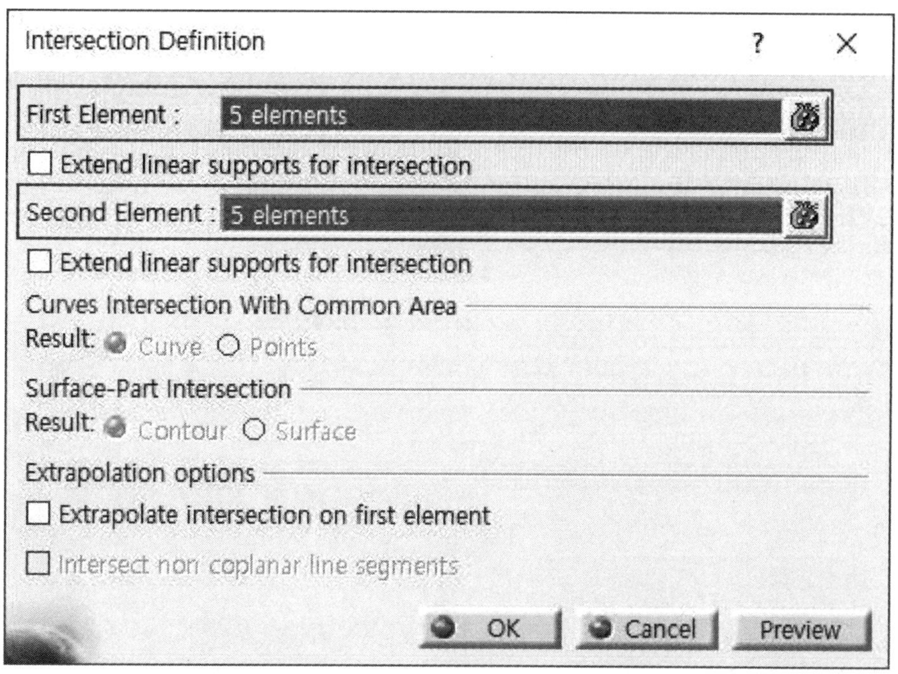

☞이 단계에서 생성하는 교차점은 전면에서부터 후면까지 생성한 각 단면형상의 가이드커브(Guide curve)로서 스플라인(Spline)을 생성하기 위해 사용된다.

▸첫 번째 요소를 선택한다.

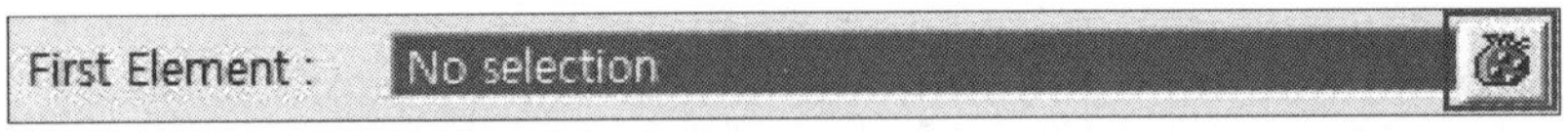

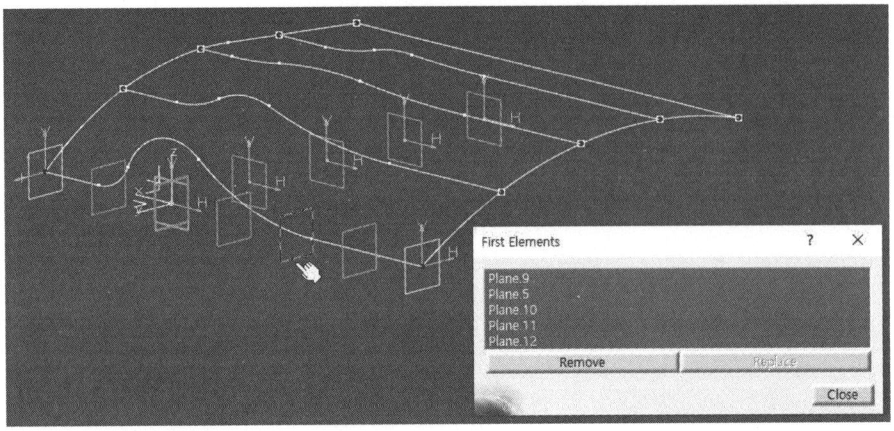

▸두 번째 요소를 선택한다.

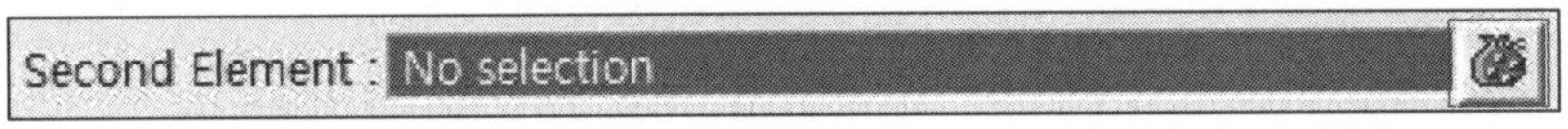

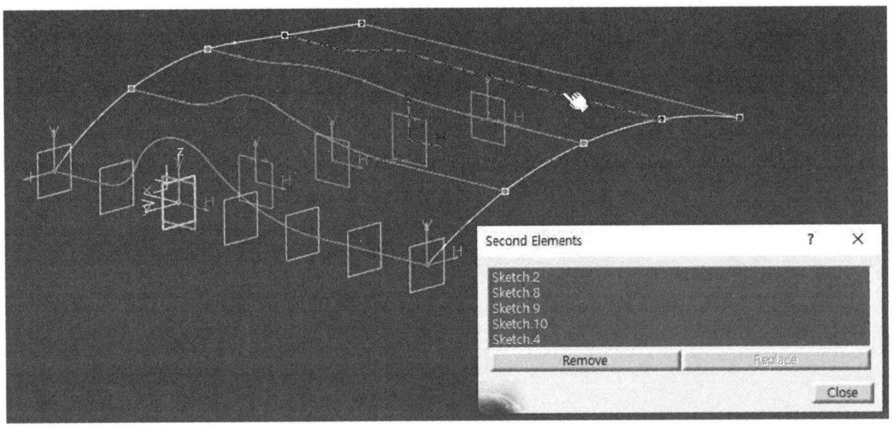

▸ 

를 눌러 각 단면형상 Profile위에 교차점을 생성한다.

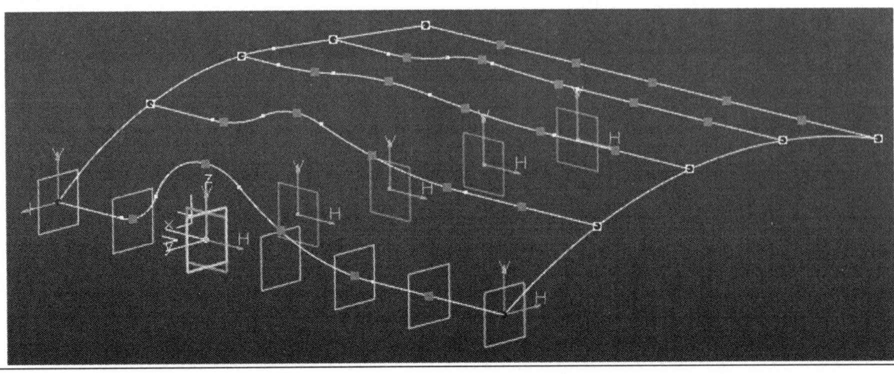

9. 앞 단계에서 생성한 교차점으로 가이드커브(Guide curve)를 만든다.

1) Spline( )명령을 실행하여 가이드커브를 생성한다.

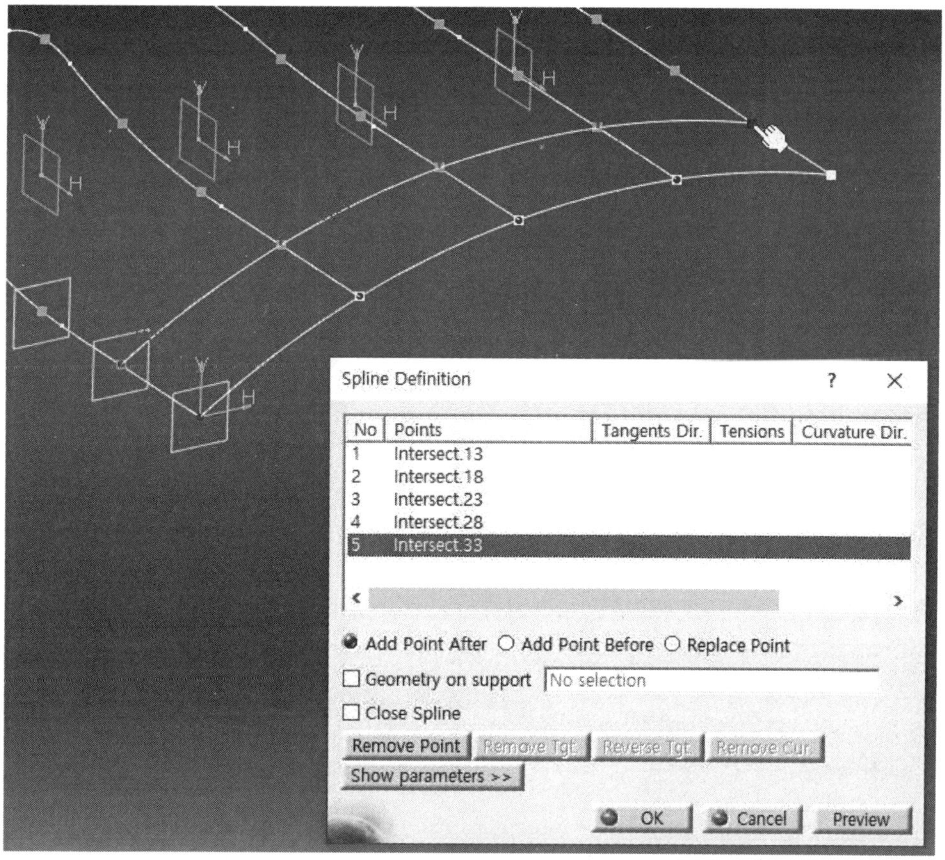

2) Spline( )명령을 반복 실행하여 모든 가이드커브를 생성한다.

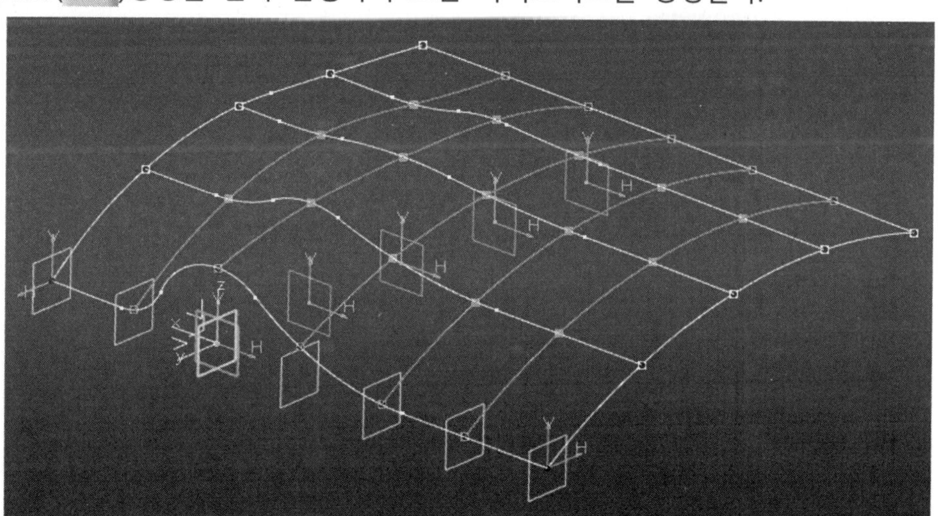

10. 완성될 서피스의 품질을 높이기 위하여 단면형상 프로파일(Profile)과 가이드커브(Guide curve)의 마디를 제거한다.

▸ Curve Smooth( )명령을 실행하고 앞 단계에서 생성한 모든 wireframe(Section profile과 Guide curve)의 마디를 제거한다.(Continuity옵션: ●Curvature 선택)

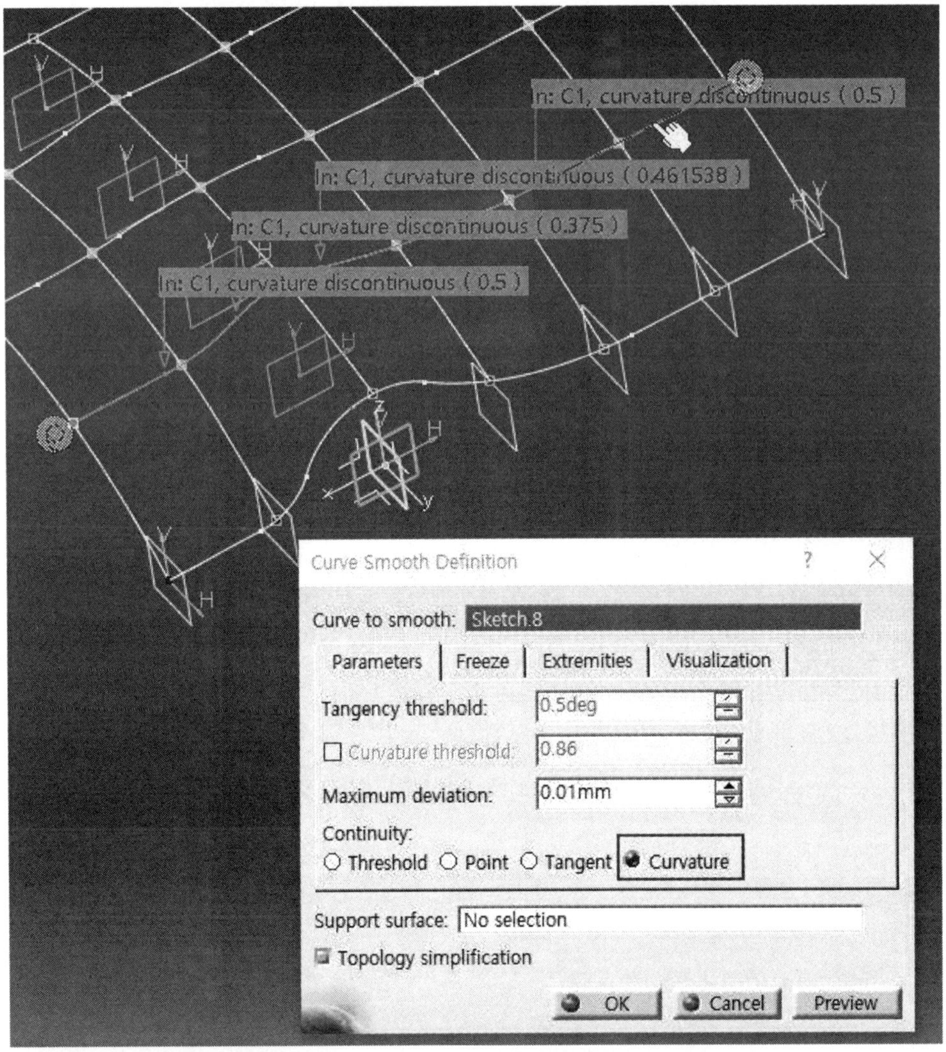

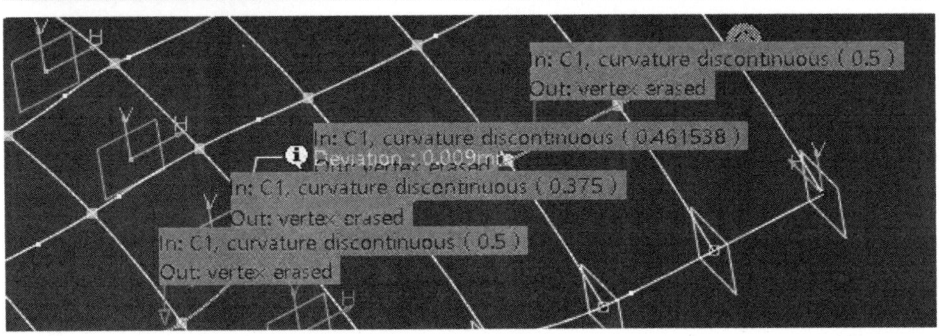

11. 윗면부 서피스를 생성한다.

1) 앞 단계에서 완성된 와이어프레임(Wireframe)에 Multi-Sections Surface( )명령을 실행하여 서피스를 생성한다.

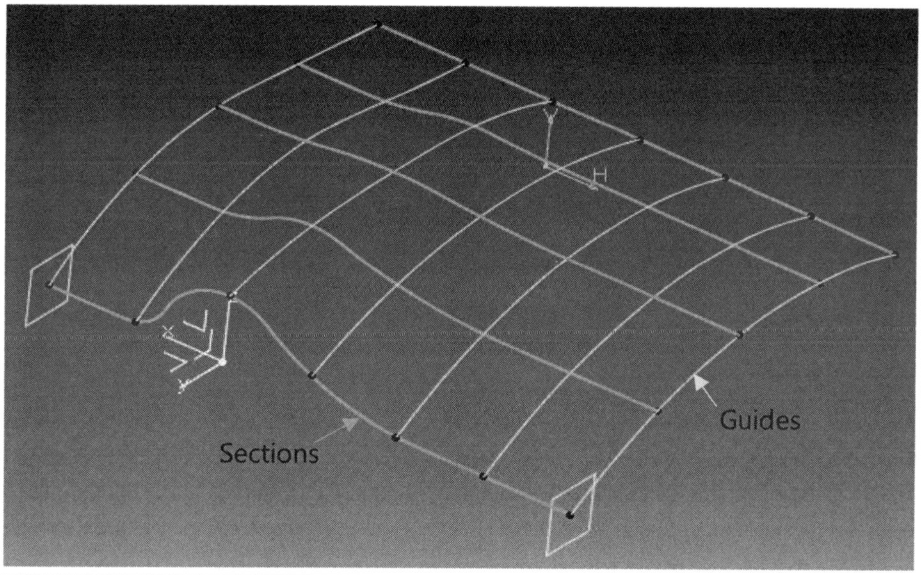

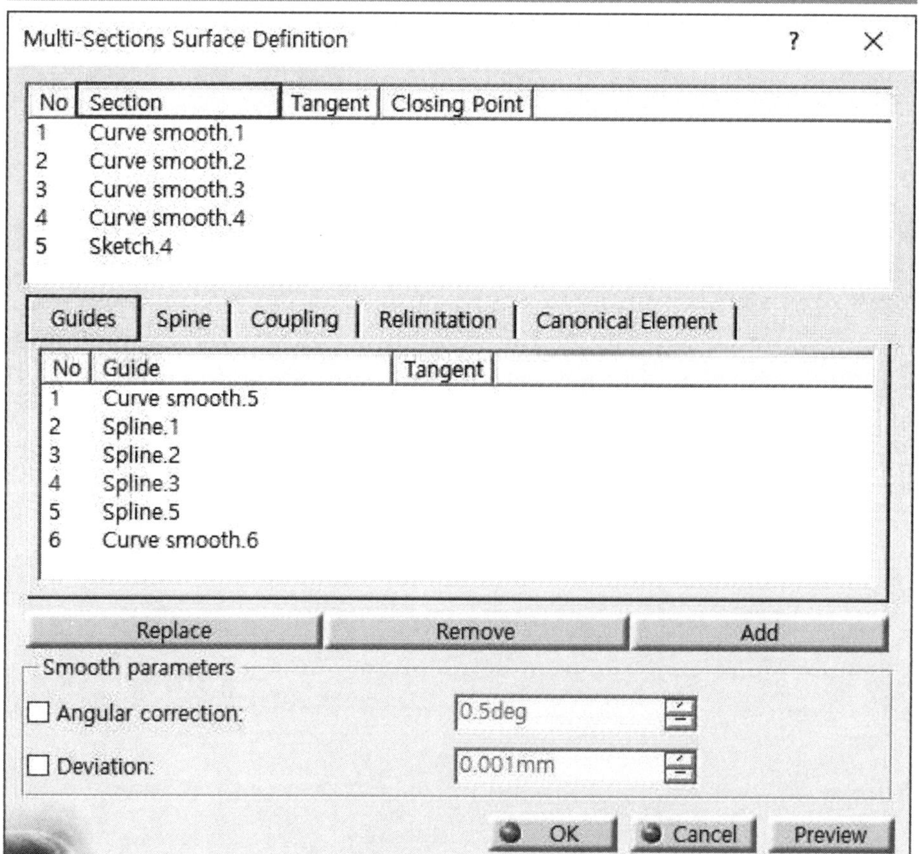

☞TIP: Section을 선택할 때 화살표의 방향에 주의한다. 모든 화살표는 같은 방향으로 향해야 하며 반대 방향인 경우 화살표를 클릭하여 방향을 바꾼다.

2) Preview 를 눌러 서피스생성 결과를 확인한다.

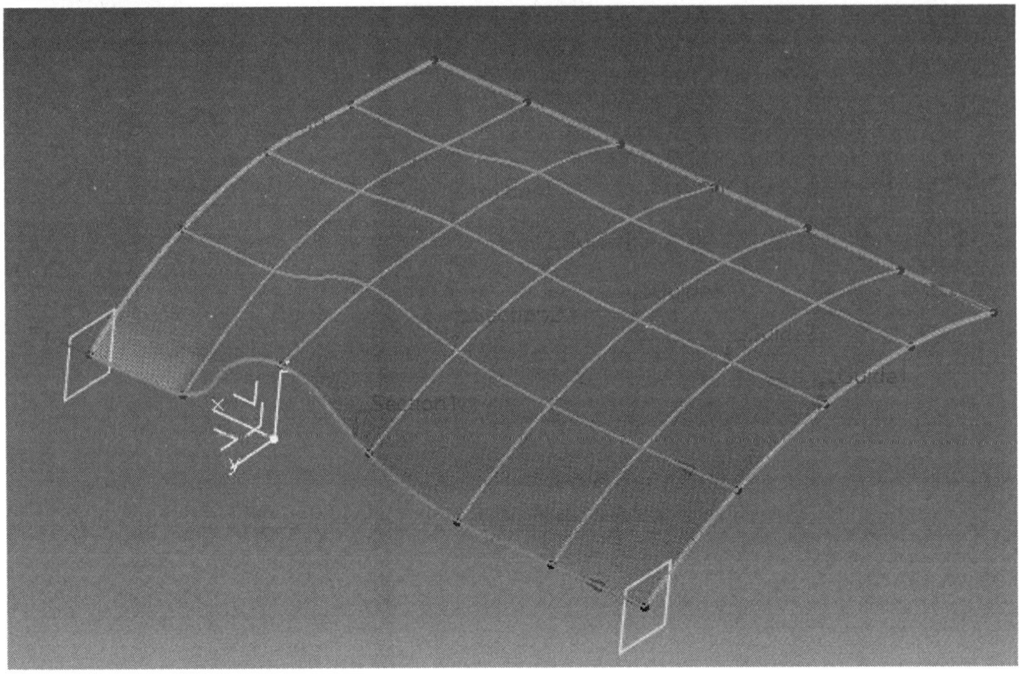

3) 오류가 없으면 OK 를 눌러 서피스를 완성한다.

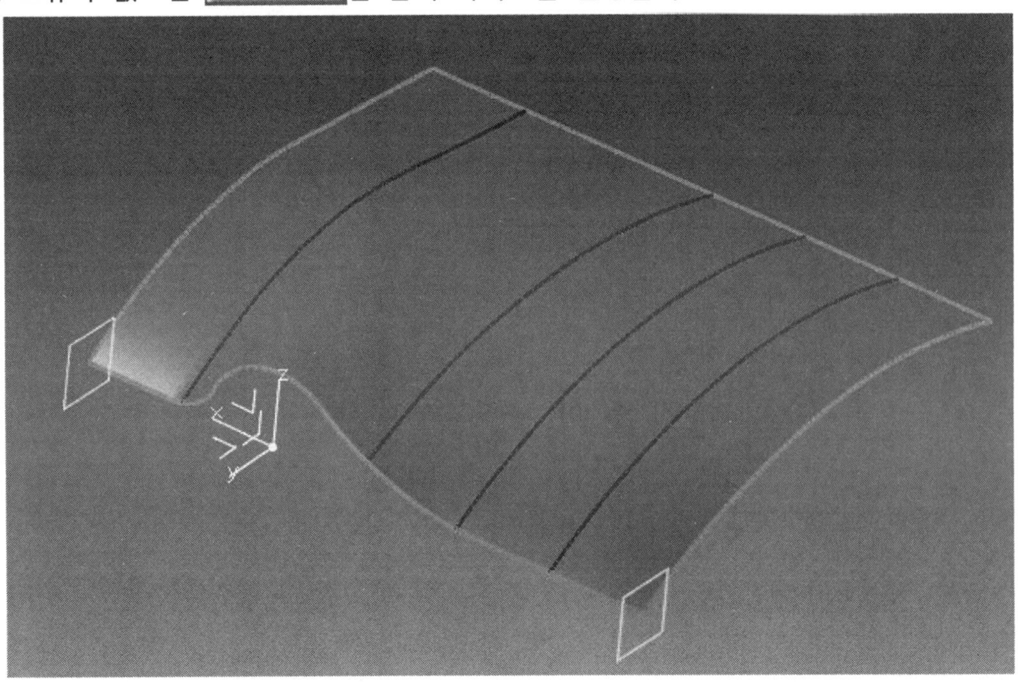

12. 전면부와 측면부, 후면부의 서피스를 생성하기 위하여 각 단면에서 Wireframe을 만든다.

1) 우측면(Right view) 형상을 만든다.

① Positioned Sketch( )명령을 실행하고 x-z평면을 선택한다.

② 축의 방향(H축, V축)을 확인하고 OK 를 눌러 스케치로 진입한다.

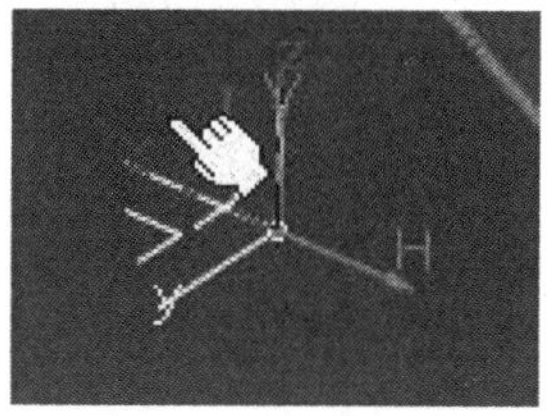

③ 우측면 Profile을 완성한다.

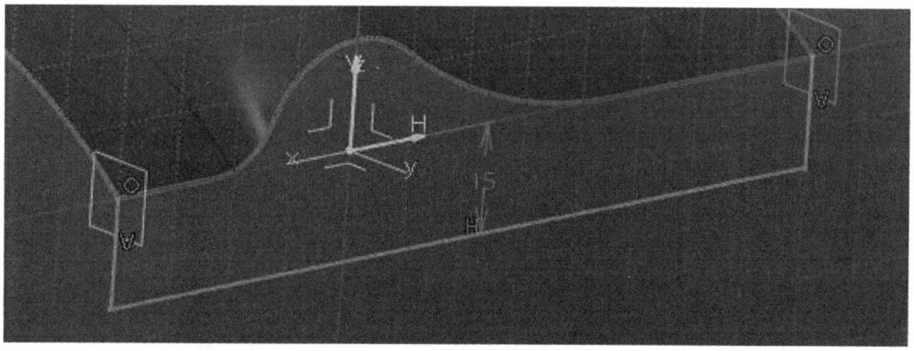

2) 정면부(Front view) 형상을 만든다.

① Positioned Sketch( )명령을 실행하고 기준평면을 선택한다.

② 축의 방향(H축, V축)을 확인하고 OK 를 눌러 스케치로 진입한다.

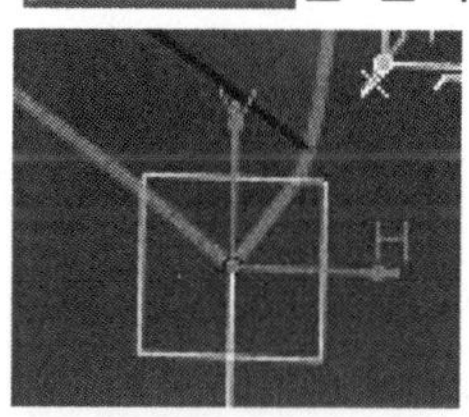

③ 정면 Profile을 완성한다.

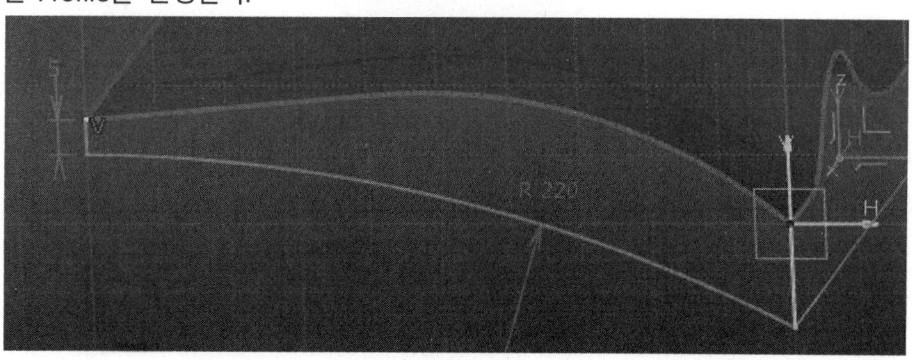

3) 후면부(Rear view) 형상을 만든다.

① Positioned Sketch( )명령을 실행하고 기준평면을 선택한다.

② 축의 방향(H축, V축)을 확인하고 OK 를 눌러 스케치로 진입한다.

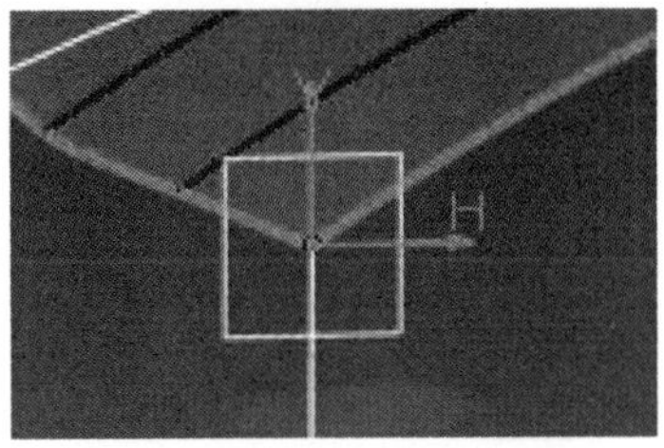

③ 후면 Profile을 완성한다.

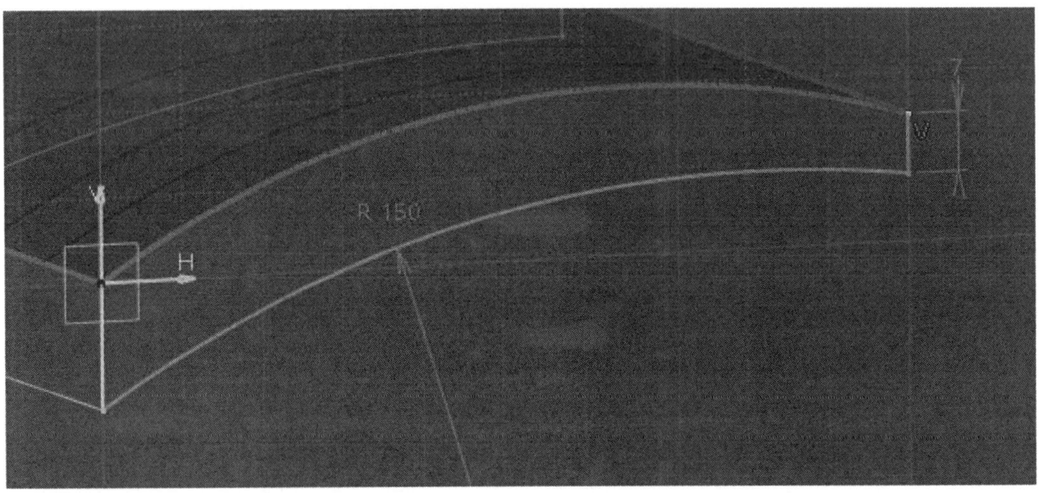

4) Line( )명령을 실행하고 두 끝점을 연결하여 한다.

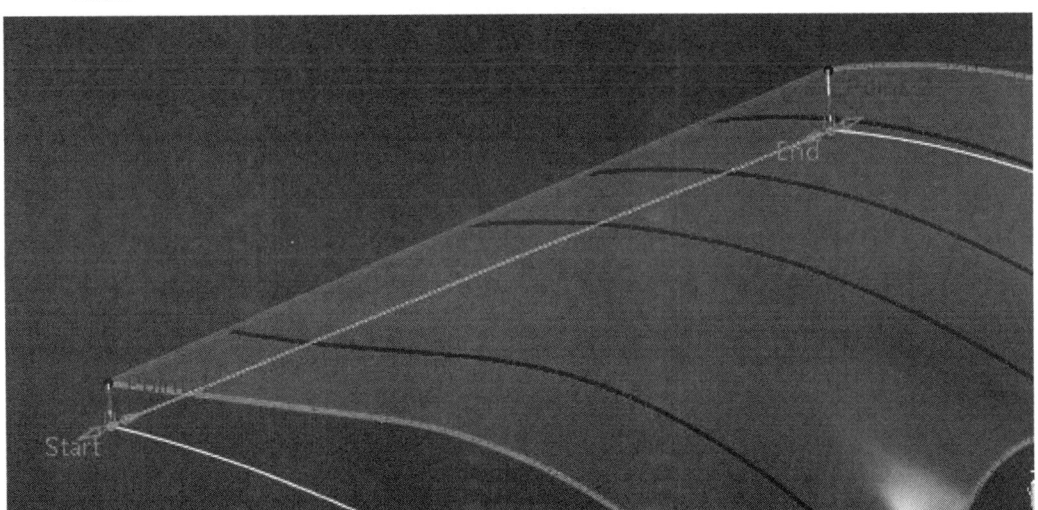

5) Circle( )명령을 실행하고 우측면에 직경(D) 20 mm인 원을 생성한다.

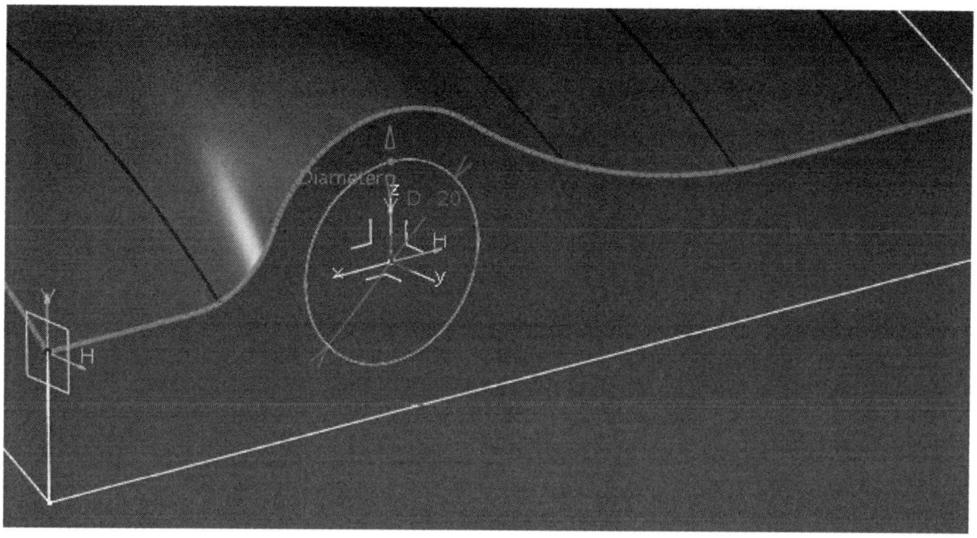

13. 이전 단계에서 만든 Wireframe을 이용하여 측면에 서피스를 생성한다.

1) Fill( )명령을 실행하고 측면의 Wireframe과 상단부 서피스경계(Surface Boundary)를 이용하여 서피스를 생성한다.

① 우측면을 서피스로 채운다.

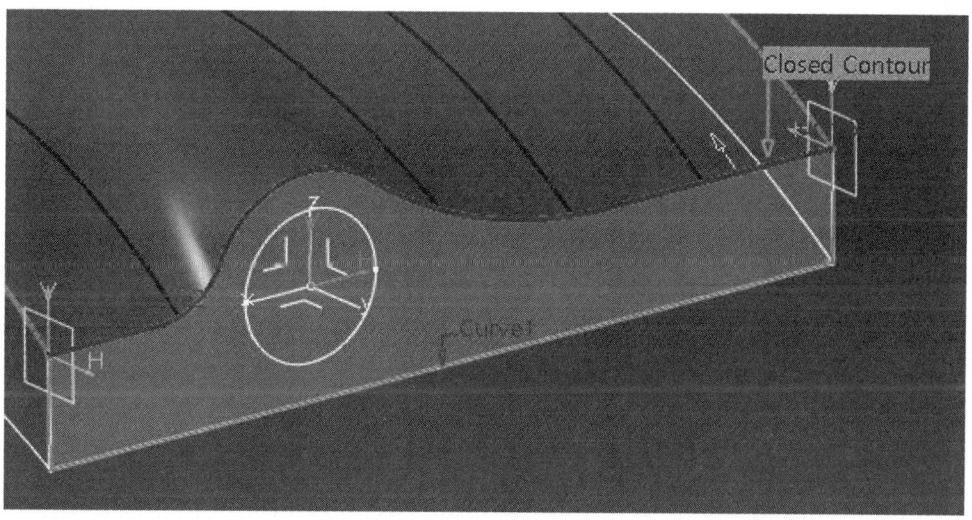

☞TIP: Wireframe과 서피스의 경계면을 선택할 때 제대로 선택되지 않는 경우 【User Selection Filter】 툴바의 Geometrical Element Filter( )명령을 사용한다.

② 전면을 서피스로 채운다.

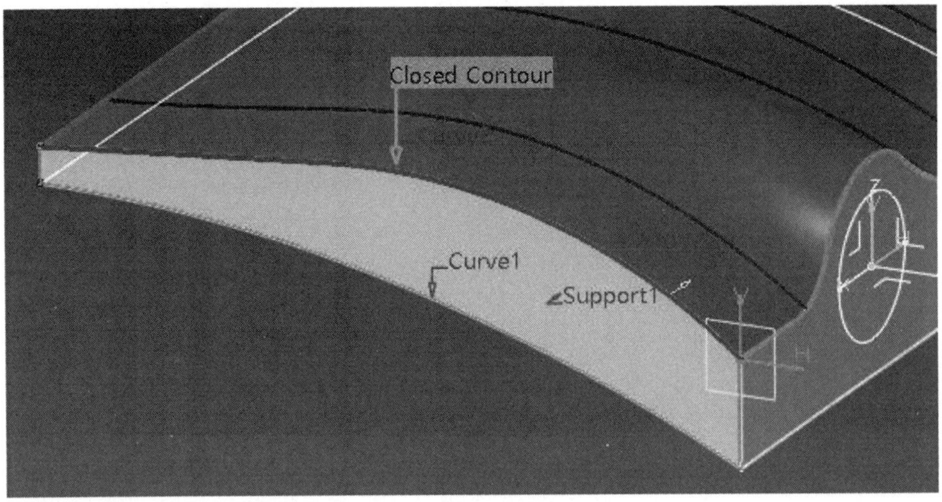

③ 후면을 서피스로 채운다.

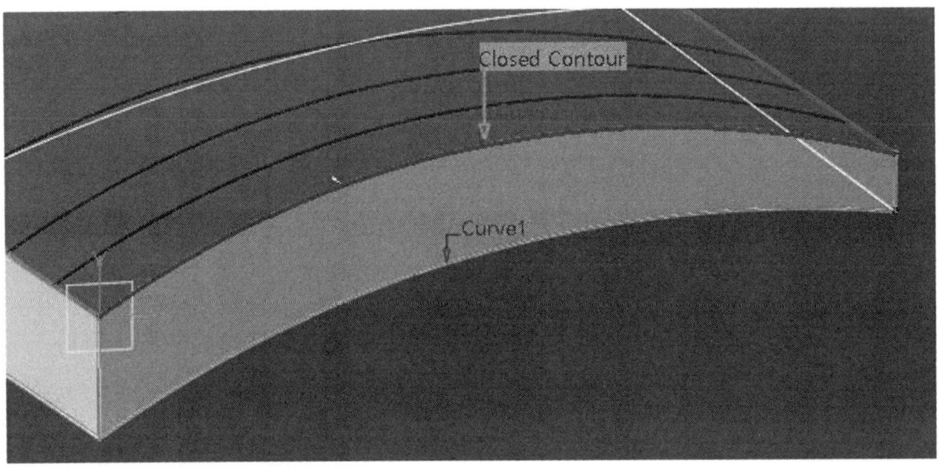

④ 나머지 공간을 서피스로 채운다.

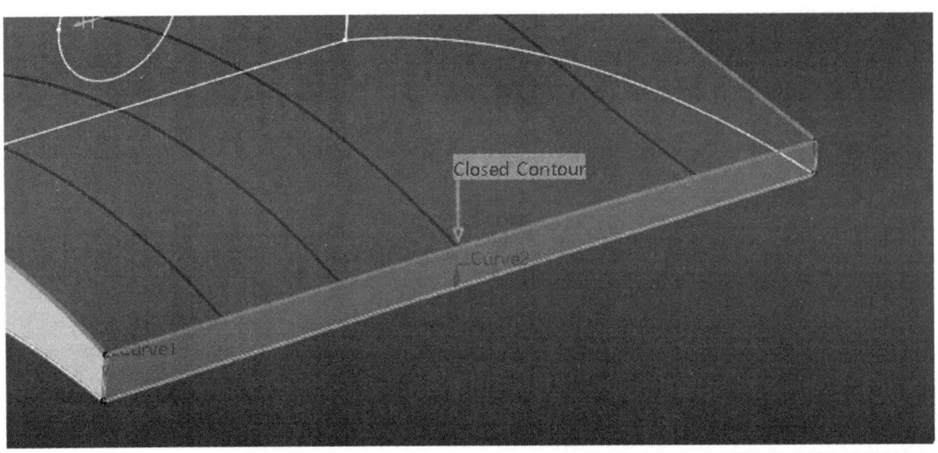

14. Split( )명령을 실행하고 우측면 서피스의 중앙부에 Hole을 만든다.

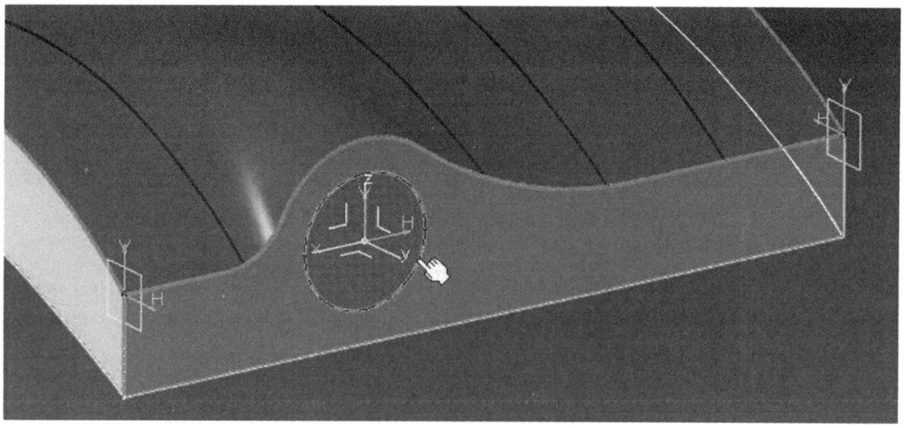

15. Join( )명령을 실행하여 모든 서피스를 연결한다.

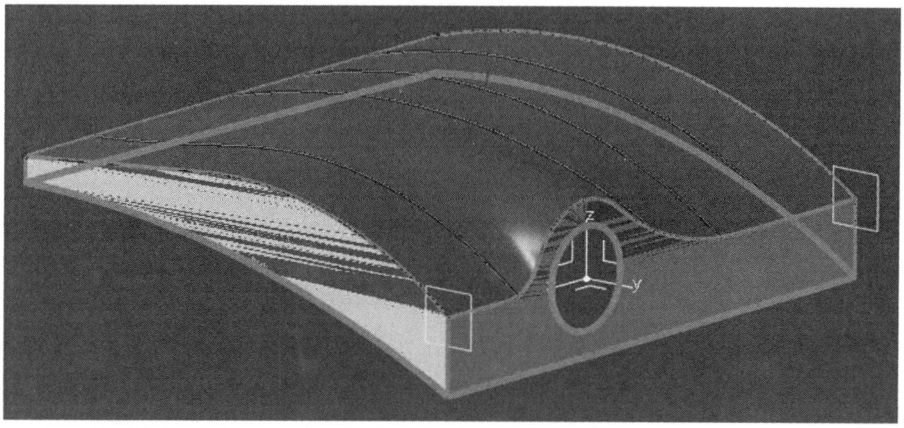

16. Edge Fillet( )명령을 실행하고 세로모서리에 반경(R) 4 mm의 Fillet을 생성하여 최종 서피스모델을 완성한다.

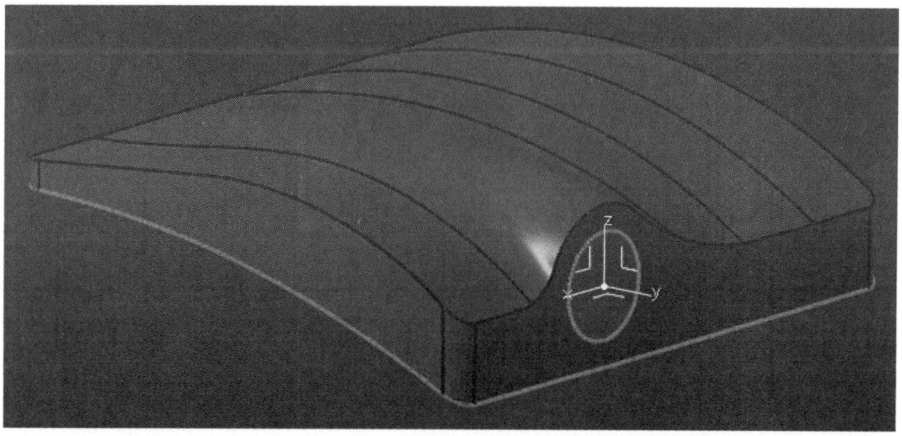

예제 7

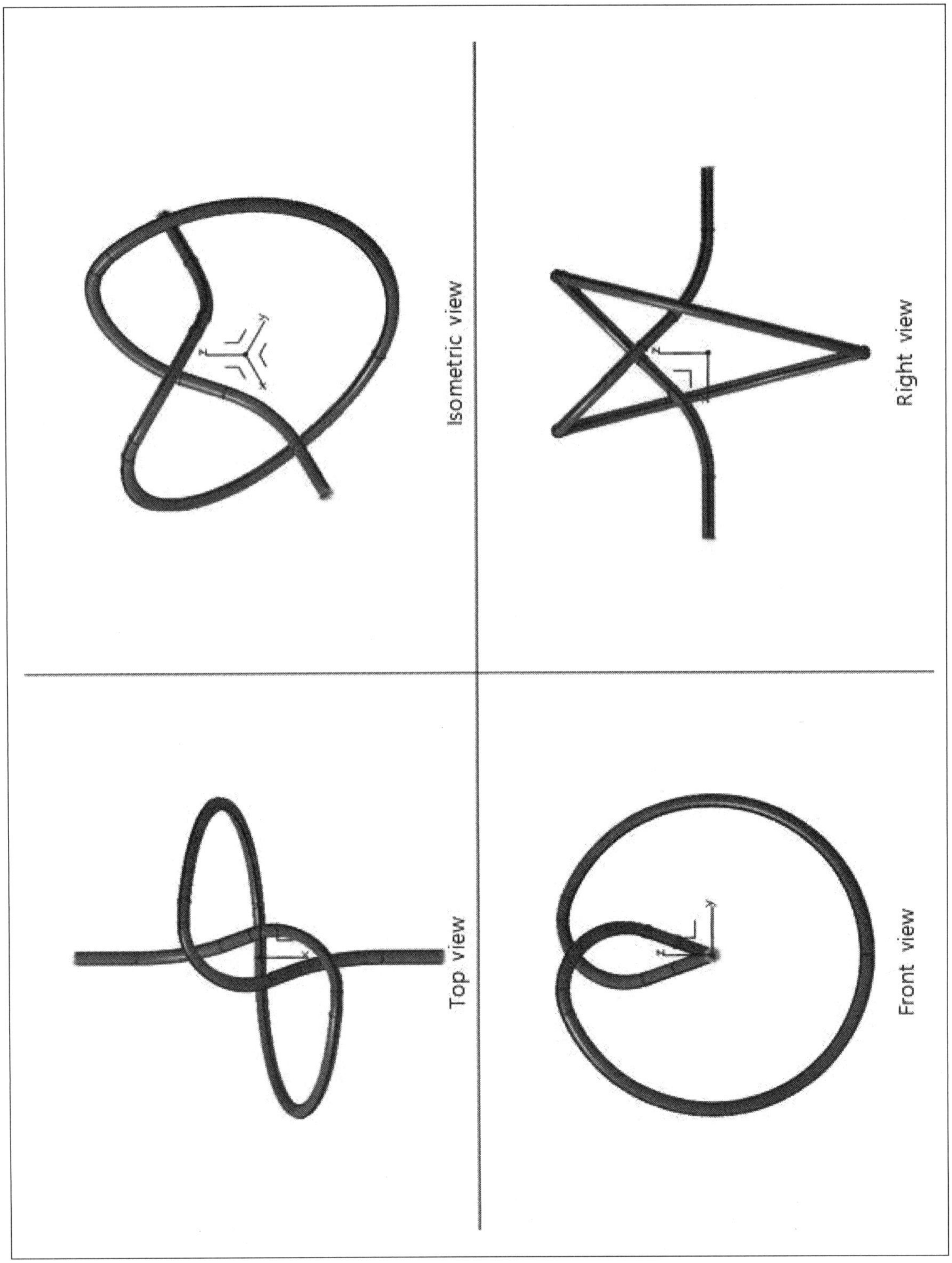
Isometric view
Right view
Top view
Front view

1. 서피스를 완성하기 위하여 먼저 Wireframe을 만든다.

▸ 정면도(Front view)와 우측면도(Right view)를 이용하여 서피스 생성의 기준이 될 중심커브(Center curve)를 생성한다.

1) 정면도의 형상을 만든다.

① Positioned Sketch( )명령을 실행하고 y-z평면을 선택한다.

② 축의 방향(H축, V축)을 확인하고 OK 를 눌러 스케치로 진입한다.

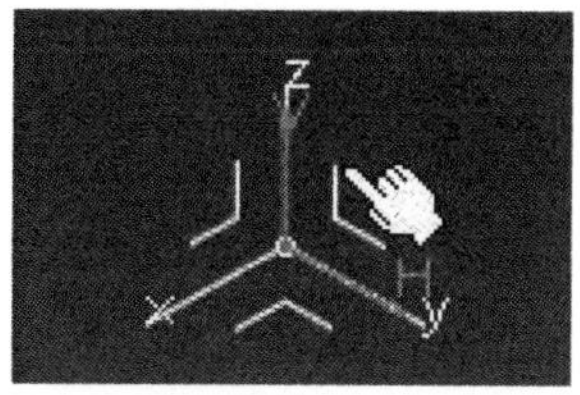

③ 정면 형상의 1/2 형상을 그리고 구속한다.(축대칭)

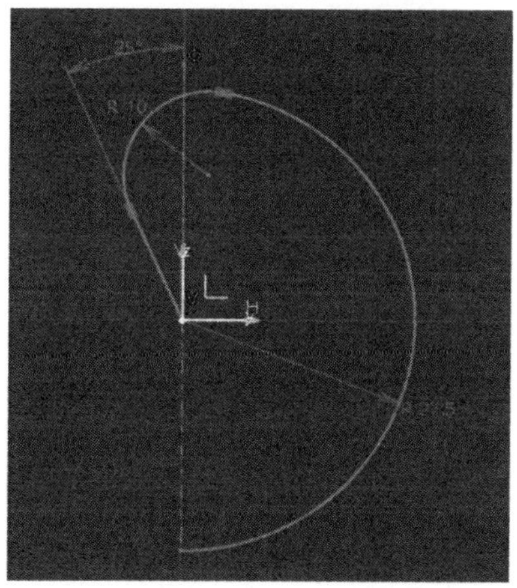

④ Exit Workbench( )명령을 클릭하여 스케치작업을 종료하고 GSD워크벤치(GSD Workbench)로 이동한다.

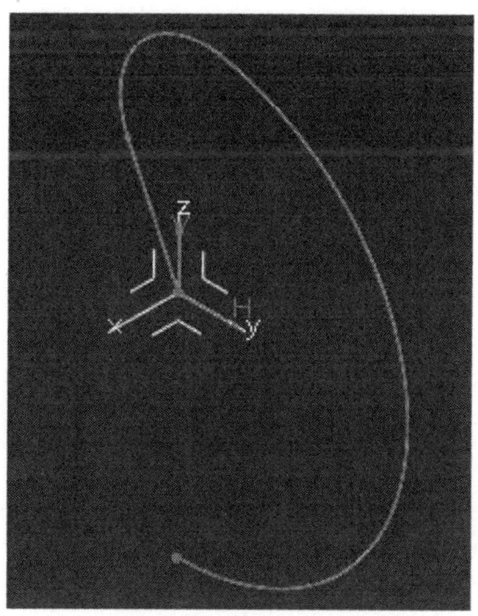

2) 우측면도의 형상을 만든다.

① Positioned Sketch( )명령을 실행하고 x-z평면을 선택한다.

② 축의 방향(H축, V축)을 확인하고 OK 를 눌러 스케치로 진입한다.

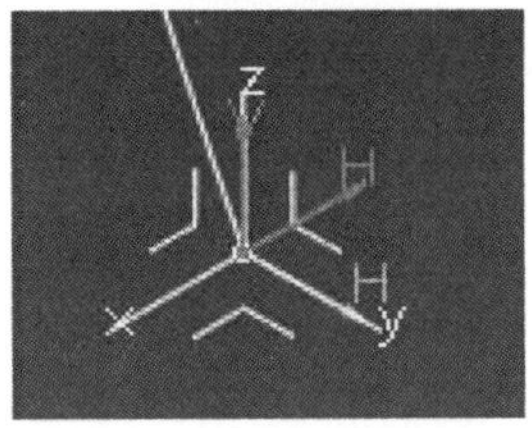

③ 우측면 형상을 만든다.

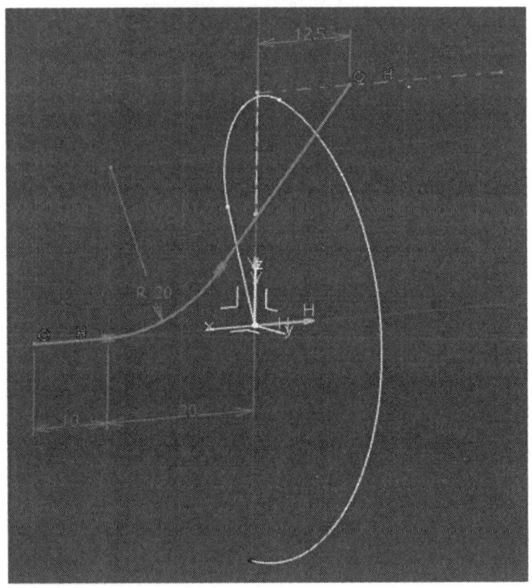

④ Exit Workbench( )명령을 클릭하여 스케치작업을 종료하고 GSD워크벤치(GSD Workbench)로 이동한다.

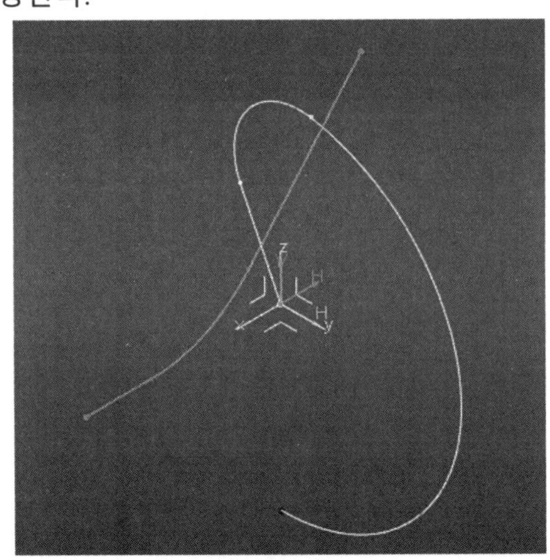

3) Line( )명령을 실행하고 단계1)과 단계2)에서 만든 와이어프레임의 끝점을 선으로 연결한다.

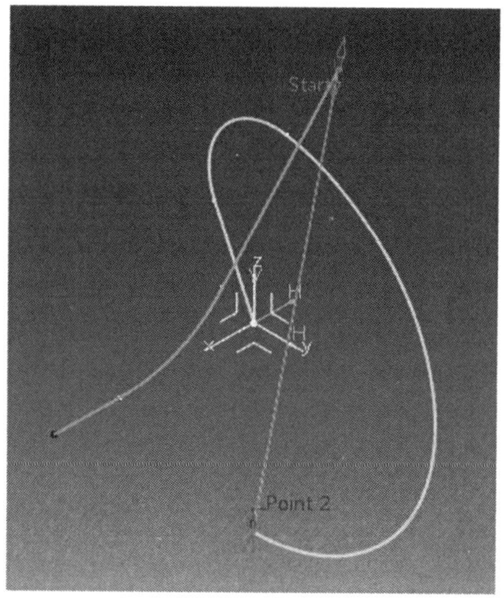

4) Extrude( )명령을 실행하고 1)에서 생성한 Profile을 z-y평면에 대해 직각방향으로 길이 뽑아내어 하나의 서피스를 만든다.

▸ Mirrored Extent 옵션을 적용하여 기준평면에서 좌/우 방향으로 Extrude명령을 실행한다.(Limit 1 Dimension: 40 mm)

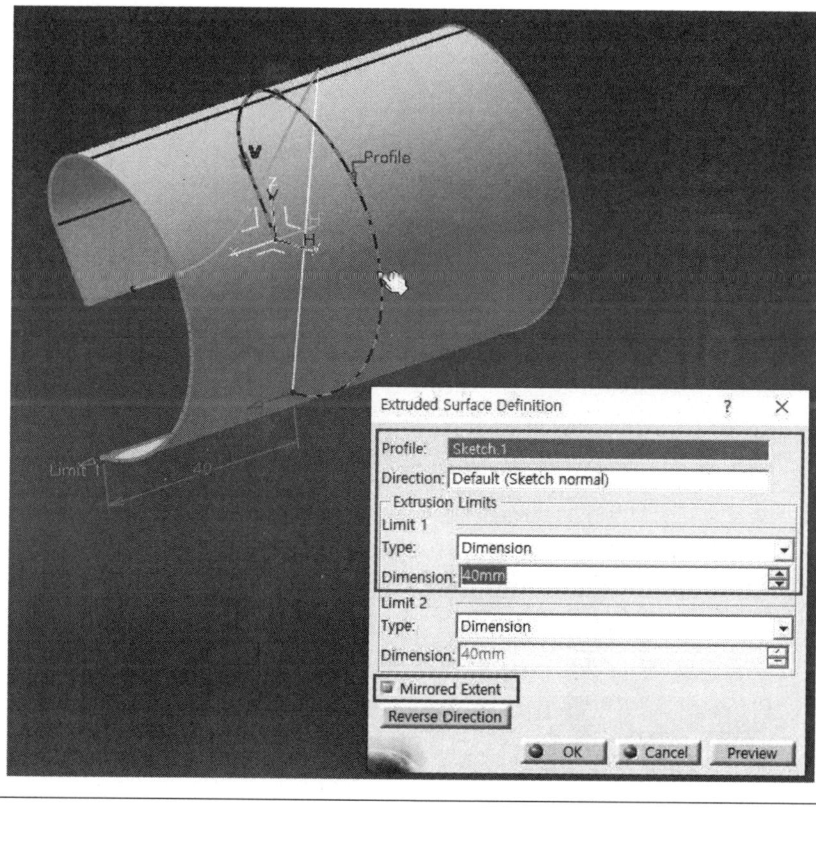

5) Projection( )명령을 실행하고 단계 2)에서 생성한 Profile을 단계 4)에서 Extrude로 생성한 서피스에 투영하여 새로운 Wireframe을 만든다.

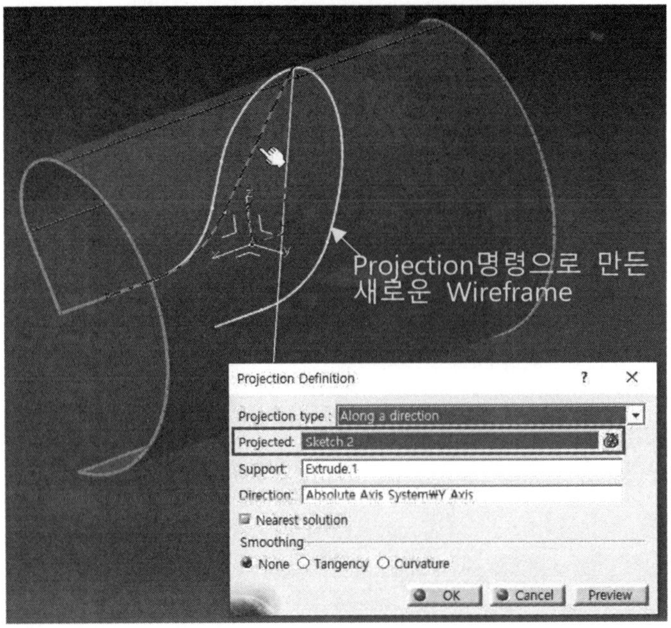

6) Projection( )명령을 실행하고 단계 3)에서 생성한 Profile을 단계 4)에서 Extrude로 생성한 서피스에 투영하여 새로운 Wireframe을 만든다.

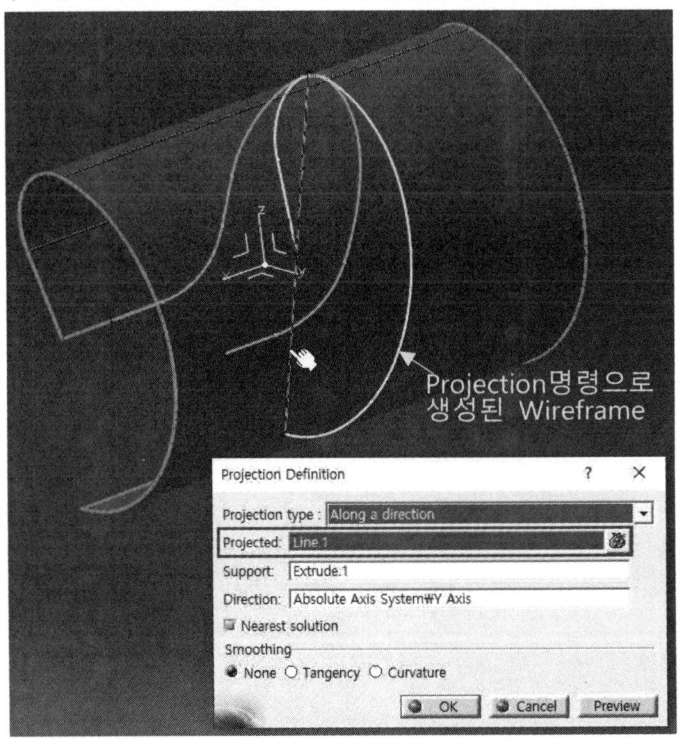

7) Trim( )명령을 실행하고 단계 5)와 단계 6)에서 Projection명령으로 생성한 두 Wireframe을 교차부에서 자르고 서로 이어 붙여 새로운 Wireframe을 만든다.

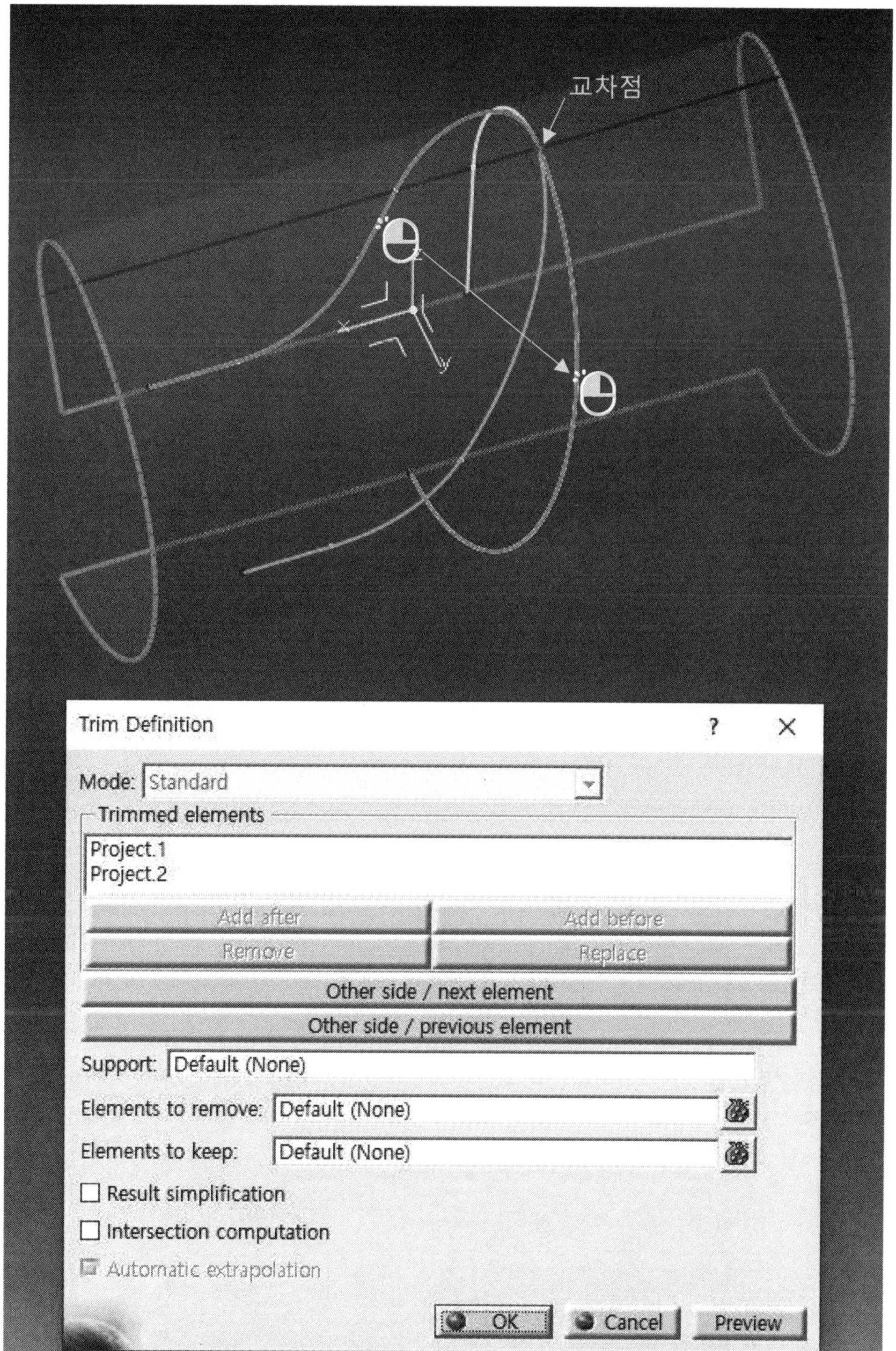

8) Rotate( )명령을 실행하고 단계7)에서 생성한 Wireframe을 z축을 중심으로 180° 회전복사한다.

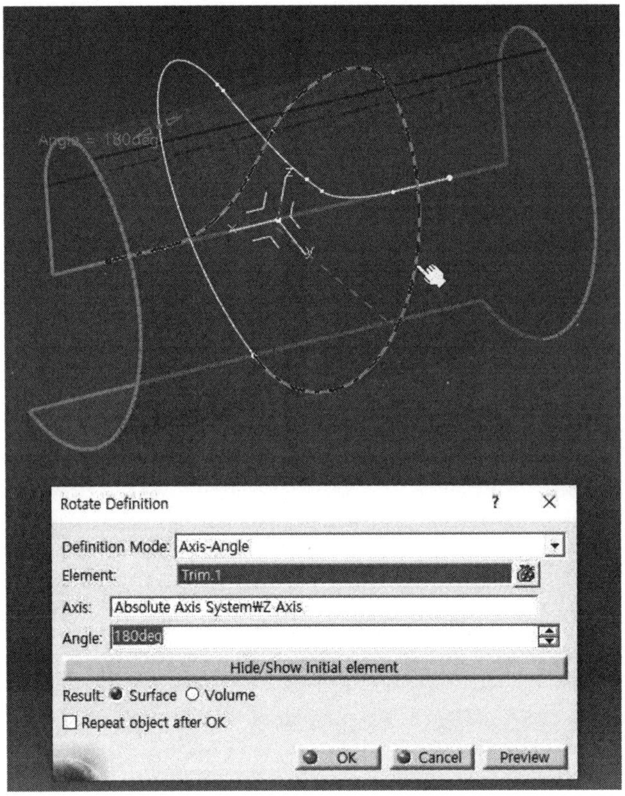

☞단계 8)까지 완성한 Wireframe형상

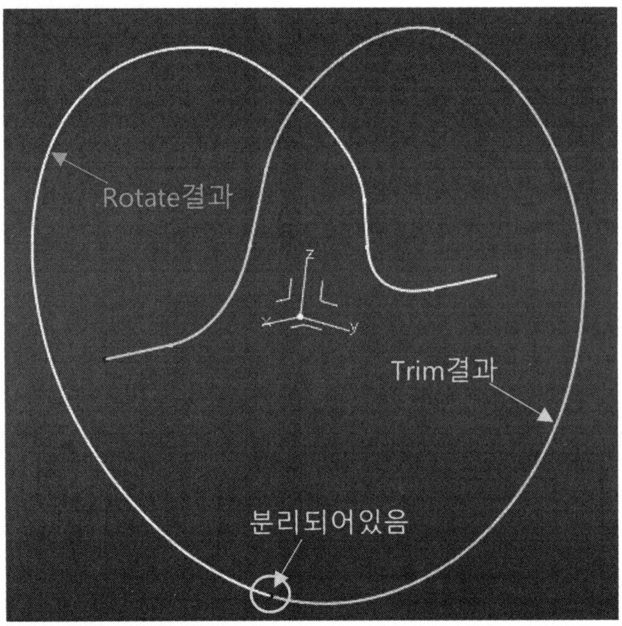

9) Join( )명령을 실행하고 두 Wireframe을 연결한다.

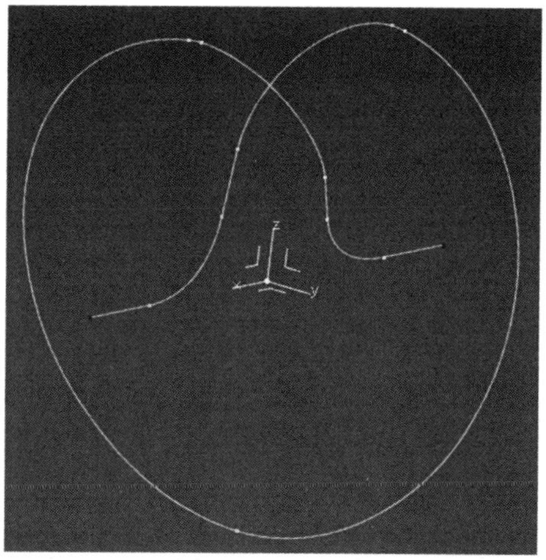

10) 서피스의 품질을 높이기 위하여 단계9)에서 생성한 Wireframe의 마디를 제거한다.

- Curve Smooth( )명령을 실행하고 앞 단계에서 생성한 모든 wireframe의 마디를 제거한다.(Continuity옵션: ●Curvature 선택)

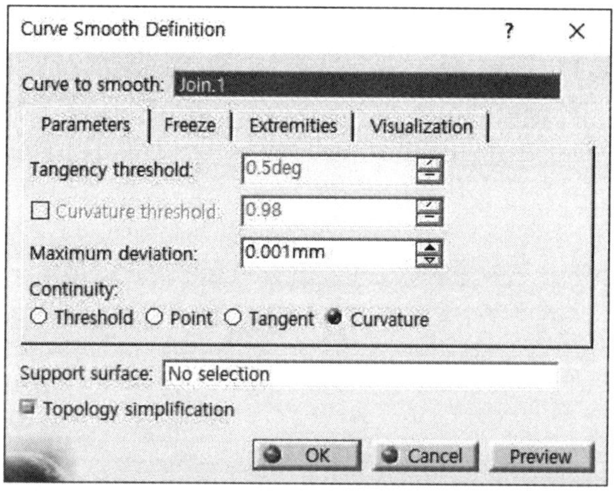

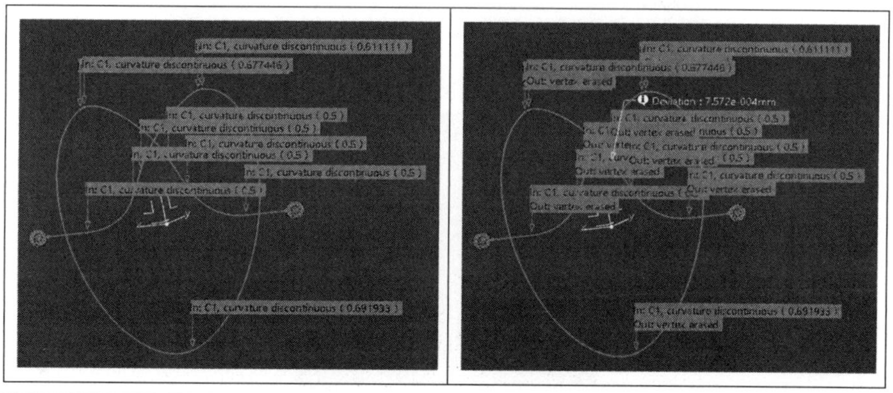

2. 이전 단계에서 완성한 Wireframe을 Guide curve로 하는 서피스를 생성한다.

1) 서피스의 단면형상을 만든다.

① Plane( )명령을 실행하고 커브(Wireframe)의 끝 점에 커브에 수직인 Plane을 생성한다.

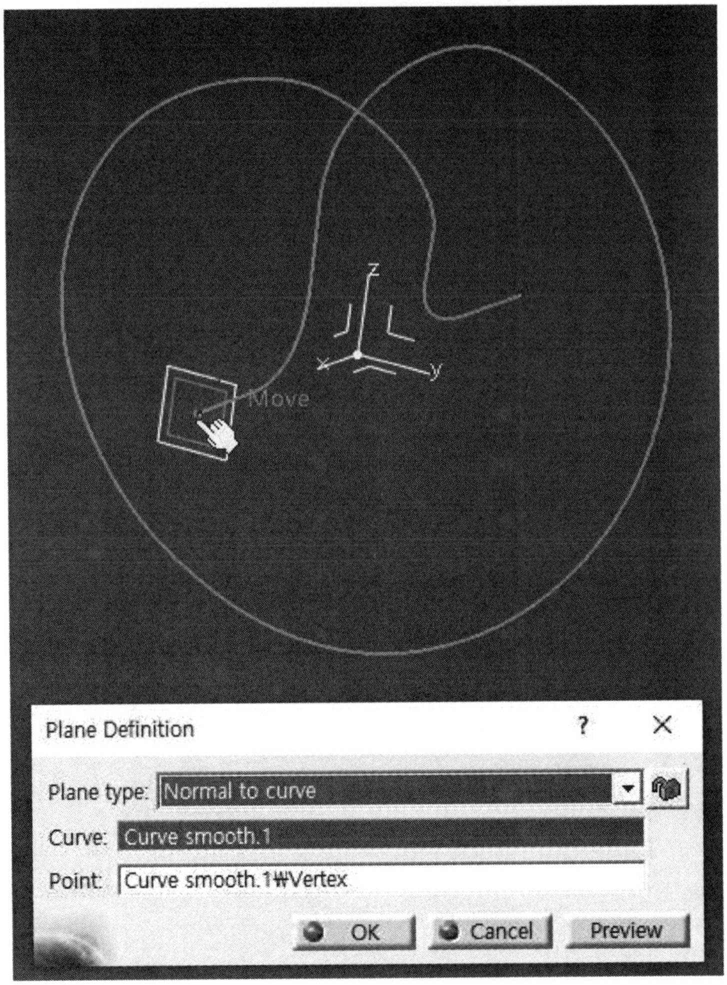

② Positioned Sketch( )명령을 실행하고 ①에서 생성한 평면을 선택한다.

③ 축의 방향(H축, V축)을 확인하고 OK 를 눌러 스케치로 진입한다.

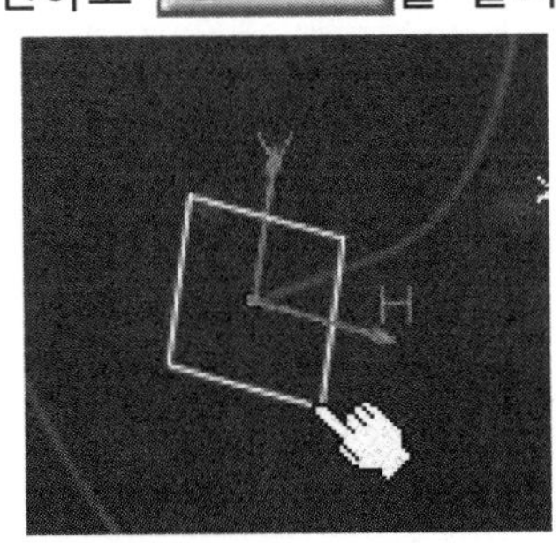

④ 생성할 서피스의 단면형상을 그린다.

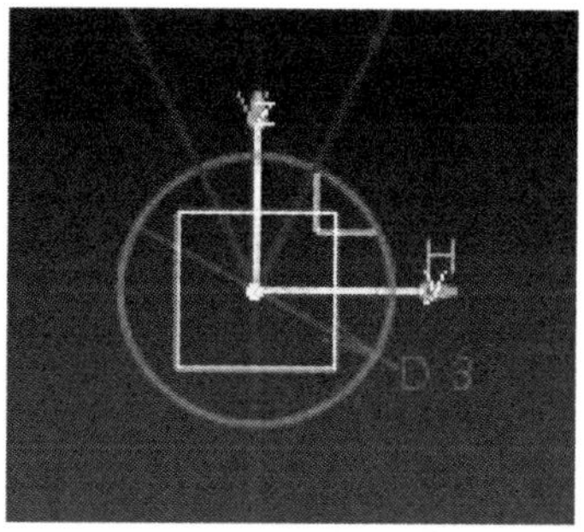

⑤ Exit Workbench( )명령을 클릭하여 스케치작업을 종료하고 GSD워크벤치(GSD Workbench)로 이동한다.

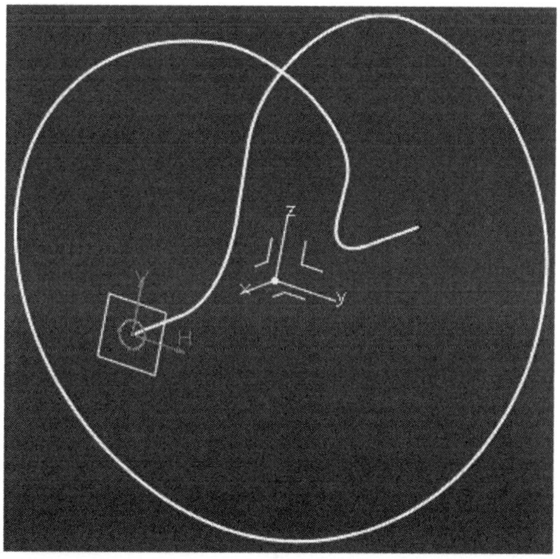

2) Sweep( )명령을 실행한다.

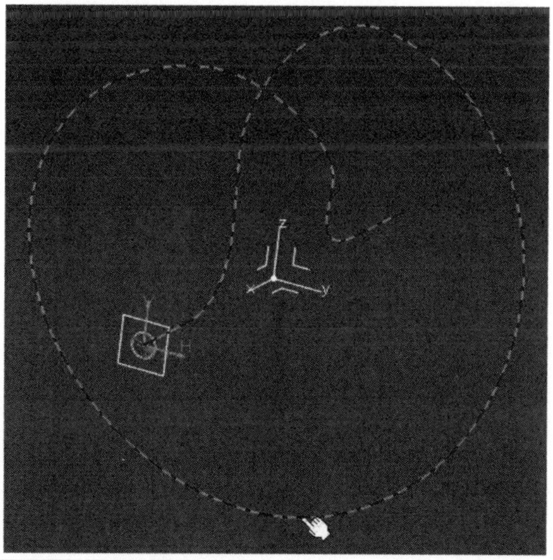

① Swept Surface Definition 대화창 옵션:

- ▹ Profile type: Explicit
- ▹ Subtype: With reference surface
- ▹ Profile: Sketch.3
- ▹ Guide curve: Curve smooth.1

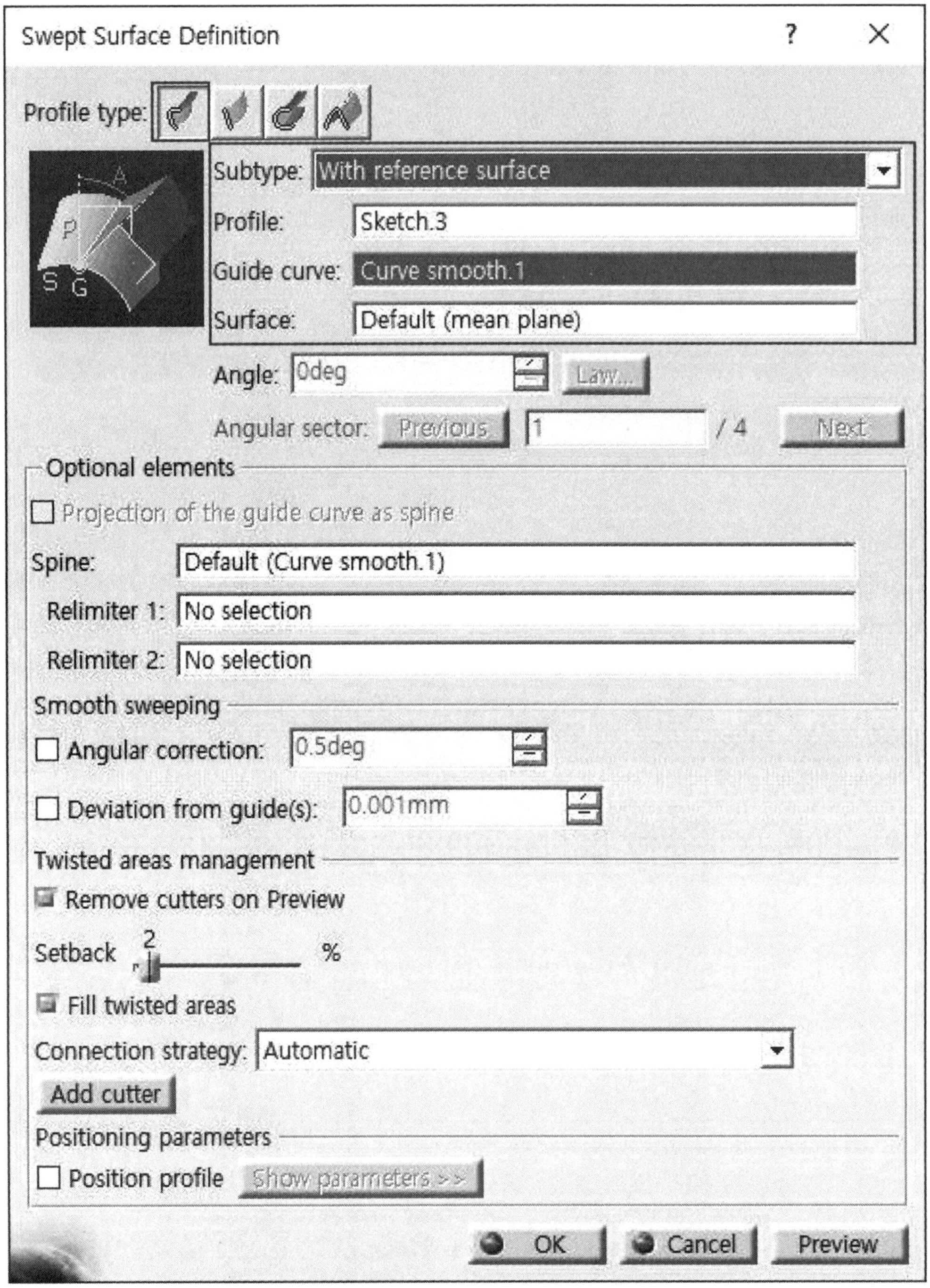

② Preview 를 눌러 서피스 생성 결과를 확인한다.

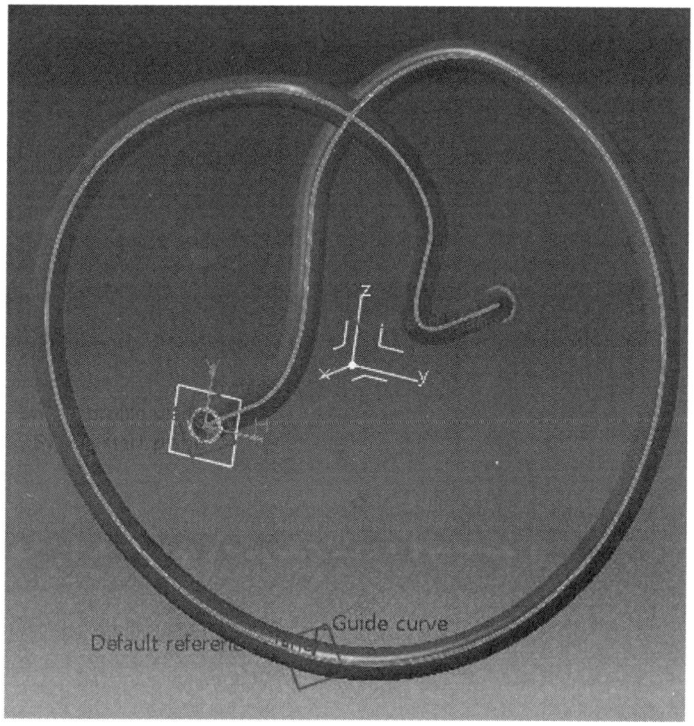

③ 오류가 없으면 OK 를 눌러 서피스를 완성한다.

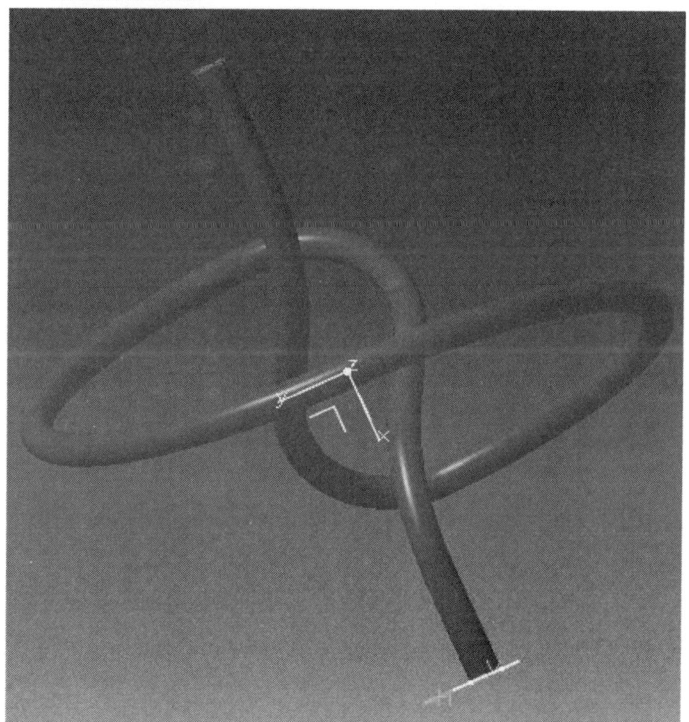

예제 8

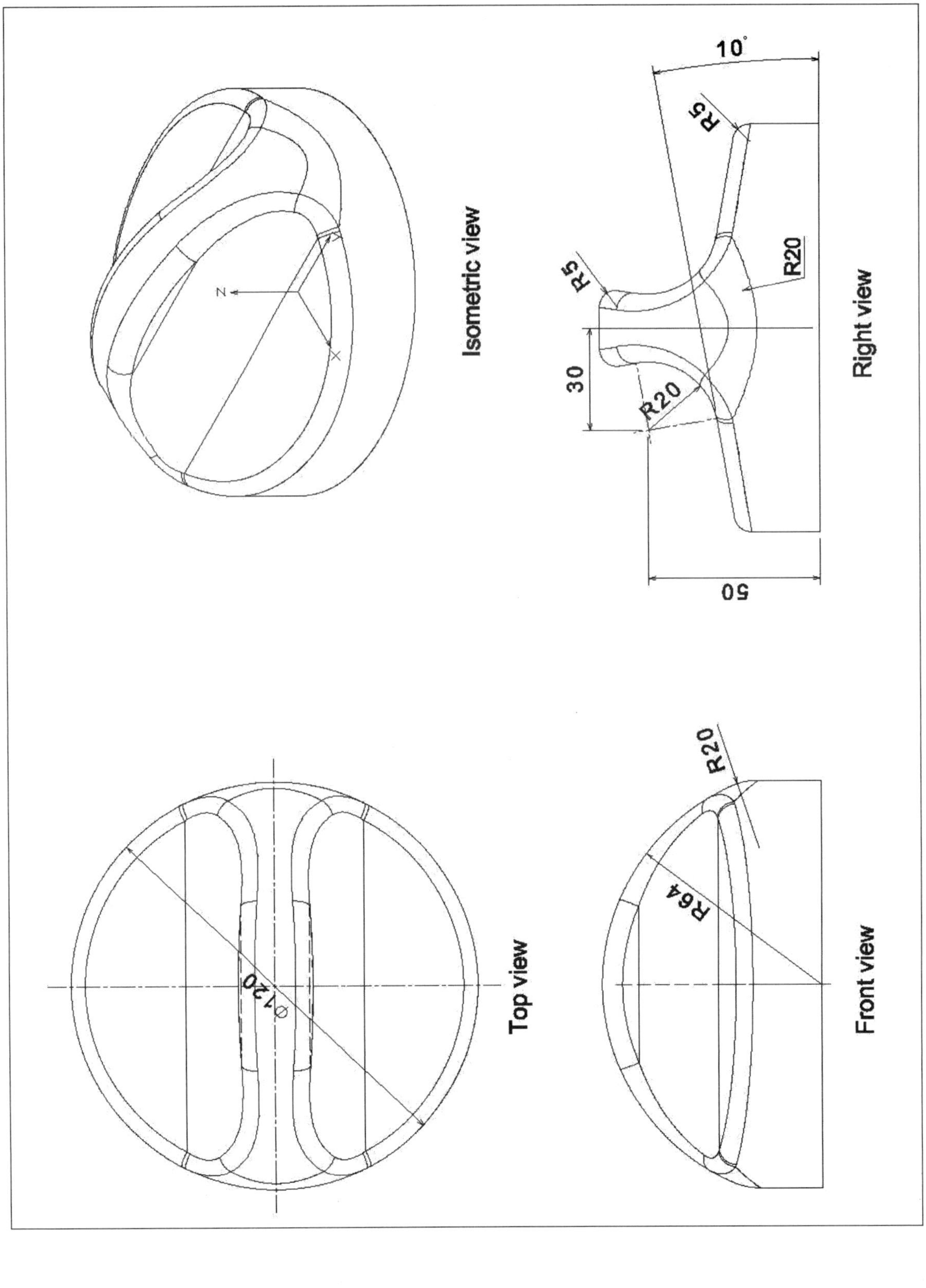
Isometric view
Right view
10°
R5
R20
R5
30
R20
50
Top view
⌀120
Front view
R20
R64

1. 서피스모델을 완성하기 위하여 먼저 Wireframe을 만든다.

1) Circle( )명령을 실행한다.

① Circle type: Center and radius
② Circle의 중심(Center): 원점(0,0,0)
③ Circle의 반경(Radius): 64 mm
④ Circle Limitations: Part Arc

▸ Start angle: 0°, End angle: 90°)

▹ Circle의 생성순서에 따라 부여하는 각도는 제시한 각도와 다를 수 있으므로 미리 생성되는 Circle의 형상을 확인하고 필요시 각도를 수정해야 한다.

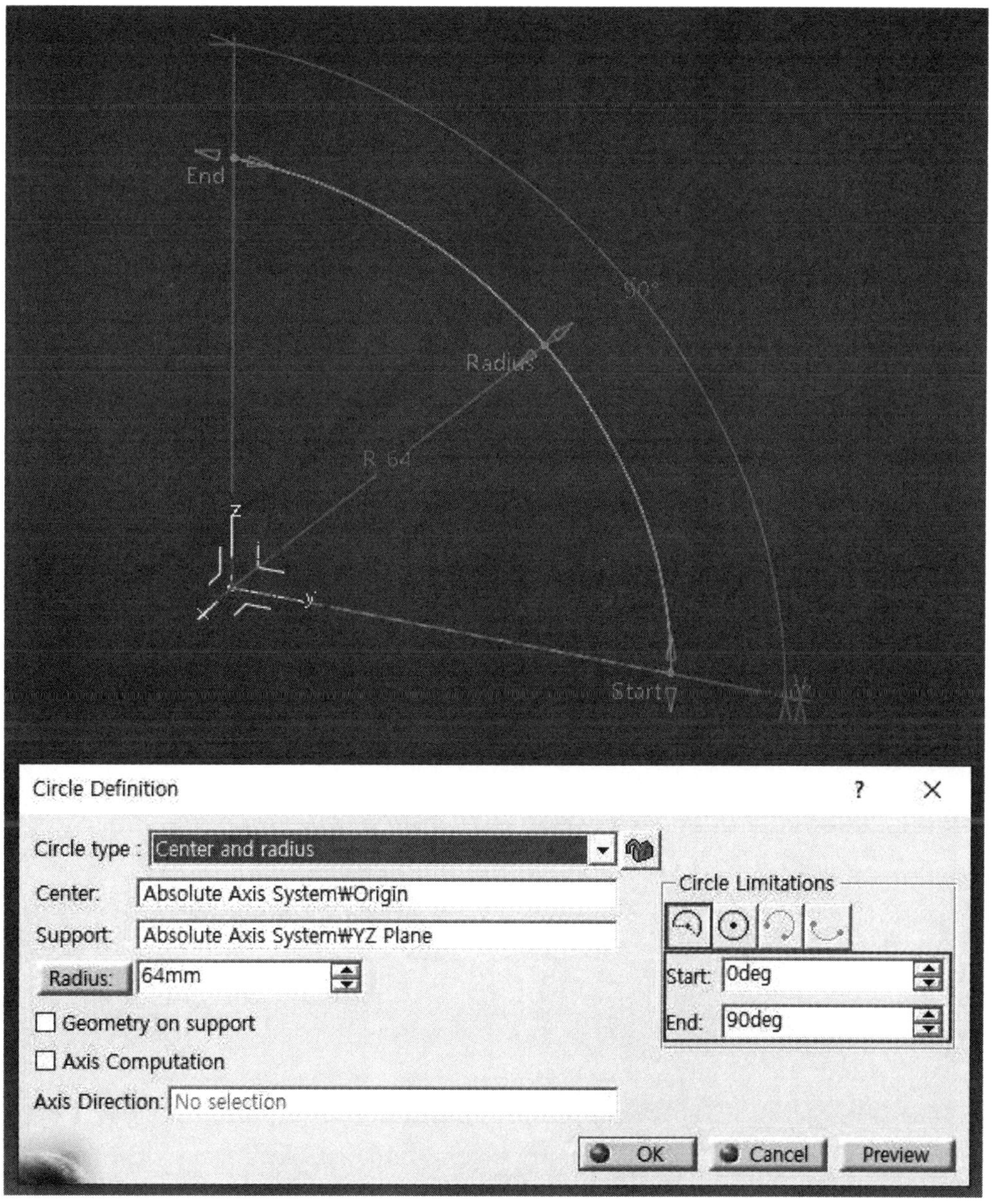

2) Line()명령을 실행하고 중심으로부터 60 mm위치에서 z방향의 선(Line)을 만든다.

① 시작점의 위치를 다음과 같은 순서로 생성한다.(마우스 오른쪽 버튼을 클릭하여 sub-menu를 선택한다.)

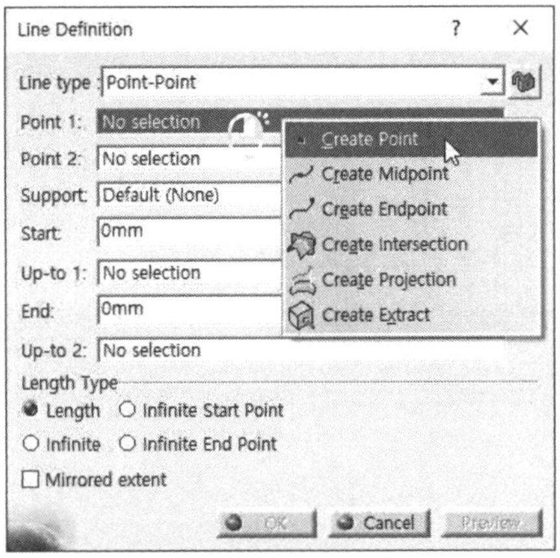

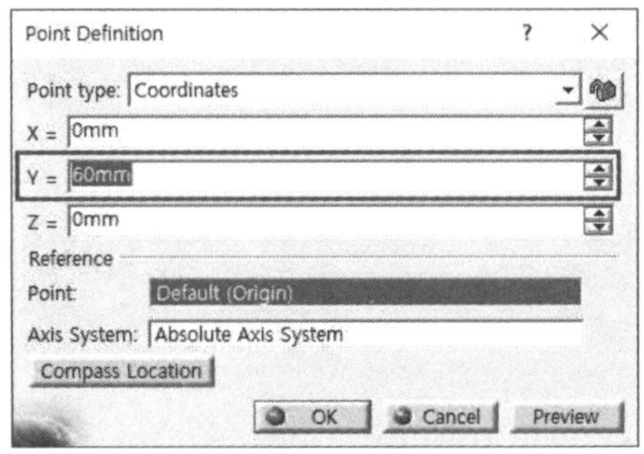

【시작점의 위치】

② 끝점의 위치를 다음과 같은 순서로 생성한다.

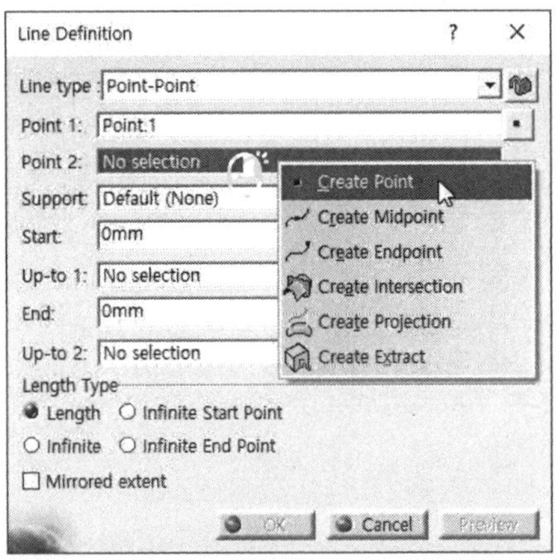

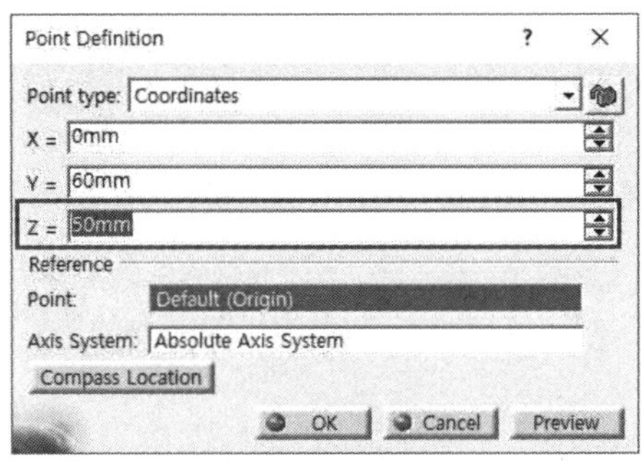

【끝점의 위치】

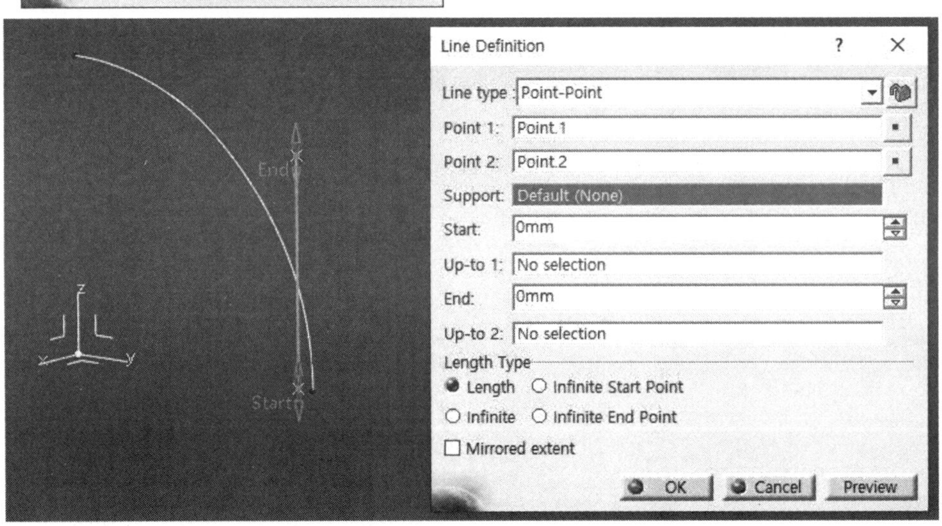

3) Circle( )명령을 실행한다.

① Circle type: 마우스 오른쪽 버튼을 클릭하여 Circle의 중심점을 만든다.

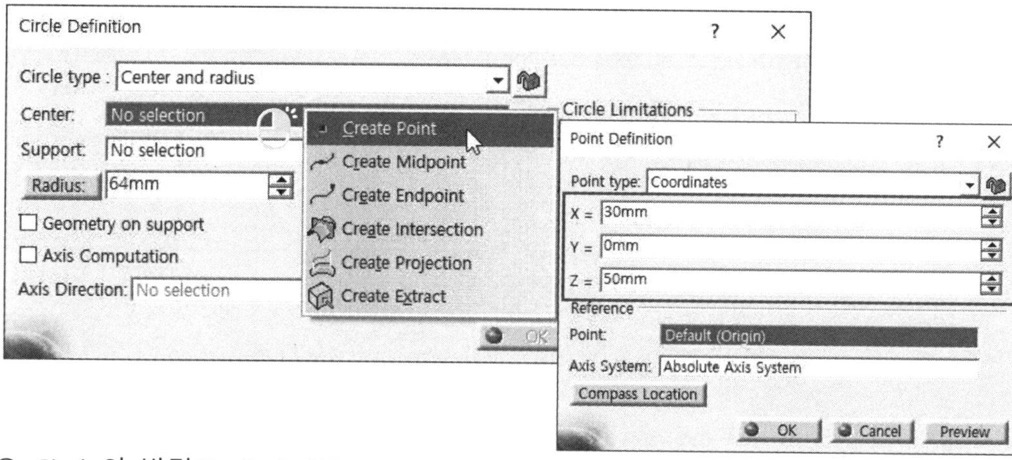

② Circle의 반경(Radius): 20 mm

③ Circle Limitations: Part Arc

▸ Start angle: -80°, End angle: 10°)

▹ Circle의 생성순서에 따라 부여하는 각도는 제시한 각도와 다를 수 있으므로 미리 생성되는 Circle의 형상을 확인하고 필요시 각도를 수정해야 한다.

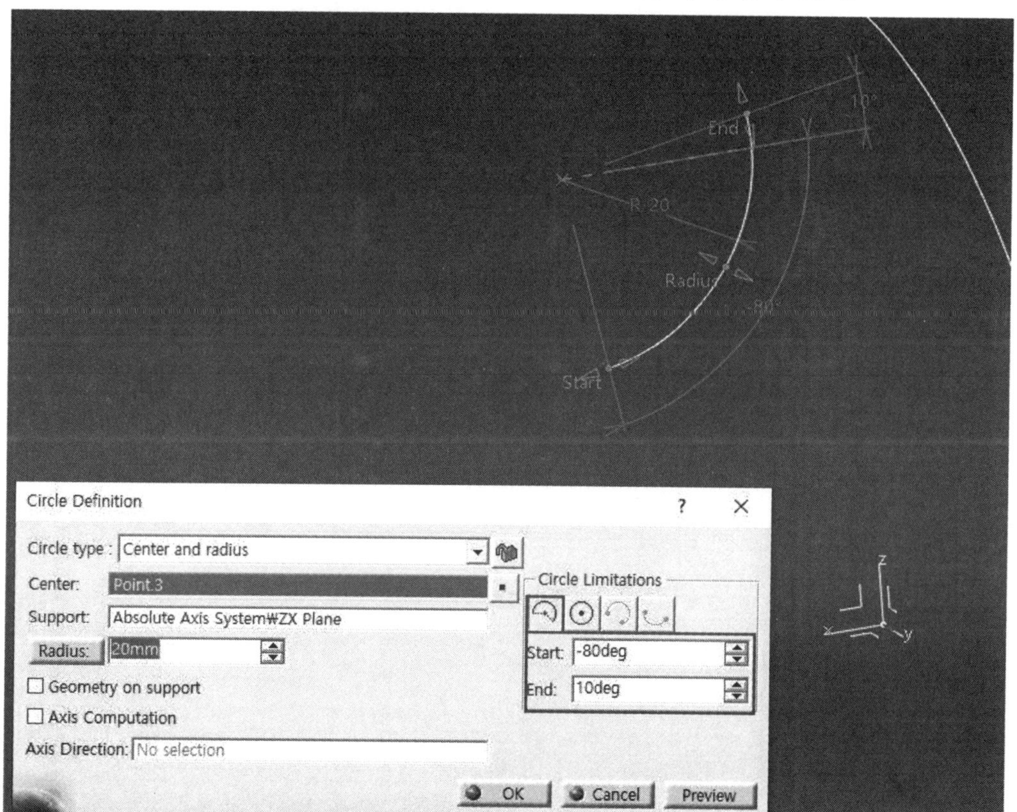

4) Extrapolate( )명령을 실행하고 단계3)에서 만든 Circle의 양 끝점에서 Circle에 접하는 방향으로 연장한다.

① Circle의 위 쪽 끝점을 30 mm연장한다.

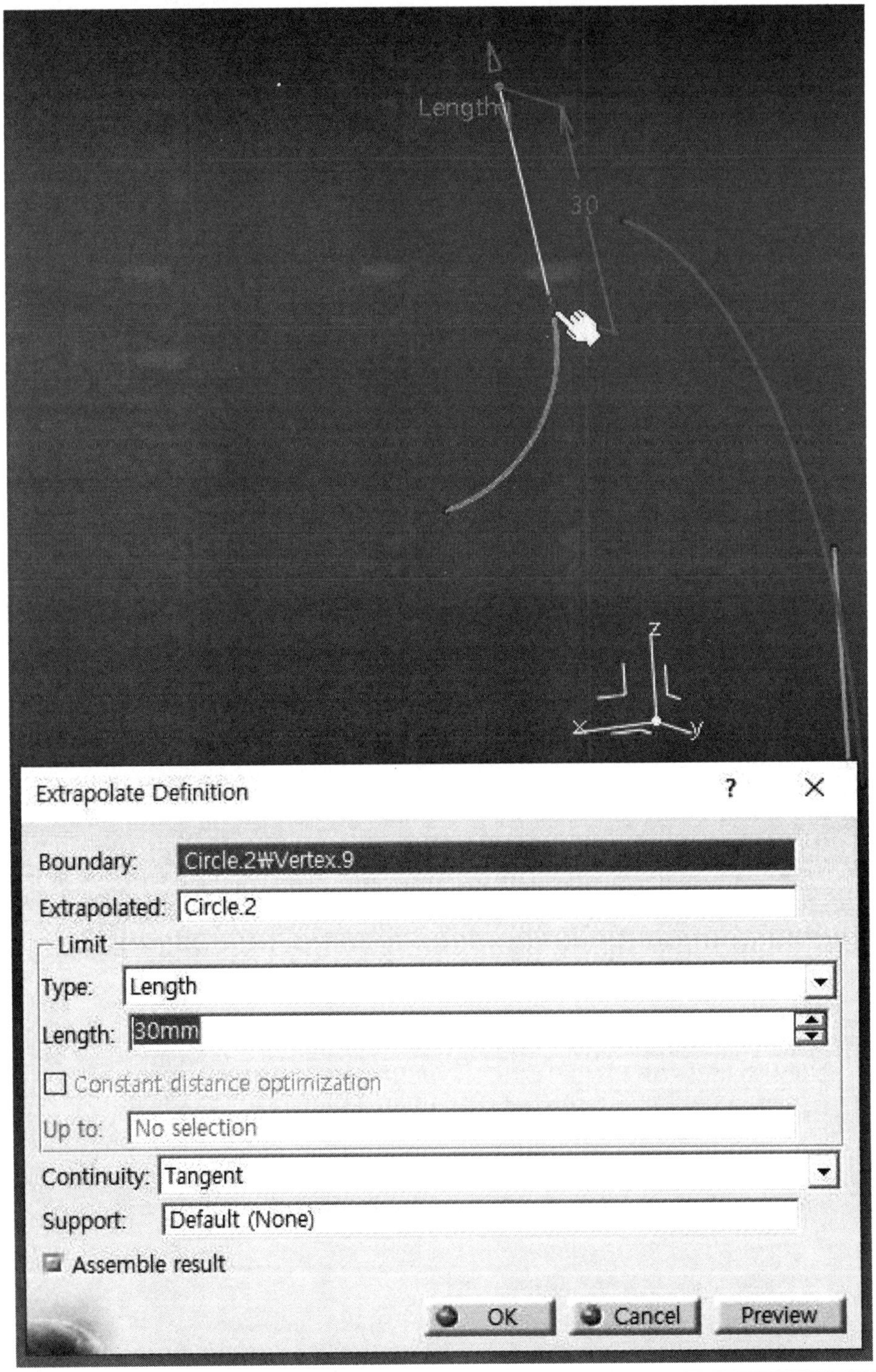

② Circle의 아래 쪽 끝점을 50 mm연장한다.

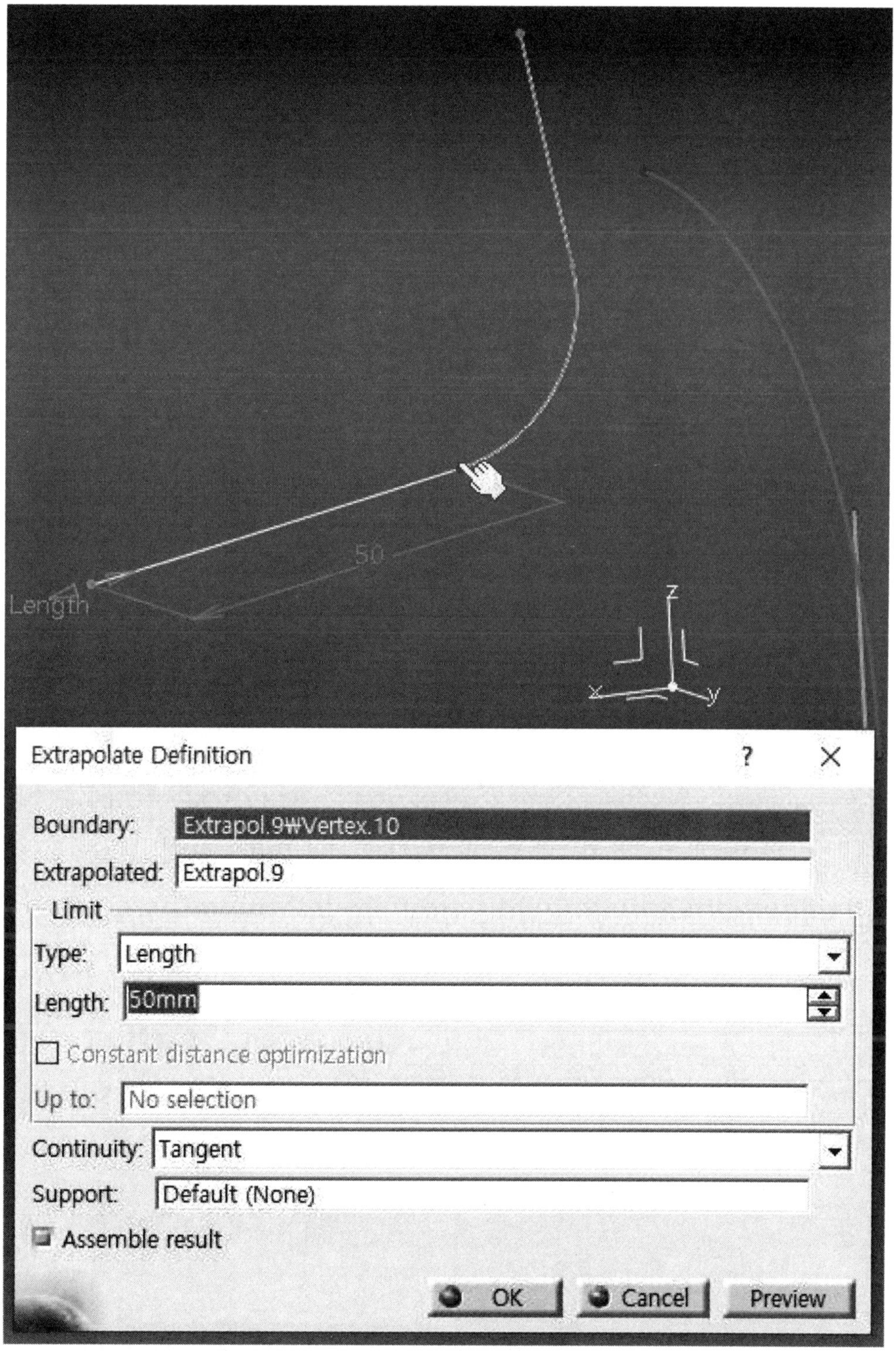

③ Circle의 양 끝점을 연장하여 새로운 Curve를 생성하였다.(중간부에 마디가 있다.)

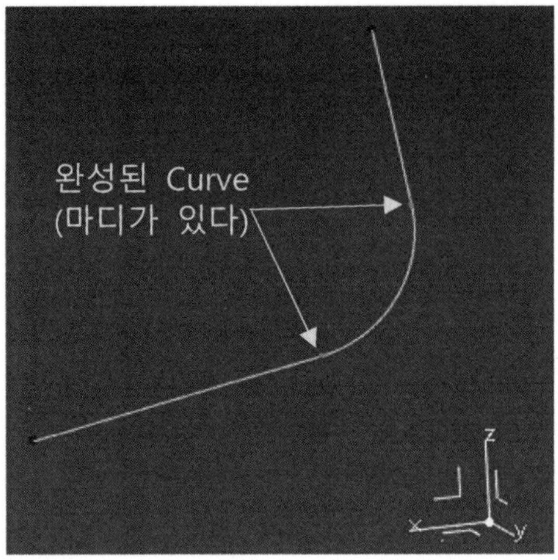

④ Curve Smooth( )명령을 실행하여 Curve의 마디를 제거한다.

▸ Continuity 옵션: ●Curvature 선택

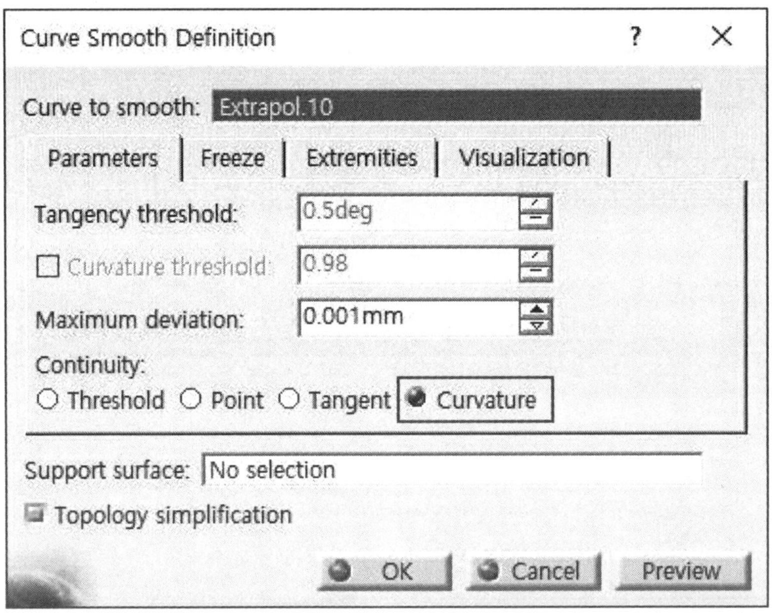

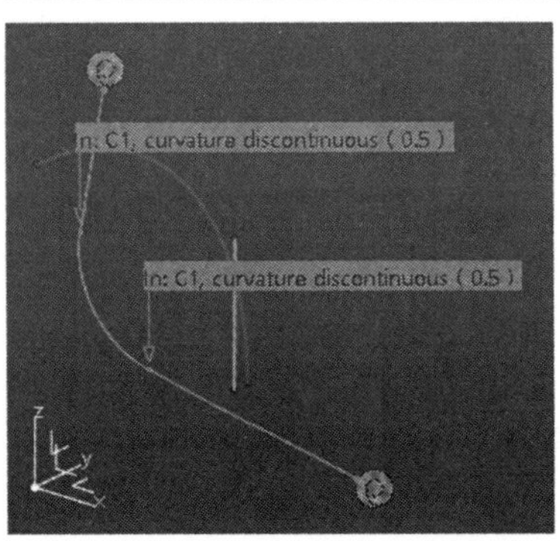

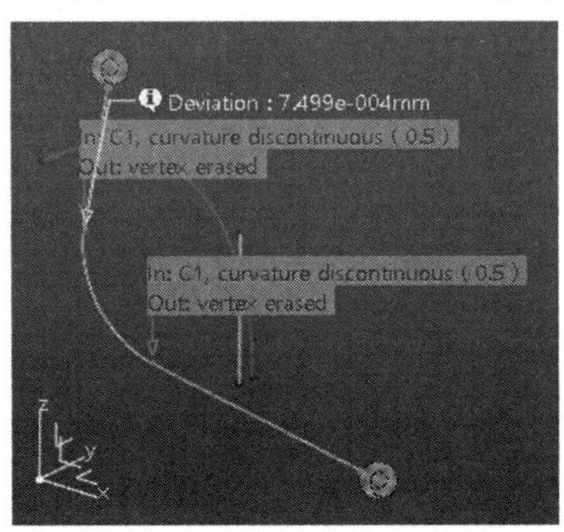

2. Wireframe을 이용하여 서피스를 생성한다.

☞앞 단계에서 생성한 Wireframe은 최종 완성될 서피스모델의 1/4에 해당하는 형상을 만들기 위해 사용한다.

1) Extrude( )명령을 실행하고 단계1-1)에서 생성한 호(Circle)를 x축의 방향으로 70 mm 뽑아 내어 서피스를 만든다.

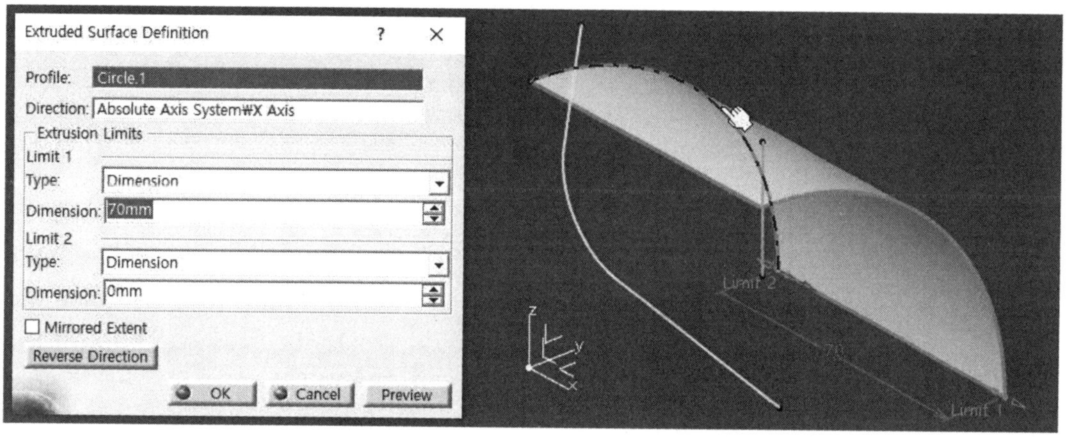

2) Extrude( )명령을 실행하고 단계1-4)에서 생성한 커브(Curve)를 y축의 방향으로 70 mm 뽑아 내어 서피스를 만든다.

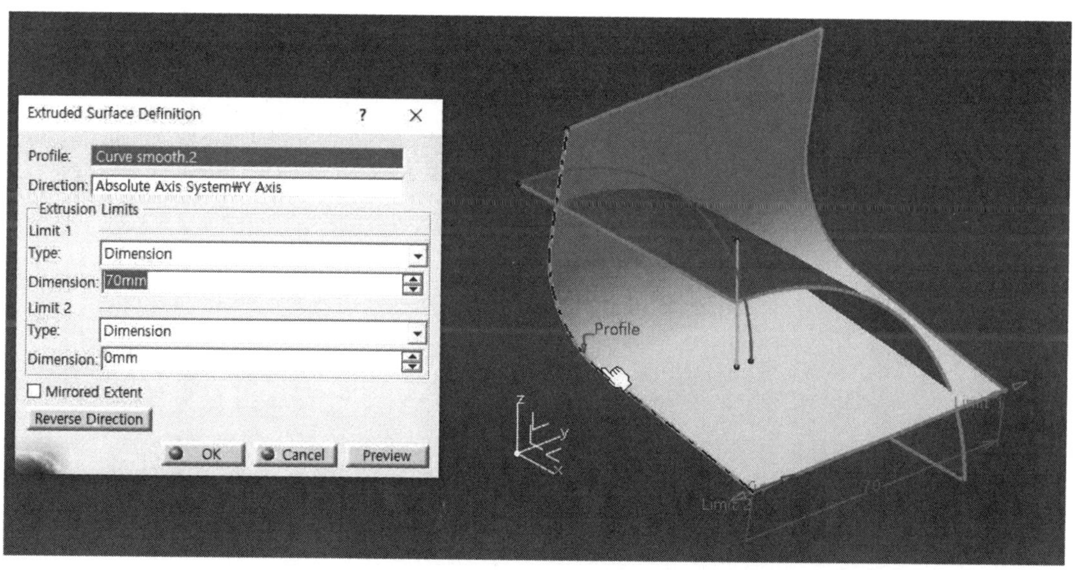

3) Trim()명령을 실행하고 단계1)과 단계2)에서 생성한 서피스를 잘라 연결한다.

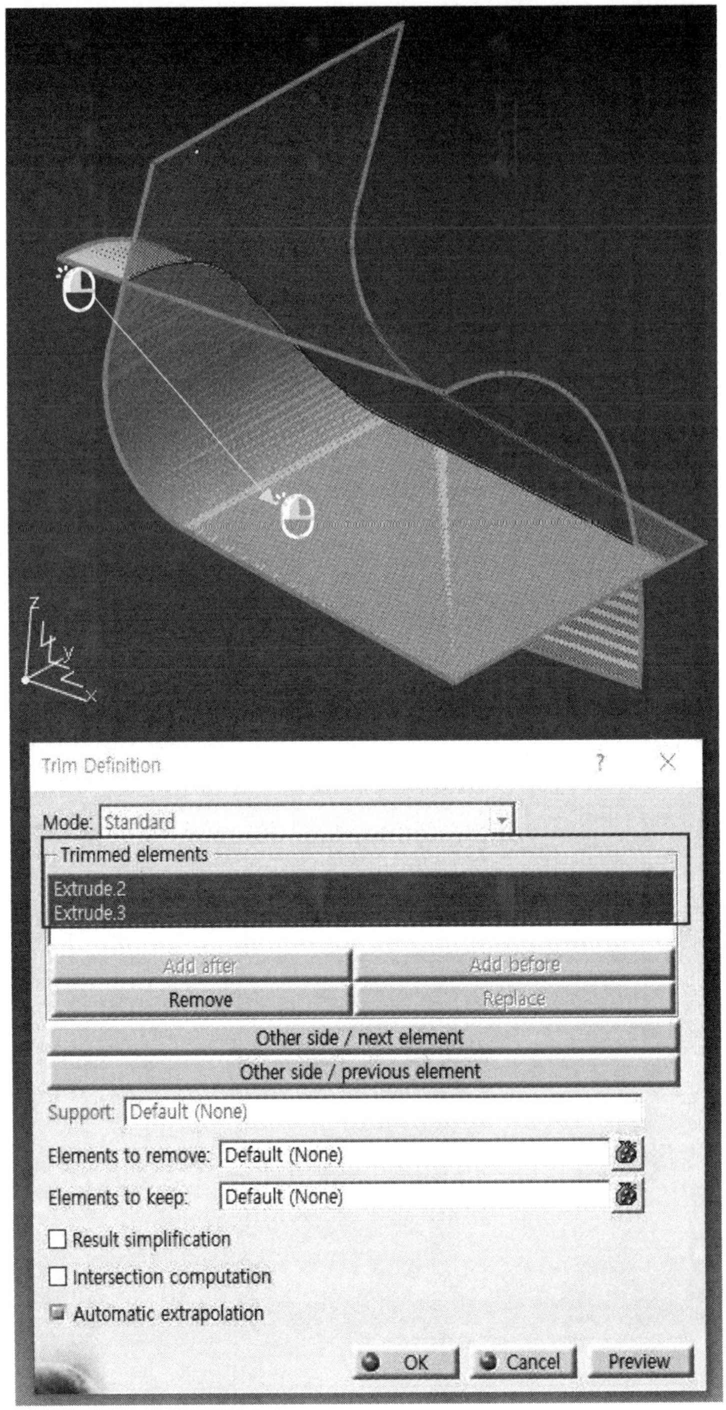

☞TIP: Other side / next element 또는 Other side / previous element 를 클릭하여 원하는 결과가 나오도록 한다.

☞정상적으로 Trim명령을 실행하면 아래와 같은 형상이 만들어진다.

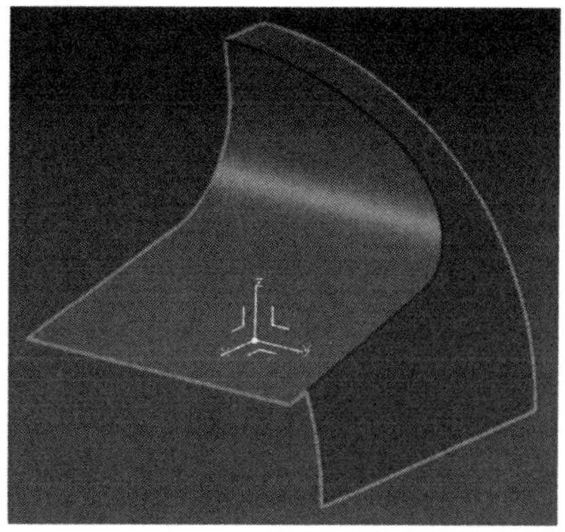

4) Revolve( )명령을 실행하고 단계1.-2)에서 생성한 선(Line)을 z축을 중심축으로 90° 회전시켜 서피스를 만든다.

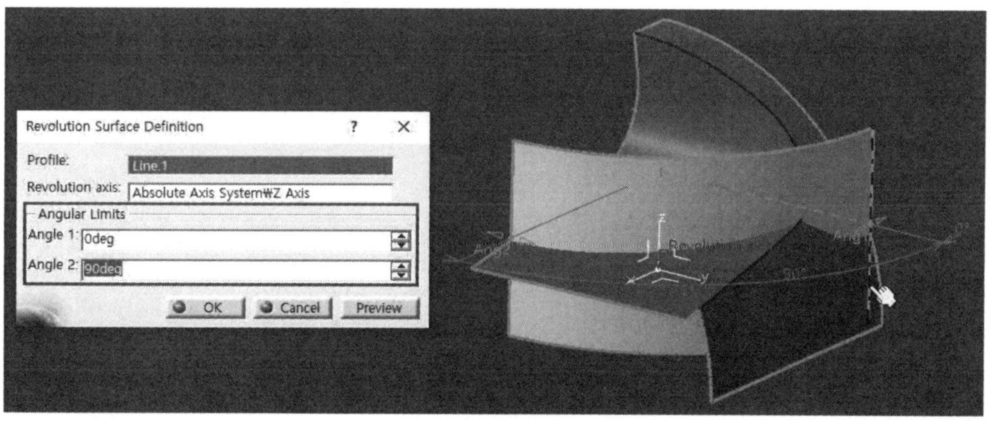

5) Trim( )명령을 실행하고 단계3)과 단계4)에서 생성한 서피스를 잘라 연결한다.

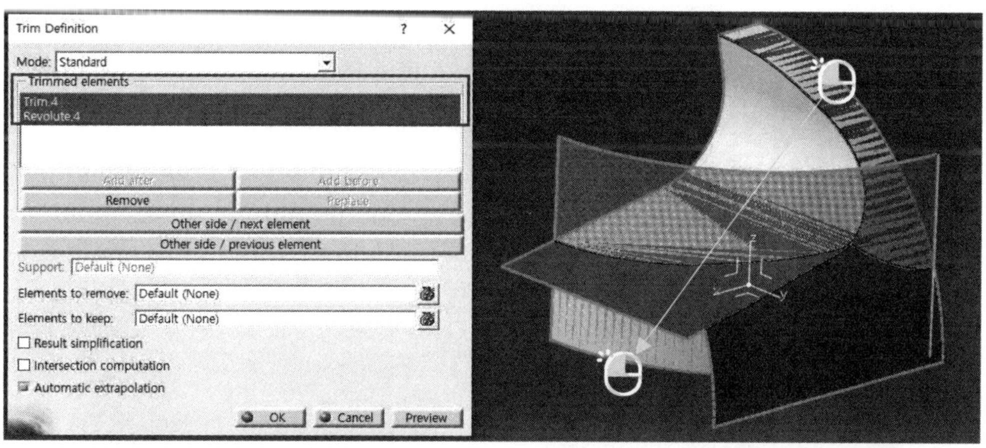

☞TIP: Other side / next element 또는 Other side / previous element를 클릭하여 원하는 결과가 나오도록 한다.

☞정상적으로 Trim명령을 실행하면 아래와 같은 형상이 만들어진다.

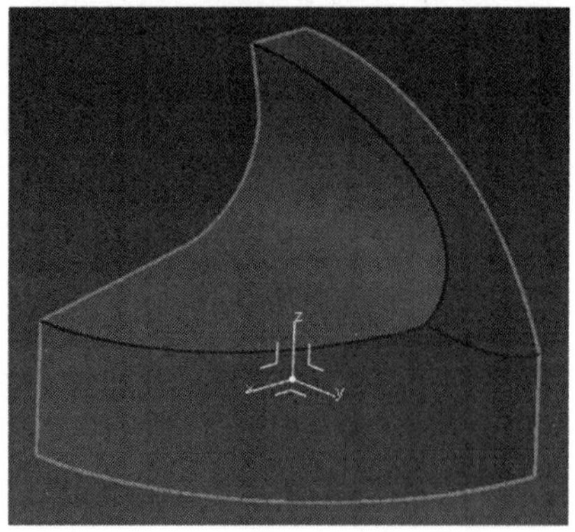

6) Symmetry( )명령을 실행하고 단계5)에서 완성한 서피스를 x-z평명을 기준으로 대칭복사한다.

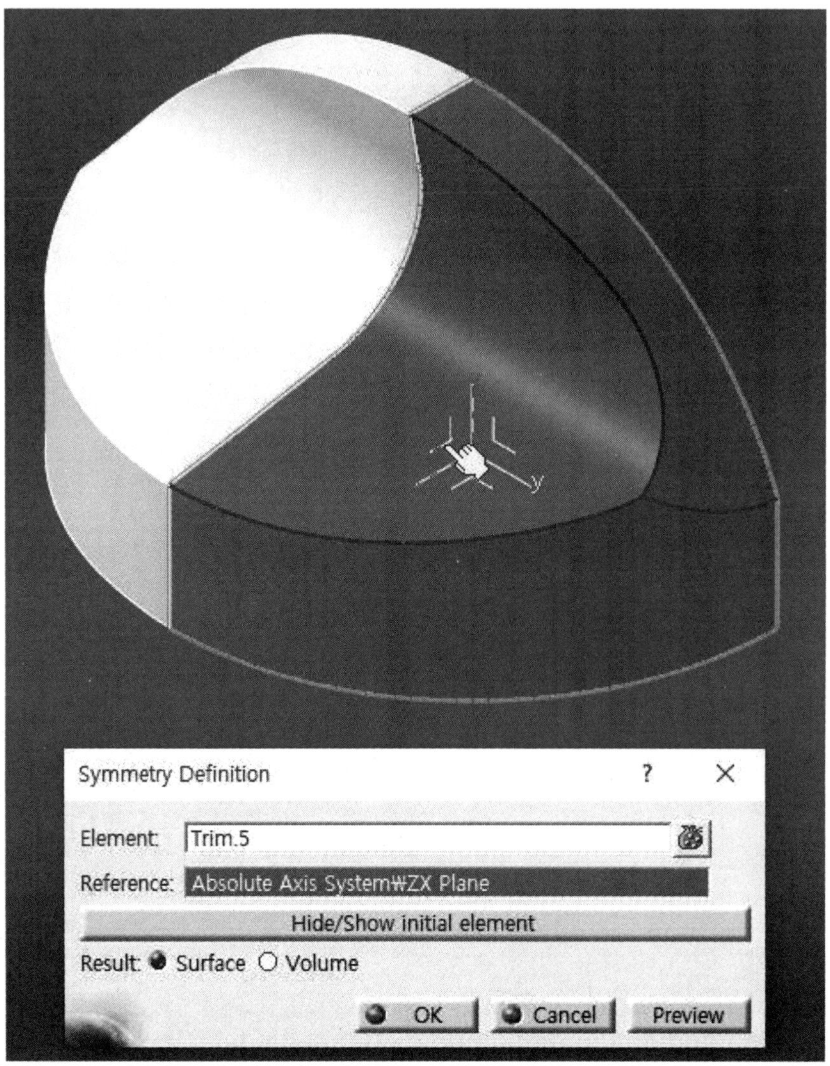

7) Join( )명령을 실행하고 단계6)에서 생성한 두 서피스를 서로 연결한다.

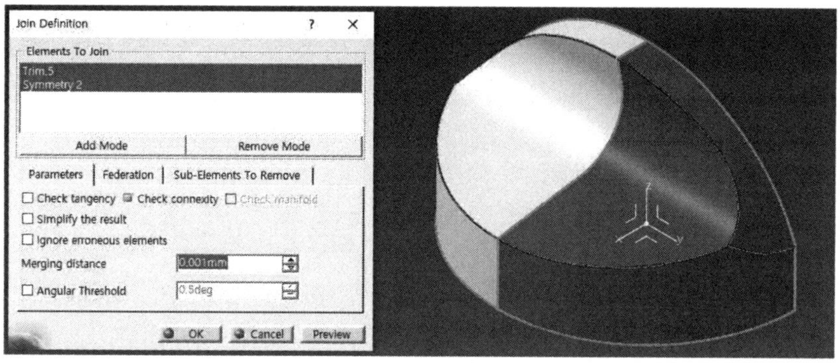

8) Symmetry( )명령을 실행하고 단계7)에서 완성한 서피스를 y-z평명을 기준으로 대칭복사한다.

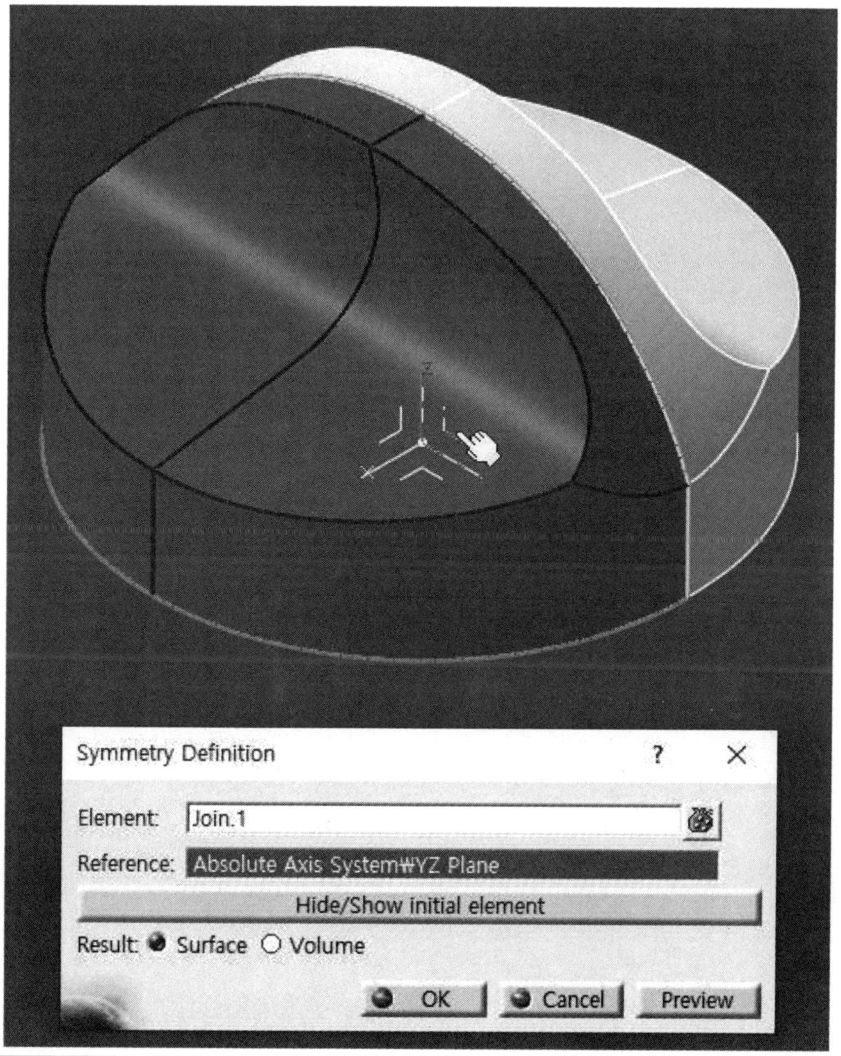

9) Join()명령을 실행하고 단계8)에서 생성한 두 서피스를 서로 연결한다.

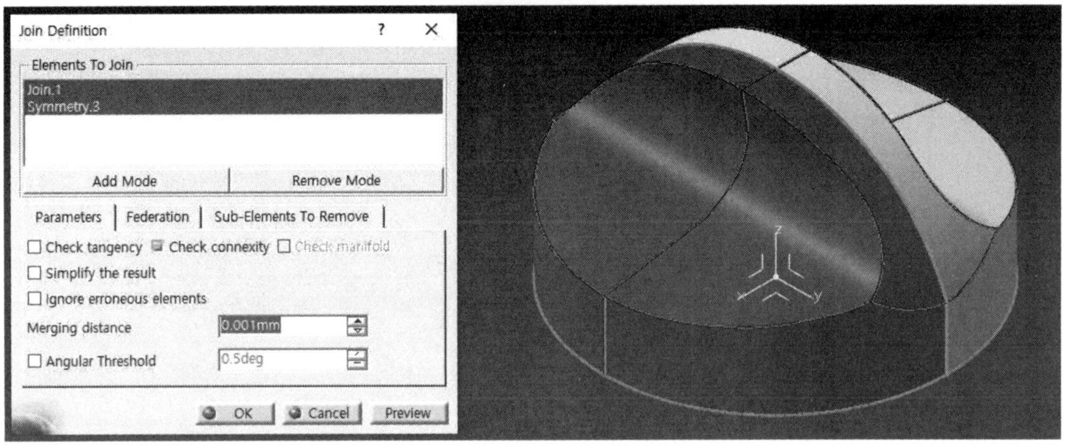

10) Edge Fillet()명령을 실행하고 단계9)에서 생성한 서피스의 모서리에 반경 20 mm 인 Fillet을 만든다.

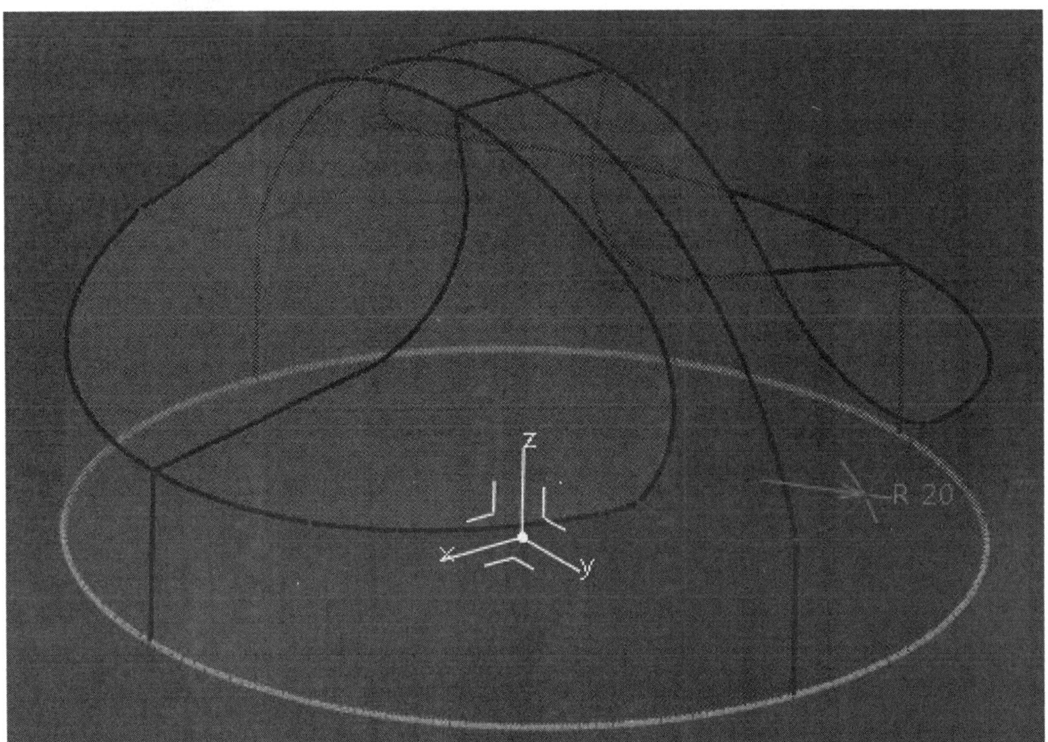

11) Edge Fillet( )명령을 실행하고 단계10)에서 생성한 서피스의 모서리에 반경 5 mm 인 Fillet을 만든다.

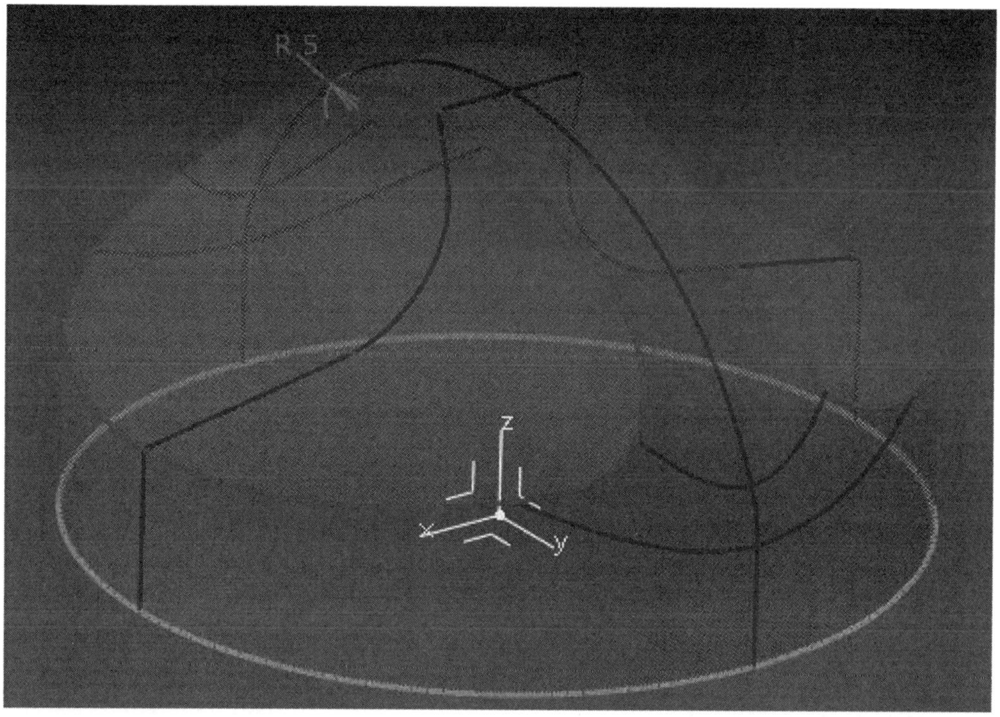

12) 서피스모델을 완성한다.

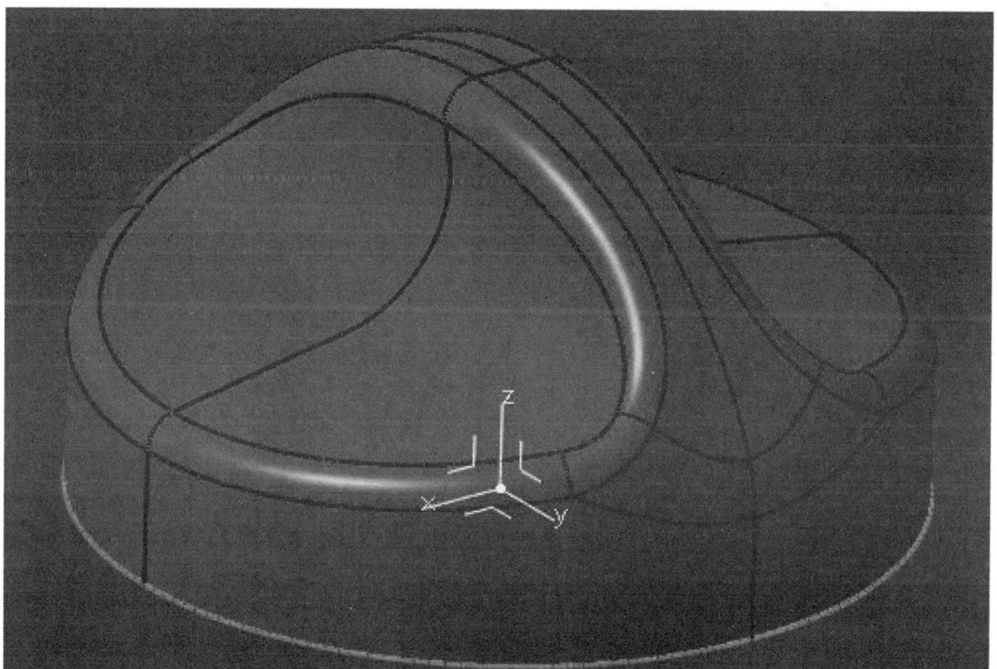

W+ CATIA V5 3차원 모델링 방법론
PART 2. SURFACE MODELING

2019년 12월 20일 초판 인쇄
2019년 12월 29일 인쇄 발행

저 자 이권수
발 행 인 송기수
표지디자인 홍지수
발 행 처 위즈덤플
편 집 처 위즈덤플
인 쇄 처 대명프린팅
등 록 번 호 제 2015-000009 호
I S B N 979-11-89342-15-9(94560)
979-11-89342-13-5(세트)

주 소 서울 은평구 증산로 15길 69 2층
전 화 02-976-7898
팩 스 02-6468-7898
홈페이지 gsintervision.co.kr
E-Mail gsinter7@gmail.com

정 가 20,000원